人口、资源与环境经济学

Population, Resources and Environment Economics

钟水映　简新华　主编

北京大学出版社
PEKING UNIVERSITY PRESS

图书在版编目(CIP)数据

人口、资源与环境经济学/钟水映,简新华主编.—北京:北京大学出版社,2017.7
(21世纪经济与管理规划教材·经济学系列)
ISBN 978-7-301-28447-6

Ⅰ.①人… Ⅱ.①钟… ②简… Ⅲ.①人口经济学—高等学校—教材 ②资源经济学—高等学校—教材 ③环境经济学—高等学校—教材 Ⅳ.①X196

中国版本图书馆CIP数据核字(2017)第144037号

书　　名	人口、资源与环境经济学 RENKOU、ZIYUAN YU HUANJING JINGJIXUE
著作责任者	钟水映　简新华　主编
策划编辑	郝小楠
责任编辑	王　晶
标准书号	ISBN 978-7-301-28447-6
出版发行	北京大学出版社
地　　址	北京市海淀区成府路205号　100871
网　　址	http://www.pup.cn
电子信箱	em@pup.cn　　QQ:552063295
新浪微博	@北京大学出版社　@北京大学出版社经管图书
电　　话	邮购部62752015　发行部62750672　编辑部62752926
印 刷 者	三河市博文印刷有限公司
经 销 者	新华书店
	787毫米×1092毫米　16开本　21印张　480千字
	2017年7月第1版　2021年8月第3次印刷
定　　价	45.00元

丛书出版前言

作为一家综合性的大学出版社，北京大学出版社始终坚持为教学科研服务，为人才培养服务。呈现在您面前的这套“21世纪经济与管理规划教材”是由我国经济与管理领域颇具影响力和潜力的专家学者编写而成，力求结合中国实际，反映当前学科发展的前沿水平。

“21世纪经济与管理规划教材”面向各高等院校经济与管理专业的本科生，不仅涵盖了经济与管理类传统课程的教材，还包括根据学科发展不断开发的新兴课程教材；在注重系统性和综合性的同时，注重与研究生教育接轨、与国际接轨，培养学生的综合素质，帮助学生打下扎实的专业基础和掌握最新的学科前沿知识，以满足高等院校培养精英人才的需要。

针对目前国内本科层次教材质量参差不齐、国外教材适用性不强的问题，本系列教材在保持相对一致的风格和体例的基础上，力求吸收国内外同类教材的优点，增加支持先进教学手段和多元化教学方法的内容，如增加课堂讨论素材以适应启发式教学，增加本土化案例及相关知识链接，在增强教材可读性的同时给学生进一步学习提供指引。

为帮助教师取得更好的教学效果，本系列教材以精品课程建设标准严格要求各教材的编写，努力配备丰富、多元的教辅材料，如电子课件、习题答案、案例分析要点等。

为了使本系列教材具有持续的生命力，我们将积极与作者沟通，争取三年左右对教材不断进行修订。无论您是教师还是学生，您在使用本系列教材的过程中，如果发现任何问题或者有任何意见或者建议，欢迎及时与我们联系（发送邮件至 em@pup.cn）。我们会将您的宝贵意见或者建议及时反馈给作者，以便修订再版时进一步完善教材内容，更好地满足教师教学和学生学习的需要。

最后，感谢所有参与编写和为我们出谋划策提供帮助的专家学者，以及广大使用本系列教材的师生，希望本系列教材能够为我国高等院校经管专业教育贡献绵薄之力。

北京大学出版社

经济与管理图书事业部

前　言

人口、资源与环境经济学是1998年国务院学位委员会办公室进行学科调整时新设立的一个二级学科，虽然放在理论经济学这个一级学科中，但实际上是一个交叉学科，涉及经济学、人口学、资源学、环境科学以及由四者交叉形成的人口经济学、资源经济学、环境经济学、生态经济学等学科。这是中国提出的一个新学科，世界上还未见其他国家有以“人口、资源与环境经济学”命名的学科。为了适应教学和研究的需要，我们根据自己的理解并参考相关文献，在2005年编写出版了《人口、资源与环境经济学》，出版后有许多学校采用，反映良好，并且列入了普通高等教育“十一五”国家级规划教材。

人口、资源与环境经济学虽然已经提出近20年了，但人们对该学科的研究对象仍然不是十分明确，对该学科性质的理解和定位也不够准确，对其包含的主要内容的看法还存在分歧，更没有形成完整、科学的理论体系。这种状况对该学科的研究和教学以及学生的培养极为不利，迫切需要加强研究、深入探讨、改变现状。而且，近年来对可持续发展的研究进一步深化，提出了一些新的发展理念，出现了一些新的研究成果。通过十多年的教学实践，我们也发现原编探索性教材存在一些不足，如研究性色彩相对较浓、作为教材使用不够简明、若干专业基本内容没有体现等，加之近年来社会经济发展的若干新情况也需要结合理论总结进行梳理，因此，感觉到原有教材有进行修改、补充和完善的必要。正因为如此，我们应北京大学出版社的邀请，重新编写了这本《人口、资源与环境经济学》。

改版后的《人口、资源与环境经济学》希望尽可能克服以往部分同类教科书体系结构不合理、缺乏真正贯彻始终的主线、内在理论逻辑不严密、内容不完整、信息量小、编写不规范、语言呆板、可读性差的缺陷，力求做到结构合理、理论逻辑严密、内容完整、信息量大、叙述较生动、可读性强、紧密联系中国实际，广泛吸收国内外的相关研究成果，反映中国的实际情况和最新的研究进展，提供一部内容和体系比较完整且更为成熟的人口、资源与环境经济学的教科书，为该学科的建设、发展及人才的培养作点应有的贡献。

在内容上,改版教材力图体现如下特色:一是对相关领域的基本理论要点尽可能进行全面介绍,淡化原有教材在不同程度上存在的"偏"和"专"的倾向;二是更加注重语言表达的精练、内容概括的简明,适当弱化原有教材的研究性色彩;三是对社会经济实践面临的热点问题、相关领域研究的新进展尽可能加以介绍,引导和启发学生的进一步思考和研究。

在结构上,本教材突出了发展观的演进,以发展观的演进过程为统领,介绍人口、资源与环境经济学产生与发展的过程和基本内容,然后以人口、资源、环境的可持续发展为基本线索,分篇介绍人口、资源、环境与经济发展的基本关系、不同领域实现可持续发展面临的问题与政策选择。

本书可作为经济类、管理类、环境与资源类相关专业本科高年级学生和研究生的教材或参考书,也可作为政策研究人员的参考书。本教材尽可能参考和吸收相关领域最新研究成果,并且在行文和所附参考文献中加以反映,在此向这些作者表达衷心的感谢。但教材内容所反映的内容是学科研究发展的积淀和总结,相对于浩瀚和庞杂的文献资料,所列参考文献难免有所疏漏,还请相关人士见谅。

本书由钟水映与简新华商量后确定编写提纲。简新华撰写第1章,钟水映撰写第2、3、4章,统编定稿,杨冕撰写第5、6、7、8章,侯伟丽撰写第9、10、11章。

本书从编写计划制订到写作过程之中,均得到出版社郝小楠、王晶编辑的大力支持,在此特别致谢。

编　者

2017年7月

目　录

第1篇　总　论

第2篇　人口与可持续发展

第3篇　资源与可持续发展

第4篇　环境与可持续发展

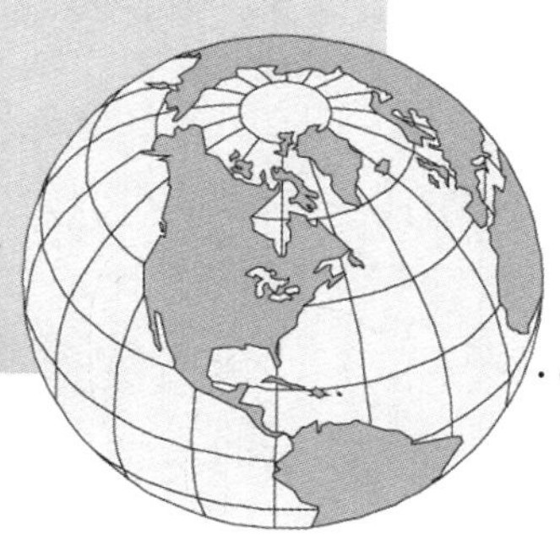

第1篇

总　　论

第1章　人口、资源与环境经济学及发展观的演进

学习目标

- 了解人口、资源与环境经济学的产生和发展过程
- 掌握发展观的演进脉络
- 认识人口、资源、环境与经济、社会发展的相关关系

本章首先概述人口、资源与环境经济学的兴起、研究对象、内容、学科定位、特点和方法，然后简略介绍发展观的演进，最后说明人口、资源与环境经济学的核心内容，即人口、资源、环境与经济、社会发展的相关关系。

1.1　人口、资源与环境经济学

1.1.1　人口、资源与环境经济学的产生

1972年世界著名学术研究团体罗马俱乐部公开发表关于人类困境的研究报告——《增长的极限》，在全球引起强烈反响，人们开始警醒并认识到：人类社会正面临着人口、资源、环境与经济、社会发展失调的严峻挑战。人口爆炸、粮食短缺、能源危机、资源破坏、环境污染、生态失衡、贫富差距扩大等严重问题的出现，不但造成经济增长走向极限，甚至威胁到人类自身的生存，因而高消耗的增长方式、“有增长无发展”、“先污染后治理”的传统经济发展模式已不能再继续下去，必须努力寻求经济、社会发展的新路。1980年3月5日联合国大会向全世界发出呼吁：“必须研究自然的、社会的、生态的、经济的以及利用自然资源过程中的基本关系，确保全球的发展。”从此，联合国不断召开国际会议，通过宣言，发表声明，在全世界大力提倡可持续发展模式。可持续发展是经济、社会发展与人口、资源、环境互相协调的，兼顾当代人和子孙后代利益的，能够不断持续进行下去的发展。可持续发展战略是当今世界唯一正确可行的新发展战略。当今人类社会面临的各类挑战在中国均十分严峻：人口数量过于庞大，人均资源缺乏，环境污染严重，生态变化形势令人担忧。走可持续发展道路成为中国社会经济发展战略的必然选择。中国政府积极响应联合国的倡导，编制了《中国21世纪议程》，制定了可持续发展战略。正是在这种大背景下，国务院学位办公室在我国学科调整中增设了“人口、资源与环境经济学”这个国外没有的新学科，以适应可持续发展战略的要求，更好地为社会主义现代化建设服务。

1.1.2 人口、资源与环境经济学的研究对象和内容框架

人口、资源与环境经济学的宗旨及其产生原因，决定了这门学科的研究对象只能是可持续发展，任务是研究可持续发展的内涵、原因、条件、特点、规律和途径。因此，人口、资源与环境经济学也就是可持续发展经济学，可持续发展的理念是贯穿整个人口、资源与环境经济学理论体系的主线，最重要的是说明可持续发展对人口、资源、环境有什么要求，包括数量、质量、状态、结构及其变化趋势方面的要求；人口、资源、环境的状况和变动怎样才能适应可持续发展的要求；人口、资源、环境怎样才算与经济、社会发展互相协调，如何实现这种协调。只有弄清并阐明了这些问题，才可能真正实现可持续发展，否则，可持续发展只是不能实现的美好愿望。从目前人口、资源与环境经济学的研究与教学现状看，最需要重点研究和说明的问题，恰恰是研究最薄弱的环节、最没有说清楚的问题。不仅定性分析不明确，定量分析尤其缺乏。比如，什么叫人口、资源、环境与经济、社会发展互相协调，衡量是否协调的标准是什么，就是一个亟待明确界定的关键问题。可持续发展的核心就是实现人口、资源、环境与经济、社会发展的互相协调。什么是协调、怎样协调，自然就成了可持续发展的关键问题。本书将尽力回答上述问题。

根据以上对人口、资源与环境经济学的研究对象和主要内容的理解，本书按照以下结构层次、逻辑联系构建人口、资源与环境经济学的理论体系框架。整个理论体系由四大部分组成：

第 1 篇为总论，概述人口、资源与环境经济学的兴起、研究对象、内容、学科定位、特点和方法，然后简略介绍发展观的演进，说明人口、资源与环境经济学的核心内容人口、资源、环境与经济、社会发展的相关关系及其协调。

第 2 篇为人口与可持续发展，包括三章，主要论述人口与经济发展的关系、人口与经济发展的因素分析、可持续发展的人口政策。

第 3 篇为资源与可持续发展，包括四章，主要论述资源与经济发展的关系、自然资源的高效利用、自然资源的可持续利用以及中国的资源与可持续发展。

第 4 篇为环境与可持续发展，包括三章，主要论述环境与经济发展的关系、环境—经济问题分析、可持续发展的环境政策。

1.1.3 人口、资源与环境经济学的学科定位和特点

经济学是研究经济行为及其规律的科学，包括理论经济学和应用经济学两大类。理论经济学是研究社会经济中的基本理论问题，揭示经济活动的一般规律的科学，主要包括微观经济学、中观经济学、宏观经济学、国际经济学、计量经济学等；应用经济学则是运用理论经济学的一般原理和方法研究某一具体领域或特定经济问题的科学，各种不同的部门经济学、边缘交叉经济学都属于应用经济学。人口、资源与环境经济学，即可持续发展经济学，主要运用经济学的基本原理和方法，研究经济、社会发展与人口、资源、环境的相互关系，探讨社会经济可持续发展的规律和途径，应该属于经济学。由于其又是由经济学、人口学、资源学、生态学、环境科学交叉形成的新学科，所以不应划分到理论经济学，而应归入应用经济学。人口经济、资源经济、环境经济都是人口、资源与环境经济学

所要研究的重要内容，人口、资源与环境经济学必须吸收人口经济学、资源经济学、环境经济学的相关研究成果，但不能是这三个学科内容的简单拼盘。更重要的是，该学科既要分别研究人口、资源、环境各自与可持续发展的关系，又要分析人口、资源、环境三者相互之间的关系，还要从总体上探讨经济、社会发展与人口、资源、环境的协调。这些是人口、资源与环境经济学与人口经济学、资源经济学和环境经济学的本质区别。

1.1.4 人口、资源与环境经济学的研究方法和工具

人口、资源与环境经济学是经济学科，主要应该运用经济学的研究方法去分析人口、资源、环境与经济、社会发展的相互关系，探讨可持续发展的规律和途径。经济学的方法主要包括：成本—收益分析法，投入—产出分析法，需求—供给分析法，定性、定量分析法，存量、增量分析法，静态、动态分析法，短期、长期分析法，宏观、微观分析法，实证、规范研究法，制度分析方法，社会经济调查统计核算方法等。由于人口、资源与环境经济学又是由经济学与人口学、资源学、生态学、环境科学、人口经济学、资源经济学和环境经济学交叉形成的新学科，因此也需要运用其他学科的研究方法。这些方法主要有人口统计和预测方法，资源定价、核算、开发和配置分析方法，环境经济评价、污染评估方法，等等。又由于可持续发展涉及包括人类和自然在内的大系统，关系到经济、社会发展的趋势和前景，而且各个国家和地区实现可持续发展面临的问题和途径也不完全相同，所以还应该运用唯物辩证法、系统分析法、比较研究法等。

本书在方法论上的最大特色是，以可持续发展为主线，并且贯彻始终，主要运用经济学方法，分析人口、资源、环境及其变化与经济、社会发展的关系，阐述可持续发展对人口、资源、环境的要求，探讨人口、资源、环境的状况和变动怎样才能适应可持续发展的要求，提出实现人口、资源、环境与经济、社会发展协调的对策。本书不是简单地将人口经济学、资源经济学和环境经济学的基本理论搬到人口、资源与环境经济学中来，而是紧紧围绕着可持续发展，在全面阐明可持续发展的内涵、原因、条件、途径和评价的基础上，再分别逐步展开对人口、资源、环境与可持续发展的深入分析，并且从总体上概述人口、资源、环境的相互关系及其与经济、社会发展的互相协调，从而形成一个各部分有机结合的人口、资源与环境经济学的完整体系。

1.2 发展观的演进

1.2.1 发展观的演进过程

发展观是关于发展的本质、目的、内涵和要求的总体看法和根本观点，也是发展经济学的核心内容。人们是在第二次世界大战后发展经济学产生的时候，才形成对发展的比较明确、系统的看法，也才有了所谓发展观，在此之前，基本上只有财富增长或经济增长思想。发展观并非一成不变，而是随着社会经济发展的实践而不断演进，只是在对社会经济发展有了全面、深刻认识的基础上才提出了科学发展观。

从世界范围来看，发展观大致上经过了三个阶段的演进，形成了三类不同的发展观：

GDP 发展观(20 世纪 70 年代以前)→新发展观,包括全面发展观、可持续发展观(20 世纪 70—90 年代)→科学发展观(21 世纪)。

第一阶段即 20 世纪 70 年代以前的 GDP 发展观。从第二次世界大战后发展经济学产生开始到 20 世纪 60 年代,早期发展经济学对发展的看法较为简单、片面,认为发展就是经济发展,并且把经济发展等同于经济增长,经济规模的扩大、数量的扩张,即 GDP 的增长。在这种发展观指导下制定的发展中国家的经济发展战略,都以工业化作为发展目标,片面追求 GNP 或 GDP 的增长。结果形成了"有增长无发展"的局面,造成贫富两极分化、人口爆炸、农业衰败、粮食不足、资源短缺、环境污染等许多经济社会问题。正是在这样的背景下,发展经济学对发展的看法开始转变,从而进入第二阶段。

第二阶段即 20 世纪 70 年代到 90 年代的新发展观,主要包括全面发展观、可持续发展观。面对第二次世界大战 20 年后发展中国家出现的"有增长无发展"的现象,发展经济学开始修正对发展的看法。最先对"增长即发展"的观点提出疑问的罗马俱乐部的学者们尖锐地指出,片面追求增长使人类陷入困境,主张实行"零增长"。随着 20 世纪 70 年代世界石油危机的爆发、环境污染和粮食短缺的加剧,许多发展经济学家都开始意识到,发展不仅仅是指经济发展,还包括社会发展;发展的目的不只是收益最大化即经济效益最大化,还要注重社会效益、生态效益;发展的内涵不单是经济增长,还有结构改善、资源和环境的保护、生活质量的提高、社会公平的实现。在此基础上,发展经济学提出了新发展观,首先形成的是"全面发展观",即发展是包括经济增长和结构改善在内的以人为本的经济、社会、生态全面发展的观点。比如美国经济学家吉利斯、帕金斯、罗默等指出:"经济发展,除了人均收入的提高外,还应含有经济结构的根本变化。"①保罗·斯特瑞腾强调:"我们决不应迷失经济发展的最终目的,那就是以人为本,提高他们的生活条件,扩大他们的选择余地。"②德布拉吉·瑞甚至具体地说明:"发展可以是贫穷与营养不良的消除,人均寿命的提高,卫生条件的改善,获得干净的饮用水和医疗服务的可能性;发展也可以是婴儿死亡率降低,是知识水平和学校教育的提高,尤其是成人识字率的提高。"③金德尔伯格、赫里克提出:"经济增长指更多的产出,而经济发展则既包括更多的产出,同时也包括产品生产和分配所依赖的技术和体制安排上的变革。"④日本经济学家速水佑次郎也认为:"经济发展所涉及的范围非常宽,通常要涉及主要的文化和社会变化。"⑤法国学者弗朗索瓦·佩鲁则把发展视为"为一切人的发展和人的全面发展"。⑥ 诺贝尔经济学奖获得者印度经济学家阿马蒂亚·森的独到见解是"扩展自由是发展的首要目的和主要手段"。⑦ "可持续发展观"是 20 世纪 80 年代由联合国提出和倡导的最有影响的新发展观。1980 年 3 月 5 日,联合国大会向全世界发出呼吁:"必须研究自然的、社会的、生态的、经济的以及利用自然资源过程中的基本关系,确保全球的发展。"从此,联合国不断召开国

---

① 吉利斯,帕金斯,罗默. 发展经济学. 北京:中国人民大学出版社,1998:7.
② Streeten, P. P. Human Development: Means and Ends. *American Economic Review*, 1994(84):232-237.
③ 德布拉吉·瑞. 发展经济学. 北京:北京大学出版社,2002:7.
④ 金德尔伯格,赫里克. 经济发展. 上海:上海译文出版社,1986:5.
⑤ 速水佑次郎. 发展经济学——从贫困到富裕. 北京:社会科学文献出版社,2003:4.
⑥ 弗朗索瓦·佩鲁. 新发展观. 北京:华夏出版社,1987:11.
⑦ 阿马蒂亚·森. 以自由看待发展. 北京:中国人民大学出版社,2002:30.

际会议，通过宣言，发表声明，在全世界大力提倡既满足当代人的需要，又不对后代人满足其需要的能力构成危害的发展，即可持续发展的新模式。可持续发展观是经济、社会发展与人口、资源、环境互相协调的，兼顾当代人和子孙后代利益的，能够不断持续进行下去的发展观点。在可持续发展观的指导下，联合国制定了人类发展指数(human development index，HDI)这个包括寿命、教育、收入分配在内的综合指标，还有学者提出了绿色GDP指标体系、循环经济发展方式。但是，无论是全面发展观还是可持续发展观，都没有全面、系统、综合地说明发展的本质、目的、内涵和要求，自然也就没有形成完整、准确的科学发展观。

第三阶段即21世纪中国提出的科学发展观。在跨入21世纪的时候，中国面对国际国内经济、社会发展的实际和前景，在深刻总结国内外发展问题的经验教训的基础上，全面吸收和综合了人类社会发展研究的成果，提出了全面、协调和可持续的科学发展观。科学发展观既纠正了GDP发展观的错误，又克服了各种新发展观的不足，无疑是迄今为止最科学最正确的发展观。

从中国来看，在对什么是发展、为什么发展和怎样发展问题的认识上，也经历了一个逐步提高的过程。

在改革开放以前，虽然认识到社会主义的根本任务是发展生产力，但是在什么是发展上，把发展生产力主要看成工农业总产值的增长，在怎样发展上，总的指导方针是以阶级斗争为纲，强调政治挂帅，实际上是把经济发展放在了次要的位置，甚至只算“政治账”，不算“经济账”，搞所谓“穷过渡”，实行的是重工业优先的赶超战略，片面追求增长的高速度，发展观和发展模式存在严重的缺陷。

改革开放以来，对发展的看法发生了很大的转变。首先是纠正了以阶级斗争为纲的指导方针，提出了以经济建设为中心的基本路线，制定和实施了新的经济发展战略，工作重心由政治斗争转向经济建设，强调一切经济工作必须以提高经济效益为中心。20世纪90年代初，在苏联东欧发生剧变、中国改革和发展遭受严重挫折的关键时刻，邓小平提出“发展是硬道理”，充分肯定了发展的重要性，极大地提高了对发展的认识，坚定了一心一意谋发展的决心。随后，在继承、丰富和发展邓小平的发展观，更加全面、深刻和准确把握发展规律的基础上，纠正了“经济增长是硬道理”的偏差，进一步提出“发展是执政兴国的第一要务”，形成了科学发展观。

1.2.2　科学发展观

1. 科学发展观的内涵

科学发展观是全面、协调、可持续的发展观。科学发展观认为，发展的本质是“以人为本”，发展的根本目的和内涵是“经济、社会和人的全面发展”，发展的模式是“全面、协调和可持续”发展模式，发展的基本原则是全面统筹兼顾、协调发展，发展的主要要求是正确处理“七大关系”、实行“五个统筹”，即处理好经济发展与社会发展的关系，处理好城乡发展、地区发展的关系，处理好不同利益群体的关系，处理好经济增长同资源、环境的关系，处理好改革发展稳定的关系，处理好物质文明建设同政治文明建设、精神文明建设的关系，处理好国内发展同对外开放的关系，做到统筹城乡发展、统筹区域发展、统筹经济社会发展、统筹人与自然的和谐发展、统筹国内发展和对外开放。

2. 科学发展观的背景和依据

科学发展观的提出，绝不是偶然的，也不仅是一种良好愿望、主观要求，而是具有深刻的必然性和客观性的依据。从国际背景和经验教训来看，经济知识化、信息化、全球化和竞争激烈化，人口、资源、环境问题的严重性，少数国家全面、协调发展的成功经验，大多数国家"有增长无发展"、"高消耗高污染"、"先污染后治理"、贫富悬殊、社会矛盾尖锐、民族冲突、政治动荡的深刻教训，都要求树立以人为本，全面、协调和可持续的科学发展观。从中国的国情和面临的任务来看，为了实现共同富裕的目标，在人均 GDP 达到中等收入国家水平后实现持续发展而避免陷入"中等收入陷阱"，有效解决"三农"问题、就业问题、内需不足、收入差距较大、资源短缺、水土流失、土地沙化、环境污染、产业结构不合理、城乡结构失衡、地区差异明显、弱势群体庞大、社会稳定压力较大等一系列问题，更是迫切需要树立科学发展观、调整发展战略、转换增长方式和改变发展模式。全面、协调、可持续的科学发展观是我国站在现代的高度，在深刻总结国内外发展问题的经验教训、全面吸收已有的经济和社会发展理论研究成果的基础上，提出的更新的发展观。

3. 科学发展观的贡献和意义

发展观理应是发展经济学的基本概念和核心内容，但大多数发展经济学的论著都没有明确提出发展观的概念，更缺乏对科学发展观的研究和论述。法国学者弗朗索瓦·佩鲁虽然写了一本名为《新发展观》的书，但他没有明确界定发展观的内涵，其"新发展观"也只是一种"总体的、内生的、综合的"发展观，缺乏统筹协调、可持续发展的重要内容，还没有提出准确、完整的科学发展观。因此，全面、协调、可持续的科学发展观的提出，创新了发展的观念，丰富了发展经济学的内容，弥补了发展理论的不足，具有重大的理论和实践意义。

从理论角度而言，全面、协调、可持续的科学发展观是对既有发展理论的充实和完善。

第一，科学发展观在发展的总体看法上完善了发展经济学。

对发展的本质、目的、内涵和要求的理解是发展观的主要内容。长期以来，发展经济学对发展的看法，虽然在不断演进，逐步走向完善，但一直存在缺陷，始终没有明确地提出完整的科学发展观。GDP 发展观不以人为本，缺乏全面、协调和可持续发展的内容；全面发展观没有明确提出可持续发展的要求；即使是可持续发展观也存在没有强调经济、社会和人的全面发展及经济、社会协调的不足。科学发展观则正确地指出发展的本质是"以人为本"，发展的根本目的和内涵是"经济、社会和人的全面发展"，发展的基本要求是"全面、协调和可持续"，使人类社会对发展的认识更为准确、完整和深刻，无疑是对发展经济学的最新发展和突出贡献。

第二，科学发展观在发展的方式上充实了发展经济学。

科学发展观不仅在什么是发展和为什么发展方面完善了发展经济学，而且在怎样发展问题上也充实了发展经济学。尽管发展经济学曾经先后总结和提出过初级产品出口、进口替代、出口导向、轻工业优先发展、重工业优先发展、产业平衡发展、产业不平衡发展、可持续发展等多种多样的发展道路、发展模式和发展战略，其中不少也在某些国家的发展中曾经发挥过一定的作用，取得过一定的成效，但始终没有提出更为完整和合理的发展道路或发展战略。而且这些发展模式在如何正确处理工业与农业、城市与农村、区域经济发展、经济与社会、国内发展与对外开放、人与自然和谐发展等一系列发展的重大关系和问题上，往往缺乏全局观、总体观、协调观，存在重大缺陷，它们不是突出工业化而轻视农业发展，注重城市而忽视农村，就是强调地区不平衡发展而轻视区域经济协调发展，重视地区和产业均衡发展而忽视其他方面的统筹协调发展，还有的是注重外向型经济发展而忽视内向型经济发展，或者是肯定自力更生而否定对外开放，即使是提出了可持续发展模式，更多地强调的也是社会、经济发展与人口、资源、环境的协调，而没有提出全面统筹兼顾、协调发展的模式。科学发展观克服了这些方面的缺陷，提出了完整的"全面、协调和可持续"发展的模式，明确了全面统筹兼顾、协调发展的基本原则，强调了发展必须正确处理"七大关系"、实行"五个统筹"，充实了发展经济学关于发展方式的理论。

以上两点说明科学发展观在什么是发展、为什么发展和怎样发展问题上，全面发展了发展经济学。

从现实上讲，全面、协调、可持续的科学发展观不仅对当代中国有着紧迫的实践意义，也对解决人类社会共同面对的现实发展难题具有指导意义。

科学发展观是现在中国发展最正确的行动指南，对中国经济、社会和人的全面发展都具有重要的指导意义。

科学发展观使中国发展的实践有了必须遵循的基本原则和明确的方向，能够更正确地把握发展的本质、目标和内容，从而少犯错误，少走弯路，避免过多、过大的损失，特别是有利于纠正和防止我们在发展中曾经长期存在的重物不重人、重经济不重社会、重经济增长不重协调均衡、重短期目标不重长期持续、重 GDP 不重资源和环境、重数量不重质量、重速度不重效益、重经济效益不重社会和生态效益、重工业不重农业、重城市不重农村的偏差，从而提高发展的成效，保证发展的全面、协调和可持续。

1.2.3　创新、协调、绿色、开放、共享的发展新理念

2015 年中国在制定国民经济和社会发展第十三个五年规划时，在科学发展观的基础上又进一步提出了创新、协调、绿色、开放、共享的发展新理念，实现了发展观的新发展。

1. 创新、协调、绿色、开放、共享的发展新理念的基本内容

从经济社会发展的角度来说，创新主要是指科学技术创新、产业创新和制度创新，创新是发展的强大动力，使人们既能合理开发保护资源，又能高效节约利用资源，既能提高供给能力和经济效益，又能创造新需求，从而推动经济社会持续高效发展。

协调是指国民经济中各个产业、部门、领域、地区、城乡、环节、国内外等各个方面的互相适应、配合、均衡发展，包括经济、社会、政治、文化、生态在内的广义发展的各个方面相互协调配合、合理推进。协调是持续健康发展的内在要求。只有协调，才能既消除积压、过剩、浪费，又避免短缺、不足、冲突，实现经济持续有效发展、社会和谐稳定。

绿色是指能够实现资源节约、环境友好、生态文明、人与自然和谐的可持续发展状态。绿色是永续发展的必要条件和人民对美好生活追求的重要体现。

开放是指利用全球化的机遇，开放国内外市场，推动国际人财物流动，参与国际分工

协作，引进来、走出去，发展国际贸易、投资、科技、文化、人才交流，充分合理利用国内外两个市场、两种资源，更好更快推动经济社会发展。开放是国家繁荣发展的必由之路。

共享是指发展为了人民、发展依靠人民、发展成果由人民共享，要求在经济社会发展中成果不能只是由少数人享有，必须合理缩小收入差距，防止贫富悬殊、两极分化，逐步走向并最终达到共同富裕。只有非平均主义的共享，才能实现社会公平、增进人民团结、维持社会稳定、调动各方面积极性、增强发展动力。共享是中国特色社会主义的本质要求。

2. 创新、协调、绿色、开放、共享的发展新理念对发展观的新发展

以人为本，全面、协调、可持续的科学发展观中包含有协调、绿色的理念，因为可持续发展就是绿色发展，但是没有明确指出创新、开放、共享的理念，而这三个理念也是非常重要的发展理念。共享是以人为本的核心，如果发展成果只是少数人独占，那只是以少数人为本，以人为本必须以多数人或者全体人民为本，不能只以少数人为本；而且，没有创新、开放、共享也难以做到协调、绿色，尤其是当前世界和中国经济社会发展在这三个方面问题更为突出、更需要强调这三个发展理念。

自从2008年美国发生金融危机和经济危机以来，世界经济一直萎靡不振，中国经济也是在2010年以后连续5年增速下行，面临着结构不合理、贸易保护主义抬头、财富和收入分配不平等加剧等三大突出问题。

首先是结构问题突出。具体表现是：世界特别是发达国家金融业过度发展、虚拟经济膨胀、实体经济衰退、制造业“空心化”、基础设施老化，同时新科技革命和工业革命正在兴起；中国则是无效供给过多、有效供给不足、一般制造业产能过剩、高端制造业和新兴产业以及现代服务业不足、处于世界产业价值链的低端，不仅收入难以增加，而且难以维持中高速增长。

其次是贸易保护主义蔓延问题。2008年危机发展后，为了保护本国企业、保持本国就业和经济增长，以美国为首的发达国家贸易保护主义抬头，结果是损人也不利己，加剧了国际贸易的下降和经济增长的不景气，同时导致中国进出口增长也大幅度下降，甚至出现负增长，使得中国自改革开放以来依靠出口推动经济增长的方式难以为继，必须转向创新和扩大内需。

最后是财富和收入分配不平等加剧问题。从世界特别是西方发达国家来看，财富和收入分配不平等加剧是2008年危机发生的最重要的原因，诺贝尔奖获得者美国著名经济学家约瑟夫·斯蒂格利茨指出：“金融危机给予了人们一种新认识：我们的经济体制不但没效率、不稳定，而且根本不公平。”[①]诺贝尔奖获得者美国著名经济学家保罗·克鲁格曼也说：“过去三十年间美国经济增长的最大成果落入了一小群富人的腰包，而且集中程度非常高，以至于都无法清楚判断，普通家庭有没有从科技进步及其带来的生产效率的提高中获取一丁点利益。”[②]法国著名经济学家托马斯·皮凯蒂在《21世纪资本论》中通过对大量长期的相关历史数据的分析，得出资本主义历史上长期存在财富和收入分配不

---

① 约瑟夫·斯蒂格利茨. 不平等的代价. 北京：机械出版社，2014：x.

② 保罗·克鲁格曼. 美国怎么了——一个自由主义者的良知. 北京：中信出版社，2008：187.

平等的结论，提出“在财富积累和分配的过程中，存在着一系列将社会推向两极分化或至少是不平等的强大力量”，强调“自从 20 世纪 70 年代以来，收入不平等在发达国家显著增加，尤其是美国，其在 21 世纪头十年的收入集中度回到了(事实上甚至略微超过了)20 世纪的第二个十年”。[①] 埃及、利比亚、叙利亚等中东和北非国家发生的号称为“某某之春”的所谓“季节革命”，乌克兰等东欧国家发生的所谓“颜色革命”，虽然与以美国为首的西方国家竭力鼓动、推行“美国民主模式”有关，但内因是决定性的，即主要都是因为本国独裁者及其家族、少数腐败官员和暴发户掌握大量的财富资本，造成严重的贫富两极分化、收入高低悬殊，引起广大人民群众的强烈不满。由此可见，要有效应对、缓解、预防危机，必须想办法有效缓解不平等是非常重要的。除了供给结构不合理、层次低之外，由于财富和收入差距扩大、劳动收入偏低造成的有效购买力不足，也是中国经济连续 5 年下行的重要原因，要保增长，除了坚决进行供给侧结构性改革之外，还需要深化所有制、收入分配等相关制度改革，合理缩小财富和收入差距，从而提高人民群众的有效购买力，进而推动经济增长。

以上情况说明，无论是世界，还是中国，现在都迫切需要创新、开放、共享。世界特别是发达国家现在需要通过科学技术、产业和制度创新，规范和监管金融业的发展，抑制虚拟经济的膨胀，进一步发展高端制造业和高新技术产业，改变制造业“空心化”的态势，振兴实体经济，在恢复和提高自身经济增长的同时，也带动世界的经济增长；克服贸易保护主义倾向，促进国际投资、国际分工、国际贸易、国际交流合作，以推动世界经济恢复和加快发展；调整财富和收入分配，缓解不平等的状况，让更多的人分享经济发展的成果，同时增加社会有效购买力，增强经济增长的动力。中国现在也需要通过技术、产业和制度创新，调整优化经济结构，大力发展高端制造业、新兴产业和现代服务业，进入世界产业价值链的高端，克服无效供给过度有效供给不足的偏差，做强实体经济，改变经济下行的态势，维持中高速增长，为世界经济增长做出更大贡献；坚持开放、合作、互利、共赢的方针，提倡自由贸易，反对贸易保护主义，促进国际投资、国际分工、国际贸易、国际交流合作，以推动中国和世界经济的持续稳定增长；深化所有制、分配制度等相关制度的改革，调整财富和收入分配，缩小收入和贫富差距，让全体人民分享经济发展的成果，同时增加社会有效购买力，增强经济持续增长的动力。

由此可见，创新、协调、绿色、开放、共享的发展新理念的提出，不仅弥补了原有发展观的不足，丰富和发展了科学发展观，使得发展观更加全面、系统、科学、合理，再次发展了发展经济学，而且更符合当前的世界和中国的实际，具有更大的现实指导意义。

1.3　人口、资源、环境与经济、社会发展

可持续发展是人口、资源、环境与经济、社会协调的发展，可持续发展的核心就是正确处理人口、资源、环境与经济、社会发展的相互关系，实现人口、资源、环境与经济、社会发展的互相协调。什么叫经济、社会发展与人口、资源、环境的互相协调？人口、资源、环

---

① 托马斯·皮凯蒂. 21 世纪资本论. 北京：中信出版社，2014：16，28.

境怎样才算与经济、社会发展互相协调？衡量是否协调的标准是什么？如何实现这种协调？这是实现可持续发展的关键问题。只有弄清并阐明了这些问题，才可能真正实现可持续发展，否则，可持续发展只是不能实现的美好愿望。正确研究和回答这些问题，是人口、资源与环境经济学的中心内容。

在下面各篇章将分别论述人口、资源、环境与可持续发展的相互关系，分析可持续发展对人口、资源、环境的要求及人口、资源、环境的状况和变动怎样才能适应可持续发展的要求，在说明中国人口、资源、环境的现状、问题和对策之前，这里首先概括论述人口、资源、环境的相互关系，从总体上说明人口、资源、环境与经济、社会发展的互相协调。

1.3.1 人口、资源、环境的相互关系

实现人口、资源、环境与经济、社会发展的协调，首先必须正确处理人口、资源、环境的相互关系，实现人口、资源、环境之间的协调。可持续发展目标下的人口、资源、环境是一种什么样的关系呢？

1. 人口、资源、环境的关系就是人与自然的关系

由于环境要素中包含自然资源，自然资源又包括环境资源，环境和自然资源之间互相重叠、交叉、融合，共同构成大自然。土地、河流、矿山、森林等既是自然资源，也是构成环境的重要因素；空气、水、大地、植被等的状况作为能够产生经济价值的、提高人类当前和未来福利的自然因素和条件，既构成环境资源，也是自然资源的重要组成部分。广义的资源和广义的环境，实际上是相互重合的。正是由于环境与自然资源之间互相重叠、交叉、融合的复杂关系，人们对"环境"和"资源"的概念有不同的理解。有的人认为资源是环境的一部分，是环境为人类提供的一种服务功能；有的人则认为环境是资源的一部分，可称为"环境资源"。人口、资源与环境经济学把"资源"和"环境"作为两个概念，"资源"为人类提供有形的生产资料，为生产和生活提供物质基础，而"环境"提供生命支持、废物吸纳、美学等功能，两者都是人类生存和发展的必要条件。如果没有人的介入，资源和环境会按照自然规律，在自然力的作用下自然地进化，也不存在什么污染、破坏、浪费、恶化或保护、净化、节约、优化的问题，也没有判断资源和环境状况是好或坏、有利或有害的必要。所以，人口、资源、环境的关系就是人与资源、环境的关系，也就是人与自然的关系。那么，人与自然究竟是一种什么关系，应该是一种什么关系，是主次关系、利用和被利用关系、对立关系，还是和谐关系呢？实际上人类对人与自然关系的认识经过了一个曲折的过程。

2. 人与自然的协调

人类对人与自然关系的认识经过了由崇拜自然到以人为主、人定胜天、征服自然至天人合一、和谐共生、善待自然的一个曲折的演进过程。

在人类的原始社会、蒙昧时代，生产力极为低下，大自然主宰着人类的命运，人类在大自然面前显得极其渺小，几乎无法抗衡自然力的作用，这时人类对人与自然关系的看法是：大自然是人类的主宰，因而人类敬畏自然、崇拜自然。随着技术进步、生产力发展，人类对抗自然力的能力逐步提高，人类对人与自然关系的看法也逐步发生变化，特别是

进入工业经济时代以后，人们认为人类是自然的主人，自然是为人类服务的，人类能够战胜自然，人定胜天，人类社会的基本任务就是要改造自然、征服自然，创造更多的物质财富，改善人类的生活，甚至把生产力都定义为人类征服和改造自然的能力。从20世纪70年代开始，人类过度征服和改造自然、挥霍浪费自然资源、任意污染环境的行为，受到大自然的严厉惩罚，人类社会的经济增长陷入困境，面临人口爆炸、粮食短缺、能源危机、资源破坏、环境污染、生态失衡、贫富差距扩大等严重问题，不但造成经济增长走向极限，甚至威胁到人类自身的生存，迫使人们不得不重新审视人与自然的关系，开始警醒并认识到：大自然并不是任人奴役的侍女、任人宰割的羔羊，人与自然是共生共荣的关系，人类必须善待自然、保护自然，实现天人合一、协调和谐。高消耗的增长方式、"有增长无发展"、"先污染后治理"的传统经济发展模式已不能再继续下去，必须努力寻求人与自然协调和谐的经济、社会发展的新路。

人与自然的关系必须协调，否则，不仅自然资源遭受破坏、日趋短缺，生态环境遭受污染、日益恶化，而且人类也难以生存和发展。所谓人与自然关系的协调，是指生态平衡得以维持，人类生存和发展所需要的资源、环境条件也有保证。当一个地区不迅速消耗不可再生资源，不使环境供养人口的能力退化以至于维持不了当地人口生存的时候，换言之，当一个地方的长期供养能力因为当前居住的人口而明显地下降的时候，这个地区就是人口过剩了、就是人与自然的关系不协调了。人类要可持续发展，生态环境也要可持续优化，自然资源也要能可持续利用，否则，人类就不可能持续发展。在人类与自然的系统中，人类的可持续发展和资源的可持续利用、环境的不断优化，应该是一个互动的过程。在人类与自然的互动过程中，人是主动的，自然是被动的，正确处理人与自然的关系，实现人与自然的协调，关键在人的行为合理化。必须清醒地认识到，在人与自然的关系中，虽然要以人为本，人类起着决定性作用，人类可以过多消耗资源、污染环境、破坏生态，也可以保护资源、生产可再生资源、美化环境，但大自然也会对人类产生巨大的反作用。如果人类的行为合理，保护资源，改善环境，大自然就能保证和促进人类的生存和发展；如果人类的行为不合理，破坏资源，污染环境，大自然就会惩罚人类、威胁人类的生存和发展。人类必须主动选择自身的恰当的数量规模、合理的结构和更高的质量；选择合理的生产方式和生活方式，把对自然资源的需求控制在地球资源系统可持续供给的水平之下，尽力寻求可持续利用的资源、用可再生资源以替代不可再生资源；把对生态环境的不利影响减小到最低限度，尽可能保护、改善生态环境。只有同时从以上三个方面着手，人类才可能有一个光明的发展前景。

1.3.2 人口、资源、环境与经济、社会发展的协调

所谓人口、资源、环境与经济、社会发展的协调，主要包括三个方面的协调：即在经济、社会发展的同时，如果既充分利用了人力资源，实现了充分就业，又较好地满足了人们的物质文化需要，就是实现了经济、社会发展与人口的协调；在经济、社会发展的同时，如果能够节约高效利用现有资源，并且不断开发出更丰富、更有效、更清洁的新资源，就是实现了经济、社会发展与资源的协调；在经济、社会发展的同时，如果保护和改善了环境，维持了生态平衡，就是实现了经济、社会发展与环境的协调。

要实现人口与经济、社会发展的协调，必须在控制人口数量、提高人口素质、优化人口结构的同时，保持社会经济的必要的适度增长，尽可能地创造更多的就业机会，提高经济效益。只有这样，才能避免人口过剩、失业严重、大众生活水平下降，真正做到充分利用人力资源，实现充分就业，较好地满足人们的物质文化需要。要实现资源与经济、社会发展的协调，必须按照可持续发展的要求，在可再生资源的开发利用速度不超过其再生速度、不可再生资源的开发利用速度与替代品创造的速度基本保持一致的前提下，尽量节约、高效、循环利用现有资源，努力开发出更丰富、更有效、更清洁的新资源，求得经济的持续、高效发展。要实现环境与经济、社会发展的协调，必须按照可持续发展的要求，在生产和生活废弃物的排放不超过环境的吸收、净化能力的前提下，努力做到环境保护和改善在先，尽量少排放、少污染、不污染，在追求经济效益的同时注重生态环境效益。

本章小结

理论总是伴随人们的社会经济实践而产生和发展，而科学的理论又会指导人们取得更好的社会经济发展。从单纯追求增长到全面、协调、可持续的科学发展观的演进，催生了人口、资源与环境经济学这门新兴学科。人们致力于人口、资源、环境与经济、社会协调发展的实践，也必将进一步使这门学科的内容得到不断的丰富和深化。

思考题

1. 人口、资源与环境经济学的主要内容是什么？

2. 以可持续发展为主线的人口、资源与环境经济学与一些相关学科，如人口经济学、资源经济学、环境经济学的关系是什么？

3. 什么是可持续发展观、科学发展观？创新、协调、绿色、开放、共享的发展新理念在发展观上有什么新发展？

4. 什么是人口、资源、环境与经济、社会发展的协调，怎样才能实现？

第2篇

人口与可持续发展

第2章　人口与经济发展

学习目标

- 了解人口与经济发展之间的相互影响关系
- 认识不同发展阶段人口与经济发展关系的特点
- 熟悉对人口与经济发展关系认识的演进过程与代表性思想

学习和研究人口与经济发展之间的关系，目的在于弄清楚经济发展在哪些方面影响人口的生存和发展，人口因素又从哪些方面影响经济的发展，从而能够更自觉地选择最优的经济发展方式和最佳的人口再生产方式以实现人类福利最大化的目标。

2.1　人口与经济发展的一般关系

2.1.1　人口对经济发展的影响

人口是在特定时间和空间里作为自然界最高等生物存在的一个集群。这个集群之中的成员之间除了有生物学意义上的关联之外，还在日常的生活中结成错综复杂的社会关系。人口的存在与发展，总是在一定的经济发展水平下进行的。一个国家和地区人口的自然属性和社会属性所表现出来的特征对该国家和地区的经济发展有着重要影响。

首先，人口是经济发展的动力源泉和最终服务的归属。

人口是人“口”、人“手”和人“头”的统一体，是有着多面特征的集合。人们日常经济活动中最基本的概念“需求”和“供给”均与人口作为这种统一体的特征紧密相关。

从人“口”的角度来看，人口是一种消费因素的集合。每一个个体的人的存在，都必须有衣、食、住、行、娱等生存和发展的最基本物质和精神需求。满足这些需求构成了经济发展的最原始动力。这些需求的不断增加和升级，推动了社会不断演进，经济发展水平不断提升。

从人“手”和人“头”的角度看，人口是一种生产因素的集合。人口集合中的每一个个体通常情况下均具有从事体力劳动或者脑力劳动的能力，能够创造满足人们生存和发展以及精神需求的各种物质和非物质产品。满足自身物质和精神需求能力的提高过程，也就是经济发展水平不断提高和社会不断进步的过程。

其次，人口因素影响了经济发展的规模、模式和绩效。

人口因素首先决定了经济发展的规模。一国人口规模的大小，很大程度上影响了这个国家的经济总量或者潜在的经济规模。虽然现实经济发展中，一个国家和地区的经济规模受经济发展水平先进和落后、发达程度高低之分的影响，但人口因素始终是评价其经济发展规模和潜在能力时不可忽视的重要指标。在经济发展水平相对落后的农业时代，一国的人口规模几乎就是这个国家财富和实力的代名词。到了商品经济高度发达的时期，人口规模也构成一国经济发展的主要竞争力要素之一。20 世纪后期中国的改革开放之所以取得世人瞩目的成就，一个重要的因素就是中国可以凭借庞大的人口规模所产生的市场吸引力迅速获得外部的经济要素的投入。一位澳大利亚政要在谈到澳方处理中日政经关系时强调，中国人口约 14 亿，日本为 1.28 亿，作为市场的中坚的“中产阶级”人数，2010 年中国为 1.5 亿，预期到 2021 年超过 6.7 亿，这是日本人口总数的数倍，因此，中澳经贸合作的机遇与重要性不言而喻。21 世纪世界经济发展格局中重要的新生力量“金砖国家”(巴西、俄罗斯、印度和中国)之所以引人注目，除了这些国家经济发展的高成长性有不俗表现，还因为这几个国家都是人口众多的大国。

人口因素在一定条件下会影响一个国家和地区经济发展的模式。对一国而言，选择什么样的经济发展道路以及采取什么样的经济发展模式，固然受客观的外部条件、自然禀赋、自身发展基础和主观的发展战略选择等因素影响，但人口因素也往往在其中发挥关键性的作用。以农业发展为例，世界范围内存在三种典型的经营模式，一是以节省人力投入的机械技术为主要特色的大规模生产模式，二是以密集人力投入结合农业技术改良为主要特征的较小规模生产模式，三是介于前二者之间的农业生产技术和机械技术兼顾的中等规模生产模式。土地资源充裕、人口密度相对较低的国家，如美国、加拿大、澳大利亚等国，采用第一种模式。而耕地资源紧张、人口密集的国家，如日本、韩国等国，会采用第二种模式。介于二者之间的国家，如欧洲一些农业生产大国，则采取第三种模式。再以工业品国际市场产业转移为例，加工制造业往往在一些国家和地区之间游移，一些人口数量较多、劳动力成本较低而且供给充沛的国家按照比较优势原则，重点选择和吸引劳动密集型的产业作为工业发展的重点领域，这也是人口因素发挥作用的表现。20 世纪 80—90 年代，廉价劳动力使得中国迅速成为“世界工厂”。进入 21 世纪以来，东南亚和南亚一些国家，如泰国、马来西亚、越南、孟加拉国和印度，也加入竞争行列并且赢得一席之地，其中的人口因素是重要推手。

人口因素会影响一个国家和地区经济发展的绩效。如前所述，人口是经济发展中需求的来源和供给的提供者，人口本身的质量、结构以及参与经济活动的方式等多种因素的不同水平及其组合对一国经济发展的绩效会产生明显的影响。如有研究表明，在 20 世纪下半叶，日本、韩国和东南亚一些国家和地区的经济快速发展，除了政府产业政策的引导和扶持、良好的外部经济环境等因素外，这些国家和地区人口年龄结构转变也发挥了重要作用。因为这些国家和地区在这个时期均处于人口再生产模式发生转变的时候，少儿负担系数和老年赡养系数相对较低，经济活动人口比例高、负担轻，这些人口因素所产生的经济效果就是，一方面，劳动年龄人口相对于总人口的增加提高了生产性人口相对于非生产性人口的比例，另一方面，劳动年龄人口的相对增加降低了社会的抚养比，使得劳动人口所负担的非生产性人口减少，从而使劳动年龄人口能够将收入中的更大部分用于储蓄和资本供给，由此带来了经济的快速发展。与此相反，一些发达国家近一二十年来经济发展处于停滞状态，竞争力削弱，有人认为其中不乏人口因素的作用。因为这些国家人口再生产模式趋于稳定，人口增加极为缓慢甚至出现负增长，造成了经济发展动力不足。在日本，自 1973 年以后，每年出生人数持续下降，现在人口总数也出现绝对降低的趋势，预计到 2050 年人口将下降到 1 亿—1.1 亿。人口数量减少产生的直接后果是劳动人口数量减少，商品和服务业市场国内需求低迷，整个经济氛围处于“寒冬季节”，20 世纪 90 年代以后日本经济持续不景气，即与人口因素有关。在德国，自从第二次世界大战之后，人口生育率持续下降，由战后平均每个女性生育 2.1 个孩子下降到 1975 年以来的 1.4 个，而德国的失业率正是从 1975 年开始持续上升。有学者认为，正是出生率的降低造成了失业率的上升。如果与假定总和生育率 2.1 的水平相比，1975 年以后至 21 世纪初，德国少出生了 800 多万人，这也就意味着社会少了 800 多万个劳动者和带动经济增长的消费者。因此有学者认为“人口是德国经济的要害”。俄罗斯自苏联解体之后也面临人口减少的危机。1992 年，俄罗斯人口达到历史最高点的 1.48 亿人，10 年之后，下降到 1.43 亿，到 2015 年，进一步减少为 1.4 亿。据联合国 2015 年预测，2050 年俄罗斯人口将减少到 1.28 亿。由于人口减少，俄罗斯面临严重的劳动力短缺，其劳动和社会发展部认为目前劳动力缺口高达 1 000 万，在远东和西伯利亚地区的一些生产领域，劳动力短缺近 50%，严重拖累了俄罗斯的经济增长。

2.1.2 经济发展对人口发展的影响

人口的发展总是在一定的经济条件下进行的。人口变化的各个方面，包括主观的生育模式选择和客观的生存发展环境，都是以自然生物现象为基础的一种社会过程，必然受到经济发展的制约。因此，一般认为，经济的发展对人口的发展起了重要的影响作用。这可以从经济发展在人口的自然变化和社会变化过程中的作用表现出来。

人口发展的历史轨迹表明，经济水平由低到高的发展决定了人口自然变化的基本模式的演进。人口的自然变化包括人口的出生、死亡等以人类的生物性为基础的变化过程，在这个过程中起基础性作用的是人类的生物属性。每一个生命个体的出生、成长、衰老和死亡等环节是一种自然的生命过程，但这个过程的每一个环节却又与经济发展紧密联系在一起，深受其影响。一般而言，经济发展的每一个进步，最初都直接反映在人口死亡率的变化上来，如婴儿死亡率的降低、人口平均寿命的提高等，渐次地，经济发展水平提高的影响又会对生育产生影响。经济发展对死亡和出生产生影响的时间有先后次序之分，使得人口发展史呈现出明显的阶段性特征。“人口转变”理论正是揭示了经济发展和人口发展之间的这种关系。

所谓的人口转变，是一些学者对人类发展历史进程中人口的自然变化即人口出生率、死亡率的消长带来人口增长率的变化所呈现出一定的规律性的描述和总结。人口转变的过程在现象上表现为人口再生产若干指标的变化，本质上却反映了经济发展通过一系列中介因素对人口发展所产生的巨大影响。

对人口发展的历史进行回顾和总结，会发现人口的自然变动虽然在不同国家和地区、不同历史阶段有不同的具体特征，但却表现出一个基本的共同趋势：随着经济发展水平的不断提高，不同国家和地区的人口出生率、死亡率和自然增长率的消长会大致按照相同的轨迹发展。较早的汤姆逊将人类历史上的人口转变过程划分为三个阶段：最初的高出生率、高死亡率和低增长率阶段，随之而来的高出生率、低死亡率和高增长率阶段，以及最后的低出生率、低死亡率和低增长率阶段。而后来的布莱克则将人口转变过程细分为五个阶段：人口出生率和死亡率都处于高水平、人口增长基本静止的高位静止阶段；出生率维持较高水平而死亡率开始下降，由此人口开始增长的初期增长阶段；出生率开始下降，死亡率下降至可能的最低限度，人口出生率仍然高于死亡率的后期增长阶段；人口出生率进一步下降，与死亡率基本相当而相互抵消的低位静止阶段；人口出生率和死亡率都很低，但死亡率高于出生率，人口数量绝对减少的下降阶段。联合国1973年出版的《人口趋势的决定因素及其后果》系统总结了人口转变的理论研究，对人口转变的阶段及其参考指标提出四个阶段的划分方法：第一个阶段是转变前阶段，特征是高出生率，高死亡率，人口增长速度缓慢，总和生育率在6.5以上，平均预期寿命在45岁以下；第二个阶段是早期转变阶段，特征是人口出生率和死亡率都开始下降，但死亡率在下降速度和幅度上领先于出生率，总和生育率在4.5至6.5之间，平均预期寿命在45岁至55岁之间；第三个阶段是后期转变阶段，特征是人口出生率和死亡率快速下降，人口增长速度明显下降，总和生育率在2.5至4.5之间，平均预期寿命在55岁至65岁之间；第四个阶段是低出生率和低死亡率的现代阶段，特征是人口出生率和死亡率都已经降低到相当低的水平，总和生育率在2.5以下，平均预期寿命在65岁以上。

经济发展被学者们认为是人口转变过程发生的主要解释因素。如诺特斯坦对人口死亡率和出生率的变化以及人口增长进行了解释。他认为，过去三个世纪里，世界人口数量迅速增长，主要原因在于死亡率的下降，而死亡率的下降，则是由于现代化进程中人类生活水平的提高、医疗条件的改善、卫生知识的普及等。对于出生率的下降，则主要是由于经济因素对人们的生育观念和生育行为产生了重要影响：首先，经济发展过程中，儿童的抚养费用不断上升，对家庭的贡献则不断下降，因而其经济价值下降；其次，现代化进程中女性参与经济活动的机会不断增加，女性在就业和生育更多子女之间进行选择，往往为了经济利益而限制生育；再次，现代化带来的生活方式和生活条件转变降低了儿童死亡率，人们已经不需要以较高的生育率作为孩子存活的保障手段，从而为降低出生率创造条件；最后，现代社会里，家庭的生产性功能逐步降低，子女对家庭的保障效用下降。以上因素共同作用的结果，使得人口出生率在近几个世纪以来不断下降。

另外，寇尔和胡佛则结合世界经济发展进程，对人口转变过程中出生率和死亡率与经济结构变化及其相关因素的变化进行了分析，他们指出，传统农业经济条件下的人口再生产模式是高出生率和高死亡率。死亡率往往随着农业收成的波动和传染病的发作与否而上下波动。食物的短缺、卫生条件的恶劣、医疗水平的低下，造就了较高的人口死亡率，而为了保证高死亡率条件下人口得到延续和发展，高人口出生率就成为必需。在这样一种经济发展水平条件下，多生多育成为人们的一种普遍选择，人们的生育观念和行为逐步沉淀和固化，进而演化成为一种社会风俗和制度。随着农业生产的进一步发展和工业化的推进，制约人们生育的食物短缺逐步得到根本性克服，人们的医疗卫生条件和疾病控制能力也得到空前提高。这些外部因素对人口再生产模式产生的一个直接影响就是人口死亡率率先大幅下降。为了延续人口而必需的高出生率已经失去存在的根本理由，人们的生育观也开始改变，由过去的多生多育逐步改变为少生优育。不过，这种生育观改变带来的人口出生率下降，与死亡率的下降相比，是一个持续且较为缓慢的过程。

经济发展对人口的社会变动也产生巨大影响。所谓的人口社会变动包括人口在不同的地理空间、经济活动领域和社会阶层之间的流动。人口的社会变动，是人们在经济活动过程中对自身和周边各种因素进行权衡之后做出的一种流动选择，影响这种选择的因素固然很多，但其中最为常见和重要的是经济因素，这一点，可以通过泽林斯基提出的人口流动转变理论得到很好的说明。

人口流动转变理论认为，人口的流动转变与经济和社会发展背景是紧密相关的。在现代化前的传统社会，很少有真正意义上的改变居住地的迁移，只有有限的与商业、战争、宗教等活动相关的“非永久性暂时流动”。到了早期转变社会，就出现大规模的从乡村向新旧城市的人口移动，工商业的兴起导致各种短暂性人口流动显著增加。到了后期转变社会，从乡村向城市的流动有所减缓，但数量仍然较大，工商业和服务业的进一步繁荣使得短暂性流动人口数量进一步增加，形式更加复杂多样。到了发达社会，居住地改变式的迁移达到顶点，并在一个较高水平上波动，从乡村向城市的迁移仍在继续，但无论绝对数量还是相对数量都进一步减少，城市间迁移和都市内的流动极具活力，短暂性人口流动加速增长，大多出于经济及游乐性目的，也出自其他目的。未来超发达社会由于拥有发达的通信与交通手段，居住地改变式的迁移和一部分短暂性流动会减少和降低，几乎所有的迁移都是在城市内部或城市之间，一部分形式的短暂性流动可能加速，新形式的短暂性流动也可能产生。

与人口流动转变理论所揭示的现象类似，人口社会变动的其他方面，如人口在不同经济活动领域、社会阶层之间的流动，也与经济发展水平密切相关。一个基本趋势是：经济水平愈发达，人口的社会变迁愈是频繁，而且这些社会变迁的流向、流速与经济发展中关键性因素的流向和活跃程度是紧密相关的。

2.1.3　人口与经济发展关系的一般总结

总结一下人口与经济发展之间的关系，可以得出这样的基本结论：人口与经济发展之间是相互依存和相互影响的关系，人口是经济活动的主体，满足人口的物质和精神需求是经济发展的目的与依归，特定人口特征影响到相应的经济发展的规模、模式与绩效，经济发展通过一系列中间变量的影响决定了人口的自然变动和社会变动。

如图 2-1 所示，理解人口与经济发展之间的关系，有如下几点必须注意。

第一，经济发展对人口发展有十分重要影响是基于长时期和和大范围的历史概括和总结得出的普适性结论。这个基本结论对我们理解人口与经济发展的历史现象，对现实和未来的人口与经济发展采取符合基本规律的政策措施大有帮助。但这并不排斥在某个时期、某个国家和地区经济发展和人口变化具有独特的阶段性或者地域性现象。

比如，在经济发展和人口的自然变动问题上，马克思曾经基于他的观察和分析，得出“贫困会产生人口”的结论。大量的和普遍的事实也验证着经济发展水平与生育水平之间，客观上存在一种负相关的关系，这被人们形象地总结为“发展是最好的避孕药”。但如果机械地认为，经济发展水平的提高一定会导致生育率的降低，就会发现现实生活中存在不少反证。在 20 世纪后半期中国社会还致力于降低人口出生率以抑制人口过快增

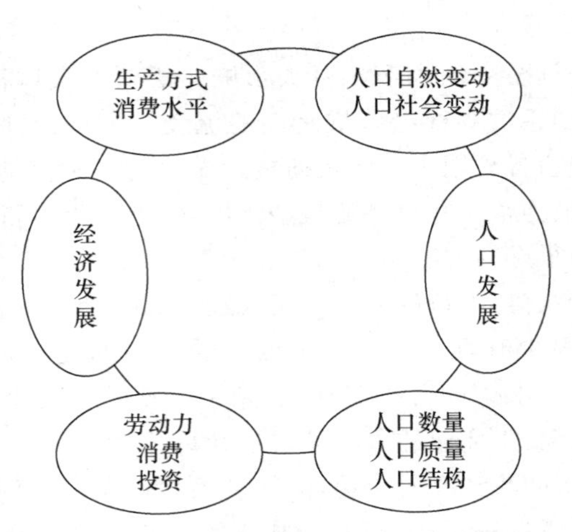

图 2-1　经济发展与人口发展的关系

长时，人们寄希望于通过经济发展来达到目的，寓控制于发展之中。曾经很多人想当然认为经济发达地区生育水平应该相对较低，人口控制工作相对容易。但事实是，尽管总体上看基本呈现发达地区人们生育水平较低的格局，却有一些经济发展水平较高的省份和地区，人们的生育水平反而比其他落后地区更高，这些地区人口控制工作展开的难度也更大。从长远来说，影响人们生育水平的社会和文化等因素也是经济因素发生的结果，只不过这种影响的传导机制更加复杂、过程显得更为间接、发生作用存在着一定的时滞。因此，在人口发展与经济发展问题上，机械性地用经济发展水平决定论看待一切就会显得简单而粗略。

第二，经济发展和人口发展有着自身的内在规律，两者之间既有紧密的关联，却又有相对的独立性，它们相互之间的影响发生作用，是通过一系列中间变量的传递才表现出来的，也可能需要有一定的外部条件，需要一定的时间才能显现出来。这样就使得不同国家和地区人口变化与经济发展之间的关系表现出复杂多样的特点。

比如，在人口增长与经济增长之间的关系问题上，人们依据观察的对象、分析的时间和背景，得出的结论是颇不相同的。对一些国家人口增长与经济增长的关系进行历史考察，得出了人口增长与经济增长呈正相关的关系，而另外的一些研究则表明，这些国家的不同时期或其他一些国家，人口增长与经济增长呈负相关或不相关。通过对人口增长与经济增长关系大量与反复的实证，人们得出的基本结论是：不同国家和地区人口状况不同，人口增长对经济的影响不同；经济发展水平所处环境不同，人口增长对经济增长所起作用不同；人口增长与经济增长的相关程度，短期与长期效应不同。

第三，理解和处理经济发展和人口发展之间的关系，必须牢牢把握发展是为了增进人们的福利这一基本目标。研究人口与经济发展的理论问题、判断和评价人口发展和经济发展的基本态势并制定相应的政策措施，必须以这个基本目标为出发点，否则就会模糊经济发展和人口发展的目标和问题研究的焦点，得出一些似是而非的结论，甚至做出有损国家长远和根本利益的错误选择。

比如，在讨论中国经济发展和人口关系及中国人口政策问题时，各种意见纷杂，大家对现实的把握和未来的趋势判断分歧较大，对政策调整的主张也呈现多元的特点。这本来是不足为奇甚至是正常的情况，因为中国处于快速的发展和经济社会转型的复合过程之中，发展水平参差不齐，地域差异很大，人口再生产也呈现多元的格局，理解这一现状，把握其真实特征本身就很困难。但在诸多意见和主张之中，有些显然已经迷失了问题的焦点，忘记了人口发展和经济发展最终必须以增进人们的福利为依归这一基本点。例如在人口发展的问题上，一些人对中国有可能在不远的将来将人口第一大国的地位让于印度耿耿于怀，似乎丢掉这个第一的地位，建设现代化的强国乃至复兴中华民族就成了空话。又如在保持经济增长的可持续性问题上，一些人担心劳动力供给减少和抚养负担增加会带来经济的停滞，因而害怕人口减少，从而主张实行人口零增长或者“人口不减”战略，这实际上是将经济增长指标看成了人口福利的代名词，将经济增长看成了最高目标，由此可能陷入为增长而增长的误区。再如，也有一些人执着于人均概念和分母效应，沉浸在快速人口减少可能带来的福利增加的虚幻景象之中，感叹道如果我们的人口只有美国那么多，人均 GDP 就会比现在增加 3—4 倍，他们丝毫不理解现实的人口规模所形成的消费和投资是经济规模的基本条件，片面而虚幻地夸张人口减少带来的人均所得的倍乘效应，完全忽视人口规模萎缩过程中可能带来的社会经济问题，实际上仍然是把人均 GDP 看成人民福利的唯一指标。凡此种种，均是在理解和处理人口发展和经济发展关系问题上应该避免进入的认识误区。

2.2 人口与经济发展关系的演进

人口与经济发展关系的演进，是随着生产力的发展人们在不断创造和满足自身物质和精神需求的同时自身再生产模式也不断变化的过程。在这个过程中，人类的经济形态从原始的采集狩猎经济，发展到种养为核心的农业经济，再到加工制造主导的工业经济，最后到内容庞杂的服务业引领的后工业经济时代。每一个时代为人口再生产提供的物质基础和社会条件大不相同，所形成的人口再生产微观条件和宏观环境也相差极大，导致了人口发展在不同的阶段呈现不同的特点。需要指出的是，世界发展是不平衡的，尤其是 19 世纪以来世界各国经济和社会发展呈现出的巨大差异性，使得我们很难以某一种生产方式或者发展阶段简单地概括整体世界。比如先行的发达国家英国早早完成工业革命并在 1851 年人口城市化率超过 50%的时候，世界城市化水平整体只有 6.3%。当发达国家在第二次世界大战后进入后工业社会时，广大亚非拉国家才开始工业化的进程。这里探讨经济发展不同阶段和模式下人口发展的特点，不是要将世界的经济发展和人口发展整齐划一地区分不同阶段，而是对不同经济发展水平和模式下人口发展的特点及二者之间的关联进行分析，以便准确地理解不同国家和地区的经济发展和人口发展的关系，并努力把握其发展趋势。

法国人口学家兰德里曾经将人口发展的历史置于生产力发展的背景下进行分析，提出了“人口革命”理论：人口的发展经历了原始阶段、中期阶段和现代阶段三个不同时期的演变过程。原始发展阶段里，生产力水平极其低下，经济因素对人口的生育率方面没有多少影响，而是通过死亡率对人口的发展产生影响。在生产力发展的中期阶段，经济

因素通过婚姻关系影响生育率,也影响死亡率的变化。人们为了维持经济利益和生活水平,往往通过一系列方式降低生育水平,使得人口的增长低于其可能达到的最大限度。到了生产力高度发达的现代阶段,高质量的生活改变了人们的生育观,低生育水平生育模式成为普遍的自觉选择,这既是保证高质量生活水平的需要,也是由于经济、社会心理等方面的原因。

按照现有科技知识的理解,现代意义的人类进化完成在地质时代的第四纪,地球进入人类时代距今大约有 300 万年,人类有确切文明史的时间则不足 1 万年。世界人口发展和变化的历史,在绝大多数的时间里集中反映在数量的增长和变化。迄今为止的世界人口已经经历了从艰难延续生存到缓慢增长,再到高速增长的不同阶段,目前则正处于从高速增长阶段向相对稳定的新阶段转变的时期。世界人口发展是否进入新的阶段,进入新阶段后的发展趋势如何,需要经过一定的时间积淀才能准确加以把握。从现有的趋势来看,大概在本世纪中叶之前,即还有 30 年左右的时间,可以获得一个比较清晰的全貌。

2.2.1 采集和狩猎经济时期的人口与经济发展

人类在地球上出现后很长的时间里所经历的是采集和狩猎经济时期,也就是新石器时代之前的旧石器时代及向新石器时代过渡的时期。这一阶段大致是人类开始出现的 200 多万年前至公元前 8000 年的漫长时期,从时间上占了人类发展史超过 99%的时间。

采集和狩猎经济时期人类面临的是"能否生存下来"的难题。早期人类进化与发育水平不高,体力和智能有限,靠采集植物根茎或者果实和猎取动物为生。随着简单工具石器的使用和火的发现及使用,人类才具备原始的生产力,逐步把自己与一般动物界分开。石器工具的不断进步和人工生火,则是原始生产力不断提高的重要标志,这也使得人类自身体力和智能得到进一步发展和进化。据研究旧石器早期年代人类脑容量约为 700—800 毫升,到旧石器晚期则发展到 1 300—1 500 毫升,体质特征也与现代人类基本相当。

在采集和狩猎经济时期,人类被动地依赖于自然界的食物链,还要时时刻刻与恶劣的自然灾害及生存环境抗争,生存处于极大的风险之中,世界人口处于一个艰难的延续阶段。人类基本上依赖于自然界的现存食物为生,往往受到多方面的生存威胁,如饿死、冻死、为争夺食物格斗战死、被野兽伤害致死、病死、近亲血缘繁殖造成的高婴儿死亡率等。人口死亡率高达 50‰乃至更高,新生儿存活到成年的概率只有 50%左右,人口平均寿命为 20 余岁。在约 200 万年的漫长时期里,地球上人口的总数增长极其缓慢。按照多数学者估计,在大约 1 万年前的公元前 8000 年,地球上人口总数约 500 万左右。这就是说在采集和狩猎经济时期,人类每年不过平均增加 2—3 人而已。人们把这一阶段的世界人口发展模式称为"高出生率、高死亡率、极低增长率的原始静止人口发展模式"。这个时期的经济与人口发展特点,可以简单地概括为原始而落后的生产力水平和简单维持生存的人口再生产,生产力对人口再生产的影响主要表现在对人口死亡率方面的作用。人与自然的关系体现为一种原始的、人口发展受到自然约束的消极和谐状态。

2.2.2　农业经济时期的人口与经济发展

在艰难的抗争过程中,人类迎来了农业经济时期和第一次人口革命。

在漫长的采集和狩猎经济时期不断积累的生产力进步和人类自身体质及智能的发展,使得人类逐步将物质来源的重心转移至原始农业和畜牧业上来。依靠农业和畜牧业的发展,人们可以获得更加充裕的、可靠性更强的食物保障,初步摆脱了对自然界现存食物的完全依赖,人口生存和发展的条件大为改善,人口增长的速度也逐步加快。

农业经济时期带来的世界人口增长,被人们称为第一次"人口革命"。人们依靠自身生产活动通过种植业和养殖业获得稳定可靠的食物来源,基本摆脱了采集和狩猎经济时期单纯依靠自然界现存食物的情况,在食物供给以及人口生存和发展的其他条件上有了较大改善,从而促进了人口的加速增长。第一次"人口革命"的人口增长的绝对水平实际上并不很快。据估计,由公元前8000年到17世纪中期,世界总人口由500万增加到约5亿人,每年增加约5万人。折算成年增长率,大约为3‰,这个速度与现代人口增长速度相比,简直不值一提。第一次"人口革命"并不是人口增长速度提高和规模增加的革命性变化,其重要意义在于,这次革命解决了人类历史上曾经遭遇的能否持续发展的问题,即解决了"人类能否生存下来"的问题。

应该进一步指出的是,人类在解决了作为生命群体能否延续下来的难题而进入一个人口数量相对快速发展的阶段,是农业经济时期的基本特征。在这大约一万年的时期里,人口的发展实际上呈现出一个阶段性加速的态势:从公元前8 000年到公元前500年,地球人口从500万增长到1亿,经历了7 000多年。在这期间大多数时间里,地球上平均每年增加的人口数量只有数百到数千。这一阶段在公元前2 000年以后的1 500年里,人口增长才显著加速,每年增加的人口达到万人的数量级。进入公元后约1800年,人口每年以数十万和百万级的数量增加。这个事实说明农业经济时期人口发展的客观环境在不断改善。

除了农业和畜牧业发展带来的食物供给可以满足更多人口需求这个因素之外,农业经济时期的生产方式本身有促进人口增加的内在因素:其一,农业本身是以严重依赖体力投入为重要特点的生产方式,人口多,劳动力就多,获得的食物就多,也就能够供养更多的人口,这就是"劳动为财富之父"的含义,而且男女在体质方面的差异性,导致农业生产方式下男性人口的优势明显,促成了生育文化中男性偏好的形成;其二,农业生产往往以家庭为组织单元进行,这样一来,家庭作为人口再生产的基本单位与作为经济活动的基本单位,在不同的功能上有了契合之处,从而形成刺激人口增长的微观基础。

农业经济时期的经济发展还使人口再生产本身的外部条件有了极大改观。农业和畜牧业在基本解决人类食物需求的过程中,催生了手工业和商业的发展。手工业和商业的分化和发展,在促进农业生产本身进步的同时,也极大改善了人口再生产的条件。衣食住行方面条件的改善,生活水平的提高,使得婴儿死亡率、人口平均寿命等关键性的指标也有了相应的改善,这为人口的增长增添了动力。

农业经济时期人口在整体上呈现持续增长态势的同时,也出现过因自然灾害造成的饥荒、人为发动的战争、瘟疫和疾病导致人口增加缓慢甚至急剧减少的插曲。农业生产模式下，人口的迅速增加造成对脆弱自然环境的掠夺式利用，可能使得局部生态环境崩溃，反过来危及人口的生存和发展条件。这一阶段地球上不同地区曾经出现过的相对发达的文明遽然消失很可能就是因为人口的压力所致。人类社会发展到一定阶段出现了因对资源的争夺而引发的战争也造成了大量人口的非正常死亡，某些年代里，人口数量还曾出现绝对下降。例如历史资料显示，中国人口在公元 2 年的西汉有 6 000 万人左右，到公元 755 年的唐朝天宝年代，人口却不到 5 300 万人。瘟疫和疾病也往往造成大规模人口数量减少。仅在 14 世纪中期发生在欧洲的鼠疫，就造成 2 500 万—3 000 万人口的死亡，占当时欧洲人口的 20%—25%，这使得欧洲人口在 15 世纪初比 14 世纪初少了 2 800 万。不过整体来看，这些在局部或者某个时期出现的与人口发展大势相逆的变化，只是农业经济时期人口发展的短暂插曲。稳定而持续的、加速度不断提高的人口增长是这个时期人口发展的基调。

农业经济时期除了人口数量持续增加外，也初步形成了人口在经济和社会某些重要方面的结构性特征。例如，手工业和商业的发展，首先使得劳动力出现经济活动行业的分化。城市的出现，则初步形成了城市人口和乡村人口的二元格局。最初的城市出现可能由于军事、政治、宗教等原因，但随之而来的，这些人口相对集中的地方也发展成为经济、文化中心，城市人口作为整体人口中一个逐步壮大并且日益具有重要意义的成分开始出现。

因此，农业经济时期世界人口发展模式可以概括为“高出生率、高死亡率、相对较低增长率的人口发展模式”。这个时期的经济与人口发展特点，可以简单地概括为农牧业的发展为人口的增加奠定了生存的物质基础，工商业的分工与发展为人口的发展创造了更加适宜的外部条件，也初步形成了人口的经济和社会的结构性特征。

2.2.3 工业经济时期的人口与经济发展

农业经济发展带来的产品剩余和催生的更加广泛的物质需求，促进了手工业和商业的发展。手工业和商业的发展积累到一定的程度，大规模的工业生产就水到渠成了，由此，人口进入到工业经济为主导的发展时期。这个时期以发源于欧洲的工业革命为标志，大约开始于 18 世纪中后期。

资本主义发展所引致的工业革命掀起了世界人口增长的高潮，这是世界历史上前所未见的经济大繁荣、人口大发展的时代，不同国家和地区从此先后进入了人口高速增长的时期。这个时期的人口自然增长率不断上升，在 19 世纪突破 5‰之后一路走高，在 20 世纪中期甚至达到 20‰的极高水平(图 2-2)。人口的迅猛增加，甚至让一些人担心人口过快增长将毁灭整个地球。

工业经济时代为什么会出现如此迅猛的人口增长狂潮？与先前的各个发展阶段相比，工业革命以来，经济的发展、城市化水平的提高、医疗卫生条件的改善，使得人口的死亡率急剧下降，人们的平均预期寿命大为延长。各类曾经给人类带来巨大灾难性影响的疾病、瘟疫等已经得到较为有效的预防或者控制，难以形成造成大规模人口减少的公共

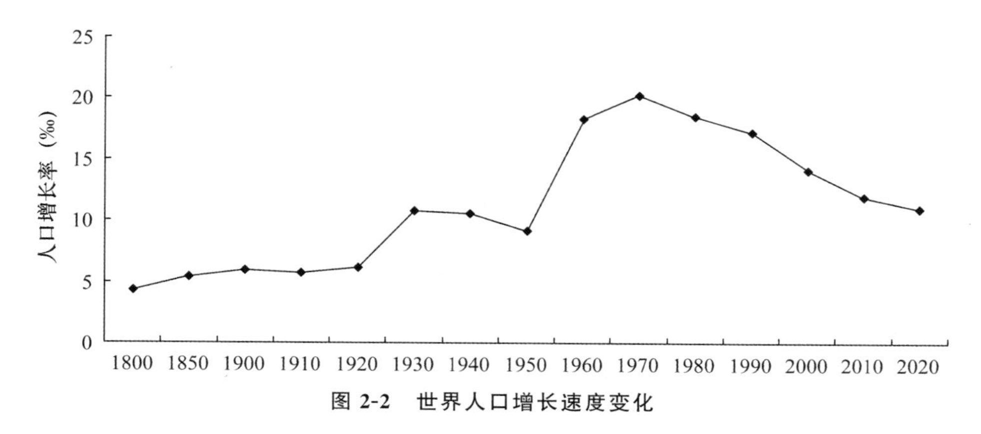

图 2-2　世界人口增长速度变化

卫生事件。在中世纪一场鼠疫可以造成数千万人丧生，而近代以来出现的流感、艾滋病、SARS、埃博拉病毒、MERS 病毒等流行性疾病，虽然从性质上讲均具有极大的危害性，但由于人类医疗手段的进步和预防措施的完善，这些危险的疾病均没有造成大规模的人口减少。

工业经济时代不仅从死亡率的降低和寿命的延长上改变了人口再生产模式，更重要的是，新的经济发展模式下物质产品得到极大丰富，长期以来客观上制约人口增长的食物供给短缺问题事实上已得到解决。虽然还没有完全消灭饥饿现象，但整体的、长时间的、大面积的食物短缺现象很难发生，或者说即使发生也是由于分配性原因而非生产性不足，因此，人口增长受到的生活资料限制已经微乎其微。此外，工业发展带动的新兴产业开辟了容量极大的就业领域，产生了巨大的就业需求，也推动了人口的快速增长。

从工业经济时代家庭功能的演进、人口质量重要性的增强、日常生活竞争性的加剧等方面来看，这个时代的生产模式也内含有促使人们少生、优生的多重激励性因素。事实上在亚非拉国家人口快速增长的同时，先进发达国家的人口再生产模式也发生了明显变化，人们为了追求更高的生活质量而有意识地控制人口的出生，但这并没有从整体上改变工业经济时代人口爆炸性增长的态势，这是因为，工业经济时代有利于人口增长的因素是十分明显的，它们从一开始就发挥作用，而这一时期促使人们改变生育观念和生育模式的因素发挥作用则要经历一个相对滞后的过程。这正是人口发展和经济发展虽然关系紧密相互影响，但各自又有其内在逻辑和发展的相对独立性特点的最好说明。至于说在工业经济时代人们出于自身利益最大化的考量，高度自主选择新生儿出生的时间、数量等，则是很大程度上受益于 20 世纪下半叶生殖健康知识和技术在广大不发达国家和地区得到普及和推广，此时，地球上人口增长速度已经到达了顶点。

工业经济时代人口数量的爆炸性增长只是人口再生产模式的显著特点之一，与之同样重要的是人口的经济和社会结构性分化也达到前所未有的程度。一系列结构性问题的出现和日益加剧，诸如人口城市化、人口老龄化、人口流动等，成为人口经济问题中除了传统的数量问题之外的新热点话题，甚至成为某些国家和地区人口经济问题的主要方面。这一时期人口结构性问题还比较明显地体现在，欧美发达国家的人口再生产模式和人口经济关系与广大发展中国家和地区的人口再生产模式和人口经济关系存在较大反差。20世纪中期以后，发达国家基本上进入了服务经济时代，而发展中国家农业经济成分比重较大，工业化、城市化都处于起步发展阶段，人口再生产模式和人口经济关系差不多落后于前者一个世纪。

整体来看，工业经济时期世界人口发展模式可以概括为"高出生率、低死亡率、高增长率的人口发展模式"。这个时期的经济与人口发展特点，可以简单地概括为：先进的生产手段带来了物质资料的极大丰富，基本突破了传统上物质生活资料对人口增长的制约，高质量的生活条件和卫生医疗手段，使得人口死亡率下降明显，平均寿命显著延长，因此催生了史无前例的人口膨胀。同时，人口的质量和结构性问题日益凸显，继人口数量问题之后逐渐成为人口经济关系中的重要议题。

2.2.4　服务经济时期的人口与经济发展

按照西方一些发达国家经济学家的观点，20世纪下半叶，发达国家就进入了后工业时代，也称为服务经济时代。服务经济是对农业和工业领域外的其他非生产性领域的总称，其内容极其庞杂。由于生产力的高度发达，直接生产满足人们衣食住行需求的产品可以用较少的人力来完成，而发展型和享受型的各种物质和精神需求，则似乎无穷无尽，这些行业也就构成了这些国家经济活动的主要领域。

服务经济时代经济高度发达，人们追求高质量的生活水准，特别是在基本物质需求得到满足后更加注重发展型和享受型精神消费领域的拓展和挖掘，这些特点对人口发展造成了直接的影响。在出生方面，工业经济时代本身所具有的降低生育需求的内在动力进一步发挥作用，并且该作用由于时滞的原因在服务经济时代得到进一步加强。快节奏、高流动性的生活，使得生育力最旺盛的部分年轻人选择了晚婚、不婚、婚而不育、尽量少育等生活方式，使得人口出生率进一步下降，甚至低于更替水平。在死亡方面，人口的死亡率下降空间极其有限，几乎停顿在一个较低水平，或者由于人们生活方式变化带来的较高死亡风险疾病和人口年龄结构的老龄化而略有反弹，但也处于一个相对稳定的较低水平。这时人口出生率开始接近死亡率。在死亡率基本稳定的情形下，出生率的变化随着人们生育的意愿和行为波动，人口规模基本处于静止状态或缓慢的增加或下降。

服务经济时代人口发展的特点是"低出生率、低死亡率、趋于稳定的人口发展模式"。这个时期的经济与人口发展特点，可以简单地概括为：经济发展对人口自然变化的各种因素已经不再发生重要影响，即人口的出生、死亡等基本上回归于一个基本的自然现象，但对人口的结构和社会变动则影响巨大，人口的结构性问题将取代人口数量问题成为人口经济关系中的首要议题。

表2-1总结了不同经济发展模式下人口与经济关系的主要特征。

表 2-1　不同经济发展模式下人口与经济关系的主要特征

	采集和狩猎时期	农业经济时期	工业经济时期	服务经济时期
生育率	很高，在 6.5 以上	早期很高，后期有所降低，在 4.5 至 6.5 之间	下降很快，在 2.5 至 4.5 之间	在 2.5 乃至更替水平以下
死亡率	死亡率与出生率基本相当	领先于生育率，大幅下降	下降至一个较低水平，趋于稳定	随人口老龄化而有所上升，但幅度有限，趋于稳定
平均寿命	30 岁以下	55 岁以下	55—65 岁	70 岁以上
人口增长态势	人口增长极其缓慢	人口增长逐渐加速	增长速度由高转低	趋于稳定
生育观念	尚未形成明显的生育观	多生	少生优生	依家庭和生育者社会目标而定
人口结构性矛盾	尚未显现	后期逐步出现	与人口数量问题并存	上升为主要问题
人口经济问题的焦点	生活资料供给不能满足人口需求	生产足够物质资料满足人口需求	人口发展和经济发展之间的平衡	高质量生活模式的可持续性

2.3　人口与经济发展思想的演变

在人口发展和经济发展的长期实践中，人们对人口与经济关系不断产生新的认识，这些认识经过总结和提炼形成了丰富的人口经济思想。这些人口经济思想既有政治家在治国理政实践中对人口经济关系的理解和论述，也有专家学者对人口经济问题进行的专门研究，有的是只言片语的思想火花，有的是系统完整的理论体系。本节的目的不是完整地呈现思想发展史上各种人口经济思想并加以一一介绍，而是从人们对人口发展与经济发展之间关系认识演进的角度加以概括和梳理，介绍对人口与经济发展之间关系认识发展史上出现过的有代表性的思想认识。

从已有的研究对既往人口经济思想的研究成果来看，人们对人口经济关系的认识大致可以概括成三种代表性的思想认识：第一种是相对悲观的人口负担论，这种人口经济思想的核心是人口的增加是经济发展和生活水平提高的负担，主张控制人口数量；第二种是相对乐观的人口贡献论，这类人口经济思想认为人口增长是保持有效需求增长和经济持续繁荣的必要因素；第三种则是人口、经济与资源和环境和谐发展论。这类人口经济思想认为人口与经济的发展，必须保持适度关系，并且人口和经济的发展应该与资源和环境的承载力保持和谐以实现可持续的发展。

2.3.1　相对悲观的人口负担论

相对悲观的人口负担思想也经历了一个逐步发展的过程。大致可以分为早期和现代两个阶段。早期的相对悲观论者从比较狭隘的人口与生活资料关系入手认识人口经济关系，视人口为发展和生活水平提高的负担。现代的相对悲观论者视野更为广阔，将人口经济关系从最初聚焦的生活资料扩展到内涵更加丰富的资源和环境上，视超过一定规模的人口为现有人口经济系统难以为继的根源。

早期的相对悲观的人口负担论，是从满足人们所需生活资料的角度进行观察和思考，发现快速的人口增长不利于经济发展和提高人们生活质量，会使得人们陷入贫困的恶性循环，因此主张要节制人口增长。早期悲观的人口负担论中最有影响的是马尔萨斯人口经济思想。马尔萨斯的人口经济思想可以简单地概括为：

两个公理：一是食物为人类生存所必需；二是两性的繁殖是自然属性，人类虽有理性，也难以改变这一法则。

两个级数：生活资料的增加以算术级数的方式进行，而人口在无所妨碍的条件下以几何级数增加。马尔萨斯以美国为例，说明在生活资料充裕、外界对人口增长干预极少或根本不存在的前提条件下，人口每 25 年翻一番，而生活资料的增长，则缓慢得多。他以英国为例，说当时人口为 700 万，假定生活资料正好能够维持这个规模的人口。25 年后，人口为 1 400 万，生活资料也加倍，能恰好维持；到了第 2 个 25 年，人口为 2 800 万，生活资料仅仅够维持 2 100 万人口；到了第 3 个 25 年，人口变为 5 600 万，生活资料仅仅能够维持其一半的人口 2 800 万；到 100 年后，人口规模达 1.12 亿，生活资料却仅仅能够维持 3 500 万人，有更多的 7 700 万人则全无给养。如果全世界人口为 10 亿，人类数量以 1、2、4、8、16、32、64、128、256、512 那样的速度增长，而生活资料以 1、2、3、4、5、6、7、8、9、10 这样的速度增长，那么，225 年内，人口对生活资料的需求之比则为 512∶10，300 年内，变为 4 096∶13。如果时间再延续下去，其间鸿沟将愈来愈大。

三个命题：一是人口的增加必须要有生活资料的供给；二是只要有生活资料的供给，人口就必然会增加；三是人口的增殖力远比土地生产力增加得快，这种优势在现实中被贫穷和罪恶所抑制使得人口与生活资料增长相平衡。因此，人口增长和生活资料的增长实际上就是一种不平衡的动态增长过程：人口与生活资料的增加以不同的方式进行，占优势的人口增长会使得人口增长与生活资料增长之间出现不平衡，导致人口增长过程必然会受到抑制，使人口增长和生活资料的增长形成新的均衡。

两种抑制：马尔萨斯认为，在努力提高生产水平以增加生活资料的同时，要实现人口和生活资料的平衡，还需要抑制占优势的人口增殖力。抑制人口过快增长的力量有两种，一种是预防性的抑制，如通过禁欲、晚婚、主动不育等方式预防人口的增加，这也被称为“道德抑制”。另外一种则是贫困、饥饿、瘟疫、罪恶、灾荒、战争等因素妨碍人口的增加，这类抑制是一种现实的强制性抑制。

在世界第一人口大国中国，与马尔萨斯一样观察到人口快速增长且生活资料的增长赶不上人口增长步伐的大有其人。与马尔萨斯几乎同时代甚至稍早的中国学者洪亮吉，差不多是以同样的思路表达了其人口经济思想。他在《治平篇》和《生计篇》中写道，户口“视三十年以前增五倍焉，视六十年以前增十倍焉，视百年、百数十年以前不只增二十倍焉”，而田地、房屋“亦不过增一倍而止矣，或增三倍、五倍而止矣”。人口增长与生产资料和生活资料增长的不平衡态势，使得“田与屋之数常处不足，而户与口之数常有余”，“为农者十倍于前而田不增加，为商贾者十倍于前而货不增加”，因此产生了“终岁勤动，毕生皇皇而自好者居然有沟壑之忧”和为非作歹之徒酿生“攘夺之患”。及至 20 世纪 30 年代，中国著名学者陈长衡也认为中国的贫民众多是因为“人民孳生太繁、地力有限、生育无限”,“人口之增加恒加速于财富之增加,虽实业兴,财源辟,人民将贫困如故”,因此主张晚婚晚育,减少人口,以维持人口与财富的适当比例。

这种从狭义的生活资料(主要是食物)供给的角度认识人口经济关系的思想,集中产生在20世纪中期之前的年代,因为在此之前人口压力和食物供给之间的矛盾始终是一个挥之不去的阴影。20世纪后半期以来,虽然人类没有完全消灭饥饿现象,但食物实际增长和人类具备的供给能力已经使食物不再成为人口增长的首要影响因素,因此出现了第二次世界大战后新兴国家和地区出现了人口前所未有的增加。在新的背景下,相对悲观论者没有放弃和改变其人口经济思想,而是以现代思维方法、从更加广阔的视野来理解和认识人口发展的现实困境与未来前景。这其中最为著名的就是以罗马俱乐部《增长的极限》为代表的现代悲观主义思潮。

《增长的极限》认为,人类世界面临着各种各样的难题,如富裕中的贫困、环境恶化、不加控制的城市扩张、对社会制度的怀疑和失去信心、失业、青年的精神异化和迷茫、传统价值观念被遗弃、经济发展中的通货膨胀和停滞并存、社会秩序混乱,等等,是人口、农业生产、自然资源、工业和污染五种因素作用的结果。现实世界中的人口、农业生产、自然资源、工业和污染这五种因素是相互联系和相互影响的。如人口的增长需要更多的粮食,粮食的增长需要更多的投资,资本的增加需要消耗更多的资源,对资源的消耗和利用会造成更加严重的环境污染,而环境污染会反过来影响人口的增长和粮食的生产。

罗马俱乐部根据社会体系反馈环路原理把这些因素建成一个世界模型。在世界模型中,影响经济增长的人口、粮食需求(农业生产)、资源耗费、资本投资和环境污染都是呈指数增长的,即按照 $A=P(1+r)^n$ 的公式增长。P 为基期的状态量,A 为报告期的状态量,r 为年增长率,n 为时间因子。以粮食生产为例,持续的人口增长,会要求有越来越多的粮食,而世界上可耕地数量有限,且已经开发的是肥力较高、耕种条件较好的土地,开垦剩余可耕地需要大量资本投资。而且城市化又大量占用耕地资源,除了耕地资源外,农业生产的另一关键性因素淡水资源也日渐匮乏。因此,对粮食的需求取决于人口的增长,粮食的生产又取决于土地和淡水资源的数量,也取决于投资于农业的资本的数量。而显而易见的是,土地资源、淡水资源以及资本的来源(原料和矿产等)都是有限的或不可再生的。由于人口的指数增长,导致了对粮食需求的指数增长。同时,经济的增长,也是工业的指数增长,导致不可再生资源使用的指数增长。这些因素的综合作用又带来环境污染的指数增长。这样,用不了多长时间,人类就会到达一个“危机水平”。他们认为,按照20世纪70年代初的趋势发展下去,在2100年到来之前,人类社会就会“崩溃”,世界末日就会来临。世界体系的基本发展方式是人口和资本按照指数增长,最后发生崩溃。因此,人们又把罗马俱乐部的世界模型称为“世界末日模型”。

为了使世界体系持续维持下去,避免或推迟世界末日的来临,实现全球的均衡,罗马俱乐部提出了具体措施:(1) 在1975年实现人口停止增长,以稳定人口;在1990年实现工业资本停止增长,然后加以稳定。(2) 降低工业生产对自然资源的消耗,使每单位工业产量的资源消耗水平下降到1970年的四分之一。(3) 把社会经济发展的重点优先放在教育和卫生设施等方面,以减少资源的消耗和污染的产生。(4) 把工农业所产生的环境污染减少到1970年的四分之一水平。(5) 把资本投资到粮食生产上,以生产更多的粮食，提高粮食人均占有水平。(6) 农业资本应该首先被用于提高土地的肥力和水土保持方面，防止土壤侵蚀。(7) 为了解决资本用于服务设施、粮食生产、资源回收和控制污染后造成的工业生产资本存量不足的问题，要改进设计，提高工业设备的耐久性和维护水平，以延长工业资本的使用寿命。

罗马俱乐部在《增长的极限》中关于世界末日的预言以及实现人口零增长和经济零增长的解决问题的措施，引起了广泛的关注和争议。随后，罗马俱乐部相继发表了一系列的后续报告，如《人类处于转折点》、《重建国际秩序》、《人类的目标》等，对相关问题做了进一步的分析并在一定程度上对自己的观念和主张进行了微调。在第二份报告中，研究者提出的《多水平世界体系模型》仍然表明，在 21 世纪中期以前，世界不同的地区，会由于不同的原因，在不同的时间发生区域性的崩溃。造成这种崩溃的最大威胁来自人口的增加和能源供给的不足。在第三份报告中，研究者进一步强调了人口压力，并且认为，资源问题的关键是能源问题。在《人类的目标》中，以有机增长取代了过去所主张的零增长，由关注自然的物理极限转向更加关注社会极限和人的生物极限，从消极的限制增长论转向积极的生态经济价值观。

除了罗马俱乐部，20 世纪以来还有一大批人口、资源与环境问题研究者也纷纷关注人口快速增长和对资源环境的大规模开发利用带来的问题，这其中的许多人也突出地表达了其人口经济思想的悲观一面。他们认为人口及经济增长过程中，生产要素按照指数增长带来了人口爆炸、资源耗竭、粮食短缺、环境破坏等难以解决的顽症，等待人类的是某一个时刻的总崩溃。他们一起构成了人口经济思想相对悲观论的较为庞大的阵容。

概括地讲，悲观论者所持的论点及其依据主要有以下四点。

第一，人口呈指数增长将会带来人口爆炸。

20 世纪中叶出版的一批著作，对人口的快速增长历史和现状进行了描述和分析，对未来人口增长的前途进行了预测，他们大多勾勒出一幅由于人口指数增长而有可能导致人类在某一突然到来的时刻崩溃的黯淡前景。20 世纪后半期人类发展的实践，并没有采取罗马俱乐部在其 70 年代初的报告中所建议的举措，人类也没有出现他们所断言的那种崩溃，但这并没有解除悲观论者的忧虑。如埃利奇就认为，人口本质上是按指数增长的。按指数增长的长久历史绝不意味着指数增长可以长久持续下去。他认为，近几十年来，世界人口增长速度确实有所放慢，但千万不要以为人口爆炸的历史已经结束而过早欢呼。人口增长速度只不过从 20 世纪 60 年代 2.1%左右的年增长率下降到 90 年代的 1.8%而已，按照这个增长速度，人口数量翻番的时间也只是从 33 年延长到 39 年罢了。虽然 20 世纪后半期以来，原来预计的世界人口增长势头有所消退，但其增长的前景仍然堪忧。联合国年度人口展望的数据预测，2050 年世界人口将接近 100 亿，2100 年可能超过 110 亿。

第二，人口迅速增长和生活质量的提高会带来资源耗竭。

悲观论者认为，地球上人口规模的急剧膨胀和人类出于经济福利追求而对自然资源的不懈索取，已经使得地球资源濒临枯竭的边缘。福格特就认为，地球上大部分地区的资源都面临着严重的枯竭，如果人们不改弦易辙，必然要遭受灭顶之灾。沃德在 1972 年主编的《只有一个地球》中介绍了一位叫巴克明斯特的学者对人类发展过程中对资源消耗进行形象说明的“能量奴隶论”。假如人们所享用的一切，都可以换算成单位人的体力劳动的话（即假设的能量奴隶），在 30 年前，每个美国人日常生活中的能量耗费，相当于 150 个奴隶为其劳动。而今天，这个数字变成了将近 400 个，在未来的 20 年中，人均消耗的能量则可能达到 1 000 个能量奴隶。人们追求生活质量的提高没有止境，对自然资源的消耗也存在无限加大的趋势。

悲观论者通常以土地资源、矿物资源、水资源为例来论证资源的耗竭。在土地资源方面，一方面，土地肥力递减而导致的土地负载能力日益下降，将导致现有土地资源能供养的人口受到限制，另一方面，地球上可以开垦的土地资源有限，而且资源条件（如水、气候）和开垦成本都不利于这些土地资源的利用。即使是现有可以利用的土地资源，由于存在着物理限制（环境的物理特征对农作物的生长和收获量所起的限制作用）、生物限制（环境中某些生物因素对农作物的生长和收获量所起的限制作用）和人为限制（人类在开发利用自然资源时违背自然规律对土地生产能力的限制和破坏），土地资源对人类的供给能力也达不到其理论上所具有的潜力；在矿物资源方面，不可再生的金属及非金属矿物不断被消耗着，即使由于开发手段的进步使得预期的枯竭时限不断推迟，但这类资源存量的减少和枯竭是无法改变的，目前也看不出有全面替代各类资源的办法和途径；即使是人们曾经认为是在地球生物圈内循环往复，无供给之忧的水资源，也面临危机。地下水层的抽取速度已经数倍于自然更替速度，而人类生产和生活活动导致的水资源污染和破坏，又使得水资源的短缺雪上加霜。

第三，人口规模膨胀所产生的资源压力导致环境对人口负载能力的下降。

不断膨胀的人口规模和不断提高的人均资源消费水平，使得人类不仅只顾眼前福利大肆开发利用不可再生资源，而且对可再生资源的利用也大大超出了保证其自我恢复和更新的能力的极限，这就使得人类赖以生存了千百万年的地球环境资源对人口的负载能力日益退化。如对草地的过度放牧，使得草原日益沙化；对湿地和湖泊的围垦导致更大范围内土地防洪能力的降低和土地生产能力的下降；为追求较高土地生产力而大肆使用化肥，其结果是使土地生产能力日渐衰退；对江河湖泊及海洋渔业资源的过度开发，使得世界范围内的水产资源被过度捕捞，并逐渐枯竭；日趋严重的环境污染，使得过去适宜人们居住的秀美山川变成人们唯恐避之不及的荒凉之地。悲观论者特别强调相对于土地负载能力的“人口过剩”问题。他们认为，通常人们把人口过剩看成是在一定地区内人口太多，密度过高。但从人类发展与资源关系的角度来看，评价人口是否过剩，不应该只看其人口密度，还应该考察这个地区内的人口数量和与之相对的资源以及承受人类活动的环境容量，也就是该地区的人数和该地区的供养能力之间的关系。悲观主义者认为，当一个地区不迅速耗尽不可更新资源，不使环境供养人口的能力退化下去便维持不了当地的人口的时候，换言之，当一个地方的长期供养能力因为当前居住的人口而明显地下降的时候，这个地区就是人口过剩了。按照这个标准，悲观论者认为，整个地球，实际上是每个国家，现在都已经出现了人口负载能力下降的情况，因而存在大量的过剩人口。

第四，发现和发明的局限性难以支持人类的持续发展。

悲观论者并没有无视人类发展进程中科学技术的不断进步所带来的影响。但他们认为，科学技术并不能改变人类与资源关系的根本性质，技术的进步对人类发展与资源

矛盾的解决，起不了决定性的作用。究其原因，首先，从消极的方面看，技术进步从某种功用的角度虽然对人类的发展有其可取之处，但它同时也伴随着相应的副作用，而且这种副作用往往一开始并不为人们所注意，直至其产生严重后果才被发现，技术进步所带来的是福是祸，难以评价。以核电为例，曾经被认为是解决人类能源问题的重要途径而大行其道，由于接连出现切尔诺贝利和福岛核电站这样的重大事故，许多国家不得不重新审视其核电发展计划，一些国家减少乃至关停核电。历史的实践也反复证明，科学技术的进步，同时也意味着人们追求更高生活质量的手段和方法的多样化，对地球资源的索取的规模不断扩大，速度日益加快。以现代文明的标志之一的汽车的发明和利用为例，它极大促进了人类生活方式的改变和生活质量的提高，同时它又因为大量消耗油气资源、修建宽阔的公路和停车场地及排放有害气体成为能源危机、环境污染的罪魁祸首之一。更不用说，在商品社会里，人们对技术进步的追求始终受到经济利益的驱动，在节约与保护资源和提供现实经济福利的不同类型的技术进步上，存在着不对称的格局。从这个意义上讲，科学技术的进步可能是加快人类作为一个整体完成自身在地球这个星球上生命过程的一个因素。其次，即使是从积极的意义上评价发现和发明的影响，它们对人类发展与资源约束的矛盾的解决也帮助不大。一方面，技术的进步并不是解决资源短缺的最重要因素。比如粮食生产，化肥的使用、机械化的生产手段、品种改良等生物技术的应用，虽然可以在一定程度上增加粮食的供应，但不要忘记，决定粮食产量的最终因素是土地资源和气候条件。另一方面，技术的进步所带来的正面影响对人类发展与资源矛盾的缓解所起的作用甚微。因为技术进步始终赶不上人类对资源压力增加的速度。技术进步所带来的变化是要一步一步来的，是一个缓慢的积累过程。对任何一代人来讲，技术进步取得显著进展的可能性是比较小的，而这种速度是赶不上人口的增长及人类对资源需求压力的增加的。总之，悲观论者认为，发明和发现所带来的技术进步，只不过是用新的方法在更逼近极限的程度上挖掘地球资源，推迟人类在生态和资源法庭上被审判的时间，但注定了的，这一天终究要来临。

无论是早期的悲观论者还是现代的悲观论者，都是把资源的稀缺和有限性、人口的指数增长作为其理论分析的基础前提条件。不同的是，现代悲观论者突破了早期悲观论者单纯以人口与生活资料问题为分析对象的分析方法，把人口、粮食、工业生产、自然资源和环境污染纳入分析模型，可以说是在更加广泛的领域、以更加系统的方法拓展了早期悲观论者的人口经济思想，但其思想脉络的传承是显而易见的。

2.3.2 相对乐观的人口贡献论

与相对悲观的人口负担论截然相反，在人口经济关系问题上，一些学者认为，无论是从基本经济学原理还是人类经济发展的历史进程来看，人口在经济发展过程中始终都起着积极的作用，是经济发展的贡献而非负担。

美国学者博斯鲁普曾经提出了人口增长推动技术进步从而实现经济持续增长的“人口推动说”。他认为，在原始时代，人口的不断增长，产生了对食物需求的持续增加，而被动的、供给数量有限的采集和狩猎经济显然不足以满足不断增长的食物需要。人口压力迫使人类从单纯的采集和狩猎过渡到主动获取食物的养殖和种植业，这是一个了不起的技术进步。随着人口数量的进一步增加，农业种植技术和养殖技术一直受到食物需求压力的推动，从而更新的技术不断出现。这样，人口增加、技术进步和经济增长之间就构成了一个持续的循环。

苏联著名人口学家乌尔拉尼斯曾经提出人口增长促进经济成长的理论。他认为，原始社会和奴隶社会，人口增长极为缓慢，年平均增长不过 0.06%，基本上处于一种静止状态，正因为如此，前封建主义时代的经济发展十分落后，处于自然经济状态，经济的成长几乎也处于一种静止的、停滞不前的状态。到了封建社会，人口增长率稍有提高，但也不过 0.09%的年增长率，因此，封建社会的经济仍未摆脱自然经济，简单再生产的范围，经济发展取得的进展十分有限，如农业生产年平均增长速度只有 0.12%。到了资本原始积累时代，人口增长速度加快，突破了原先的准静止状态，而达到了年递增 0.22%的高度，加快的人口增长促使工业以年平均 0.5%的速度递增，农业生产则以 0.3%的速度递增。在工业资本主义时代，人口的年平均增长率激增到 0.69%，促使工业和农业的生产增长速度也翻了一番还多，年平均增长率达到 0.9%和 3%。资本主义发展到了当代，人口增长率又走了下坡路，年平均增长速度回落到 0.64%的水平。开始下降的人口增长率，促使工业和农业生产的增长速度也开始放慢，年平均增长率分别为 1.3%和 0.7%。

美国经济学家西蒙也认为，历史上当人口达到或接近高峰时，一般总是最繁荣的时期。自人类产生以来，世界人口增长明显转快的时期都带来了明显的经济繁荣，这样的时期一共有三次。大约在人类还处于原始状态的新石器时代出现了人口增长的明显加快，那时人类社会第一次出现了原始种植业和畜牧业，取代了采集渔业经济，促进了人类历史上的第一次大繁荣。第二次世界人口增长明显加快，发生在欧洲工业革命时期，甚至从 1650 年开始，欧洲人口和经济发展同时爆炸。在英国和美国，这一时期人口出现了前所未有的高速增长，如英国人口年平均增长率上升到 1%—1.5%的高速度，美国更由于有大量的移民迁入，人口年平均增长率达到 3%的高水平。这个时期是英美两国人口高速增长的历史时期，也是两国经济在历史上空前繁荣的时期。20 世纪 60 年代，世界人口增长出现了第三次转快迹象，整个世界进入了一个经济复兴和繁荣昌盛的时期，美国经济发展到历史最高水平，西欧各国也走上兴旺繁荣之路，战败的日、德也很快恢复元气，创造了经济奇迹。

美国著名经济学家库兹涅茨提出了一个著名论断：现代经济增长的特点，是人口高速增长同人均产值高速增长相结合。他认为，从历史上看，较早进入现代化的国家，都是人口高速增长带了头。如 1750—1950 年的 200 年里，欧洲人口增长率高达 433%，世界其他地区人口增长率还不到它的一半，只有 200%。他还认为，首先受到现代经济影响的国家，人口增长都较早地出现了加速现象。如欧洲各国主要在 19 世纪后半期出现了人口加速增长，20 世纪下半叶亚非拉发展中地区也出现了人口加速增长，都是在现代经济触及的情势下发生的。目前人口加速增长的重心已从 19 世纪的欧美转移到了 20 世纪的亚非拉地区。库兹涅茨认为人口增长之所以促进经济增长，是因为，第一，现代人口增长使年龄结构发生了变化，其结果使得最富有生产活力的年龄即劳动年龄人口在总人口中的比例上升了，由此促进了经济的发展。第二，人口增长是死亡率降低造成的，而人口死亡率，尤其是婴儿死亡率普遍降低，可大大减少社会本来要用于抚育夭折儿童的那笔费用,使现在抚育的儿童将来都可为社会创造财富。第三,人口增长,再加上物质生产发展,可使市场容量不断扩大,从而使企业家的冒险有利可图,刺激经济向前发展。有鉴于此,他认为,当前人口增长对促进经济增长是绝对必需的,尤其是亚非拉的人口增长对经济成长尤其重要。把人口增长说成是万恶之源,是富国出于自私的目的而人为编造出来的。当代主要的问题不是什么人口增长,而是经济不发达,资源分配不均,人口分布不均。比起人口迅速增长来,世界资源分配不均更需人们关注,资源控制比人口控制更为重要,因为现在发达国家的人口不到世界人口的三分之一,却消耗了80%的世界资源。

对于相对悲观论者的人口经济思想论点及其依据,乐观的贡献论者大多不以为然,他们针锋相对地进行了反驳。

第一,所谓的“人口炸弹”引信早已拆除,人口爆炸的前景不会也不可能出现在这个星球。

乐观论者指出,悲观论者的人口爆炸理论,无论是早期马尔萨斯的25年人口翻一番,还是20世纪所谓指数增长式的人口炸弹,都是凭借主观想象勾勒的人口增长前景,与现实世界的人口再生产实际情况相距甚远,世界人口规模从来就没有像他们所担心的那样增长过。实际上,与最近300年人类在生产力方面获得的重大发展相媲美的进步,也体现在世界人口再生产模式的变化上,这就是人口转变。人口转变是人口再生产内在规律发生作用的结果,在世界人口增长的大格局中表现为发达国家人口增长趋于稳定,发展中国家的人口增长也明显下降。正是因为这一转变,20世纪中期曾经一度似乎显得极为严重的人口迅猛增长态势有了变化,悲观论者曾经预测的世界人口规模不断缩小、到达所谓的临界点也不断后移。事实上,一些国家面临的,不再是人口增长带来的压力,而是人口数量不足甚至绝对减少带来的困扰。这些国家和地区面临的不是人口爆炸,而是人口“坍塌”。如果说存在人口炸弹的话,其引信早已被经济社会发展和结构变化的力量不可逆地拆除,现在还担心人口爆炸的前景已经是杞人忧天。

第二,人类可以有充足的资源支撑其长期的发展。

乐观论者对悲观论者喋喋不休的资源耗竭论颇不以为然。他们认为,人类发展所依赖的资源并不像悲观论者所说的那样,会在一个很短的时间内濒于枯竭。

一方面,悲观论者通常所用的资源存量预测方法不可靠,所得结论自然也无说服力。西蒙说,悲观论者通常所用的预测资源未来状况的方法是,先估计地球表面或地下已知资源的实际储量,再根据对这种资源现在的使用率估计未来的使用率,最后得出结论说某种资源只能维持多少年。他认为,这种方法的错误之处在于:一方面,某种资源的实际储藏量,即使非常有限,也不是人们在任何时候都能弄清楚的,因为只有人们对它产生实际需求时,才会努力去寻找和发现它们。恰如某些人叫嚷了多年的石油资源危机,当人们对它的需求增加时,我们发现自己掌握的资源储量比什么时候都多。另一方面,即使某种特定资源被彻底探明了其储藏潜力有限,也说明不了什么问题,我们并不能据此就认为资源会枯竭,因为人们的经济活动会不断地开辟新的途径,使用新的资源来替代它以满足自身需求。

另一方面,人类经济活动的实践已经证明,一度被认为是濒于枯竭的某些自然资源不仅没有枯竭,反而可以更大规模地满足人类的需求。例如,早在19世纪,木材和煤炭,曾经是人们最担忧发生短缺的两种自然资源。有悲观论者曾经预言，英国的工业会因为煤炭的耗尽而急刹车，而且已经没有理由指望未来的资源供应有任何解救的办法。20世纪早期，美国总统罗斯福也提出，由于大规模的开发利用，木材的供应将严重不足，“木材荒”的到来将不可避免。然而，在人类对煤炭和木材的使用以更大的规模和更快的速度进行了百余年后，英国没有发生煤炭荒，美国也没有发生木材荒。即两国不仅没有发生短缺，而且还大量出口。这是因为，当人们对煤炭的需求增加时，对它的寻求和采掘也就增加了。对木材而言，当木材需求量增加时，对木材生产、对其替代用品的开发就加强了。基于这两个实例的分析，乐观论者认为：“其实除了能源之外，实际上没有什么资源不是可以靠自然生长的。”“没有符合逻辑的理由来说明为什么自然资源都是不能无限供应的。”即使是不能自然生长的能源，乐观论者也认为，它是最关键的自然资源，有了能源就能制造出其他任何资源。而现有的技术已经为我们展示了这样一种前景：在目前人类使用的常规化石能源之外，多途径、供给能力足以满足人类需求的新能源已经展现了曙光，太阳能、地热能、风能、海洋能、生物质能和核聚变能等，一些新能源已经能以接近于目前市场能够承受的价格替代现有的常规能源。以技术加速发展的历史经验看，人类获得可持续的能源供给已经不是遥不可及的事情。

乐观论者坚决反对为保护资源而实行零增长政策或放慢发展步伐的论调，主张人类应该追求不断的增长，以提高自己的经济福利。乐观论者以人类发展的历史数据论证道：在美国独立建国的18世纪70年代，世界总人口只有约7.5亿，世界总产值为1 500亿美元，人均产值约200美元，当时人类生活水平低下，基本上屈从于自然的压力。200年后的20世纪70年代，世界人口达到41亿，世界总产值高达5.5万亿美元，人均产值达到1 300美元，人类的生活状况有了很大的改善。再过200年后的22世纪70年代，如果世界人口增长到150亿，世界总产值增加到300万亿美元，人均产值会达到2万美元。到时，人类可以很好地控制自然，生活在富裕的水平上。人类的发展似乎一开始就面临资源约束的问题，但随着人口规模的扩大，人类经济活动范围的拓展和总量的增加，一开始就要到来的资源耗竭问题并没有真正到来。从长期的历史角度看，“如果过去是未来的指南，那么，似乎没有理由担心资源会耗用殆尽”。基于人口推力和发明拉力理论，乐观论者认为，人口的增长、经济的增长、需求的增加，不仅不会造成资源的短缺，相反，社会需求是发现资源并满足资源需求的巨大动力，也是解决所谓资源稀缺的方法之所在。乐观论者认为，放弃经济增长试图稳定并减少资源的消耗并不是一个好办法，真正的出路在于不停地追求发展。他们论证道，从发展的角度看，现有技术条件下经济运行过程中对资源和能源的消耗是较高的，即使人类经济活动规模在现有水平上停顿下来，也不会减少对资源和能源使用的规模。相反，只有进一步发展，在新的技术平台上使用资源和能源，人类才能节省资源和能源。因此，停止增长绝非解决资源问题的出路。

第三，人口发展带来的技术进步和人力资源积累是实现人类持续发展的最可靠保障。

在悲观论者看来，人口规模不断膨胀下人类面临的种种难题，如资源危机、能源危机、粮食危机和环境危机，是难以从根本上解决的。科技进步最多只会延缓危机发生的时间而不能解决问题本身。相反，乐观论者则认为，发展过程中人力资源得到不断开发，

科技进步是人类发展进程中解决资源问题的希望之所在。事实上，乐观论者的立论就是建立在长期的科技进步基础之上的，他们认为，技术进步将创造出资源的无限可利用性，从这种意义上讲，人类的创造力是最关键的资源，不断创造新技术的人类本身就是保证其无限发展的“最后资源”。

他们认为，技术进步可以突破人类资源利用的空间界限，不断发现和利用新的资源。技术进步可以提高资源利用效率，使现有的资源创造更多的经济福利。技术进步可以分为资本节约型、劳动节约型和中性的技术进步三种。其中，资本节约型技术进步意味着在相同的产出条件下，使用新技术只需要较少的资本投入。乐观论者正是从技术进步可以较少地使用资本这个角度来说明新技术对解决资源和能源危机的重要作用。

乐观论者以悲观论者经常提及的粮食危机为例，说明技术进步在人类资源问题的解决上所发挥的作用。

在悲观论者看来，人类面临的资源危机固然表现在许多方面，但作为人类生存和发展的最基础性资源——粮食问题始终难以解决。由于人口的指数增长趋势和面积有限的土地肥力降低规律的共同作用，人类将陷入粮食不足的危机之中。但乐观论者显然不同意这种观点，他们认为，依靠技术的力量完全可以解决人类面临的粮食供给问题。乐观论者提出了三种粮食生产思路：其一，用传统的方法和技术生产粮食。其二，用非传统的方法生产传统的粮食。其三，用非传统的方法生产非传统的粮食。人们之所以总是念念不忘粮食危机，主要是习惯于用第一种思路来看待粮食问题。实际上，20 世纪以来，人口在第一和第二种粮食生产思路上，取得了明显的技术进步，生物工程和遗传工程研究导致的品种的改良、耕作技术的提高，化肥的使用已经使得粮食的增长赶上人口增长的步伐。而且，现有的技术研究已经为我们展示了更加光明的第三种思路，即用非传统方法生产非传统粮食的前景：用工厂式生产的方法提取或合成人类所需的各类蛋白质和其他营养物，可以高效而且节省资源地满足人类的粮食需求问题。

2.3.3 人口、经济与资源和环境和谐发展论

除了前述的相对悲观的人口负担论和相对乐观的贡献论者外，在人口经济思想发展史上有着重要影响的一种思潮就是人口、资源与环境和谐发展论。与悲观的负担论和乐观的贡献论有所不同的是，和谐发展论者跳出了把人口看成经济子要素的视角框架，从发展的根本目的和实现可持续发展的目标来认识人口在经济社会发展中的地位与作用。

和谐发展论者关于人口与经济发展的思想概括成以下几个方面。

第一，经济发展的归属应该是人本身，可持续发展应该是人口与经济发展的理想目标。

人口增长不是目的，经济增长也不是目的，人类经济和社会福利不断造福于人类本身并且做到人口、资源与环境和谐而可持续的发展，才是目的。把人口看成是经济发展的负担也好，看成是贡献也罢，其实都是局限于人口与经济发展的若干表象而产生的争议，都有一叶障目而不见森林的视野局限，迷失了探讨人口与经济发展关系的根本目标。

人口与经济的关系本身是复杂的，它与一个国家经济发展的多维因素有着纷杂的关系，一旦其他因素发生变化，二者之间的关系也就可能因此而改变。现代经济学研究已

经发现，一些国家和地区的某个时期人口增长与经济增长关系表明二者之间呈正相关的关系，而这些国家的不同时期或其他一些国家和地区，人口增长与经济发展也可能呈负相关或不相关。通过对人口增长与经济发展关系大量与反复的实证，人们得出了四条基本结论：不同国家和地区人口状况不同，人口增长对经济的影响不同；经济发展水平所处环境不同，人口增长对经济增长所起作用不同；人口增长与经济增长的相关程度，短期与长期效应不同；人口增长不是经济增长的决定因素，但在低生育水平下，刺激经济增长必须容忍人口增长。因此，把握人口经济关系只能从宏观的方法论入手而不能从微观的因素分析着眼。

第二，目前人类面临的可持续发展问题的产生随人口发展而产生。

从人类生存和发展的历史进程来看，在两个历史阶段，人类突出地面临着是否可持续发展的问题：一是人类发展的史前阶段，时间是自人类进化早期到距今约1万年左右的新石器时期；二是人类发展已经到达相当水平和高度的当代，时间大约从20世纪中期开始。如果说，史前阶段，人类面临的可持续发展问题可以归结为“人类能否生存下来”，那么，当代人类面临的可持续发展问题则可以归结为“人类能否发展下去”。

史前时期人口的增长，主要受制于自然环境和极端低下的人类社会生产力水平。当环境条件有利时，以采集和狩猎为基本生存手段的人们可以获得足够的食物以满足自身的需求，从而为人口的增长提供条件；当环境条件恶劣时，人类无法摆脱野兽的袭击、疾病的困扰、自然食物的匮乏等灾害，甚至部落之间为争夺有限的生存资源而相互残杀。这些不为人类所左右的因素，使得人类基本上是被动地受制于自然，人类作为一个整体面临着能否生存下来的压力。史前人类的生存和发展压力，最终被两种方式化解。一是人类通过不停的迁徙和流动，在更大的范围内获取自然界的食物资源；二是人类通过采集和狩猎技术的发展和提高，逐步形成原始养畜业和种植业，从而能够获得相对稳定的食物来源，彻底摆脱了食物毫无保障的困境，由此，带来了人类历史上第一次“人口革命”，并解决了史前时期人类面临的持续发展问题。

突破了原始农业和畜牧业瓶颈后，从整体来看，人口的发展呈加速度进行。在相当长的阶段里，地球上的土地是如此之广袤，食物资源是如此之丰富，人类的发展似乎不再受任何制约。可是人口快速增长的趋势，特别是伴随人口规模扩张而呈现出爆炸式的对物质产品的需求，使得新的生活方式和生产方式下食物和其他资源的有效供给面临越来越难以为继的压力。这样，人类的发展又面临着新的能否生存下去的疑问，这就是20世纪后半期人们所关注的可持续发展问题。

第三，环境恶化的主要因素是不断增加的人口及其活动。

当代人类可持续发展问题的一个重要方面就是人类赖以生存的环境日益恶化，而环境恶化的主要原因则是人口增加以及人类生产方式和生活方式变化对环境的滥用和破坏。

一方面人口增加带来的生存压力让人们选择了对环境破坏式利用。以农业社会为例，人口数量的增加，逼迫人们不断开拓新的生产用地以满足不断增长的粮食需求。最为常见的两种方式就是开辟林地和围垦湖泊与滩涂，而这两种扩大粮食种植面积的方式，最终无一不导致环境的破坏。根据研究，在5—10度的坡耕地上进行农业耕作，每年造成的土壤流失量为每平方千米 1 358 吨，坡度在 20 度的坡耕地则增加到 5 542 吨。因此，一般禁止在坡度 25 度以上的土地上进行耕种。可是由于人口数量对粮食的压力，山区农民见缝插针，在 40—60 度的坡度开垦种粮的事例满目皆是，每年造成的水土流失实在惊人。大量的土壤流失造成地力的下降，粮食歉收。需求的压力又逼迫人们向更加不利于耕种的土地开垦，如此形成了人口压力与环境破坏的恶性循环。

另一方面，人们追求更高经济效益和更高生活质量而选择的生产方式和生活方式，往往也成为环境恶化的祸根。不恰当的农业生产导致的环境破坏与一些非农业生产方式对环境的破坏相比，只能算是小巫见大巫。工业生产带来的“三废”对人类环境的空前破坏，已经为人们所意识，但在“发展”的名义下，环境给经济效益让路的事例却屡见不鲜。随着收入水平的提高，人们开始追求更高的生活质量，各类服务业已经成为经济发展的主体。被誉为“无烟产业”的旅游、休闲等产业对环境的破坏，却仍然被湮没在享受其所带来的愉悦之中而没有得到人们应有的重视和警惕。

人们生产方式和生活方式的变化，不仅决定了对环境破坏的程度，而且也决定了对环境破坏的方式及其治理难度。例如，随着人们对工业生产污染认识的加深和治理措施的加强，经济发展过程中的工业污染受到抑制，但同时由于城市化进程的加快，城镇生活污染源对环境的压力已经在一些地方上升为主要的环境破坏因素。特别是由于人为原因造成的环境污染和破坏，造成的后果在很大范围和较长时期里很难得到根除。20 世纪后半期以来出现过的印度博帕尔毒气泄漏灾难、乌克兰切尔诺贝利核电厂爆炸事件、美国墨西哥湾原油泄漏事件、日本福岛核电站因地震引发的核泄漏事故、中国天津港化学品仓库爆炸等，均是人类活动对环境造成巨大破坏的灾难性事故。

第四，膨胀的人口及其对资源无度的利用是资源短缺的根源。

人口数量的增加以及不断追求以集约的资源消耗为代价的高生活质量，自然带来了对自然资源的无止境的需求，最终导致了资源的短缺。

在人口规模较小，对资源需求总量较少的条件下，人类对可再生资源的需求增长，没有超出资源自身的更替速率，这类资源的供给是有保障的。对不可再生资源的需求，相对于已经掌握的资源总量而言，也是可以维持相当长时间的。在对这类不可再生资源的使用过程中，人们还可以不断扩大对这类资源拥有量的把握，或者寻找到替代资源，因此，可持续性的问题并不存在。然而，随着人口规模的急剧扩大，人们对资源进行全方位的开发利用，对可再生资源的利用早已超出其自然更替的速率，对不可再生资源的利用既快于其挥明蕴藏量的增加和开发的程度，也快于人们找到可替代资源的速度，因此，资源的持续供给问题就日益严重。

伴随着人口规模扩大的人均消费水平的提高，对资源的压力更大。从 20 世纪 50 年代人类开始步入追求生活质量时代到 21 世纪之初，人类对水资源的需求量提高了 3 倍，对燃料的需求提高了 4 倍，肉类需求增长 550%，二氧化碳排放量增加 400%。生活在“消费社会”的人们不断发现和享受着技术高度发达所带来的各种物质和精神满足，乐此不疲，绝没有改弦易辙之意。先富起来的少数人和所谓中产阶级树立了高消费的标杆，规模更大的人口则以此为目标而孜孜不倦地奋斗着。少数人对资源和环境不堪重负发出的呼吁被淹没在物质欲望被满足的喧嚣之中，多数人对此视而不见听而不闻，甚至被讥讽为杞人忧天。整个人类就像一艘航行着的泰坦尼克号，眼见巨大的冰山不断逼近，是迎上去最终沉入海底，还是紧急中找到新的逃生航线，这就是我们人类面临的难题。

第五，自觉调控人口实现与资源和环境的和谐发展才是可持续发展之道。

无论是悲观的负担论还是乐观的贡献论，其实都注意到了人口是经济社会发展诸要素中具有主观能动的特点。前者侧重于主张主动控制人口，后者侧重于强调人类创新精神和能力，如果将发展的目标聚焦在人的可持续全面发展上，不同的论点持有者其实可以找到共同的交集，那就是作为发展主体的人类，要自觉地、科学地调控人口因素以适应可持续发展的要求，具体而言，就是要适度控制人口数量，提高人口质量，优化人口结构。

适度控制人口数量，就是要把人口规模控制在其对资源、环境的需求和利用不超过其再生和更替的水平之内，避免由于人口数量压力而造成现有人口生活质量下降，或者为保持和提升人口生活质量而超过临界点地对资源和环境进行滥用。

提高人口质量，就是通过人类对自身持续发展意识的增强和能力的提高，以可持续发展的思路来确定满足人类自身发展需要的合理目标，并在实现这个目标的过程中以发挥人力资本为主要依托，走出一条节约资源、保护环境的发展路线。

优化人口结构，就是在人口的各种构成和分布上做出有理性的预期，并采取相应的调节措施，一方面使人口再生产本身以健康、和谐的方式延续下去，另一方面则是使人口的构成和与之相关的社会经济因素相适应，做到良性互动。

本章小结

人类发展的历史过程中，人口与经济发展之间相互依存，相互影响。人们对人口与经济关系的认识不断深化，形成丰富多彩的人口经济思想。

思考题

1. 人口因素是从哪些方面影响经济发展的？
2. 什么是人口转变？为什么会发生人口转变？
3. 如何理解人口与经济发展的关系？
4. 如何理解认识人口与经济发展关系时必须以发展的最高目标为依归？
5. 采集和狩猎经济时期的人口再生产有何特点？
6. 农业经济时代为什么会发生第一次人口革命？
7. 工业经济时代为什么会出现如此迅猛的人口增长狂潮？
8. 以工业经济时代人口再生产为例，说明“人口发展和经济发展关系紧密，相互影响，但各自又有自己的内在逻辑和发展的相对独立性”。
9. 服务经济时期人口再生产面临的外部环境对人口发展产生了哪些影响？
10. 比较分析不同经济发展模式下人口经济关系的主要特征。
11. 述评马尔萨斯人口经济思想。

12. 如何看待罗马俱乐部的增长极限思想？
13. 谈谈自己是怎样认识技术进步影响人类发展前景的。
14. 如何评价人口与经济发展思想上相对悲观的人口负担论？
15. 你是否认同人口与经济发展思想上相对乐观的人口贡献论？
16. 如何认识人口在实现可持续发展中的作用？

第3章　人口与经济发展的因素分析

学习目标

- 了解人口影响经济发展的传导机制
- 认识人口数量的宏观与微观决定及其与经济发展之间关系
- 认识人口结构的主要方面及其对经济发展的影响
- 理解人口质量内涵及其对经济发展的重要性

作为经济活动的主体，人是经济发展中最为活跃的因素。本章从经济发展的消费和投资两个角度介绍人口因素影响经济发展的传导机制，并且逐一分析人口的不同方面对经济发展的影响。

3.1　人口影响经济发展的传导机制

人们的经济活动，一般可以分解为消费和投资两个方面。虽然有些行为兼具消费和投资的性质，如对子女教育的投入，但这并不影响我们从消费和投资两个方面分析人口因素对经济发展的影响。

一国的经济发展，从宏观经济而言，居民的消费是重要因素之一。从消费角度来看，人口的变化必然带来社会消费总量和消费水平的变化。假设由于人口的变化，通常表现为人口的增加，带来的消费变化为 ΔC，则可以用公式表达为：

$$\Delta C = \Delta C_1 + \Delta C_2 \tag{3-1}$$

此处 ΔC_1 为由于人口数量新增带来的消费总量增加，ΔC_2 则为不考虑人口数量变化条件下消费水平变化带来的消费总量增加。

无论是 ΔC_1 还是 ΔC_2，其基本形式均可以写为：

$$C = f(Y, P) \tag{3-2}$$

或者

$$C = P \times C/P \tag{3-3}$$

这里 C/P 为人均消费水平。式(3-2)表示的是消费是国民收入和人口的函数，其中 Y 为国民收入，P 为人口数量，式(3-3)则说明在一定消费水平前提下，消费总量与人口规模相关。

宏观经济核算的原理告诉我们，一国的经济总量可以分解为消费 C 和储蓄 S。即有：

$$Y = C + S \tag{3-4}$$

$$\Delta Y = \Delta C + \Delta S \tag{3-5}$$

因此有：

$$\Delta S = \Delta Y - \Delta C \tag{3-6}$$

即：

$$\Delta S = \Delta Y - (\Delta C_1 + \Delta C_2) \tag{3-7}$$

式(3-7)简洁地揭示了一国人口变化通过消费影响经济发展的基本路径：一国的经济是维持简单再生产，还是能够做到不断扩大再生产，或者是处于生产规模缩减状态，取决于其储蓄的大小。储蓄增加则意味着经济规模扩大，储蓄缩减则意味着扩大再生产能力下降。储蓄的大小，取决于消费总量和消费水平的变化，而人口变化是影响消费总量和消费水平变化的重要变量。

投资是推动经济发展的另外一个重要因素，而人口因素则是影响投资和储蓄变化的重要变量。

宏观经济理论告诉我们，投资由储蓄转化而来，而储蓄则依存于国民收入和人口。用公式表达就是：

$$I = S \tag{3-8}$$

$$S = \alpha Y - \beta P \tag{3-9}$$

式(3-8)和式(3-9)中，I 为投资，S 为储蓄，Y 为国民收入，P 为人口数量，系数 α 为储蓄率，β 为单位人口增加造成的储蓄减少。

一国的储蓄即是可以用来进行投资生产的资源，在既定的资本系数 q(即单位资本投资效益)下，一国的经济增长可以表示为：

$$d = s/q - r \tag{3-10}$$

这里，d 为经济发展速度，s 为储蓄率，q 为资本系数，r 为人口增长率。这个式子表达的意思是，如果一国的储蓄全部转化为投资，在一定的投资效益水平下，一国的经济增长水平取决于储蓄率和人口增长率。

需要说明的是，上述对人口与消费、投资之间的关系以及人口对经济发展的影响所做的一般描述和分析，均是在将人口看作没有差异的同质个体的假设下进行的，这其实仅仅是从人口的数量角度分析人口与经济增长的关系。事实上，人口是一个整体的综合概念，个体在结构和质量等特征方面有着相当大的差异性，这些差异性对其消费和储蓄会产生重大影响。随后的小节将从数量、结构和质量等不同角度分析人口与经济发展的关系。

3.2 人口数量与经济发展

人口与经济发展的关系，首先是人口数量与经济发展之间的关系。从历史角度看，人们总结人口与经济发展的关系，最初也是从人口数量角度入手的。人口的数量问题，从微观上讲，是作为人口生产最基本单位的家庭对孩子数量的选择；从宏观上讲，是一个国家或者地区基于自身资源禀赋条件或经济社会发展目标而在人口数量方面做出的相应政策选择。

3.2.1 人口数量决定的微观视角

人口再生产活动是以家庭为基本单位进行的，人口数量的微观分析视角类似于微观经济学中的厂商理论。这就是说，把人口的生产，看成一种经济活动，把对孩子数量的选择看成类似于对其他商品进行选择一样的经济决策过程。生产者，即孩子的父母，基于成本和收益分析的结果来确定自己的生育行为，从而最终决定家庭规模。这种将经济分析视角引入人口再生产领域的方法，在20世纪50年代催生了生育经济学(fertility economics)和家庭经济学(family economics)的兴起，相关的研究内容常常被人们统称为微观人口经济学(micro-economics of population)。

1. 影响生育水平变化的经济社会因素

生育水平的基本含义指一对夫妻生育孩子的数量。通常用来反映生育水平的指标有人口出生率、总和生育率等。

人口出生率一般是指一定时期(通常为一年)一定地域内每千人口中出生的人口数。这个指标通俗易懂，数据容易获得。但因为总体人口的结构性因素的干扰，简单观察人口出生率来评价生育水平容易产生认识偏差。

总和生育率是反映生育水平时被用得更为常见的一个指标，其基本含义是某一年龄批次的女性在其整个生育年龄期间平均生育的子女个数。在人口统计应用上，通常用某个时期(如某一年)不同年龄组别育龄女性的生育水平进行加总，以近似替代一批女性在不同年龄段的生育水平，从而计算其整个育龄期间的生育水平。通常认为，当总和生育率在2.1左右的时候，人口数量会保持在一个相对稳定的更替水平，总和生育率高于更替水平，人口数量就会增加，低于更替水平，人口数量趋于减少。一般把总和生育率低于更替水平的状况称为低水平生育，把总和生育率低于1.8的状况称为较低水平生育，把总和生育率低于1.5的状况称为超低水平生育。

近一两个世纪以来，伴随着经济的加速发展和社会结构的急剧变化，不同国家和地区的人口生育率呈现极大的反差：既有仍然呈现出农业经济时代人口再生产突出特点的高生育率，也有后工业时代的超低水平生育。因此，人们对影响生育率水平的经济社会因素进行了多角度分析。以哈维·莱宾斯坦(Harvey Leibenstein)为代表的人口经济学家曾经对与生育率变动相关的社会因素进行分析，他列举了10种相互作用而导致生育率下降的社会经济因素：(1) 鼓励生育的宗教和传统观念的削弱；(2) 家庭纽带逐步松懈，扩展型的联合家庭体系的瓦解；(3) 人口城市化；(4) 女性受教育状况及社会经济地位的改善；(5) 抚养孩子成本的提高；(6) 父母对子女经济依赖性减弱；(7) 对男孩的偏好程度降低；(8) 人口死亡率，尤其是儿童死亡率下降；(9) 父母的社会和经济流动性增强；(10) 各种节育知识和工具的发明和广泛传播。

上述因素相互作用，共同形成影响人们生育行为的合力。更直接地来看，社会经济因素对人们生育行为的影响，主要是通过家庭经济活动影响人们生育行为这一环节来实现的。

影响家庭生育水平的家庭经济活动概括为4个基本方面：(1) 家庭经济活动的内容与形式，比如父母是从事农业生产经营活动还是从事非农业生产经营活动；(2) 女性社会经济活动的参与程度和地位；(3) 老年人口的养老方式；(4) 经济活动中的人口流动和城市化状况等。以下简析这 4 个方面对人们生育行为产生影响的传导机制。

(1) 家庭经济活动的内容与形式对生育水平的影响

历史上看，以农业生产经营为主要内容的家庭经济活动，大都伴随着较高的生育水平，农业社会的人口增长率也一直较高；而进入工业社会之后，生育率明显下降；到后工业社会，人们主要从事服务经济活动，则出现了超低生育率。农业社会较高生育率背后的理论解释是：一方面，农业生产经营活动以相对简单的手工劳动和体力劳动为主，家庭人口数量的多少直接决定家庭劳动力数量的多少，劳动力数量的多少很大程度上决定了家庭经济收入的多寡。追求收益最大化的合理动机刺激了农民家庭的多生多育。另一方面，在闲散的农业生产方式和相对落后的发展水平下，父母养育孩子的直接成本和机会成本较低，而且孩子的劳动经济价值在其很小的时候就得到体现。种种有利于家庭多生多育的激励因素使得农业经济活动下农民家庭生育水平保持较高水平。

一旦人们的家庭经济活动以非农业生产经营经营为主，其生育观念和生育行为将发生很大的变化，这主要是因为：

① 非农化的生产经营，是市场化程度和竞争程度更高的生产经营。其生产方式对世世代代时间观念不强、竞争观念淡薄的农民会产生很大冲击，在这种生产经营方式下，人们对时间的认识会发很大变化，生育孩子的时间成本及其他机会成本会显著增加。

② 非农化的生产经营不像农业生产经营那样呈明显的季节性特点，它基本上是一种较为均衡的、相对快节奏的生产经营方式，这也使得人们时间观念、纪律观念大为增强。多生多育可能使得人们在竞争较为激烈的市场竞争中受到拖累，影响其职场成就乃至收入水平。

③ 非农化的生产经营活动中，文化知识水平、生产技能等劳动者的综合素质取代了农业生产时代的身体素质，成为决定个人业绩和成就的最重要因素，生产经营者的性别因素所起的作用也大为降低。因此，非农化有助于淡化人们对子女数量及性别上的偏好，而把注意力放在子女素质和能力的培养上来，形成新的生育观并以之指导自己的生育行为。

④ 非农化的生产经营往往会因生产经营的流动性增加而造成家庭成员空间上的分离，这种家庭成员因为经济活动而隔离的现象，客观上形成一种阻碍因素，有助于降低生育水平。

⑤ 非农化往往伴随着城市化进程的发生，而城市化以全新的生产方式和生活方式改变了农业经济时代人们形成的生育观念。

⑥ 非农化的一个直接后果是增加了农民收入，提高了其生活水平。一方面，由于生活水平的提高，家庭在孩子成长和家庭成员的享受及发展等方面的支出将显著增加，收入效应在孩子质量上的选择是正相关的；另一方面，收入提高，各种社会服务的可行性增加，同时也意味着孩子的保险(尤其是养老保险)功能的降低，这也有助于淡化养儿防老的观念，使人们不再为“多子多福”而多生。

（2）女性社会经济活动的参与程度和地位对生育水平的影响

女性社会经济活动的参与程度的高低，直接决定了其在家庭事务乃至生育决策中的重要性。女性社会经济活动的参与程度，对其自身及家庭的生育观念及生育行为的影响表现在：

① 参与经济活动，使得女性在文化知识、劳动技能等方面的素质有所提高，她们自然会开阔视野，增长才干，接受新的生育观。

② 参与经济活动，使得过去囿于家庭小天地的女性有了时间概念、成本与收益概念。生育、抚养孩子的时间与成本等过去从未有过的观念将促使她们开始考虑其生育行为选择的合理性。

③ 女性参与经济活动，非常有助于她们摆脱在社会和家庭中的附属地位，并在家庭事务、生育决策等方面获得自己的发言权，这十分有助于克服部分女性屈从家庭压力而产生的非自愿性生育现象。

④ 女性参与经济活动，可以极大地形成对普遍存在的“男孩偏好”的冲击，真正体现生男生女一个样，从而有效地减少为追求生男孩而造成的多胎生育。

（3）老年人口的养老方式对生育水平的影响

退出经济活动后，人们就面临以何种形式养老的问题。对养老方式的预期会极大地影响人们的生育观和生育行为。一般地，养老活动包括的基本内容有经济资助、日常护理和精神慰藉等方面。在经济发达程度较高、社会服务相对完善的地区，老年人的生活资助及日常护理基本上是通过养老保障的社会网络来解决，子女对老年人的日常护理和精神慰藉只是基于亲情的一种关心。因此，有人把这种代际家庭供养模式表示为：$G_1 \rightarrow G_2 \rightarrow G_3 \rightarrow \cdots \rightarrow G_n$，这是一种基本上可以认为是单向供养的家庭世代延续模式，这种世代延续的基础就是人类生命延续的基本伦理；相反，在欠发达地区，老年人的经济资助和日常护理基本上都是由家庭来完成，家庭的供养模式是一种双向的反馈型模式，这可以表示为：$G_1 \leftrightarrow G_2 \leftrightarrow G_3 \leftrightarrow \cdots \leftrightarrow G_n$，在这种供养模式下，家庭世代延续，既有人类生命延续的基本伦理在发生作用，更有老年人与子女相互供养的客观需求。因为这样，在欠发达的农村，“多子多福”、“养儿防老”、“养老送终”、“传宗接代”等观念很有市场。养老方式的变化对农民家庭生育观念和行为的影响表现在：

① 以社会化的养老方式替代家庭为主的养老方式，可以减轻孩子的抚养价值效应，淡化农民家庭对养儿防老的追求。

② 社会养老可以在很大程度上减轻农民家庭为追求子女的养老保险功能而多生以达到子女数量保险的多生追求。

③ 社会养老模式有助于克服传统“出嫁从夫”婚嫁模式下的生男偏好，突出地显现女儿在老年人赡养方面的优势。

④ 社会养老，可以为育龄夫妇起到十分直观的示范作用，迅速地促成其生育观念的转变。

（4）经济活动中的人口流动和城市化对生育水平的影响

人口流动和城市化，带来人们生活方式和生产方式的改变，往往导致人们生育观念的转变，通常造成生育水平的明显下降，其内在逻辑是：

① 人口流动的年龄选择性使得处于生育力旺盛阶段的人口处于流动过程之中，客观上不利于生育。特别是城乡人口流动，相当大比例是以男性外出打工挣钱，女性留守家庭和进行维持性农业生产经营的方式进行的，客观上造成了家庭成员的隔离，夫妻分居有助于抑制生育。

② 父母年轻人口流动比例相对较高，许多人因为工作、住房等因素的不稳定而推迟了结婚年龄，这也有利于降低生育率。

③ 流动进城，融入城市非农业生产经营活动中，使得孩子在农业生产环境中具有的劳动功能无法发生作用，孩子的正向经济价值有所减弱。

④ 城市环境下，孩子的抚养、教育成本大大高于农村，客观上有利于抑制进入城市的人口的生育。

⑤ 城市生活更加多姿多彩，就业的选择空间较大，可以使女性更加容易地跳出操持家务及生儿育女的老环境，融入竞争性较强的经济生活中。

⑥ 城市中人们普遍接受较好的教育，有更多的就业、晋升机会，但也面临着激烈的竞争，因此人们更注重人口的素质。这可以刺激人们在对子女数量与质量关系的认识上作出偏向质量的选择。

⑦ 城市人口可以获得更多的消费刺激和生活乐趣，更多地追求生活质量，这可能使得他们不愿因生儿育女失去更多的发展和享受机会。

⑧ 城市中有相对较完备的社会保障网络，老年人的经济资助和日常护理都可以依靠稳定的社会资源来解决，十分有利于淡化人们的养儿防老观念。

⑨ 城市非农产业的经济活动中，对就业者的文化素质和劳动技能的考量重于就业者性别特征。性别偏好的自然基础被削弱，这有利于淡化人们的养儿传宗接代意识，扭转为生男孩而多生超生的行为。

⑩ 城市人口的生育观念及生育行为本身比农村人口要现代化，进入城市的农民在这个大的环境中会受到同化，逐渐更新其生育观念。

⑪ 相对于农村而言，城市人口流动性大，住房拥挤、交通阻塞等常见城市病对生育率也有直接抑制作用。

⑫ 城市医疗保健水平更高，妇幼健康护理措施更完善，可以保证婴幼儿更健康地生长，十分有利于消除人们出于生育保险目的而要求多生的动机。

2. 孩子的价值及成本与效用

一旦将生育孩子视为一种类似于生产其他产品的经济活动，自然就得像一般厂商一样要考虑产品的价值、生产的成本与收益。微观人口经济学中就对孩子价值、成本与效用进行了分析。

(1) 孩子的价值

作为一种特殊“物品”，孩子给父母和家庭带来的，不仅有正面的积极效用，也有负面的消极效用，这就是孩子的积极价值和消极价值。

孩子的积极价值表现在：① 情感上的满足。孩子增添了家庭的欢乐气氛，促进了家庭成员之间的情感交流。生育和抚养孩子以及孩子成长过程之中父母之间以及父母与子女之间体现出的温情、友谊、信任与关怀，使家庭成员之间充满亲情，让人得到情感满足。② 经济上的贡献。孩子在外可以从事一些有收益的经济活动,为家庭带来经济收入,在内可以从事一些力所能及的家务劳动,减轻父母的家务负担或相应支出。父母到了晚年经济收入减少或没有经济收入来源时,孩子可以为父母提供经济保障。③ 对父母的激励。一方面,生养和抚育孩子,对父母而言增加了责任和负担,这种压力可以增强父母的责任感和奋斗精神,不断进取和有所收获;另一方面,养育孩子时从孩子的成长和进步中,父母既可以得到满足,也不断感受到激励,不断提醒自己为孩子树立上进的榜样,从而使自己不断得到完善。④ 家庭的纽带和传承的载体。孩子是家庭成员相互联络和进行情感交流的纽带,通过对孩子投入情感和物质,可以增进父母之间以及家庭其他成员之间的情感交流,增强家庭的凝聚力和稳定性。同时,生养孩子是家庭生生不息、代代相传的家庭伦理的一个基本表现形式,孩子是家庭传承的载体。

孩子的消极价值表现在:① 情感和心理的付出和损失。它既包括父母和其他家庭成员在生养和抚育孩子的过程中为了孩子的成长而经历和遭受的各种纷扰、困惑、磨难和煎熬,也包括父母和家庭成员为了孩子的生养而花费时间、精力和财力,可能导致相互之间的情感交流方面产生隔阂、不满和冲突。② 经济负担。为了生养和抚育孩子,家庭必须花费一定的经济支出,它既包括用于孩子直接的衣、食、住、行等方面的支出,也包括孩子全面成长和发展所花费的教育、娱乐等方面支出。③ 机会的损失。为了生养和抚育孩子,父母和其他家庭成员有可能在工作选择、发展机会等方面受到一些限制从而失去一些选择的可能,导致个人发展和成就受到制约。同时,这种制约也可能表现在父母或家庭其他成员在享受生活的其他方面,使得家庭成员的生活质量受到影响。④ 体力的付出。因为生养和照顾孩子,父母必须增加劳务投入,减少休息时间,导致体力支出增加而造成一定的损失。

必须指出的是,虽然孩子的积极价值和消极价值对各个家庭都客观存在,但在不同的国家和地区、不同的发展程度、不同的人口再生产模式、不同的家庭经济条件和社会阶层、不同的文化程度等前提条件下,人们对孩子的价值判断就会有所不同。例如,在农业社会里,孩子的多少,直接决定家庭劳动力数量的多少,特别是男孩,其经济价值更加突出;而在工业社会和后工业社会里,孩子的劳动贡献和对父母的老年保障功能大大降低,孩子的经济价值相对降低,而心理价值则相对升高。

(2) 孩子的成本

作为家庭人口再生产的产品,生育孩子的成本既包括为生养孩子做准备、怀孕、生育、抚养,直至孩子成人自立这一完整过程中所支出的各种费用,如直接生活支出、教育娱乐支出、医疗卫生支出,等等,也包括父母为生养孩子所花费时间的机会成本。前者可以看成是孩子的直接成本,后者是孩子的间接成本。

直接成本是父母为生孩子和养孩子而在衣、食、住、行以及教育、娱乐和医疗等方面的直接付出,它还包括父母为子女成家立业进行的转移支付(如嫁妆、聘金和婚礼等实物和现金补贴)。在某些情形下,甚至还包括对隔代孙辈的直接付出,这种付出的直接对象是子女的后代,但可以看成是生养子女成本的延伸。直接成本的大小,取决于多种因素的影响。一是经济发达程度和生活水平的高低,如生活水平较高的城市抚养一个孩子的成本要远远高于贫困乡村。二是家庭对子女的培养方式,如果父母希望培养高质量的孩

子，他们就会在生活照顾上更加投入，特别是在教育培养上花费较多。三是子女数量的多少，一般而言，家庭抚养多个子女，存在一定的“规模效益”，导致单个孩子平均抚养成本下降，如较大的孩子可以帮助父母照看弟弟妹妹以减轻父母负担，父母从抚养较大孩子的过程中得到的经验可以减轻经济和心理负担，孩子的玩具、衣物等共享可以节省开支等。四是孩子成长的环境和风俗。在一个追求孩子质量的环境里，父母可能被迫适应环境而在子女身上投入更多抚养费用。比如在就业和升学压力极大的环境里，除了正常的基本教育支出外，父母可能因为希望子女在竞争中处于有利地位而为子女的培训、补习额外付出资金和时间。再如在特定的婚嫁风俗习惯环境里，人们将被迫为子女准备数量不菲的聘礼或嫁妆，这些都会影响孩子的直接成本。

生养孩子的间接成本，是父母虽未直接付出的但由于生养孩子所失去的自身受教育或工作的时间以及获得收入机会的代价，它是一种机会成本，由父母生养孩子的时间损失而产生。这种机会成本的损失贯穿于抚养孩子的整个过程，同样也包括为抚养隔代孙辈而付出的时间的损失。如母亲妊娠期间和哺乳期间失去的工作收入，父母照料孩子放弃的受教育机会或工作时间产生的损失，因为孩子的拖累而减少的流动性而造成的损失，父母和家庭成员因为照料和教育孩子而失去的闲暇时间和消费时间，为照料孙辈而提前退休或者放弃劳动就业而损失的收入等。孩子的间接成本也受多方面因素的影响，其中一个突出的方面是经济发展程度和收入水平。在收入水平较高的条件下，父母和家庭成员照料孩子所花费的时间即使仍然与以前一样多，但由于单位时间的价值上升，时间的机会成本也增加了，孩子的间接成本也就增加了。

(3) 孩子的效用

有了一定的成本付出，父母和家庭就会从孩子身上产生一定的收益预期，而孩子的成长也确实可以为父母和家庭带来一定的效用。这主要体现在：① 消费效用。父母和家庭把孩子当成特殊“消费品”，可以从孩子的成长过程中得到快乐和满足。② 劳动—经济效用。孩子作为准劳动力或劳动力，从事一些有经济收益的活动，可以为家庭带来一定经济利益。③ 保险效用。在社会保障制度没有建立起来或者不完善的条件下，孩子可以作为父母晚年的生活保障，具有家庭经济保险效用。④ 经济风险效用。孩子作为一种较为可靠的可以取得预期收益的资源，可以承担家庭经济活动的风险。⑤ 长期维持家庭地位效用。孩子的数量多寡或者成就的大小，可以最终影响家庭在所在社区的经济和社会地位，孩子具有传承家庭地位的效用。⑥ 对扩展家庭的贡献效用。家传不息，人丁兴旺，是一般家庭的愿望，孩子正是不断维系和扩展家庭任务的承担者。

孩子的效用的大小，也受多方面因素的影响，主要有：① 经济发达程度和人们收入水平的高低。一般的情形是，孩子的边际效用随着经济发展水平和人们收入的提高而递减。② 人们的生产方式。当人们以农业和手工劳动等体力劳动为主时，孩子的劳动—经济效用较为明显，而以智力和技术为主的劳动方式下，孩子的劳动—经济效用大为降低。③ 社会保障体系建立与完善的情况。当社会保障制度没有建立或者不健全时，孩子的效用较高，反之则较低。④ 婚嫁模式与其他社会风俗。如以男方为中心的婚姻模式和与父母一起居住的模式下，男孩的效用较高，而入赘模式和婚后与父母分开居住的模式下，男孩的效用则受到影响。

孩子成本与效用的分析,直接影响人们的生育决策。在不考虑其他因素的前提下,孩子成本和收益的变化及其家庭收入,构成了人们生育经济决策的主要依据。通常情况下,家庭收入的增加,对孩子的成本和效用会带来不同的影响:在孩子的成本方面,家庭收入增加往往导致养育孩子的成本也增加,因为高收入条件下抚养孩子的直接成本和父母付出的机会成本均会增加;在孩子的效用方面,家庭收入增加后孩子的效用则未必增加,或者说增加孩子数量带来的边际效用未必增加,因为孩子带来的各种效用并非随着孩子的数量而线性增加。比如,多数关于生育孩子数量的调查研究表明,一般中国家庭认为儿女双全是比较理想的孩子数量,它能够带来各种基本效用的满足。

正是由于孩子成本和效用的这种变化,导致了经济发展水平和生育水平之间表现出一种客观普遍的规律,即随着经济发展水平的提高,人们生育意愿发生变化,生育水平逐步降低。这种基本变化规律在发达国家以及部分发展中国家人们生育水平变化的历史过程中得到普遍印证,被一些学者形象地总结为"发展是最好的避孕药"。

但是应该指出的是,观察和分析生育水平与经济发展水平之间的变化应该注意以下几点。

第一,经济因素虽然是影响生育水平变化的决定性变量,却并非是唯一的因素。人们的生育观念、生育意愿和生育模式除了受经济发展水平影响之外,还受到社会、文化等多种因素的复杂影响。因此,生育水平的下降和经济发展程度的提升之间,并非一种简单明了的线性关系。例如在中国,虽然总体上看基本呈现发达地区人们生育水平较低的格局,但在一些经济发展水平较高的省份和地区,人们的生育水平反而比其落后地区更高的现象也客观存在。这些地区的计划生育工作展开的难度也更大。社会上甚至出现过一些高收入人群突破生育政策规定的所谓的"富人超生"现象。这说明,在改变人们生育观念和模式的问题上,纯粹的"经济发展水平决定论"显得过于简单和粗略。

第二,经济发展水平的提高对生育水平影响的长期和短期效应在不同地区或者发展的不同阶段是有所差别的。从长期来看,经济发展带来的收入增加会促进生育水平下降趋势的出现,但在短期里,经济发展初期,收入的增加反而可能导致生育率的上升,直至一个较长时间后才出现生育率下降趋势。正因为如此,对于经济发展达到一个什么水平才足以改变人们的生育观念和模式,不同的学者也持不同看法。曾经有学者认为,经济发展与生育水平变化的阈值是人均 GDP 达到 750 美元,也有人认为生育水平的拐点出现在人均 GDP 1 000 美元之后。这些观点是通过对不同地区、不同时期经济发展和生育水平变化的考察得出的。实际上,由于时间和空间的变化,人均 GDP 这个指标本身所代表的经济发展水平也有不同含义,试图用一个简单的指标来认识经济发展与生育水平发展的拐点,其普适意义是有限的。此外,经济发展水平的高低固然对生育率有很重要的影响,收入的再分配,特别是发展中国家收入在不同区域和社会群体之间的再分配,对整体人口的生育水平也会产生很大影响。

3. 孩子的需求与家庭规模决定

在家庭生育决策中,父母总是基于孩子的成本和效用来认识自己孩子的价值,从而最后作出生养孩子数量需求的决策,确定家庭的规模。这就是说,家庭的规模大小,取决于对孩子的需求,对孩子的需求则是家庭生育决策时对孩子净成本衡量的结果。

所谓孩子的净成本，是指父母生育、抚养孩子各方面付出的货币现值，加上父母投入劳动的影子价格现值，减去孩子为家庭带来的货币收入和劳动影子价格现值，最终得到的余额。如果孩子的净成本为正数，则对家庭而言，生养孩子相当于购买一种耐用消费品，父母从这种耐用消费品上获得的效用是心理和精神上的收益；如果孩子的净成本为负数，则对家庭而言，生养孩子相当于购买一种耐用生产品，父母可以从孩子身上获得现金收入。

家庭对孩子的数量需求和家庭规模的确定，就是在一定的家庭收入、孩子净成本背景条件下，在孩子、其他消费品和生产品之间选择的结果。从一般经济学的视角来看，家庭规模的决定，应该是孩子的需求和供给之间均衡的结果。现实中，孩子的供给体现在父母生育的生理能力上，这基本上可以看成是一个不变的、始终大于孩子需求的外生变量，因此，家庭的规模其实决定于对孩子的需求。

把孩子当成耐用消费品，从孩子身上获得的效用最大化，成为父母确定家庭规模的决策依据。做出这种决策即意味着在家庭收入一定的条件下，如何配置孩子和其他商品数量，实现效用最大化，获得最大满足。这个过程中，有三种主要影响因素，即相对价格效应、相对收入效应和孩子的数量与质量替代效应。

(1) 相对价格效应，是指孩子数量需求随着其相当于其他商品的价格波动而变化的效应。在家庭收入一定和消费支出预算一定的条件下，父母从孩子和其他消费品上得到的效用达到均衡。如果这时孩子的价格相对于其他商品的价格上涨，则父母对其他商品的需求就会上升，对孩子数量的需求就会减少；反之，如果孩子的相对价格下降，则父母对孩子数量的需求上升，对其他商品的需求减少。孩子数量需求受相对价格效应影响往往发生在如下情形：① 生养孩子净成本越低，孩子的相对价格就越低，父母对孩子的数量需求就越大。“增加一张嘴，就添一瓢水”，“老大新三年，老二旧三年，老三破三年”等通俗口语均是对低成本生养孩子从而刺激家庭孩子数量需求的形象概括。② 孩子能够为家庭提供的收益的机会越多、收益越大，越能降低孩子的成本和价格，也能够刺激孩子的数量需求。“穷人的孩子早当家，农村的孩子早下地”就形象地揭示了农村家庭和穷人家庭孩子需求较多的内在逻辑。③ 各类对生养孩子发放的补贴，包括给孩子本身的补贴或者给父母的补贴和奖励，实际上相当于降低孩子的相对价格，也会刺激孩子的数量需求。④ 相对而言，构成孩子成本的价格中，父母投入时间更多的通常是母亲。因此，母亲时间的影子价格越高，孩子的成本越高，孩子数量需求就越小。这也是女性社会经济活动参与程度越高、获得收入能力越高生育水平就会越低的一种解释。

(2) 相对收入效应，是指家庭的实际收入变化使得家庭在孩子和其他商品之间做出选择而使孩子数量需求发生变化。一般来说，家庭收入的变化，比如说收入增加，会对孩子的需求产生两种变化效应：其一，可能对孩子及其他商品的需求增加。在原来的消费倾向下，由于原来的预算约束而被抑制的需求得以释放，对孩子和其他的消费品均是如此。因此，在农业经济时代，收入提高后，生育水平提高的情形并不少见。财大气粗的男性可能多生多育。极端的例子是，在控制家庭人口的计划生育政策下，有的富人发达后不在意被征收的社会抚养费多寡而执意多生，而收入较低的多数人则在高额的社会抚养费处罚（当然也有其他非货币处罚因素，但如果家庭收入高到一定程度，这些因素其实也就无关紧要了)面前降低孩子数量的需求。其二,孩子的需求会因为收入的增加而减少。之所以会形成这种结果,可以有两种解释。解释之一是家庭收入增加是因为已婚女性经济活动参与程度的增加和收入能力的增加,而这会直接提高女性的时间机会成本,提高孩子的价格,从而减少对孩子的需求。解释之二则是,收入增加后,孩子和其他各类商品在满足家庭各类效用方面的功能也发生了一些变化:收入较高条件下,孩子的功能可以由较少的孩子就能够实现,不一定要多个孩子来承担,更重要的是,家庭收入提高实际上是与社会发展和进步同步的,工业社会和后工业社会的最大特点是物质消费和服务消费强度极大提高、消费空间无限拓展,家庭可以把收入中更多的部分用于购买孩子之外的商品和服务,即对商品和服务的消费倾向是在日益增大的,这样家庭自然就无意于增加孩子的需求。从历史经验来看,后一个变化效应大于前者,所以自工业革命以来,随着收入的增加,一般家庭对孩子的数量需求是逐步下降的,家庭的规模也是日渐缩小的。

(3) 数量与质量替代效应,是指家庭在选择孩子数量的时候,往往会考虑孩子的质量因素,并且一般认为孩子的数量和质量存在着一种替代关系。从孩子的价值和效用角度讲,一般的消费者毫无疑问地会选择质量较高的孩子,但较高质量的孩子,往往意味着更多的直接投入(如生养孩子过程中更多更好的物质条件、更多的教育投入)和更高的机会成本(如投入更多的父母精力和时间),在收入一定的条件下,选择质量较高的孩子,也就意味着孩子的数量必然会受到限制。因此,孩子数量与孩子质量之间存在着一种负相关关系。特别是在现代市场经济中,无所不在的竞争,使得人力资本成为一个人事业能否成功的关键性因素。一般家庭对孩子的质量的关注也上升到前所未有的高度,这也解释了以孩子质量为优先考虑的现代家庭出现了孩子数量需求下降的普遍现象。

3.2.2 人口数量决定的宏观视角

如上节所述,人口数量的微观决定,是一个家庭基于其经济、社会各方面的因素考虑而对孩子数量进行选择的结果。理论上讲,微观的家庭人口规模决策的总体结果,就构成了一个国家人口数量的总体态势。但这并不是说一个国家和地区的人口数量的决定仅仅取决于域内家庭的微观生育决策,事实上,近代社会以来,国家的宏观政策,包括影响家庭生育决策的经济和社会政策,在引导家庭生育决策方面产生了重大影响。一些国家和地区基于其自身资源禀赋和发展目标,甚至设定了包括人口数量在内的人口发展目标,制定了调节人口再生产的政策措施,这些宏观政策对一国的人口数量会产生重要影响。

1. 世界人口数量变化的轨迹

回顾各国的人口政策,几乎毫无例外的都是首先从人口数量的决定入手,对作为人口再生产的微观单位的家庭施加各种影响。世界人口数量变化的历史轨迹、各个国家和地区人口数量变化的基本态势,影响了一国对其人口发展的基本格局和未来趋势的把握,从而决定了一国和地区宏观人口政策的基调。

自18世纪中后期以来,拜生产力巨大发展所赐,世界人口再生产整体上摆脱了基本生存资料的制约,实现了持续而高速的增长。这种伴随着工业化而产生的世界人口快速增长,被称为第二次“人口革命”。第二次“人口革命”在世界范围内的出现存在着时间差，这个时期至今的前200年里，首先是工业革命的发源地欧洲的人口迅速增加，带动世界人口高速增长，接下来1950年以后的50余年里，广大亚非拉国家和地区成为世界人口增长的主要来源，世界人口进入“爆炸式增长”的新阶段。世界人口发展到5亿左右，花了约300万年的时间，从5亿上升到10亿，用了170年左右的时间，而从10亿上升到20亿，则缩短为130年时间，随后从20亿上升至70亿，每增加10亿人口所花的时间分别为30年、14年、13年、12年和12年(表3-1)。

表3-1　世界人口每增加10亿所需的时间

	达到的大致时间	每增加10亿需要的年数
第1个10亿	1800年	约300万
第2个10亿	1930年	约130
第3个10亿	1960年	30
第4个10亿	1974年	14
第5个10亿	1987年	13
第6个10亿	1999年	12
第7个10亿	2011年	12

从目前世界人口发展的格局来看，呈现出两个明显的重要特点：一是世界人口总数虽然仍然持续增长，但自从20世纪70年代达到增长速度的顶峰之后，增长速度已经逐步回落，每年绝对增加的人口也基本达到顶峰，按照目前的发展趋势，世界人口有可能于21世纪中叶前后达到90多亿的顶峰，原来被许多人担心的世界人口突破100亿的情景未必能够出现，或者即使出现了，也较原来预期的时间大为推迟并且缺乏进一步增长的后劲；二是世界人口发展与经济发展一样，呈现明显的二元格局，以欧洲、北美、日本为代表的发达国家进入服务经济时代已经半个世纪，人口增长速度已经降到一个十分低的水平，个别国家甚至出现了负增长，而大多数发展中国家则呈现出工业经济时代的人口发展特点，同时也越来越受到服务经济发展对人口发展的影响，一方面，这些国家的人口增长速度的绝对水平仍然相对较高，但另一方面，这些国家的经济发展和社会结构也正在发生明显变化，生育水平也处在由高向低过渡的转折时期。

从世界人口发展的趋势来看，可以认为目前正在孕育着第三次“人口革命”。第三次“人口革命”并不像前两次革命那样带来人口迅猛增长，而是走向一个合理的人口规模，达到基本稳定状态。可以大致确定的是，第三次“人口革命”很可能是遵循这样一个过程：发达国家人口在自然增长和机械变动的双重作用下，人口规模率先实现基本稳定；发展中国家和地区的人口，在经历一个增长速度不断降低的增长过程之后，总规模逐步稳定或降低至一个合理水平后稳定下来，从而整个世界人口数量将趋于稳定。这个过程在局部地区或者特定时段里可能会出现反复或者波动，但基本趋势十分明显，大约在21世纪中叶会表现得更加明显。

2. 人口规模决定的理论与实践

一个家庭会基于自身的条件和孩子的价值决定其规模的大小，一个国家，则往往从自身的资源禀赋、设定的发展目标等出发，制定鼓励或者限制国民生育的人口政策，这就是人口数量的宏观决定因素。

从历史角度考察，在20世纪之前，多数国家多数时候对人口采取的政策是无为而治，即将人口数量的选择交给每一个微观家庭，国家并没有出台具体的宏观人口政策。但在这一时期，人口规模往往代表国家实力，有些国家出于壮大兵源、增加劳力、扩大赋税的考虑，采取了一些有利于人口繁衍的措施，如鼓励早婚早育、奖励多生多育、禁止堕胎、限制单身等，但这些政策措施远没有现代意义上的国家层面宏观人口政策那样系统和精细，后者对人口规模、生育水平、年度人口增长等具体指标有周密规划。

只是到了20世纪，随着第二次"人口革命"的到来，广大发展中国家面临迅猛的人口增长浪潮，对这些国家的经济发展和人民生活水平的改善造成沉重的压力，一些国家才感到在国家层面制定和实施宏观人口政策的必要性，而且这些国家层面的宏观人口政策基本上都是以控制人口过快增长，实现预设的合理规模为出发点的。与多数发展中国家在20世纪采取的控制人口过快增长的人口政策相反的是，到了20世纪后期和21世纪，部分国家和地区出现了超低人口生育水平，如韩国、新加坡、中国台湾地区等，还有的人口数量甚至绝对减少，如日本、俄罗斯。这些国家和地区转而纷纷采取措施鼓励国民生育，试图扭转生育水平低可能导致的人口规模缩减趋势。

人口规模控制的宏观政策，是以所谓的适度人口作为其理论依据。19世纪后期和20世纪早期，英国经济学家坎南、威克塞尔和桑德斯等人均提出了适度人口数量的思想。坎南认为，在一定时期内和一定土地上，能够获得最大生产力的人口数量也是一定的，平均生产能力最大点的人口数量，就是报酬最大的人口数量。他认为，一定的生产条件下，人口不能太多，也不能太少。人口太少，不能获得最大产量，太多了，人均收益也会减少。只有一个合适的人口规模，才能获得最高的生产率和最大的经济收益。威克塞尔更是从边际分析的角度将适度人口定义为"人口达到其数量稍许增加就会导致繁荣不再增加而是减少的那一点"。桑德斯则从人口密度的角度提出了一个国家合适的人口规模问题，他认为，在一个国家所能够支配的环境范围内，达到居民获得最高生活水平的人口数量和密度就是这个国家的适度人口规模和密度。

20世纪中期以后，又有许多经济学家从不同角度对一个国家的人口数量和人口增长速度的合理水平提出了自己的观点。法国人口经济学家索维提出了经济适度人口和国力适度人口的概念，前者是指使一国人均产量和经济福利达到最大的人口规模，后者则是一个国家国力、军力达到最大规模时的人口规模。随后皮切福特和米德等经济学家均提出了福利适度人口的思想。皮切福特将适度人口与人均最大福利相联系，他特别指出，由于不同国家产业结构不同，劳动力需求和商品生产条件不一，由此会造成确定最大福利时的适度人口的变化。对外贸易和自然资源等因素可以影响一国的适度人口规模，比如发展中国家，可以通过对外贸易，发展劳动力密集型生产，扩大其适度人口规模。

现实中一些国家出台控制人口规模的政策，往往是因为其在追求某些具体的经济和社会发展目标过程中受到人口快速增长的掣肘，人口规模过大受到资源环境制约而被迫制定的。例如，中共中央在1980年给共产党员和共青团员关于控制人口的公开信中就说道，人口增长过快，"使全国人民在吃饭、穿衣、住房、交通、教育、卫生、就业等方面，都遇到越来越大的困难,使整个国家很不容易在短时间内改变贫穷落后的面貌”。一些学者论证必须控制人口规模,往往从其认为的某个关键性指标入手确定人口规模的最大阈值:如有的从粮食生产能力角度入手,有的从土地、水资源和能源供给能力入手,有的从环境承载能力入手,有的从达到发达国家人均收入和生活水平所需的资源供给入手。这些研究虽然具有学术参考价值,但其结论往往受制于严格的约束条件,不仅众多的研究结论相差巨大,也与人口和经济社会发展的现实存在一定的距离。从根本上讲,决定一个国家和地区合理人口规模的因素是多维的,比如要考虑如下因素:在什么样的物质福利水平下养活多少人?在什么样的物质福利分布状态下养活多少人?在什么样的技术条件下养活多少人?在什么样的国际国内政治和经济环境下养活多少人?在什么样的环境条件下养活多少人?在什么样的经济发展波动或稳定程度下养活多少人?

正是由于确定合理人口规模存在着一系列复杂的不确定性,关于一个国家多少人口最合适,或者由此问题放大而形成的关于地球到底适宜于多少人居住,地球能够养活多少人之类的话题,已经被学者研究了几个世纪,得出的结论五花八门而且差别巨大。美国人口学家科恩在研究地球承载力问题时总结道,自 17 世纪至今,对于地球到底能够养活多少人这个问题,出现的估计数多达数十个,其中低的不足 10 亿,高的则达 1 万亿,众说纷纭中要得出一个明确的结论是很难的。正因为对适度人口的把握在理论和现实中都存在若干难以克服的障碍,因此有人认为人口再生产应该而且只能是一个家庭层面的微观决策活动,一个国家和地区的最优人口数量应该体现在亿万家庭的愿望中,而不该是由某些学者根据自己的认识和政府根据其喜好来施加影响的。他们认为,当每个家庭按自己的意愿选择孩子数量,并对自己选择的后果有充分认识并愿意承担责任时,这时的人口数量才是最优的且适度的。

从理论上看,国家宏观人口政策的必要性似乎还存在一些争论,从实践来看,人们对 20 世纪中期以来一些国家宏观人口政策实施的效果也评价不一,甚至一些国家和地区发生过宏观人口政策导向的根本性转折。但如果仅仅因为这些理由就轻易地否定宏观人口政策还是失之偏颇。这是因为,第一,从经济角度而言,人口因素是经济活动中最活跃、最重要的因素,我们既然不否定国家调控宏观经济政策存在的必要性,从逻辑上也就无法否定宏观人口政策的必要性。第二,人口再生产天然地以家庭为单位的方式进行,这是其固有的特殊性,但微观家庭生育意愿与国家宏观政策导向之间的不一致乃至冲突的情形也是可能发生的,国家从国民整体和长期利益出发,为国民的整体福利最大化而实施一定倾向性的宏观人口政策也是政府的基本职能和宏观经济社会政策的应有之义。从这个角度来看,宏观人口政策的必要性与我们争论市场失灵的时候是否需要政府施手加以干预是同一道理。

但在肯定宏观人口政策必要性的时候我们必须认识到,人口再生产与一般的经济活动有极大的区别:第一,维系家庭传承的生育是每个家庭的不可剥夺的基本权利,任何激进的宏观人口政策都不能突破这一基本底线;第二,人口再生产有其特殊的惯性作用,宏观人口政策的效果往往需要经过一代人甚至两代人的时间才能够显现出来。这一特点要求制定和实施宏观人口政策应该以周密而系统的研究为基础,并具有前瞻性和动态调整的内在机制,切忌着眼于某个具体的短期目标而制定和实施具有短期行为特征的人口政策。第三，宏观人口政策必须通过引导微观家庭的生育意愿和生育行为才能发生作用，脱离家庭这个微观基础，宏观人口政策就难以产生预期的效果。

3.3　人口结构与经济发展

在人口经济关系的历史上，人们最初关注的是人口数量及其经济关系。随着经济发展和人口再生产的不断演变，人口数量之外的因素与经济发展之间的关联日渐显现，重要性益发突出。其中，人口的结构与经济发展之间的关联已经成为当今学术研究和社会实践的热点问题。

3.3.1　人口结构及其意义

人口结构是指特定人口中所包含的具有相同或相似特征的亚群体之间的各种关系。由于人口具有生物性、社会性和经济性等多方面的特点，总体人口在诸多方面、不同层次上可以分解为具有相同或者类似特质、相互之间具有更加紧密联系的亚群体。这些亚群体共同构成总体人口，亚群体的特征及其相互关系共同形成了人口总体的特性。

依据人口本身的特征或者研究的需要，人口结构可以从多个方面进行分析。一般认为，人口结构可以分为人口的自然结构、经济结构、社会结构、质量结构和地域结构五个大类，每一个大类又再包含不同的小类。人口的自然结构可以从种族、性别、年龄等方面进行考察；人口的经济结构可以从人口的产业、行业、职业、收入、消费等方面进行考察；人口的社会结构则可以从人口的阶层、民族、宗教、语言和婚姻等方面进行考察；人口的地域结构可以从人口的自然地域、行政地域、城乡分布等角度进行考察；人口的质量结构可以从人口的身体素质、文化素质、思想道德水平等方面进行考察。

随着经济和社会的发展，同时也由于人口再生产模式本身的变化，不同人口结构的社会经济意义及其重要性不断发生变化，甚至出现了一些新的划分人口结构的角度和标识，而且旧有的人口结构的内涵也可能发生了变化，这就要求我们不断更新我们的人口结构体系，赋予其适应时代的内涵。例如，在传统的农业社会，人口的文化素质仅仅通过是否能够识字和阅读的标准来划分；在工业时代，劳动者是否掌握一定的专业劳动技能成为评判其素质的重要依据；在知识经济时代，文化素质不仅表现为可以识字阅读和掌握一定的劳动技能，而且表现为知识信息的获取和运用能力。由此可见，在同一个文化素质的标签下，随着时代的发展，其内涵和表征均已经发生了一定的变化。

研究人口结构的意义何在？人口结构与可持续发展有什么关联？对于这些问题，我们可以从以下几个方面进行理解。

第一，人口结构与人口数量和质量一样，是构成总体人口特征的一个重要方面，人口结构可以影响人口再生产模式，可以影响经济社会的发展，从而对人类可持续发展前景产生影响。一定的人口再生产模式，必定在人口结构上表现出自身的特点，反过来，一定的人口结构也折射出人口再生产模式的基本特征。例如，年轻型的人口年龄结构，反映了较快的人口规模增长速度或者人口增长的潜力，也意味着经济发展中劳动力供给的充足或者就业压力较大；而老年型的人口年龄结构，则反映了人口规模增长趋于平缓的特

点，也预示着劳动力供给增加的减缓和养老压力的增加。出生人口性别比出现畸形变化，既意味着人们存在着性别偏好、有意识选择孩子性别的现象，也昭示着未来人口的婚姻和家庭生活将面临若干难题。总之，人口结构实际上是特定人口再生产模式下人口数量和人口质量在若干指标上的另外一种折射形式，从人口结构可以分析人口再生产模式本身是否具有可持续性，人口因素是否适应经济社会的可持续发展要求等。

第二，人口结构可以作为评价人类经济社会发达程度以及是否可持续发展的工具性指标。与人口相关的一些社会经济指标，通常被选择作为评价社会发达程度的工具。例如，出现较早而比较有代表性的英格尔斯现代化评价指标体系，列出了判断一个国家和地区是否实现现代化的 11 个主要指标，它们是：人均国民生产总值 3 000 美元以上，农业产值占国民生产总值的比例低于 15%，服务业产值占国民生产总值的比例高于 45%，非农业劳动力占总劳动力的比例在 70%以上，成人识字率在 80%以上，在校大学生占 20—24 岁人口的比例在 10%—15%以上，每名医生服务的人口在 1 000 人以下，婴儿死亡率在 3%以下，人口自然增长率在 1%以下，平均预期寿命在 70 岁以上，城市人口占总人口比例在 50%以上。可以看出，这 11 个指标之中，6 个是人口结构指标。从可持续发展的角度来看，可持续发展的经济系统和社会系统与人口是紧密关联的。从 20 世纪末期以来兴起的各种可持续发展评价方法和指标体系研究中，与人口结构相关的指标成为必不可少的组成部分。因此，人口结构，可以成为人类衡量可持续发展的风向标。

第三，人口结构在人口促进经济社会可持续发展中的重要性日益显著并且不断加强，甚至在某种意义上讲，在当今和未来一个相当长时期里，人口结构问题成为人口与可持续发展的核心问题。回顾数百年来人口经济问题的产生和发展，一个基本现象是，在多数国家和地区的多数时间里，人们的关注重点基本上是以人口数量为核心。早期为粮食等生活资料赶不上人口增长步伐而困扰，后期为人口过快增长可能超出环境资源的承载能力而不能实现可持续发展而担忧。随着 20 世纪末期和 21 世纪世界人口发展格局的变化，人们逐渐意识到，人口再生产本身有其内在规律和趋势，世界人口数量的顶峰在可以预期的未来即将到达，并且小于曾经担忧的规模，原先担忧的人口数量大爆炸很可能是虚惊一场，我们现在更应该关心的是在既定的环境资源条件下，实现可持续的高品质生活方式。与之相适应的，在人口数量之外，我们关注的重心应该转移至人口的结构和质量是否适应可持续发展的需要。这其中，人口结构问题处于一个核心地位，因为在数量趋于稳定的背景下，人口的变化其实就是结构的变化，人口的质量其实也可以通过结构性的指标得以反映。

第四，通过能动地调整人口结构，可以确保人类迈向可持续发展方向。人口是社会经济活动的主体，能动地调节人口结构，实际上就是通过人口系统因素的变化影响社会系统、经济系统，从而对资源生态系统产生影响。如城市化是一种集约利用资源和保护环境的有效率的人类发展模式，通过改善人口城乡结构，提高人口城市化水平就可以使得人类向可持续发展的方向迈进。再如，对资源的节约利用和环境的保护，有赖于人类知识的提高和素质的全面提升，通过全面普及教育，大力发展基于知识的信息产业，提升人口的文化结构和改善人口的经济结构，可以在高效利用资源并且有力保护环境的条件下极大地增进人类福利。

3.3.2　人口年龄结构与经济发展

1. 人口年龄结构

人口年龄结构是指特定的人口总体内部不同年龄人口的构成及其比例关系，简言之就是总体人口在年龄上的分布状态。

人们的社会经济活动总是表现出极强的年龄阶段性特点，因此，对人口年龄结构进行分析的角度和使用的工具也就多种多样。通常用来分析人口年龄结构的指标有：

(1) 平均年龄，是反映人口总体年龄状况的一个综合指标。其计算公式为：

$$\text{平均年龄} = \frac{\sum(\text{各年龄组的组中值} \times \text{各年龄组人数})}{\text{人口总数}}$$

(2) 年龄中位数，指将全体人口按照年龄大小的顺序排列出来，正好把总人口分成相等两个部分的两个年龄。其计算公式是：

$$\text{年龄中位数} = \text{中位数所在组下限} + \frac{\text{总人口}/2 - \text{中位数前各组累计人口数}}{\text{中位数所在组人口数}} \times \text{组距}$$

(3) 少年儿童系数，指0—14岁少年儿童占总人口的比例。即：

$$\text{少年儿童系数} = \frac{0\text{—}14\text{岁人口数}}{\text{总人口数}} \times 100\%$$

(4) 老年系数，指65岁及以上人口占总人口的比例。即：

$$\text{老年系数} = \frac{65\text{岁及以上人口数}}{\text{总人口数}} \times 100\%$$

(5) 少年儿童抚养比，指0—14岁需要抚养的少年儿童占16—64岁社会劳动年龄人口的比例。即：

$$\text{少年儿童抚养比} = \frac{0\text{—}14\text{岁人口数}}{15\text{—}64\text{岁劳动年龄人口}} \times 100\%$$

(6) 老年赡养比，指65岁及以上需要赡养的老年人口占16—64岁社会劳动年龄人口的比例。即：

$$\text{老年赡养比} = \frac{65\text{岁及以上人口数}}{15\text{—}64\text{岁劳动年龄人口}} \times 100\%$$

(7) 社会总抚养比，是少年儿童抚养比和老年赡养比之和。即：

$$\text{社会总抚养比} = \frac{0\text{—}14\text{岁人口数} + 65\text{岁及以上人口数}}{15\text{—}64\text{岁劳动年龄人口}} \times 100\%$$

(8) 老龄化指数，也称老少比，指总人口中老年人口和少年儿童人口的相对比值。即：

$$\text{老龄化指数} = \frac{65\text{岁及以上人口数}}{14\text{岁及以下年龄人口数}} \times 100\%$$

或者

$$\text{老龄化指数} = \frac{\text{老年系数}}{\text{少年儿童系数}} \times 100\%$$

除了上述用来刻画人口年龄结构的指标外，人们还通常用若干个指标共同表示某个国家或者地区的人口年龄结构，如较早的瑞典人口学家桑德巴以50岁作为老年人口起

点提出了“三分法”，将人口划分为增加型、稳定型和减少型三种类型。波兰人罗塞特提出60岁作为老年人口年龄起点，并细分为接近老年型、开始老年型、完全老年型。黑田俊夫则提出65岁以上老年人口比例7%以下、7%—10%和10%以上的界定标准。联合国提出的划分标准为，年轻型为65岁以上人口占4%以下，或60岁以上占7%以下；成年型为65岁以上占4%—7%，或60岁以上占7%—10%；老年型为65岁以上占7%以上，或60岁以上占10%以上（表3-2）。

表3-2 联合国划分人口年龄结构类型的标准

人口年龄结构类型	年轻型	成年型	老年型
老年系数	4%以下	4%—7%	7%以上
少年儿童系数	40%以上	30%—40%	30%以下
老少比	15%以下	15%—30%	30%以上
年龄中位数	20岁以下	20—30岁	30岁以上

20世纪后半叶，世界人口在年龄结构方面的一个突出现象就是人口年龄结构老龄化的趋势明显，因此在衡量和分析人口年龄结构时，较多地提及人口年龄结构金字塔、人口老龄化和老年社会等概念。

人口年龄金字塔也称人口年龄性别结构金字塔。它是一个根据不同性别人口在不同年龄段数量分布资料构筑成的类似金字塔的几何图形。人口年龄性别金字塔的制作十分简单。在一个有刻度的数轴上，取原点为零，左右的刻度分别代表男性和女性的人口数量或者比例。在原点作一纵轴，由低到高按照顺序和等距原则每一刻度代表一个年龄或者年龄段，按照分性别的人口数量或比例在相应的年龄刻度上做出条形图，就形成了一个形象反映人口分性别的年龄分布金字塔。

通过人口年龄金字塔，可以直观地反映总体人口的性别、年龄结构以及未来发展趋势。如图3-1所示，一般而言，有三种典型的人口年龄金字塔形状。一是上窄下宽的三角形，它意味着总体人口年龄结构比较年轻，人口发展趋势是稳定增加；二是除了顶部急剧收缩外的上下相当的塔形，它意味着人口年龄结构处于成年型，人口发展趋势较为稳定；三是上宽下窄的倒三角形，它意味着人口年龄结构老龄化，人口有收缩的发展趋势。

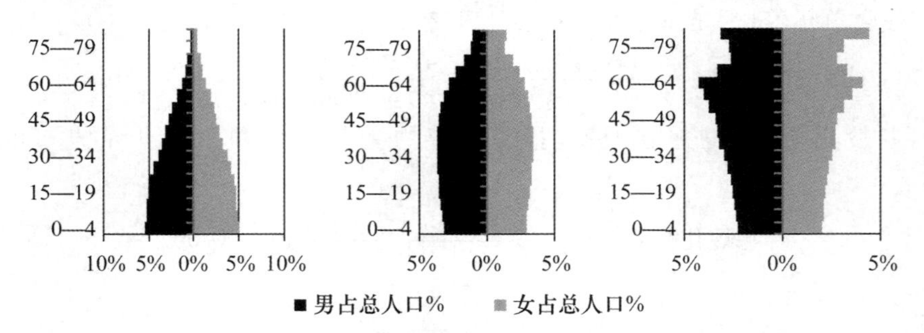

图3-1 人口年龄金字塔的三种典型形态

人口老龄化，是指老年人口在总人口中比例不断上升的过程。通常当一国60岁及以上人口比例达到10%，或者65岁及以上人口比例达到7%时，该人口就被称为老年型人口，该国也相应地成为人口老龄化的国家。应该指出的是，国际社会对老年人的划分标准以及老年社会的认识是在不断变化的。有学者认为，当人均预期寿命低于70岁时，将老年人的划分标准定为60岁或者65岁是没有什么问题的。但自20世纪50年代以来，世界人口健康状况普遍提升，人均预期寿命普遍延长。世界卫生组织在2000年提出了健康寿命的新概念。所谓“健康寿命”是指老年人能够独立维持正常生活，不包括需要看护或罹患影响日常生活疾病的时间。从1990年至2013年，全球人口平均寿命从超过65岁延长至71.5岁左右，健康寿命也从57岁延长至超过62岁。以日本人口为例，2013年日本男性平均寿命首次突破80岁，女性则超过了86岁，日本男性健康寿命达到71.11岁，女性达到75.56岁。在人均预期寿命普遍延长较多的背景下，一些国家纷纷将退休年龄延长，如果继续按照旧的标准来划分老年人口并据此应对老年社会，就有不合时宜之嫌。

人口老龄化的原因主要有两个：一是生育率下降导致人口年龄金字塔底部收缩，使老年人口比重上升；二是死亡率下降和人口存活年龄延长导致高龄人口绝对数量与相对比例的增加。实际上，人口老龄化的过程往往是这两种因素共同作用的结果。但在不同国家和地区，由于人口再生产类型转变的社会经济背景不同，转变完成的时间长短不一，两种因素作用的大小有明显区别。如欧洲一些发达国家在19世纪末期就开始进入人口老龄化国家行列，20世纪人口老龄化程度进一步加深。在人口老龄化的同时人口寿命延长，人口出生率已经降低到与死亡率相当的水平，总人口处于一种相对稳定状态。这一过程经历了约一个世纪的时间，而且与国民经济的发展和结构演进表现出明显的相关性。而中国自20世纪70年代以来，人口寿命虽然有所延长，死亡率有所下降，但相对而言，由于人口控制政策所引致的人口出生率急剧下降，造成人口年龄结构金字塔底部的急剧收缩是人口老龄化的最重要原因。这种典型的由于生育率下降为主导致的人口年龄金字塔底部收缩型的人口老龄化模式，发生在经济发展和结构演进的中间过程阶段，所经历的时间相对较短，人口老龄化所伴随的社会经济问题往往也更加复杂、更具有挑战性。

2. 人口年龄结构对经济发展的影响

作为生产和消费统一体的人口，其年龄结构不仅在很大程度上影响着微观个人和家庭经济活动，也对宏观的经济发展趋势和国家经济政策有着不可忽视的影响。人口年龄结构对经济发展的影响作用可以从如下几个方面体现出来。

第一，影响经济活动中劳动力的数量和质量。一般而言，较为年轻的人口年龄结构意味着一个国家和地区将有较充裕的劳动力供给，而老龄化的人口年龄结构一般伴随着新增劳动力数量的绝对减少和劳动经济活动人口结构的相对老龄化，这样将从数量和质量两个方面对社会劳动力产生影响，从而直接影响社会生产力。在既定的经济结构前提下，不断减少的劳动力供给，会造成企业劳动成本上升，竞争力下降。例如，国际上很多学者对两个最大的发展中国家中国和印度的经济发展前景比较津津乐道，一些人对印度的前景持更加乐观的看法，其重要的支撑理由是，印度的人口年龄结构更加年轻。又如许多经济学者观察分析认为，欧洲和日本在20世纪后期由于人口年龄结构老龄化而经历的劳动力短缺，是造成其经济成长乏力、陷入长期低迷的一个重要因素，如果不是通过从人口年龄结构年轻的发展中国家移民和引入外籍劳工缓解劳动力短缺的问题，其经济社会问题将更加严重。与此同时，劳动力的老龄化，将导致劳动者知识技能老化，创新精神疲乏，企业活力不足。在知识和信息成为企业创新能力主要源泉的时代，老龄化的劳动力明显不利于企业和社会的持续进步。

第二，影响家庭的消费和储蓄行为。不同年龄阶段的人口的消费有其显著的特征，相应的消费水平也大不一样。少儿人口(0—14 岁)是被抚养的少儿人口，他们的主要消费支出是身体的成长性和教育支出，或者说是未来劳动力的人力资本投资。尽管一般将青年人口(15—24 岁)归为青年劳动年龄人口，但其中很大一部分仍在接受高等教育，他们对社会经济的影响实际上不同于其他劳动年龄人口。中青年劳动年龄人口(25—49 岁)劳动能力强，参与经济活动广泛，是整个人口中最具生产性的一个群体。高龄劳动年龄人口(50—64 岁)中一部分仍然参与经济活动，一部分已经退出。老年人口(65 岁及以上)基本上丧失了劳动能力，作为被赡养老年人口，他们的主要支出是医疗保健。一般而言，抚养少年儿童的支出，主要是集中在基本生活、教育和娱乐等方面，它可以看成是为了培养新生劳动者的一种生产性投资。而对老年人口的赡养支出，则相对集中于基本生活消费、医疗卫生和日常护理等方面，基本上是一种消费性支出。一项对美国的研究表明，赡养一位老年人口的平均费用是把一个婴儿抚养到 18 岁青年的 3 倍。

人口年龄结构变化对储蓄动机和储蓄行为也具有一定影响。人一生中的收入在某种程度上是可以预期的，为了得到最大效用，消费者往往用储蓄和借贷来平衡其一生的消费。这样，消费者年轻时的储蓄倾向就比较低，甚至可能出现负储蓄(借贷)，随着年龄的增加，其储蓄率不断上升，退休后消耗年轻时积累的财富，从而储蓄率下降。

第三，影响国民收入分配和资本积累。人口年龄结构会影响政府将财政收入的不同部分在不同年龄国民之间的使用和分配，以保证社会的良性运转。是加大教育投入，还是增加养老金？显然要看这两个不同年龄群体的人口数量和实际需求。以各国不断加深的人口老龄化为例，无论是老年人口数量增加还是比例上升，都意味着家庭和社会负担的老年人口增加。老年人的负担大致可以分为经济赡养、日常护理和精神慰藉几个方面。在没有建立社会统筹的养老保障体系情形下，老年人的基本生活、医疗卫生和娱乐等负担将主要依赖家庭。在家庭规模愈来愈核心化的条件下，养老将成为一个不可忽视的家庭负担。即使建立了完善的社会养老保障体系，家庭成员在日常护理和精神慰藉方面也会增加一定负担。而且，在人口老龄化程度不断加深的条件下，为了维持养老保障体系的顺利运转，政府往往不断提高社会保障税费的缴纳比例，这将直接影响劳动者的实际收入水平、企业的竞争能力。20 世纪末，美国汽车在与日本汽车的激烈竞争中处于劣势，有的公司每辆汽车均摊的退休人员养老成本一项就高出对手 1 000—2 000 美元，这个数字大大高于生产每辆汽车所得的利润，如此境况，市场竞争结果可想而知。统计资料表明，21 世纪第二个 10 年里，美国高度依赖政府福利和医疗保障的 80 岁以上高龄老人将由第一个 10 年的 400 万增加到 600 余万，而新生劳动力(20—29 岁人口)的比重将下降约 10 个百分点。1970 年，每四个劳动者负担一个退休者，1990 年，每三个劳动者负担一个退休者，到 2030 年，不到两个劳动者将要负担一个退休者。为了支付这批“灰白头发的劳动者”退休后的福利和医疗费用，政府税收不得不增长 40%，这对下一代劳动者将是一个沉重的负担。老年人口数量的增加和比例的提高，将会使家庭和社会把收入更多地投向纯消费性领域，从而相应地减少社会生产资本的积累，最终对社会长期发展产生不利影响。

在分析人口年龄结构对经济发展影响的时候，人们更多关注和讨论人口老龄化对经济发展的影响。实际上关于人口老龄化对经济发展的影响，人们还存在不同的理解，至少是关注的焦点有所差异。多数人往往关注人口老龄化对经济发展带来的种种不利影响，如劳动力供给出现短缺、企业用工成本上升、家庭赡养负担增加、社会保障压力加大，等等。但人口老龄化也创造了若干新的经济发展机会，为拓展新的市场带来机遇。老年人的日常护理、医疗保健、生活休闲成为越来越重要的新兴市场。在美国，数量庞大、有稳定的退休收入来源、可以彻底摆脱工作和家庭限制的退休者被称为无拘无束的自由人，他们在消费品购买、住房选择、旅游消费等方面成为市场营销人士越来越重视的市场。不断挖掘老年人口市场并满足其需求，是老年社会经济发展的一条重要线索。

在人口年龄结构对经济发展影响方面，还有一个十分重要的话题是所谓的“人口红利”(demographic bonus/dividend)问题。

对人口红利的关注，始于一些学者对第二次世界大战后部分东亚国家和地区经济快速增长的研究。人们发现，日本、韩国、泰国、中国台湾地区等国家和地区在创造所谓东亚奇迹时，除了强有力的政府支持、出口导向的经济政策、日益深化的经济外向程度、良好的教育拓展、创新激励、产业振兴政策等一系列因素之外，这些国家和地区人口转变所发生的人口年龄结构变化也发挥了重要作用。在这一转变过程中，劳动力增长速度快于负担人口增长，从而增强了整个人口结构的生产性和储蓄能力，为经济增长创造了极为有利的条件和机遇。

在人口转变过程中，由于出生率和死亡率下降在时间上的先后和速度上的快慢不同，整体人口年龄结构将先后经历高少儿抚养比、高劳动力人口比、高老年赡养比三个不同阶段。在中间阶段，会出现有利于经济发展的诸多因素：一是劳动力人口供给充分，劳动力人口年龄结构较年轻，且价格比较便宜，如果就业充分，会创造出较多的社会财富；二是由于劳动力年龄人口比例较高，财富生产相对于消费有较多剩余，可以变得较高的储蓄率，如果资本市场健全，能将储蓄转化为投资，会加速经济增长；三是由于人口老龄化高峰尚未到来，社会保障支出负担轻，可以将国民收入中相对较多部分用于扩大再生产。这些有利于经济发展的因素得到有效利用后产生经济效果，即是人口红利。

应该澄清的是，在众多场合中广泛存在着人口红利这一名词滥用的现象。较为贴切的对人口红利的理解应该是把它看成一种有利于经济发展的人口年龄结构，而不是一种实实在在的经济红利。现实中人们往往将有利的人口年龄结构看成是一种红利，其蕴含的逻辑是这种有利条件必然产生实实在在的经济效果。确实，人口年龄结构转变带来的劳动力数量和比例提高为经济增长提供了丰富的劳动力资源，但是这种转变只是实现经济增长的必要条件，而非充要条件。较早实现人口转变的西方发达国家，其经济发展过程并非依靠有利的人口年龄结构。东亚国家或地区中，韩国、新加坡、泰国、马来西亚、印度尼西亚、菲律宾、越南、中国等都正在经历人口转变，但彼此经济发展水平差异很大。最近十几年来中东和非洲一些国家处于持续的动荡中，经济发展陷入停顿，但这些国家中很多恰恰处于所谓的黄金人口年龄结构阶段。这些国家的年轻人失业率在25%以上

甚至有的超过50%，大批“三无青年”(无工作、无收入、无家庭)不仅没有成为经济发展中最具活力的贡献性力量，反而成为最具破坏性的街头暴力行为的中坚。

因此，有利的人口年龄结构并不必然带来经济红利，只有将这种有利的年龄结构合理加以运用才能产生真正的红利。那种将改革开放以来的经济发展成就归于人口红利，渲染到某时间人口红利即将消失之类的提法事实上是似是而非的。将有利的人口年龄结构转化为实实在在的经济发展实绩，充分利用人口转变带来的“人口机会之窗”(demographic window of opportunity)，才是对人口年龄结构变化和经济发展关系的正确理解。

3. 适应年龄结构变化促进经济发展

人口年龄结构发生变化，是人口再生产本身所固有的规律发生作用的结果。工业革命以来人口年龄结构最为突出和重要的变化就是人口老龄化的到来。适应人口老龄化的发展趋势，为经济社会的可持续发展创造条件，必须因地制宜、因时制宜，采取相应的人口和社会经济措施。这些措施主要包括以下几方面：

(1) 适时调整人口政策，优化人口再生产模式。人口老龄化，既然与人口再生产模式有关，特别是与出生率和死亡率的相对变动有关，人们就可以适时调整人口政策，调控人口老龄化的程度和时间进程，使人口再生产与经济发展和社会进步相协调。如在中国，从提倡一对夫妻生养一个孩子，到调整为独生子女组成的家庭可以生养两个孩子，再到普遍开放生育两个孩子，这实际上就是从人口政策上进行不断调整和优化的一种措施。根据人口老龄化发展趋势，还可以探索其他适当途经，实行多元的生育政策，在实现合理的人口规模和提高人口素质前提下，最大限度优化人口结构。

(2) 利用人口年龄结构的区域差异削峰填谷，熨平人口老龄化影响。现实生活中，人口老龄化总是呈现区域之间不平衡的格局，如发达国家人口老龄化出现较早，程度较深，发展中国家人口年龄结构则相对年轻。在一个国家之内，区域之间人口老龄化的发展趋势也很不平衡。如在中国，东部发达地区，特别是沿海城市地区已经进入老年社会，而农村地区和广大西部地区，人口年龄结构还相对年轻。为此，可以考虑结合城市化发展和经济结构升级的进程，鼓励和促进人口流动和迁移，通过削峰填谷，以空间换时间，延缓人口老龄化过快地区老龄化发展的速度，全面优化人口年龄结构和区域分布。

(3) 建立可持续运转的社会养老保障机制。人口老龄化程度加深，老年人的赡养将成为一个普遍的社会问题。由于家庭结构和人们生活方式以及生产方式的变化，依靠家庭养老的传统方式将越来越不适应形势发展的需要，必将从养老保障的主要角色退居补充地位，因此，必须建立带有强制性色彩的公共养老保障机制。从维护社会根本利益并实现可持续发展的要求出发，社会养老保障应该具有覆盖面广、保障水平适度、可持续运转的特点，既基本保障老年人口的基本需要，又不给社会、企业和家庭带来过重负担。

(4) 调整退休年龄，缓解劳动力供给和养老压力。根据劳动力资源供需情况以及社会养老体系运转的需要，在条件允许的情况下，还可以考虑适当提高退休年龄。在人口寿命越来越长的今天，许多到达退休年龄的劳动者从身体、心理和精神状态上来讲，完全可以继续从事若干年的劳动，其丰富的经验更是一笔宝贵的财富，而且他们本身也有继续就业的意愿。提高退休年龄，一方面可以充分利用这部分劳动力资源，另一方面则由于他们继续向养老基金供款并压缩了领款年限，可以大大减轻社会养老基金的支付压力,有助于养老保障机制的良性运转。

3.3.3 人口的迁移流动与经济发展

人口是最活跃的经济要素,和其他经济要素一样,经济发展中的人口处于不停的流动之中。中国的南方超级大城市深圳人口数量超过1 000万,其从一个可以忽略不计的小渔村发展而来,用时不过20年,其中四分之三的人口是从全国各地迁移流动而来。深圳的成长和发展,是中国经济发展奇迹的典型代表,也是人口迁移流动与经济发展最好的注脚。人口的迁移流动贯穿人口经济关系的全部历史过程,在不同的历史阶段又有其不同的突出特征,现阶段主要有发达型人口迁移流动和发展型人口迁移流动两种类型。

1. 人口迁移流动及其意义

人口的迁移流动,在现实中有时候是被分开使用的,分别表达为人口迁移和人口流动。这种区分有其历史缘由:在经济发展程度较低的早期,人们的流动性不高,将时间和空间距离跨度较大的人口位移现象称为人口迁移,短距离、短时间的人口位移则用人口流动来表达,由此形成了人口迁移和人口流动两种既有相似内涵又有明显不同的表达方式。到了当代,人口流动性得到极大提高,交通和通信技术的快速发展极大地降低了人们在流动过程中的时间和距离障碍,传统意义上关于迁移和流动的区隔已经在相当程度上被模糊了。这里将人口常住地从一个地理单元向另外一个地理单元的改变,统称为人口迁移流动。伴随着人口迁移流动发生的,不仅仅是其常住地的改变,同时也往往意味着其就业领域和生活环境的改变,即其生产方式和生活方式发生重大变化。

由于不同国家和地区经济发展程度不一,更由于人口迁移流动的具体社会经济环境不一,人口迁移流动往往存在着不同的方式。以中国为例,在户籍制度下,跨区改变户籍所在地的人口异动通常称为迁移,而人口在非户籍所在地常住并进行社会经济活动的,则称为流动。国际学术界曾经将前者称为永久性迁移(permanent migration),将后者称为暂时性迁移(temporary migration)。由于经济发展和社会结构演变的程度愈来愈深,户籍从作为一系列政治、经济及社会制度的集成者和人口管理的有效工具向单纯的人口身份证明方向的改变,已经是大势所趋,具有中国特色的"人户分离"现象将更加普遍,以户籍所在地和常住地来区分人口迁移和人口流动的实际意义有限,正因为如此,这里将人口迁移流动相并而提,不加严格区分。

人口为什么会发生迁移流动?类似于一般经济要素在空间和产业间的频繁转移,我们不难理解,作为一种活跃的经济要素的人口,不断地迁移和流动就成为理所当然的了。当然,人口迁移和流动还有更加复杂的政治、社会、文化等多方面的动机。一言以蔽之,人口的迁移流动,一是为了生存,二是为了发展。细分起来,人口迁移流动产生并且频率越来越高的原因有如下几种:(1)生产结构及生产力布局的变化导致了人口迁移和流动,这在人口与经济关系历史上突出表现为人口从农村农业生产转向非农领域的工业、服务业就业,乡村人口向城镇人口的迁移流动;(2)人口转变过程中人口再生产模式的转变,尤其是不同社会阶层生育率差异,造成了较高的社会阶层替代率,引发了较高的人口迁移流动率;(3)工业社会带来了社会教育系统的确立和发展,而教育系统是促进人口流动的有力媒介;(4)工业革命以来的社会分工愈来愈发达,社会结构愈加复杂,社会阶层愈加分化，追求进入较高阶层的欲望使得人们不断流动；(5) 社会生产力的进步、交通和通信等技术手段日益便捷和便宜，为人口的迁移流动提供了前所未有的方便，人们搜集流动信息、克服流动障碍本领大大增强；(6) 不同区域间自然禀赋的不一及发展起点的差异，导致人口迁移流动，甚至跨国迁移流动的潮流难以阻挡；(7) 一些非正常的因素，如天灾人祸，往往也可能引发大规模人口迁移流动。

人口的迁移流动与人口再生产过程以及作为其基本背景的经济发展之间是有紧密关联的。美国学者泽林斯基曾经将经济社会的发展划分为5个不同阶段，分别考察人口流动和人口转变在不同发展阶段所表现出的特征，这就是泽林斯基的人口流动阶段论。他认为，第一阶段发生在现代化前的传统社会，那时人口再生产的特征为人口出生率较高或者非常高，但死亡率也相当高，人口的自然变动较小。这个阶段很少有真正意义上的改变居住地的人口迁移，只有有限的与商业、战争和宗教因素相关的非永久性人口暂时流动。经济社会发展的第二个阶段是早期转变阶段，人口出生率轻微上升并且保持稳定，但死亡率迅速下降，人口规模迅速扩大。这一阶段出现大规模的人口迁移流动，一是向未开发的地带移民垦荒，二是从乡村向城镇迁移，三是海外移民。第三个阶段是后期转变阶段。这个阶段里人口出生率明显下降，死亡率也持续而缓慢下降，两者在接近时相对稳定下来，人口自然增长率由较高转为较低。这一阶段的人口流动中拓荒性的迁移流动减少，从乡村向城镇的人口流动数量仍然庞大，各种短暂性的人口流动数量增加而且形式更加复杂多样。到了第四个阶段，即发达社会阶段，人口生产率几乎停止在一个较低水平，死亡率也在接近或者低于出生率的水平上稳定下来，人口变动的波动性很小，人口自然增长很少或者停止增长。这一阶段人口改变居住地的迁移流动较为频繁，从乡村向城镇的流动仍然存在但规模和程度均明显下降，都市间和都市内迁移流动极具活力。第五个超发展阶段，人们的生育行为尚难以预料，但人们将很可能谨慎地控制其生育行为，死亡水平也可能稳定在一个较低水平。在这个阶段，由于拥有发达的通信和传递手段，改变居住地的迁移和部分短暂性的流动可能减少和降低，几乎所有的迁移流动都在城市内部和城市之间，一部分形式的短暂性流动可能加速，也会产生新形式的短暂性流动。泽林斯基的人口转变和人口迁移流动阶段论具有历史的纵深感，比较完整地概括了社会经济发展不同阶段人口再生产和人口迁移流动的递进发展态势特征，符合人口再生产和人口迁移流动发展的历史进程。但他关于未来社会人口再生产和人口迁移流动特点的概括，还有待观察，如未来社会人口生育和死亡水平的关系到底如何？通信和交通技术进步到底会减少还是促进人口的迁移和流动？这些问题凭借以往的理论和经验未必就能给出准确的答案，需要接受实践的经验。

从历史的角度考察，抛开非正常因素引起的人口迁移和流动，人口迁移和流动是经济发展的推进器和加速器，其积极意义是显而易见的。

第一，人口迁移和流动有助于最大限度挖掘劳动者的生产积极性，释放出最大的劳动效率。作为具有高度能动性的人口，其最终劳动成果的大小很大程度上取决于生产过程中的效率，人口的迁移流动往往就是实现最高劳动效率的通道。以中国的农业生产为例。在人民公社体制下的集体劳动，劳动者没有自由迁移流动的权利，生产成果有限。实行家庭承包制之后，农民可以自由支配时间、自由安排生产活动，相当数量的农村人口流出，土地仍然是原来的土地,投入的劳动力则大幅度减少,但粮食等农产品却大幅度增加。

第二,人口的迁移流动可以适应生产力发展的需要,促进经济结构升级,改善国家和地区人口布局。经济发展的历史,就是新的产业不断出现、旧的产业次第没落的过程,人口的迁移流动正好适应这一过程的需要。历史上的工业革命、城镇的兴起吸引了大量农村人口向城镇迁移流动。人口迁移流动的历史,也是生产力得到巨大发展的历史。人口迁移流动,如同生产要素总是向能够获得最大收益的领域流动,客观上是从责任资源环境和其他社会资源承载能力相对有限的区域向能够容纳更多人口的地区集聚,这个过程具有其内在的合理性,其结果是改变一个国家和地区的人口布局,使其更加符合自然法则和社会需要。

第三,人口的迁移流动过程是一个熔炉或学校,可以极大提高人口的素质,增加人力资本积累。在社会之梯上向上攀爬是人的本能,这就是所谓的"人往高处走"之说。人口的迁移流动过程,是其不断开眼界、见世面的过程,是吸收外来知识充实自己提高自己的过程,这就是新经济增长理论中所说的知识外溢,人们可以在"干中学",从而提高其综合素质。中国的乡城流动人口中就涌现出了外出打工农民回乡创业的事例,他们利用迁移流动过程中所学到的生产知识、所积累的社会资源和市场信息,或者改造旧有的生产过程,或者重新开辟新的生产领域,成为新的生产力的代表者。正是从这个角度,有学者将促进人口迁移流动作为提高人力资本积累的重要途径之一。

总之,人口的迁移流动,一开始就与其生存和发展紧密相连,并伴随着经济和社会的发展而不断加强。正如英国学者列文斯坦早在 19 世纪末所说的那样,人口的迁移流动意味着生存和进步,而静止则意味着停滞和萧条。

2. 两种类型的人口迁移流动

这里所说的两种类型的人口迁移流动,分别是指发达型人口迁移流动和发展型人口迁移流动。前者是指典型的发达国家的人口迁移流动,而后者则是指发生在发展中国家的人口迁移流动。由于发达国家在经济和社会发展方面发展较早,其人口迁移流动的某些特征对后起的发展中国家具有一定的借鉴和参考意义。

从发达国家的历史和现状来看,这些国家的人口迁移流动有如下显著特点。

第一,发达国家的大规模人口流动,是伴随着资本主义关系的产生和建立,尤其是资本主义工业化的发展而产生和发展的,可以说,工业化是促使这些国家早期人口大规模流动的最重要力量。第二,从整体上看,发达国家的劳动力非农化与城镇化基本上是同步进行的。人口迁移流动在产业间的转换和居住空间乡城转移是在同一过程中实现的。第三,发达国家的早期人口流动都伴随着较为重大的土地制度变革和明显的农业生产劳动率的提高。发达国家早期人口流动主要表现为大规模的农村人口向城市流动,农业人口向非农业流动。在这个过程中,土地因素起了十分重要的作用。土地制度变化所带来的农业生产劳动率的提高,也促进和保证了农业人口不断向城镇流动和农业劳动力向非农领域的流动。在英国,圈地运动对人口迁移流动所起的作用十分重要而直接。16 世纪至 19 世纪中期,圈地运动在持续不断地进行着,尤其在 18 世纪,国会公开鼓励圈地,圈地运动在更大范围内以前所未有的速度进行,至 19 世纪末和 20 世纪初形成了圈地高潮。圈地的直接结果是使大批自耕小农变为无地的无业游民,为新兴的工业(首先是纺织业)吸纳他们创造了条件。这就是说,工业革命为人口流动创造了“拉”的力量,而圈地运动则形成了人口流动的“推”的力量。第四,发达国家人口迁移流动的动力机制在不同阶段有所不同,但表现出一定共性,即吸纳人口迁移流动的主要领域最初为工矿建筑业,后来则转移至服务业。第五,随着大规模的殖民扩张发生了数量巨大的人口向海外迁移。这种较为宽松的跨国人口迁移流动促进了这些国家从劳动密集的农业生产向资本密集的工业生产方式的转变。

到了当代,典型发达资本主义国家已经实现了高度的人口城市化,经济结构也发展到所谓的后工业社会,其人口迁移和流动又表现出若干新的特征。这主要体现在:第一,人口迁移流动的比例仍然十分高,整个社会保持了很高的流动性。以美国为例,通常形容每个家庭平均5年搬家一次的频率大致反映了整个社会的人口迁移流动速率。第二,在人口城市化率通常高达80%以上的背景下,人口迁移流动以城镇间的流动为主要形式。但在都市区范围内,出现了人口由过去密集居住的中心城区向都市边缘地带扩散的现象。第三,人口迁移流动的区域选择性十分明显。以美国为例,如果按习惯把全美划分为东北、中西(北)、南部、西部四大区域,人口从东北及中西部传统发达地区向南部和西部(尤其是临太平洋地区)迁移流动的趋势极为明显。第四,人口迁移流动与地区间经济结构的变化呈现极为明显的对应关系。仍然以美国为例,最早发达的一些北部城市,曾经是美国经济繁荣和实力的象征,也是城市化时代吸纳人口的重镇,但进入后工业社会以后,却出现了两极分化的格局,以纽约、波士顿、费城为代表的城市,在发展金融业、高科技产业方面进展较大,随着经济结构的调整,仍然能够吸引人口流入,而像明尼阿波利斯、堪萨斯城等本来以服务业为主的都市,也保持了较高人口增长率,反之,产业结构过于单一或集中于制造业的城市,如底特律、克利夫兰、匹兹堡等历史上的重要工业基地城市,则经历了人口不断流失甚至陷入破产境地。类似状况在都市人口增长较快的南部和西部也有所反映,佛罗里达的休闲、旅游产业,加州的高科技产业都成了这些地区经济发展、吸引人口迁入的主要动力。

发展中国家大规模的人口流动发生在第二次世界大战以后的民族经济独立和发展时期,与发达国家相比,发展中国家的人口迁移流动在发生背景与流动模式上有着独特之处,这主要表现在以下几方面:

第一,在发展中国家,由于社会经济发展状况差异较大,与人口流动相关的一系列制度有所不同,人口流动的模式也较复杂,但总的来看,目的地为城镇的人口流动,尤其是从乡村向城镇的流动成为人口流动的主流或主要方向。发展中国家人口流动主要表现为农村人口向城镇的流动,使得这些国家城市人口迅速增加,城市人口增长中机械变动部分比重很高。尤其是一些发展中国家的主要城市,人口机械增长超过了自然增长。

第二,发展中国家乡城人口迁移流动的一个突出特点就是大量的人口以非正式或非永久性方式流入城镇。这些流入的人口尽管工作和生活在城镇或大部分时间待在城镇,但往往并非城镇的永久性居民,他们经常如候鸟般季节性地在乡村与城镇间来回流动,他们被称为暂时性迁移者(temporary migrants)或来回循环流动者(circulators)。造成发展中国家人口流动中暂时性流动人口比重偏高的基本原因,既有发展中国家城乡发展差距较大,农村人地关系紧张,土地制度失衡的因素,也有这些国家城镇发展缺乏规划,工业发展市场狭小，容纳能力不足等问题。

第三，发展中国家在人口大规模向城镇流动过程中往往不具备相应吸纳能力的非农产业，这使得大批流动人口流入城镇非正式部门。在这些部门，劳动力密集且生产率低下，生产过程不稳定，往往造成严重的失业问题。难以进入正式部门的劳动力及其家人只能在城镇简陋的贫民窟中安身，由此产生了发展中国家普遍存在而且较为严重的城镇社会问题。

第四，发展中国家大规模人口迁移流动产生的背景与发达国家人口迁移流动有着极大不同，这主要表现为：其一，发展中国家人口再生产基本上属于高出生率—低死亡率—高增长率的类型，人口增长，尤其是农村人口增长迅速，这就造成了这些国家不仅面临较高的城镇人口自然增长压力，而且更承受着高速增长的农村人口向城镇流动的压力；其二，发展中国家社会经济发展水平普遍落后，在取得民族独立后又都谋求发展民族经济，这就使其不可避免地尽可能利用和引进发达国家现有技术，于是就形成了城镇经济中区别十分明显的现代部门和非正式部门，从而决定了农村人口向城镇流动的模式及城镇的吸纳能力；其三，发达国家农村人口大规模向城镇流动时，面临着广阔的世界市场，制造业成为吸纳农村劳动力的主渠道，而发展中国家在世界经济发展格局中一直处于不利地位，可以利用的市场容量有限，难以形成有效的对农村人口吸纳的非农业生产能力。

3. 流民与迁移流动人口

纵观中外历史，一些国家和地区在经济社会发展过程中屡屡出现规模较大的“流民”现象，当今一些发展中国家由于自然灾害、战乱、瘟疫、突发的政治经济事件等，出现数量较大的流离失所人口的现象也较为常见。甚至在某些发展中国家和地区，数量较大的流民的存在已经是一种常态。流民通常被认为是不能进行正常生产和生活，一度或永久脱离原居地，而被迫流徙的人口。这里以中国历史上的流民和当今的农村流动人口问题为例，分析一下流民与当代农村人口流动问题。

一部中国的历史就是与流民息息相关的历史，历史上造成王朝兴衰与更替的农民起义与流民即有很大关系。大凡流民四起之时，也就是社会动荡、生灵涂炭之日，社会生产力遭到毁灭性破坏之时。很多人认为，中国农村目前客观上承担着社会稳定的“蓄水池”功能，涵养着数量巨大的过剩人口，如果采取不恰当的社会经济政策，这些过剩人口在一定条件下可能转化为一支巨大的、严重的社会破坏力量。因此有人认为，农村土地制度改革以来，农村人口向外流动频率越来越高，规模越来越大，如果不加以有效利用和妥善管理，他们就可能成为社会不稳定的重要因素，在特殊情形下可能造成失控，造成严重的社会危害。

中国历史上形成时起时伏的周期性流民浪潮的表面原因有四：一是战乱，二是自然灾害，三是赋税徭役及高利贷压力沉重，四是土地兼并不断。这些原因的背后则是两大经济和社会发展的背景：一是以农为本的社会经济结构，二是买卖兼并盛行的土地私有制。前者使得社会生产力相对低下，一遇天灾人祸，抵御风险的能力极其脆弱，如果官方未能组织起有效的救灾防灾活动，大批流民的产生不可避免。后者使得失去土地的农民极易转化为流民，造成社会动荡，催生新的王朝并且在不同程度上改良土地制度。由此在历史上形成反复出现土地改革(改良)—流民归田—土地兼并—流民逸出—大规模流民产生—社会动荡—又一轮土地改革(改良)的循环怪圈。

从人口角度来看,流民的产生原因在于,以农为本的社会经济结构下人口不断增长,而耕地面积则增长有限,人地比率在不断增高,重本抑末的政策及社会观念使得工商业极不发达。这就使得数量庞大的人口只能在数量有限、人均量日减的土地上打转转,而不能有效地转移出去,从而造成了一轮又一轮流民产生并为祸的恶性循环。这种愈来愈强的人口压力,使得农民不得不在边际劳动效率递减的情形下不断加进投入,以图提高土地生产率和总量的情形,被人们称为农业的过密化或内卷化(involution)。农业过密化现象的存在和加剧是社会环境突变情形下大量流民产生的基本原因。在这种社会生产格局下,主导农民流民的行为基本上是一种生存伦理,而谈不上发展动机。

不可否认,包括中国在内的多数发展中国家现阶段仍然存在产生类似历史上流民的现实条件,如农村人口数量庞大,土地开发潜力有限,天灾人祸频发等,但同时也具有历史上从未有过的优越条件来化解,甚至是一劳永逸地解决这个困扰多数国家社会经济发展的难题。以中国为例,今日的乡城流动人口与历代之流民,在产生本质上有极大不同。后者为非自愿性的被迫迁移流动,而前者则是追求发展和提高的积极流动。承包的土地维持农民家庭的温饱并无大碍。这就使得当代的流动农民进城(迁移流动进城)是为了获得更多发展机会,追求更多经济利益,退(留守土地)则可保家庭温饱无虞。其流动也呈季节性的特点,比较具有弹性,而不是像历史上的流民那样,不流动就意味着死亡。根本性的区别在于,当今中国的社会经济结构发生了历史性变化,整个国家摆脱了农业立国的状况。现代经济成分已经取代农业成为经济发展的主体,社会劳动者中从事非农业产业的比重在持续上升,城镇人口绝对数量和相对比重也在不断攀升,占据国家人口的较大比例。历史上的流民无论怎样流动,最终仍摆脱不了重归于田的命运。而今日,乡村人口在通过迁移流动不断地改变其身份,成为产业工人,或为服务业从业者,成为城镇市民,从源头上减轻乃至消除农村产生流民的压力。这是与历代王朝相比一个革命性的不同。当今社会经济结构的变化,使我们有可能走出农业过密化的恶性循环,从根本上消除中国历史上流民产生的自然基础。因此,解决当今乡城迁移流动人口之道有多种渠道和选择,与历代王朝只能"抚民归田"有着根本的不同。

因此,通过人口迁移流动促进经济社会结构性演进,以农业人口向非农业领域的转移、农村人口向城镇的迁移流动,突破农业过密化的循环圈,以工业化、城镇化为突破口来消化乡城迁移流动人口,从根本上消除产生大规模流民的自然基础。这种思路与世界各国社会经济发展进程中的人口迁移流动和工业化城镇化的历史轨迹也是相吻合的。

3.3.4 人口城市化与经济发展

世界人口发展史上最为重要的结构性变化之一,就是人口城市化。在21世纪的头10年里,世界上50%以上的人口均生活在城市。除了几个规模较小的完全城市型国家和地区外,发达国家的人口城市化率多数在80%以上,发展中国家的人口也正在以前所未有的速度向城市集中。城市化是与经济发展和社会结构变迁最为密切的人口现象之一。

1. 城市化的内涵

城市化是人们提及频率最高的人口现象之一,但由于与其关联的社会经济现象十分复杂，使得人们可以对其从不同角度进行理解，结果造成了从学术上对其给出一个受到普遍认同的定义反而十分困难。

一般地理解，城市化是指乡村人口不断转变为城市人口从而使得总人口中城市人口比例不断提高的过程。城市人口比例的提高，基本动力有两方面：一是城市人口的自然增长，二是外来人口的机械增长。从城市化的角度理解，其重心在于人口从乡村向城市的转移。由于人口从农民转变为市民的过程往往呈现出渐进性和反复性，而且在表面的身份变化背后还蕴含有复杂的经济和社会意义，不同的学者从不同学科和研究角度来认识和分析城市化，就对城市化的内涵产生了不同的理解。不过总的说来，乡村人口转变为城市人口的过程，往往会发生以下四个方面的重要变化，我们不妨把它们看成是城市化内涵的主要内容：第一，人口城市化过程中人们居住的地理空间分布发生了变化。一般是从乡村迁移到城市，或者在原来的乡村通过人口的更大密度的集聚而形成新的城市。第二，人们的生产方式发生了变化。由农业生产经营转变为非农业生产经营，而且这些非农业生产经营活动的布局更加集中。第三，人们的生活方式发生了变化。由适应农业生产经营的生活方式转变为适应非农业生产经营的生活方式。第四，受生产方式和生活方式影响而形成的价值观念以及相关的社会制度也发生了相应变化。

研究城市化问题，不可避免地要涉及在中文文献中使用率极高的另外一个类似名词“城镇化”。有学者认为，两者之间其实本无什么实质性区别，在实践中对二者交替使用。有学者则认为，中国在特殊的经济和社会管理体制下，曾经将星罗棋布的小城镇作为地域经济发展的重要据点，用具有中国特色的城镇化一词取代在国际学术界通用的城市化(urbanization)，实际上就把一些规模小、发展水平低还不具有城市初级形态和功能的城镇混同如城市，用城镇化的表达方式是对城市化内涵的曲解和误用，因此不赞成使用城镇化的提法。也有一些学者则认为，在现行发展体制下，中国的许多小城镇规模日益扩大，已经完全具备所有城市功能，虽无城市之名，却具城市之实，为了单纯追求所谓的名词纯洁性而勉为其难地在形式上与所谓的国际接轨，实在是削足适履，使用城镇化取代城市化才能正确反映中国人口城乡结构发生变化的现实。

实际上，城镇化和城市化都可对应于英文“urbanization”一词，其本身含义并无实质性差异。从世界范围来看，对城市的定义并没有统一的规定。多数国家以集聚人口规模达到 2 000 人或者 5 000 人，附加其他一些指标作为设市的标准。在许多国家，镇的人口规模很小，甚至根本就没有镇的建制。达到一定人口规模的居民聚集点，直接成为市。因此，城市化可以较为准确地反映人口聚集的现象和过程。在中国，新中国成立以来关于城市和镇设立的标准经历了多次变化，划分城乡人口的口径也多次调整。人口聚集包括向“城市”(city)和“镇”(town)的集中过程，城市建制的设立较为严格，一些镇人口规模相当大，早已超出国外“市”的规模。目前中国设立城市的数量为 600 多座，镇的数量则超过 2 万，镇人口超过 2 亿，占城镇人口中相当大的比例。因此，用城镇化似乎能更准确反映人口聚集的客观现象。事实上，许多学者使用城市化的概念时，也同时包含和认可了中国乡村人口向镇集中这方面的含义。他们只不过沿用习惯用法罢了。从长远来看，中国的现行城市体制有必要进行改革，可以考虑改变目前的撤县设市的做法，剥离现行城市管理体系中城市所具有的行政级别因素，而仅仅单纯地按人口聚集区居民规模等社会指标为主要参考依据来决定城市设立与否，实行以县管市、一县多市的体制。到那时，使用城市化一词就会顺理成章地较为全面地反映我国人口聚集的现象和过程了。使用什么学术概念，应该从概念是否反映现实的角度入手，而不是要求现实迁就概念。在目前的情况下，为了凸显两者的区别而人为地去挖掘其内涵差异，并无多大的理论意义和现实价值，基于这种认识，本书在相同的意义上使用城镇化和城市化这两个名词。

2. 城市化水平及其测度

城市化发展的水平通常用城市化率来表示，城市化率即城市人口占总人口的比重。这个指标看起来十分简单明了，但由于城市的设立存在着人为的频繁变动因素，城市人口的定义在历史上存在不同的口径，使得城市人口统计大量存在着口径不一、来源不一的现象，使用城市人口数据时尤其应该注意。

人口城市化资料口径和来源不一的原因，首先是在于不同国家城市人口统计标准不一。例如，在设立城市的标准上，一般有三个标准可供参考：人口规模、人口密度以及人口从事社会经济活动的性质。多数国家从这三个标准中选取不同的组合作为设市的标准，但标准的高低又各不相同。有的国家，人口密度达到一定条件下人口规模超过 2 500 人即可设市，而我国更高人口密度条件下数万人的镇比比皆是。在美国，则有都市人口和城镇人口等不同概念。都市（metropolitan）是指一个大的人口中心及其周围与之有高度社会经济相关性的社区。也有的都市包含两个或多个人口中心。城镇则是指城镇化了的地区及城镇化之外的拥有 2 500 人以上的地区，所谓城镇化了的地区则是指一个或多个中心人口密集区及周围地区（城镇边缘），其人口在 5 万以上。包括在城镇化了的地区之内的城镇边缘，是指人口密度在每平方英里 1 000 人以上。从这一定义出发，可以看出，都市人口与城镇人口、乡村人口与非都市人口并非两组同义词，而是互有交叉的，即都市人口中包含有乡村人口，而非都市人口中包含有城镇人口。

测度人口城市化时人口城市化资料口径和来源不一，而且时间序列上的城市人口数量由于调查和统计口径发生变化而缺乏连续性和可比性。如新中国成立以来，我国城镇人口的统计口径就发生了几次重大变化，如果不加鉴别地轻易使用有关资料就会出现误用的情况。典型的事例是在 1990 年进行的第四次人口普查中，城镇人口就有两种口径。第一口径中，市人口为市所辖区（不含市辖县）的全部人口，镇人口为县辖镇（不含市辖镇）的人口，市、镇总人口为城镇人口。第二口径中，市人口为设区的市所辖区（不含市辖县）的全部人口和不设区的市所辖的街道（不含市辖镇和乡）人口，镇人口指不设区的市所辖镇的居委会人口和县辖镇的居委会人口，同时，城镇中留住一年以上的暂住人口也统计为城镇人口。按照第一口径，普查当年的城市化水平为 53.03%，而按照第二口径，城市化水平则为 26.41%。

中国城市化统计口径的变化与沿革

1955 年“一普”时，城镇人口包括设有建制的市和镇辖区的总人口（非农业人口和农业人口）以及城镇型居民区的人口。

1964年“二普”时，城市人口的统计口径为市区和郊区的非农业人口，不再包含农业人口。

1982年“三普”时，又重新采用了“一普”时的城镇人口统计口径，即以市、镇辖区的总人口为城镇人口。

1990年“四普”时，城镇人口使用两种口径：第一口径中市人口为市所辖区（不含市辖县）的全部人口，镇人口为县辖镇（不含市辖镇）的人口，市、镇总人口为城镇人口；第二口径中，市人口为设区的市所辖区（不含市辖县）的全部人口和不设区的市所辖的街道（不含市辖镇和乡）人口，镇人口指不设区的市所辖镇的居委会人口和县辖镇的居委会人口，同时，城镇中留住一年以上的暂住人口也统计为城镇人口。

2000年“五普”时，城镇人口统计口径是：(1) 市辖区人口密度在每平方千米1 500人以上的，区管辖的全部行政地域人口。(2) 市辖区人口密度在每平方千米1 500人以下的区和不设区的市，区、市政府驻地的乡级地域内的全部人口；区、市政府驻地城区建设延伸到的乡级地域内的全部人口；区、市管辖的其他街道办事处地域内的全部人口。(3) 市辖区人口密度在每平方千米1 500人以下的区和不设区的市管辖的其他镇，镇政府驻地的村级地域内的全部人口；镇政府驻地城区建设延伸到的村级地域内的全部人口；镇管辖的其他居委会地域内的全部人口。(4) 县管辖的镇，镇政府驻地的村级地域内的全部人口；镇政府驻地城区建设延伸到的村级地域内的全部人口；镇管辖的其他居委会地域内的全部人口。

2008年8月1日以后，包括第六次人口普查资料，根据新的城乡划分统计口径统计城镇人口，城镇包括城区和镇区。城区是指在市辖区和不设区的市，区、市政府驻地的实际建设连接到的居民委员会和其他区域。镇区是指在城区以外的县人民政府驻地和其他镇，政府驻地的实际建设连接到的居民委员会和其他区域。与政府驻地的实际建设不连接，且常住人口在3 000人以上的独立的工矿区、开发区、科研单位、大专院校等特殊区域及农场、林场的场部驻地视为镇区。

3. 城市化发展进程、动力与型式

(1) 世界人口城市化的进程与特点

世界范围内的城市化进程开始于18世纪后期，直至1850年，世界城市化水平才不过6%左右，发达国家的城市化水平也才刚刚迈过10%的发展门槛。19世纪发达国家的城市化和20世纪后半期发展中国家的城市化加速发展，使得21世纪初期，世界城市人口已经超过50%，整体上基本实现了城市化。历史地看，世界城市化的发展经历了三个大的阶段。

① 城市化初步兴起阶段(1760—1850年)。发生在18世纪的英国工业革命，也标志着世界城市化进程拉开了序幕。1760年，英国城市化水平达到10%。随着工业革命的进展，其城市化水平迅速提升，1851年城市化率超过50%，成为世界上第一个城市人口超过乡村人口的国家。与此同时，发达国家城市化水平也达到11.4%，迈过了城市化起步的临界水平。不过整体而言，这时的城市化还只是在发达国家启动，世界城市化水平

仅仅为6.3%,处于初步兴起阶段。

② 欧美发达国家率先基本实现城市化阶段(1851—1950年)。在随后的100年里,世界城市化水平有了显著提高,城市人口比重上升到29.3%。特别是发达国家,基本实现了人口城市化。1950年,17个国家和地区城市人口比重超过75%,城市化水平在60%—75%之间的也有17个国家和地区,另外还有14个国家城市化率在50%—60%之间。这一阶段,发达国家普遍基本完成了城市化的任务,发展中国家只有少数城市国家和地区以及数量不多的小国由于特殊的地理位置及其他条件,城市化水平也较高。总体上看,20世纪前半叶是发达国家基本实现城市化而发展中国家城市化初步启动的阶段。

③ 发达国家高度城市化和发展中国家加速城市化阶段(1950年以来)。20世纪50年代以后,发达国家城市化水平在高位上得到进一步提升,而且自70年代以来,出现了大城市人口向郊区扩散的逆城市化现象。与此同时,发展中国家取得民族独立之后,通过大力推动工业化极大地促进了城市化水平的提高。1950年,发展中国家城市人口为29 572万,相当于发达国家城市人口的三分之二,到1970年,发展中国家城市人口已经达到67 585万,只比发达国家城市人口少109万,到1995年,发展中国家城市人口已经高达171 049万,是发达国家城市人口的1.96倍。

世界城市化发展的历史向我们展示了其一般性规律,即人口城市化的进程可以用一条随着时间平移而向上升的拉平了的S形曲线来表示:整个城市化发展过程可以大致分为三个时期,即初期阶段、中期阶段和后期阶段。在初期阶段,城市化发展水平较低、发展速度较缓,表现为S形曲线的左下端,曲线斜率很小;在中期阶段,城市化发展水平上升速度很快,表现为S形曲线的中间部分,曲线斜率较大;在后期阶段,城市化水平提高速度趋缓,表现为S形曲线的右上部分,曲线斜率由大转小。这个S形的城市化发展曲线由美国学者诺瑟姆提出,我们称之为城市化发展的诺瑟姆曲线。后来中国学者谢文蕙进一步将其表达为数学模型。即城市化发展水平可以用如下公式表示:

$$Y = \frac{1}{1 + Ce^{-Kt}}$$

公式中,C为常数,表示城市化发展起步的早晚,K也为常数,表示城市化发展速度的快慢,t为时间。

从不同国家和地区城市化发展的过程中我们可以有一个基本的经验总结:一个典型的农业国家,当城市化水平低于20%时,城市化还处于起步阶段;当城市化水平处于20%—30%之间时,城市化发展处于加速起步阶段;当城市化水平处于30%—50%之间时,处于快速发展阶段;当城市人口比重达到50%—60%之间时,城市化发展速度相对趋缓,城市化基本完成;当城市人口达到60%—70%时,在城市化水平进一步缓慢提高的过程中,将明显地出现城市人口向都市边缘和乡村扩散的趋势;当城市人口比重上升到70%以上时,城市化水平基本处于稳定状态。城市化已经从外延的扩张转变为内涵的提升。这一时期,不同经济结构的城市由于对社会经济发展的适应性不同而兴衰交替,此消彼长。传统城市化的外在形式已经变得无足轻重,城市地区通过现代化了的交通、通信和信息交流方式,通过经济、政治、文化和社会联系等内涵把周边地区更加紧密地联系在一起。

(2)人口城市化发展的动力与型式

城市化是工业革命的产物。由于各个国家工业化启动及发展的时间先后不一,发展过程中的内部条件和外部环境相差悬殊,选择的发展战略也很不相同,因此,在实现人口城市化的过程中,不同国家和地区走过的道路也有明显差异。

城市的发展,本质上是各种资源要素在特定的地理空间高度聚集。推动和实现这种要素的集聚的力量,有两种类型:一种是基于市场机制的资源要素集聚,通过这种力量形成的城市化我们可以称之为自下而上的城市化,另一种是由政府主导的各种资源要素集聚形成的城市化,我们可以称之为自上而下的城市化。自下而上的城市化模式下,城市往往依托其独特的地理优势,如交通枢纽、矿产资源、风景名胜、历史文化胜地、传统商业中心等,吸引各种产业和人口,其形成和发展往往经历较长时间,城市的兴衰也与市场因素息息相关。自上而下的城市化由政府计划主导,城市化发展所需资源最初往往由政府集中安排,通过短时间、大强度的集中资源投入,形成吸引各种资源要素进一步集中的磁极效应。这种动力模式下的城市发展往往起点高、见效快,可以在相对短的时间里极大促进城市化发展水平,现实中也不乏成功案例,但如果没有后续市场力量支撑,城市的持续繁荣往往难以为继。

有学者从工业化、非农化与城市化发展关系的角度把世界各国城市化发展道路总结成为不同的模式,如同步城市化、过度城市化、滞后城市化和逆城市化等。这些所谓的模式,其实是从历史的角度总结某一个国家和地区城市化发展轨迹而得出的结论,它们是对城市化发展种种现象或者结果的概括,尚不能称之为“模式”。因为模式意味着发展道路的人为设计和选择。城市化的发展一旦采取某种模式,就意味着从城市化发展的动力机制等方面,这些国家有相应的制度安排。而实际情况是,除了少数计划经济国家外,这类制度安排基本上是不存在的。出现在许多国家的同步城市化、过度城市化和逆城市化等现象,是市场机制发挥作用的事后结果,而不是事前的规划和安排,因此,我们把曾经出现过的有代表性的城市化发展道路概括为城市化发展的型式。这些型式主要有同步城市化、过度城市化、滞后城市化、逆城市化等。

(1) 同步型城市化

这种城市化发展型式的基本特点是城市化发展与工业化的进程相同步,城市化水平与劳动力就业结构和国家经济结构的非农化同步提高。主要发达国家的城市化基本上都是以这种型式完成城市化进程。这种型式的城市化发展有其特点和历史背景。

第一,城市化的发展都经历了相对较长的历史时期。如英国城市化从18世纪开始,到19世纪后期基本实现城市化,城市人口比例进入一个较高且相对稳定的时期,用了大约140年的时间。美国城市人口在1840年时约为10%,到1940年时为52.3%,1950年上升到62.6%,自此城市化水平进入一个稳定发展缓慢提高的时期,也用了超过100年的时间。

第二,城市化过程也是这些国家完成工业化的过程,工业化所需的巨额初始资本有相当大的部分来自外部渠道。一是通过殖民扩张,在殖民地进行搜刮,获取巨额的扩张红利,刺激了国内工业的发展;二是索取巨额的战争赔款,加速其原始积累的进程;三是引进外资。历史上,几个重要的发达国家的工业化和城市化进程,几乎都可以在上述三个方面找到佐证。

第三，工业化和非农化促进城市化的发展也是分阶段逐步进行的，在城市化的初始发展阶段，农村工业发展和农村劳动力兼业现象也较为普遍。例如在1850年，欧洲城市化率为11%，但从事制造业的经济活动人口达16%。在英国，1800年城市化率为20%，而第二产业劳动力的比例却高达31%。这说明，在城市化的发展过程中，工业和其他非农业首先是广泛地存在于广大农村地区，然后才逐渐向城镇集中的。

第四，城市化进程中农业生产经营方式也发生了质的变化。随着乡村工业的发展及工业向城镇集中，大量农村剩余劳动力流向城镇，从一开始的兼业逐步转变为专业进行非农产业经营，并被城镇工业和其他非农行业所吸收。农村土地向越来越少的农民集中，这促进了农业的规模经营，提高了农产品的商品化程度。农业剩余为城市化过程的顺利进行提供了有力保障。

(2) 过度型城市化

这种城市化发展型式主要出现在20世纪后半期的一些发展中国家，其基本表现形式是城市(特别是大城市)急剧扩张，而国民经济及就业结构并没有同步升级，城市缺乏容纳大规模涌入人口的能力，出现严重的城市病。这种城市化发展型式的基本特点如下。

第一，城镇人口在短期内迅速膨胀，城市化水平的提高超出工业化和非农化的支撑能力，城市缺乏对新增劳动力的吸纳能力，大量涌入城镇的人口无法找到相应的就业岗位，只是在一些不稳定的非正式部门从事工作。这些无稳定工作和收入的农民集中在城市的贫民窟中，是形成可怕的城市病的重要根源。

第二，出现人口过度城市化现象的发展中国家，往往是人口过多地集中在一两个大城市或特大城市。如墨西哥的墨西哥城、巴西的里约热内卢和圣保罗、阿根廷的布宜诺斯艾利斯、印度的孟买和加尔各答、埃及的开罗等。这些城市第二产业明显发展不足，因而第三产业的畸形发展成为就业的主渠道。

第三，过度城市化过程中，农村人口大量外流，但并没有像发达国家历史上曾经出现过的那样，同时形成现代化的农业生产经营方式，相反，这些发展中国家在城市化过程中反而出现了农业生产萎缩，农村日益凋敝的现象。这就是发展经济学家托达罗所说的城市化过程中的城市偏向和乡村忽视现象。农村的贫困与落后成为农民不断涌向城市的直接动因。

发展中国家出现的过度城市化现象，除了有自身的制度安排和发展战略选择失误等方面的原因外，它们的城市化所处的外部条件也不能不说是一个重要的因素。与发达国家的城市化过程相比，大多数发展中国家在城市化过程中，一是没有发达国家当年所具有的优越资源条件，不可能从其他的国家和地区掠夺到大量的资源为自己所用来实现资本的原始积累，发展民族工业；二是它们所处的国际经济环境决定了它们只能是发达国家的工业品市场，而发达国家在自己的工业化和城市化过程中则是以全世界为其工业产品的销售市场。这就决定了发展中国家工业化和城市化过程中工业和其他非农业发展的空间十分有限，要用比发达国家更短的时间实现城市化，困难很大，特别是缺乏足够的市场空间使它们发展工业以带动城市化，这就是为什么发展中国家城市化过程中常常过度发展第三产业，从而形成过度城市化的根本原因。

(3) 滞后型城市化

这种城市化发展型式也表现为城市化与国家经济结构和劳动力非农化的进程相脱节，不过却是城市化水平大大低于工业化和非农化的进程。大量非农业劳动力在城镇之外从事非农业生产经营活动，人为割裂了城市化与非农产业发展的联系，导致国家经济结构和社会结构出现严重偏差。这种型式的城市化发展的基本特征如下。

第一，重工业先导型的工业化缺乏对城市化发展的拉动力量。国家把实现工业化看成是实现经济自立，并赶超发达国家的重要标志。不过工业化是以优先发展重工业为特征的，也就是把生产资料的生产放在首位。这种资本有机构成较高的生产方式使得工业化和经济发展过程中对非农劳动力的吸收能力扩张非常有限，不能形成强大的城市化拉动力量。

第二，基本没有参与国际经济交流与竞争，基本上是自我服务式地形成所谓的完整工业体系，产品市场空间有限，制约了工业和其他非农业的发展，而且，往往还把制造业之外的服务业看成是不创造价值的部门，把这些部门集中的城市称为消费性城市，并要把它们改造成生产性城市。其结果是，工业发展受到制约，第三产业发展受到抑制，整个国家工业化的步伐也快不起来，城市化的动力机制发挥作用有限。

第三，为了支撑以重工业为首的工业化所需的资金，不得不采取工业品和农产品不平等交换的方式(剪刀差)积累资金，抽取农业的血液来发展工业。其结果是在工业化程度不断提高(社会总产值中工业比重上升较多)的情形下，农业生产停滞不前。农业生产不能够提供大量农民转入非农业行业所需的农产品剩余，也就是农业不能支撑城市化。为此，国家不得不以户籍制度等制度安排，把农民限制在土地上，控制城镇的发展，一方面是阻止他们流入城镇，加重城镇负担，形成在一些国家出现过的城市病；另一方面则是使人心归田，在土地上继续其低效率的生产，以支撑工业的发展。农业生产始终处于向外输血的状态，更不用说得到工业的反哺，因而始终没有能够形成现代化的农业生产经营方式。

第四，在大量农村劳动力囤积于有限的土地上的情形下，农村也发展了一些非农产业。但是这些非农产业主要是自我服务，在森严的城乡壁垒面前，并不可能向城镇集中。这样就形成了“无城市化的工业化”和“非城市化的非农化”的独特现象。人口众多的农民囤积在有限的土地上，农村经济不可能有根本性的突破和发展，农民生活水平不可能有根本的改善和提高。部分农民只好以非正式的方式流入城镇以获取必要的生活资源补充，从而形成了一种独特的流动人口浪潮。

(4) 逆城市化

逆城市化是20世纪中后期在城市化发展水平已经很高的发达国家出现的一种特殊城乡人口结构变化现象，其表现形式为：城镇人口向城镇边缘集中，乡村人口上升，或城镇人口增长速度大幅下降，乡村人口增长相对较快。特别是过去人口增长稳定而迅速的大都市区，出现人口绝对流失现象，小城镇或乡村人口增长明显。人口城乡布局出现了与长期向城镇集中的趋势相反的态势，这就是出现了所谓的人口“非都市转折”(non-metropolitan turnaround)。有人称之为逆城市化(counter-urbanization)，有人称之为乡

村复兴(rural renaissance),还有人称之为郊区化(suburbanization),更有人称之为人口"分散化"(de-centralization)。

逆城市化是人口城市化发展到一定阶段后出现的现象,我们不妨将之看成是城市化发展乐章中的一小段过渡曲。它并不意味着人口从城镇居民变为乡村居民(尽管存在这样的个别现象)成为人口城乡结构变化的主流。它是城市化发展到一定阶段之后城市发展内涵有了新的变化而在外在形式上的反映,具体说来是从数量型城市化转变为质量型城市化发展阶段的一种外在反映。以美国的情形而言,逆城市化只能理解成为在某个特定时期部分大都市人口流失,非都市区人口增长速度相对较快。从微观的城市区域人口布局来看,是城镇人口以发达的交通通信等物质和技术条件为基础,在更大的区域范围内均衡布局,以期提高生活质量,这具体体现在城市周边人口的增多。通勤距离加长使部分城市人口可以扩散至更远的城郊与乡村,他们极为方便地与城市联系在一起,享受城市文明。从宏观的区域结构来看,是地区间因自然禀赋差异及产业结构变化而引起人口布局变化,是城市化水平稳定且有所提高的过程中的结构调整,而不是城市化水平的降低。事实上,自20世纪70年代以来,已经高度城市化的发达国家,其城市化水平仍然是在稳定地提高之中。一边有城市衰败不堪甚至破产,人口绝对流失严重,但另一边更多更大范围内的城市不断兴起,目前典型发达国家城市化率均在80%以上。

4. 城市化与可持续发展

城市产生于分工和交易的发展,其依托经济发展而兴盛。作为一般现象和规律,城市化发展水平取决于经济发展水平。

从城市化的基本内涵来看,推进城市化发展,是符合可持续发展的要求的。首先,城市化的发展把各种生产要素以集约的方式加以利用,以规模经济的方式获得资源要素给人类带来的最大福利,是一种有资源利用效率的发展方式。其次,城市化把人们生产过程中可能对资源和环境造成负面影响的污染集中起来,可以对其进行有效率的处理,是一种有生态效益的发展方式。最后,城市的生产方式和生活方式,使得人们更多地使用人力资本而非自然资源来谋取福利。这种依靠人类智慧的"最后资源"的使用,是人类不断追求高生活质量条件下实现可持续发展的希望之所在。

与此同时,我们也不应该忽视城市化发展过程中出现过的若干弊端。这其中最为突出的就是城市化过程中的"城市病"问题。

"城市病"其实并非一个严格的学术概念,它通常用来描述城市化发展过程中城市出现的交通拥挤、环境污染、居住空间狭小、医疗卫生条件恶劣、贫富两极分化、社会秩序混乱、犯罪增加、失业人口众多、人际关系冷漠等现象,这些负面现象的存在恰如一个人的肌体出现了种种影响其正常功能发挥的毛病,人们由此形象地称之为"城市病"。

人们几乎把城市发展过程中所有非理想状态都归于"城市病",使得要从根本上分析这些疑难杂症的产生原因并提出应对之策,是一个具有综合性难度的挑战。这里仅仅分析一下发展中国家城市化过程中由于大量乡村人口涌入城市而造成的贫民窟大量存在、失业率激增、犯罪增加、住房拥挤、交通阻塞等常见现象。对于大量乡村人口涌入城市产生的种种弊端,一种较为常见的看法是应该控制人口规模,尤其是限制外来乡村人口的涌入。在中国,就有人提出了限制乡村人口向城市的转移,防止城市化发展过程中的所谓“拉美病”的产生。所谓城市化过程中的“拉美病”，其实就是发展型城市化过程中“城市病”病症更加突出的代表，这其实在南亚和非洲一些国家的大城市并不鲜见。对于城市化发展过程中的“城市病”，应该从两个方面进行客观分析。

一方面，城市化发展过程中，由于城市规模扩张和社会经济结构重组，出现种种问题是一种正常状态，发展的过程，就是这些问题不断解决的过程。应该看到，在部分发达国家城市化发展历史上和发展中国家城市化的进程之中，也曾经出现过“城市病”现象，在一些地方有时甚至还十分严重。但随着人们对城市发展规律认识的加深，加之现代交通、通信和信息交流技术的进步提高了人们城市规划和管理水平，过去一些地区十分严重的“城市病”已经得到有效控制，城市的发展并不必然导致“城市病”的产生。关键是要对城市的发展进行合理的规划和科学的管理。目前世界范围内“城市病”较为严重的多数发生在发展中国家城市，这是一个发展过程中不可能完全避免的混沌现象，可以乐观地预期其会随着进一步的发展而得到不同程度的解决。

另一方面，对发展中国家而言，城市发展过程中固然难以杜绝“城市病”现象的产生，但人为地抑制城市化的发展，反而可能导致大量人口囤积农村而产生“农村病”。“农村病”的病症表现为农业生产副业化、农村工业乡土化、农民流动两栖化、资源利用不经济、生态环境恶化、农民生活方式病态化等诸多方面。这实际上是将更多的人在更大的范围内置于一种不可持续发展的生产方式和生活方式之中。长期以来，人们对“城市病”关注较多，而对“农村病”则不够重视，或者认为贫穷落后本来就是乡村的同义词，这实际上是近代以来在城乡关系问题上痼疾之一的“城市偏向”的一种反映。“城市病”是城市发展过程中的产物，也只能用发展的思路和办法加以解决。“城市病”和“农村病”均是发展过程中需要统筹解决的经济社会问题，按照“两害相权取其轻”的原则，我们应该在推动城市化的发展过程中，构建城乡统筹、城乡一体化的发展格局，实现包容性的发展，克服“城市病”，消灭“农村病”，走出一条通向新型城市化的可持续发展之路。

3.3.5　人口结构的其他方面与经济社会发展

人口结构是多维的。除了前面所介绍的十分重要的年龄、城乡结构外，依不同国家和地区人口发展以及其他方面的具体情况不同，人口结构的一些方面，如宗教、民族、地域分布、性别、阶层等，都有可能显示出其特有的重要性。比如人口种族结构在美国，人口宗教信仰结构在中东地区，人口种姓结构在印度等，都是极其重要的。这里仅简单介绍一下对中国现实有着特殊意义的出生人口性别比和人口地域分布问题。

1. 出生人口性别比及其社会经济问题

出生人口性别比问题是人口性别结构的一个方面。人口性别结构是指一个国家或地区总人口中男性人口和女性人口各自所占的比重。从生物意义上讲，与其他类型的动物和植物的各种亚种群的分布一样，人口再生产的性别结构是有其内在规律的，这是生物学意义上人口可持续发展的一个基本前提。

通常，如果把某一人口中女性人口数量赋值为100，则男性人口数量相应的分值即为该人口的性别比。用公式表示就是：

$$性别比=(男性人口数量/女性人口数量)\times 100$$

人口性别结构中，两个基本的指标是总人口性别比和出生人口性别比。出生人口性别比是影响总人口性别比的重要因素，它决定了总人口性别比变化的基础。如果不对出生人口性别施加外在的人为影响，出生人口性别比是由人口再生产过程中的纯粹生物因素决定的。一般情形下，正常的出生人口的性别比在 102—107 之间，即在 100 个女婴出生的同时，会有 102—107 个男婴出生。总人口性别比的变动幅度则较大，一般认为，在 96—106 之间，总人口性别比都是正常的。

总人口性别比变化的原因较多，除了出生人口性别比决定了其变化的基础外，还有其他一些因素对总人口性别比的变化也有重要影响。

一是男性人口和女性人口在死亡率上的差异造成不同性别人口的存活时间长短不一。比如，在青少年年龄段，男性人口死亡率可能会高于女性人口，而女性在育龄期间死亡率则可能超过男性，而到老年阶段，各年龄段女性存活人数多于男性人口则成为一种普遍现象。

二是其他社会因素造成性别比的变化。比如，人口的迁移和流动往往造成区域人口性别比的变化超出正常幅度。例如在某些经济结构具有特殊性的移民城市，总人口性别比可能偏离一般正常的水平，如依托矿业的城市，其男性人口比例往往偏高，而以轻纺工业立市的地方，女性人口则往往居多。再如，大规模战争往往造成大量男性士兵死亡，这也会造成某些国家和地区人口性别比偏高。历史上苏联、越南等国家，就曾经因为经历战争，造成总人口性别比偏低。

决定出生人口性别比的因素，既有生物学方面的，也有人们基于多种多样的社会经济原因而做出的人为选择方面的。较为普遍的就是在不同国家和地区出现了"男孩偏好"导致的出生人口性别比偏高的现象。

在中国以及其他一些第三世界国家的出生人口性别比失衡现象，往往由这样几个方面的原因所导致：一是人口调查和统计过程中的女婴的瞒报、漏报和漏登，二是对女性婴儿的遗弃和溺杀等方式使得女性婴儿存活概率下降，三是运用技术手段进行人为的出生婴儿性别选择。

出生人口性别比失衡（通常表现为性别比偏高）产生于人们的性别偏好，而人们对孩子的性别偏好则是社会经济综合因素造成的结果，性别比选择技术的发明及其运用则为人们人为选择出生人口性别提供了现实可能。

在正常的社会环境里，影响总人口性别比变化的其他社会因素有限，决定总人口性别比的关键在于出生人口性别比。出生人口性别比的异常，可导致总人口性别比失衡。人口性别比失衡，可能带来一系列社会经济的负面效应，这主要包括：

一是儿童成长环境异常，不利于孩子形成健全的习惯和性格。

二是可能造成劳动力市场供给失衡，部分适合特定性别的劳动岗位供需脱节。

三是造成婚姻挤压现象。如果出生人口性别比偏高现象持续发展，有可能造成适婚年龄人口婚配发生困难，必然产生婚配年龄差加大现象，并由此产生一系列社会问题。

四是可能引发单亲家庭增加、离婚率上升等问题。

五是可能造成针对女性的犯罪（如拐卖女性、性犯罪）活动增加。

治理出生人口性别比失衡现象，必须从导致人们产生性别偏好的社会、经济、文化根源入手,从制度建设治本、政策措施治标两个方面来淡化性别偏好,引导和重塑人们的生育观念。比如,在城镇和农村,性别比失衡现象的严重性相差极大。治理和解决出生人口性别比失衡问题,是一个系统的经济和社会工程,应该从改变人们的生产经营内容、生活习惯、居住方式、继嗣制度、婚嫁模式等方面着手进行(可参见表3-2)。

表3-2 传统意义上城镇和农村性别偏好差异产生的原因

影响因素	城镇	农村
婚嫁模式	另立新居	男婚女嫁
生产方式	智力主导型	体力主导型
政治参与	男女平等参与	女性参与度低
社会地位	男女落差不大	男女落差很大
继嗣制度	男女平权	男子传宗接代
继承制度	男女无差别	以男子为中心
就业机会	男女相对均等	男女不均等
养老方式	男女都有义务	养儿防老

2. 人口的地域分布与社会经济发展

人口的地域分布,通常是指人口在一国或地区内不同地理空间上的数量及其比例关系,它也是人口结构一个非常重要的方面。人口的地域分布状况通常用人口密度的指标来描述,即每平方千米国土面积所承载的人口数量。在人口密度这一基本指标基础上,还派生出若干人口经济密度指标,即一定数量的某种资源、经济规模相对应的人口数量。

人口地域分布的自然基础是一个国家和地区自然地理条件和环境资源因素。从游牧时代到农业社会再到工业时代,人们逐水草而生存、垦良田而定居、筑要塞而集聚,其中起着决定性作用的是自然条件。有无适宜的气候条件、农牧资源和工业矿产是否丰富、交通是否便利,等等,成为人口分布的基础性决定因素。

随着经济和社会的发展,尤其是工业化时代来临之后,开发和利用自然资源的手段更加先进,交通通信等技术手段更加发达,人们的经济活动和社会生活演绎得更加丰富,与自然资源和环境的联系可以变得相对迂回。单位资源和环境下,可以承载更大密度的人口。在农牧时代,每平方千米承载的人口,少则数人,多则数百人,而高度发达的当代,许多城市密集区人口密度可以高达数万乃至十几万人。人们可以按照自己的意愿拓展活动空间,在一定程度上改变人口的分布,这是影响人口分布的社会经济因素。

决定人口分布的自然基础所产生的作用是持续而稳定的。这一特点也决定了人口地域分布的绝对不均衡规律。由于地球上不同地理空间的气候、资源、环境条件差异较大,人口分布的不均匀性也就成为一种绝对常态。以全球为例,地球上约70%的人口聚集在7%的陆地面积上。南半球只有全球人口的10%,90%的人口集中在北半球,而这90%人口中的90%,又集中于北纬20—60度之间的亚热带和温带之间地区,其余的广大空间只有剩余的10%人口点缀其间。以中国为例,胡焕庸先生在20世纪30年代发现,当时中国人口的94%位于黑龙江瑷珲至云南腾冲一线的东南方,所占国土面积只有43%,而该线西北部分国土面积比例为57%,人口只有6%左右。这就是著名的中国人口分布的胡焕庸线。快一个世纪过去了，最近的两次人口普查资料显示，从黑龙江黑河市至云南腾冲市划线，东南的人口超过全国的94%，西北的人口仍然不到6%，其基本格局基本未变。受基本的自然地理条件影响，中国的人口分布与自然地形的“三级阶梯”形成明显的反差：西北部、中部和东部地势逐步降低，人口密度逐步加大，其比例大约为1∶13∶25。这个基本格局长久维持不变。

在特定的区域空间，人口的分布往往又受社会经济因素影响甚大。特别是在生产力水平得到迅速提高、城市化发展迅速的时代，社会经济因素对人口的分布改变也可以起到一定作用。比如，人们可以通过改变自然条件和环境来改善人口分布，一些地域本来因为水资源缺乏而人烟稀少，但通过兴建大规模、远距离的调水工程，可以使得不毛之地容纳较多人口。又比如，一些国家通过某些社会经济政策，吸引或者引导人口向特定区域集中，达到调整或者改善人口分布的目的。如从20世纪60年代开始，巴西政府将首都从其东南部的最大城市迁至中部高原的巴西利亚，目的是推动中西部地区的开发，同时在北部地区设置马瑙斯自由贸易区，用各种优惠政策吸引国内外投资，带动了整个亚马逊地区的开发。哈萨克斯坦原来的首都阿拉木图人口超过百万，由于地处边境太近、人口密度过大、生态环境恶化、大气污染严重，又处于地震活跃地带等原因，该国于20世纪90年代将首都搬迁至该国地理中心的阿斯塔纳。这些举措在一定程度上改变了该国的人口分布格局。

人口的分布就是自然基础和社会经济因素共同作用决定的。虽然随着技术的进步和人们改造自然的能力提高，人们改变人口分布的能力也越来越强，但改善人口分布的努力必须建立在敬畏自然、尊重自然的基础之上。以中国为例，新中国成立后，在计划经济时代通过有计划的人口迁移，西北和东北一些地方进行了大规模的垦殖和开发，这些活动在一定时期和局部取得了明显的经济效果，局部改变了人口分布，但长期和综合地看，其经济效益、社会效益、生态效益未必达到了最初的预期，很多地方出现了生态环境的退化、资源枯竭等现象，导致人口的分布也出现了反复。这些试图通过人为因素改变人口分布的事例的经验和教训值得吸取。

3.4 人口质量与经济发展

在认识人口经济关系的过程中，与人口结构一样，人口质量问题一开始也并非是人们关注的重点。20世纪中期美国经济学家对人力资本在经济增长中的作用的开拓性研究，奠定了人口质量研究在人口经济学的不可或缺的地位。随着工业经济时代和服务经济时代劳动者个人生产技能和知识在价值生产和创造中的重要性日益突出，人们对知识在经济发展和社会生活中所处的核心地位的认识不断加深，对人口问题的关注焦点也由传统的人口数量方面越来越多地聚焦到人口质量方面。越来越多的人认识到，未来经济发展的最重要驱动力，来自劳动者的质量，甚至人类可持续发展的前景，也取决于人口质量。

3.4.1 人口质量及其衡量

一般来说，我们可以把人口质量理解为与人口数量相对应的、反映人口质的规定性的特征的总和。

对人口质量的概念，还存在一些不同的理解。主要的分歧体现在对人口质量与人口素质是否同义、人口质量的内涵和外延究竟有哪些方面等。在多数情况下，人们将人口质量与人口素质等同使用，许多学者认为二者其实并无区别，具体的使用依具体语境而定。有的学者则认为二者存在一定差别，人口质量是与数量相对应的概念，含义更广泛，人口素质则表现为人口在某些方面的特征或标志，它们总称为人口质量。在人口质量的内涵上，一些学者比较抽象地从与数量相对应的角度理解人口质量，而另外一些学者则从人口的结构和功能角度理解人口的质量，更有学者从区分“人”与“人口”两个不同概念的角度，认为不应该把“人的素质”和“人口素质”混为一谈；在人口质量的外延方面，主要分歧表现为人口质量的“两要素”和“三要素”之争。“两要素”论者认为，人口质量是由可以量化、测度从而可以比较的人口身体方面和文化科技方面的素质构成的，它不应该包含难以界定、无法测度和比较的其他方面的因素，如思想道德素质。而“三要素”论者则坚持认为，除了身体和文化科技方面的因素外，人口质量还应该包含反映人口的思想道德方面的因素，否则，人口质量就是不完全的。在“三要素”论者之中，对于三个要素的表达也有不同意见，传统的提法是身体素质、科学文化素质和思想道德素质，有的学者主张用身体素质、智力素质和非智力素质（或心理素质）来取而代之。

在实际的人口质量研究活动中，多数情形下人们还主要是从反映人口身体状况的若干健康指标和反映人口的科技文化水平的若干指标，来构建人口质量的测度工具。曾经有学者试图按照人口质量“三要素”论的框架，把人口的思想、观念、道德等因素进行量化，综合出人口的思想观念素质的量化数据，再与人口的身体素质和文化科技素质一起综合出人口质量的测度值。这种思路虽然有一定启发意义，但由于思想道德素质到底包括哪些因素，这些因素用哪些指标来测度较为合适，不同指标如何赋值等问题，都属于主观性极强的内容，难以进行客观的衡量。因此，这种研究没有得到广泛的认同和响应。

虽然人口质量中身体素质和文化科技素质都具有客观的可计量特点，但人们更加关注的，仍然是文化科技素质，这与现代经济生活中技能和知识的重要性不断增长有分不开的关系。正因为如此，发轫于人力资本理论的人口质量经济学研究，在人口的文化教育因素与经济增长之间建立了连接，将教育与经济增长的研究引向了深入。相形之下，人口的身体素质的计量，特别是其与经济增长之间的关系，并没有突破性的进展。因此，整体而言，尽管人们对人口质量的理解是多元的，但现实的实证研究其实把重心放在人口的文化素质之上，特别是放在由于教育而产生的社会经济效果之上。对人口质量的测度和研究，既有包含身体健康素质和文化科技素质在内的综合性方法，也有对人口文化教育素质的深入计量和分析。

在人口质量的测度方面比较流行和有代表性的工具有 PQLI 指数、HDI 指数和 ASHA 指数，下面分别对其作出简单介绍。

1. PQLI 指数

PQLI 指数由 15 岁及以上人口识字率、婴儿死亡率及 1 岁人口预期寿命 3 个指标通过计算平均值得出。

设 XLI 为某国识字率指数，XL 为某国 15 岁及以上人口识字率，则有：

$$\text{XLI} = \text{XL}$$

设 XMI 为某国婴儿死亡率指数，XM 为某国每千人活产婴儿死亡人数，MaxM 为婴儿死亡率最高的国家每千人活产婴儿的死亡人数，MinM 为婴儿死亡率最低的国家每千人活产婴儿死亡人数，则有：

$$\text{XMI} = \frac{100(\text{MaxM} - \text{XM})}{\text{MaxM} - \text{MinM}}$$

设 XYI 为某国预期寿命指数，XY 为某国预期寿命，MaxY 为世界上最高的预期寿命，MinY 为世界上最低的预期寿命，则有：

$$\text{XMI} = \frac{100(\text{XY} - \text{MinY})}{\text{MaxY} - \text{MinY}}$$

PQLI 指数为上述三项指数之和的平均值，即：

$$\text{PQLI} = \frac{\text{XLI} + \text{XMI} + \text{XYI}}{3}$$

PQLI 指数计算方法简单，指标数据较易获得，计算结果与人们对不同国家和地区人口质量和发展水平的一般感觉也较为吻合，因此得到广泛传播和应用。不过，也有人对 PQLI 指数提出批评，主要理由有：第一，PQLI 指数在比较富国和穷国的人口质量时，比较有效，但一旦富国 PQLI 指数达到很高水平时，其灵敏度就不够，对这些国家人口质量的测度就受到局限；第二，PQLI 指数所选取的三个指标中，有两个指标，即人口预期寿命和婴儿死亡率，是人口健康素质方面的指标，只有一个指标，即 15 岁及以上人口的识字率，是文化教育方面的，而且形成综合指数时，按照简单算数平均数的方式进行计算，实际上是加大了人口身体健康方面的权重，这值得商榷；第三，在知识经济时代，人口的文化科技素质用 15 岁以上人口的识字率来代表，已经有些不合时宜。

基于以上考虑，有学者尝试对 PQLI 指数进行某种程度的改良，如用 0 岁时的人口预期寿命替代婴儿死亡率和 1 岁人口的预期寿命；用 25 岁受过中等教育以上人口的比重替代识字率等。总体来说，尽管 PQLI 指数存在一些不尽人意的地方，但它提供了一个广为人们知晓和应用的工具，结合研究的具体对象，对其进行改良和完善，可以为我们进行人口质量的测度和横向比较提供方便。

2. HDI 指数

HDI 指数全称为人类发展指数（Human Development Index），是联合国开发计划署 20 世纪 90 年代在其年度人类发展报告中提出的，计算方法随后进行了逐步调整和完善。HDI 指数由预期寿命指数、教育指数和调整后的人均 GDP 指数计算得出，旨在提供一个衡量世界各国或地区人类发展程度的参考性指标。由于 HDI 指数中包含人口身体健康和文化教育方面的指标，它也经常被人们用来作为人口质量的测度指数。

设 XLI 为某国预期寿命指数，XL 为某国预期寿命，MaxL 为世界上最高预期寿命，

MinL 为世界上最低的预期寿命，则有：

$$\text{XLI}=\frac{\text{MaxL}-\text{XL}}{\text{MaxL}-\text{MinL}}$$

设 XEI 为某国教育指数(教育由识字率和平均受教育年限组成，赋予识字率的权重为 2/3、平均受教育年限的权重为 1/3)，XE 为某国教育程度，又设最高教育程度国家为 MaxE，最低教育程度国家为 MinE，则有：

$$\text{XLI}=\frac{\text{MaxE}-\text{XE}}{\text{MaxE}-\text{MinE}}$$

设 9 个发达国家贫困线人均 GDP 为 Y^*，如果按国际购买力平价计算的人均 GDP≤Y^*，则不存在收入边际效用递减，即 $Y=W(Y)$。高于 Y^* 的收入部分，按下式处理：

$$W(Y)=Y^*+2(Y-Y^*)^{\frac{1}{2}} \qquad Y^*\leqslant Y\leqslant 2Y^*$$

$$=Y^*+2(Y-Y^*)^{\frac{1}{2}}+3(Y-2Y^*)^{\frac{1}{3}} \qquad 2Y^*\leqslant Y\leqslant 3Y^*$$

$$=Y^*+2(Y-Y^*)^{\frac{1}{2}}+3(Y-2Y^*)^{\frac{1}{3}}+4(Y-3Y^*)^{\frac{1}{4}} \qquad 3Y^*\leqslant Y\leqslant 4Y^*$$

依此类推。

式中，Y=某国按国际购买力平价计算的人均 GDP；Y^*=9 个发达国家贫困线人均 GDP 平均值；$W(Y)$=经收入边际效用递减处理后的某国的人均 GDP。

设递减调整后最高人均 GDP 为 Max$W(Y)$，最低人均 GDP 为 Min$Y$(因低于 Y^*，故无调整)，则有：

$$\text{X}W(Y)=\frac{\text{Max}W(Y)-\text{X}W(Y)}{\text{Max}W(Y)-\text{Min}Y}$$

最后，HDI 指数经过如下公式得出：

$$\text{HDI}=1-\frac{\text{XLI}+\text{XEI}+\text{X}W(Y)}{3}$$

通常按照 HDI 指数的实际计算结果将不同国家和地区分为四类：HDI 值小于 0.550 属于低人类发展水平，HDI 值介于 0.550 和 0.699 之间属于中等人类发展水平，HDI 值介于 0.700 和 0.799 之间属于高人类发展水平，HDI 值大于等于 0.800 被称为极高人类发展水平。

HDI 指数计算，继承了 PQLI 指数的一些重要思路，在人口文化教育素质方面还增加了平均受教育年限的指标，弥补了 PQLI 指数中科技文化方面指标的不足。它经过联合国的年度《人类发展报告》公之于众之后，成为人们普遍关注和引用的、具有一定权威性的衡量一个国家或地区发展水平的工具，也广泛地被人们借用来衡量人口质量。但 HDI 指数在人均 GDP 处理上受到一些学者的批评。主要的批评意见是：一方面，按照购买力平价对不同国家和地区人均 GDP 进行测算，本身就是一个十分复杂而争论较多的课题，一般来说存在着高估发展中国家人均 GDP 的倾向；另一方面，把几个发达国家的贫困线作为计算 HDI 指数人均 GDP 的标准，对高出该标准的 GDP 进行调减，并无令人信服的说服力。

3. ASHA 指数

ASHA 指数是由美国社会健康学会(American Social Health Association)提出的一个指数。其计算公式是：

$$\text{ASHA}=\frac{\text{就业率}\times\text{识字率}\times\text{预期寿命分值}\times\text{人均 GDP 增长率}}{\text{人口出生率}\times\text{婴儿死亡率}}$$

公式中除了预期寿命分值外,各项指标值均为实际的数值。预期寿命分值以实际值除以 70 得出。ASHA 在设计以其命名的指数时,提出了一个所谓的 ASHA 理想指标状态,并认为当就业率达 85%,识字率达 850‰,人口出生率为 25‰,婴儿死亡率为 50‰,预期寿命达到 70 岁时的指数达到理想状态,此时 ASHA 指数值为 20.23。

3.4.2 人口质量与经济社会的可持续发展

人口质量在实现经济社会可持续发展过程中的作用是十分重要的。人口质量既在很大程度上对人口再生产模式发生作用,也对现代经济发展模式起决定性影响。人类发展至今的历史已经表明,未来能否实现经济社会可持续发展,关键在于提高人口整体质量,更多依靠人类的知识而不是依赖有限的资源。在实现经济社会可持续发展的过程中,无论怎么强调人口的质量都不过分。本小节从人口质量影响人口再生产和经济发展的角度介绍人口质量在经济社会可持续发展中的作用。

1. 人口质量与人口再生产

人口质量在人口再生产中的作用是多方面的,比如,人口质量可以影响微观家庭对家庭规模的决策,从而影响宏观人口的数量。又如,人口质量可以影响人口的迁移流动,从而影响人口的结构。这里集中介绍人口质量与数量之间的关系。

人口数量的持续膨胀对人类实现可持续发展带来的巨大压力已经广为人知,人口质量对可持续发展的影响,首先可以从人口质量与人口数量之间的互动关系上得到说明。

从微观角度而言,人口质量与人口数量的关系可以从家庭生育决策过程中对孩子的数量与质量的选择上得到解释。微观人口经济学对人们的生育行为进行的大量实证研究证明,对家庭而言,孩子的质量和数量之间存在着替代关系,较高质量的孩子可以比较充分地满足家庭的效用,父母不必通过增加生育孩子的数量达到相同的目的。遍观世界各国,一个十分普遍的共同现象就是随着发展程度的提高,人口质量上升,生育水平下降。虽然由于各地情况千差万别,我们还难以求出一个明确的数量界限,说明在经济水平达到什么程度、人口质量提高到什么水平时人们的生育行为和生育观念发生质的改变,虽然我们也难以定量地分析是人口质量的提高促成生育水平的下降,还是生育水平的下降促进了人口质量的提高,但众多的研究已经证明人口质量提高和生育水平下降之间至少是互为变量的、高度相关的关系。

人口质量的提高为什么有助于人口数量的控制呢？从生育率决定的因素来看,至少有如下原因。

第一,在家庭收入一定的前提下,提高家庭人口的质量,意味着对家庭成员的娱乐、教育、健康等享受和发展方面的投入增加。孩子质量的影子价格上升的结果,就必然是在总预算一定条件下控制孩子数量。

第二,人口质量的提高,可以减少由于人口质量低下的原因而出于保险目的的多生多育现象。一方面,高素质的孩子可以完全承担家庭经济风险和保险效用,父母不必通过孩子的数量优势达到相同目的;另一方面,人口质量提高也意味着子女成长过程之中由于疾病等健康原因夭折的风险大大降低，父母不必为了得到数量上的保险而作储备性的生育。

第三，高质量的人口（特别是女性）的生活方式和参与经济活动的生产经营方式有其明显特征，他们追求生活质量，享受生活乐趣，同时为抚养孩子付出的机会成本也相对较高，因此倾向于少生优育。

从宏观的角度而言，人口质量与人口数量之间的关系也是显而易见的。国民收入一定的条件下，对较大规模人口的基本教育、健康方面的需求满足程度就难以达到较高水准，从而难以保证人口质量的持续提高。

在人口质量与人口数量关系问题上，一个曾经引起人们关注和讨论的问题，就是不同质量人群生育差异而导致的所谓“人口素质逆淘汰”问题。

对“人口素质逆淘汰”，人们并没有给出一个正式而严格的定义。多数人理解的其基本含义是：在特定的人口总体中，由于高质量人口的生育率较低而低质量人口生育率较高，造成总人口中高质量人口比例不断缩小而低质量人口比重不断上升，从而形成的一种人口质量“劣胜优汰”的非正常现象。高质量人口的生育率较低而低质量人口生育率较高，这是不同国家和地区人口再生产过程中普遍存在的一种现象，特别是是在那些希望降低生育水平的国家和地区，控制人口的相关政策的实施效用往往对质量较高人群更加明显，这样就更加凸显了不同质量层次人口生育的差异，更加引起人们对人口质量发展趋势的担忧。

对于“人口素质逆淘汰”现象，人们存在着不同的解读，也持有不同的观点。大致来说有三种观点。

第一种观点认为，“人口素质逆淘汰”现象是客观存在的，必须加以正视。有学者认为，“人口素质逆淘汰”现象包括“总体人口的素质逆淘汰”和“身体遗传素质逆淘汰”两种。前者是由于不同生存和发展环境、不同文化群体的人口生育率差异而产生的高素质人口比重下降和低素质人口比重上升。如农村女性生育率高而城镇女性生育率低，长期发展下去，必然会降低整个人口的质量；后者是由于一些存在遗传性生理缺陷的人口，为了求得健康的子女，不得不生养更多的子女以增加实现目的的机会，其结果是扩大了总人口中身体健康素质低下者的绝对数量和相对比重。

第二种观点认为，所谓“人口素质逆淘汰”不过是一场虚惊。从局部和微观角度来看，人口素质低下者多生多育的现象是存在的，但整体而言，“人口素质逆淘汰”的命题是不成立的。降低生育水平本身就有抑制“人口素质逆淘汰”的功能。

第三种观点认为，从不同质量人口在总人口中的比例变化来看，确实存在着人口素质“正淘汰”（优胜劣汰）和“逆淘汰”（劣胜优汰）两种现象。“逆淘汰”现象在一定程度和一定范围内确实是存在的。但这种差异并不是生育率的差异造成的。人口发展及其素质的变化就是“正淘汰”和“逆淘汰”两种机制共同作用的结果。历史地看，“正淘汰”是人口质量发展的主流，“逆淘汰”现象不足为虑。开放的人口系统，特别是人口流动和迁移，对人口素质的持续提高是极其重要的。

应该说，以上三种观点都有其可取之处，都建立在对一定社会现象的观察及思考分析基础之上，不同的只是从动态和静态、局部和整体关注的角度不一和强调的重点不一。

对“人口素质逆淘汰”问题，我们应该明确以下几点。

第一，对缘于不同质量人口的出生率差异而必定造成不同质量人口比例变化差异的结论应该慎重对待，切忌用静态和固化的观点看待人口素质的形成。有较高出生率的是“上一代”人口，而较高出生率所代表的“下一代”人口的质量并不一定就低，无论从遗传学的角度还是人口素质受后天影响的角度看都是如此。简单地说农村人口质量低于城镇人口质量并不准确，何况这些“下一代”人口并不一定就是“低质量的农村人口”。

第二，即使存在低素质农村人口出生率较高、高素质城镇人口出生率较低的现象，也不应该轻易否定人口控制对提高全体人口质量的意义。应该历史地看到，即使在农村地区，人们的生育水平大幅下降之后，也为人口质量的提高创造了较好条件。与城镇人口相比，农村人口质量整体固然较低，但人口控制带来的农村人口质量全面提高却是不争的事实。绝不能因为存在个别低质量人口多生现象就认为人口控制造成整体人口质量的下降。

第三，人口质量的高低从来就是相对而言的，提高人口质量的关键在于促进社会的全面进步和发展，而不是让高质量人口多生多育。相对而言，通过发展经济，改善贫困地区人口医疗卫生条件，普及国民基础教育等举措来提高人口质量，比让质量较高人口多生育孩子以提高人口质量的办法要有效得多，也可靠得多。

2. 人口质量与经济发展

人口质量的提高对实现可持续发展的贡献，不仅在于它可以有助于形成健康合理的人口再生产模式，缓解实现可持续发展的人口数量压力，更为重要的是，人口质量在经济增长和社会发展的重要性越来越突出。知识经济时代，已经为我们展示了这样一种发展前景：随着人口质量的提高，人们可以主要通过对自身知识技能的集约运用，不断满足日益增长的需求，以知识为核心的生产和生活方式可以建立在资源和环境的可持续利用基础之上。从这个意义上讲，人口质量在实现可持续发展的过程中处于一个关键性的地位，正如舒尔茨所说的，人口质量在很大程度上决定人类未来的前景。

传统的经济增长理论，把经济增长的动力归于劳动力、资本等生产要素的量的增加。而20世纪第二次世界大战之后，针对不同国家在经济发展上的表现，一些经济学家开始意识到经济增长中劳动力质量的重要性。人力资源要素，特别是劳动力资源的质量，被一些经济学家认为是经济增长的最重要源泉。20世纪50年代，舒尔茨在一系列对美国农业经济的研究中发现，传统经济学把经济增长的原因归于土地、劳动力和资本的增加，这已经不能够解释当时的实际情况了。他认为，美国农业产量的增加和农业劳动生产率的提高已经不是由于传统的生产要素的增加，而是劳动者技术和能力水平的提高。劳动者技术和能力水平的提高，实际上是对人投资的结果，即人口质量的提高带来经济的增长。于是在20世纪50年代末和60年代初，他以及贝克尔等经济学家提出了“人力资本”的概念，并对人力资本的内涵、其形成的途径和在国民经济增长中的贡献等问题进行了系统研究。

人力资本，是指通过投资于教育、培训和健康等方面而形成于劳动者身上的“非物质资本”。人力资本概念的提出，实际上把劳动者的角色一分为二了。传统的经济学在分析经济活动时，仅仅看到的是劳动者本身，即劳动者的数量。对经济增长的要素分析，也仅仅局限于劳动者数量的多少及其与其他生产要素的匹配。虽然也有经济学家提出了复杂劳动是倍乘的简单劳动的观点,但并没有明确把劳动者质量单独作为与劳动者数量等量齐观的、对经济增长具有同等意义的要素。

舒尔茨、贝克尔等人从家庭经济分析的角度认为,提高孩子质量方面的投入,实际上是一种投资。微观上讲,对家庭而言,可以得到孩子的更大效用,宏观上讲,对国家经济增长增加了新的最重要因素。另外一位著名经济学家明瑟则聚焦于不同受教育层次的劳动者的收入差别,用劳动者收入与其接受的教育和培训之间的函数关系论证人力资本投资的重要性。

20 世纪 80 年代以后出现的新经济增长理论,认为人口质量提高带来的技术进步是经济持续增长的决定性内生变量,把人口质量与经济增长的研究又推进到一个新的高度。新古典增长理论一般只考虑两个生产要素——资本和劳动,把技术进步当成外生的变量。新经济增长理论则在传统的增长理论中,加进了人口质量因素,即以受教育年限衡量的人力资本和以专利来衡量的创新思想,从而把人口质量的因素纳入经济增长的内生因素予以研究。其中有代表性的是罗默提出的"收益递增增长模式"和卢卡斯提出的人力资本外在性与经济增长的理论。

罗默在其收益递增经济增长理论中认为,生产性投入的专业化知识的积累是经济长期增长的决定性因素。由于知识是公共品,或者由于私人投资获得的生产性知识只能获得部分专利和保密,每一个厂商创造的新知识对其他生产性厂商都具有正的外部性,这样一来,新知识的出现会让整个社会得益,因而知识有递增的边际生产力,而且可以带动其他生产要素也获得递增的收益,从而保证经济的长期增长。为什么知识外溢会带来收益递增呢?因为对于知识的投入者来说,生产性知识的第一个投入单位是付出了成本的,而且往往这个成本还很大,但是,知识的外溢使得使用这些知识的其他单位的成本很小,甚至为零,从而会使得生产规模扩大后的收益以更高比例增加。正是由于知识有不同于其他普通商品的溢出效应,任何厂商的知识都会对全社会生产率的提高起积极推动作用。由于知识具有外溢性,使得私人投资于生产性知识所得到的私人收益会低于社会收益,如果政府不加以干预,缺乏知识投入的积极性会使得整个社会对知识的投入不足,从而使分散经济的竞争性均衡增长率低于社会最优增长率。因此,罗默主张政府向知识性产品的生产者提供补贴,以提高私人厂商投资生产知识的激励,进而提高经济增长和社会福利水平。

卢卡斯借鉴了舒尔茨和贝克尔等人的人力资本概念,他认为,人力资本不仅指个人体内所拥有的知识、技能,还包括了独立于个人之外的知识技术。他区分了人力资本的两种效应,即认为人力资本不仅具有内部效应,也具有外部效应。人力资本的内部效应是指个人可以从其拥有的知识得到收益。人力资本外部效应即其正外部性,是指个人拥有的人力资本会从一个人扩散至另外的人,从旧产品传递到新产品,从家庭旧成员传递到新成员,从而有助于提高整个社会所有生产要素的生产率,产生递增的社会生产率。正是由于人力资本外部性产生的收益递增,使得人力资本成为经济增长的发动机。

知识外溢和人力资本外在性理论还可以解释经济发展过程中的智力倒流现象。按照传统经济学理论,生产要素越稀缺,其边际生产率会越高,收益率也越高。在不发达地区，人口质量较低，人才稀缺，应该对高素质人才有吸引力。可是现实情况是，发达国家和地区不仅大量吸引了欠发达国家和地区的资本，也造成了欠发达国家和地区人才的外流，这种现象被称为"脑流失"现象。知识外溢和人力资本外部性带来的收益递增理论则认为，由于发达国家和地区知识存量较多，导致在这些地区投资的收益率也较高，一定技能的工人生产率也较高，从而其工资率也较高，在劳动力自由流动的条件下，他们就会从低收入的不发达地区流向较高收入的发达地区。

3. 人口质量投资

人口质量在经济增长和社会发展中是如此之重要，因此提高人口质量已经成为促进经济发展和增进社会福利的重要手段。正如人力资本理论开拓者舒尔茨就曾经强调过，增进穷人福利的决定性生产要素不是空间、能源和耕地，而是人口质量。

按照人力资本理论，提高人口质量的方法可以分为五大类十四种具体途径。

第一大类是进行知识的研究和发展，包括两个具体方面：一是导致知识积累增加的发明创造活动，二是知识的传播和应用方面的创新。

第二大类是教育方面，包括三个方面：一是由父母进行的作为家庭代际教育的非正式教育，二是由各级教育机构进行的正规教育，三是对劳动年龄人口进行的成人教育。

第三大类是培训方面，包括两个方面：一是在职培训，主要是企业组织的职业技能的学习，二是由家庭传递的技术和知识。

第四大类是健康方面，包括四个方面：一是由政府提供公共卫生服务，二是由劳动者所在企业提供的医疗保健服务，三是在日常消费中保持平衡的营养，四是改善对人类健康状况有利的其他各种条件。

第五大类是迁移和流动，包括三个方面：一是国内迁移流动，二是国际迁移流动，三是为产生高生产效率的迁移和流动提供各种信息服务。

应该注意的是，对于不发达国家和地区而言，对人口质量的提高具有特别意义的几点如下。

第一，健全的公共医疗卫生保障体系对保障人口质量具有特别意义。由于不发达地区经济发展水平较落后、医疗卫生体系不完善、人们严重缺乏基本的医疗卫生知识而且医疗保健消费能力较低，这些地方的传染性疾病、各类常见疾病的发病率较高。对这类地区，实际上用较少的医疗卫生投入就可以取得明显的社会效果。建立覆盖面广的基本医疗卫生保障体系，是不发达地区提高人口质量立竿见影的手段之一。以中国为例，按照经济发展水平和其他条件，中国在世界上的排位还比较靠后，但由于在新中国成立之后建立了全民医疗卫生体系，特别是在广大农村地区通过合作医疗网络的建设，过去流传甚广、危害极大的传染病被消灭或得到有效控制，从而大大提高了人口预期寿命并降低了女性、婴幼儿的发病率和死亡率。这是为什么中国的人口质量 PQLI 指数在世界上排位大大超前于中国经济发展水平的一个重要原因。这也提醒我们，中国农村改革开放后，一些地方在市场化的改革过程中，削弱了基层的医疗卫生体系，这十分不利于人口质量的继续提高，值得警惕。

第二，面向市场的、充分发挥受教育者个人和家庭积极性的教育投入机制是提高人口素质的核心。教育是提高人口质量的核心内容。如果说人口的健康素质由于人类生物性的特点有一个自然而客观的起点和平台，那么人口的文化科技素质则完全依靠后天的培养而获得。对于不发达国家和地区而言，制定适宜的公共教育发展战略，提高国民文化素质具有特别重要的意义。具体来说，这种公共教育发展战略应该体现几个基本特点：一是尽可能地构建覆盖全民的基础教育网络，把公共教育投资的重点放在基础教育上，多项研究表明，在大多数不发达国家和地区，基础教育的社会收益率远远高于学历教育和高等教育，为了提高教育投资的使用效率，作为国家公共教育投入的主要方向是普及全民教育，而不是成本较高、收益率较低的高等教育；二是教育的体制和教学的内容应该以市场为导向，贴近经济发展和社会需求，这样才能高效率地使用教育投资，也才能刺激私人投资教育的积极性；三是应该构建多元的教育投入体制，动员家庭、企业和社会力量共同提高人口素质，应该明确，提高人口质量的教育，特别是非基础教育，绝不是只应该由政府提供的公共品，只有走产业化、市场化的道路才能建立起高效而良性运转的教育体系。

第三，建立有利于人口迁移和流动的社会政策导向机制。人口的迁移和流动，对人口质量的提高有极大的促进作用。特别是在信息和知识成为经济发展核心要素的时代，人口的流动和迁移，可以让劳动者在不停的运动过程中充分利用知识的外溢性，获取和充实自己的劳动技能，实现“干中学”，不断积累自己的人力资本。因此，应该尽量废除不利于人口流动和迁移的户籍管理、就业歧视等一系列经济政策和社会制度，营造宽松的、让劳动力按照市场原则自由流动、在流动中不断增长知识的社会环境。

本章小结

人口对经济发展的影响是通过其数量、结构、质量等不同具体侧面的若干变量加以传导的。在发展的早期阶段，人口数量因素的作用比较显著，随着人口再生产和经济发展阶段的变化，人口结构和人口质量的重要性日渐显著和重要。

思考题

1. 影响生育水平变化的经济社会因素有哪些？
2. 家庭经济活动的内容与形式对生育水平有何影响？
3. 为什么说女性社会经济活动的参与程度和地位对生育水平会产生影响？
4. 谈谈老年人口的养老方式与生育水平之间的可能关系。
5. 人口的迁移流动对生育水平有什么影响？
6. 孩子对家庭有哪些积极的价值和消极的价值？
7. 简述孩子的成本与效用。
8. 如何看待生育水平与经济发展水平变化之间的关系？
9. 家庭生育中孩子数量与质量之间存在什么关系？
10. 谈谈你对第三次人口革命的理解。
11. 你是如何认识适度人口这一概念的？

12. 人口年龄结构是如何影响经济发展的？
13. 如何理解“人口红利”？
14. 可以从哪些方面着手应对人口老龄化的经济影响？
15. 简述泽林斯基的人口转变和人口流动阶段论要点。
16. 为什么说人口迁移和流动是经济发展的推进器和加速器？
17. 发达型和发展型的人口迁移和流动各有何特点？
18. 怎样理解中国当代人口流动与历史上的人口流动有本质的不同？
19. 如何理解城市化的内涵？
20. 谈谈你对“逆城市化”的理解。
21. 如何看待“城市病”和“农村病”？
22. 你是如何看待中国出现的出生人口性别比失衡现象的？
23. 如何理解“人口质量”？
24. 评价一下 PQLI 指数。
25. 评价一下 HDI 指数。
26. 对“人口素质逆淘汰”问题你怎么看？
27. 提高人口质量的途径有哪些？

第4章　可持续发展的人口政策

学习目标

- 了解当代世界人口发展现状与趋势
- 认识中国的人口发展与问题
- 思考世界特别是中国面向可持续发展的人口政策

如前面两章所述，可持续发展问题因人口而引起，实现可持续发展的关键因素之一也在人口。本章以世界和中国人口再生产的现实为参照，对照可持续发展对人口的要求，探讨面向可持续发展的人口政策。

4.1　世界人口发展现状与趋势

自20世纪80年代以来，可持续发展观念日渐深入人心，可持续发展已经为人们普遍接受并用于指导社会经济实践活动的理念。在人口经济关系的认识上，人们已经获得了一个基本共识，那就是人口再生产应该适应可持续发展的要求，人口因素应该成为推动实现可持续发展的积极力量。人口再生产适应可持续发展的要求，就应该做到人口的数量维持一个合理的规模，在不断地提高自身发展水平中保持与资源和环境有一个宽松而和谐的关系。要实现这种和谐相处，不仅要求人口规模适度，还要做到结构合理，更多通过人力资源的开发和利用而不是简单依赖资源和环境来实现发展水平的持续提高。

与可持续发展的要求相对应，世界人口的发展正处于第三次人口革命的过程之中。从目前掌握的资料和发展趋势判断，第三次人口革命可以认为自20世纪中后期即已经开始，将持续到21世纪末期左右，延续的时间大约150年。其主要标志为经过战后恢复和发展，主要资本主义国家从高度工业化转向经济服务化，人口再生产模式率先进入一个新常态。到21世纪末或者22世纪初，各个国家和地区虽然由于发展水平和社会背景不一导致人口再生产的某些方面仍然有一定差异，但却有着共同的收敛于适应可持续发展的人口再生产模式的特征，这就是人口增长趋于稳定，结构趋于合理，质量得到不断提高。从世界人口发展的现状来看，无论是数量变化、结构演进还是质量的发展均体现了这一趋势。

4.1.1　世界人口的数量发展趋势

20世纪中期以来的世界人口数量变化体现了两大特色，其一是人口从快速增长转变为中低速增长，并且呈现出趋于收敛、转向稳定的迹象。

从世界人口变动的轨迹来看，人口增长的势能逐步回落，已经由20世纪中期的高速增长转变为目前的中低速增长，而且极低的增长乃至收缩的前景已经端倪渐显。具体说来，50年前世界人口年增长率超过20‰，目前已经下降至略微超过10‰。虽然低收入国家人口自然增长仍然处于比较高的水平，但其占世界总人口的比例只有8.69%，占世界人口72.20%的中等收入国家在过去50年里人口自然增长速度下降了一半还多，占世界人口19.07%的高收入国家的人口自然增长水平不及50年前的1/3(表4-1)。按照人口生育的一般规律，进入中高收入水平之后，生育水平会进入一个快速下降通道，因此可以预期，占世界人口最大比例的中等收入国家人口增长速度进一步降低，导致世界人口增长速度进一步触底。

表4-1　最近50年以来世界人口自然增长　(‰)

	1965—1970年	1970—1975年	1975—1980年	1980—1985年	1985—1990年	1990—1995年	1995—2000年	2000—2005年	2005—2010年	2010—2015年
世界	20.56	19.57	17.80	17.77	17.99	15.41	13.20	12.43	12.20	11.76
高收入国家	9.20	7.95	6.81	6.41	5.87	4.43	3.22	2.81	3.22	2.80
中等收入国家	25.08	23.69	21.29	20.92	21.09	17.74	14.80	13.65	12.99	12.36
低收入国家	24.88	25.96	25.34	27.91	28.43	27.55	27.64	27.58	27.84	27.26

资料来源：United Nations, Department of Economic and Social Affairs, Population Division. *World Population Prospects*: *The 2015 Revision*. DVD Edition.

从女性总和生育率考察世界人口的再生产模式变化，比人口自然增长率这个指标更具有说服力。表4-2的数据显示，最近50年来，世界女性总和生育率已经从接近于5的水平下降至2.5，几乎下降了一半。从不同类型国家来看，早在20世纪70年代，高收入国家人口出生水平已经低于更替水平，中等发达国家的女性总和生育率从5.88下降至2.42，下降幅度超过一半，目前快接近更替生育率水平，只是低收入国家，女性总和生育率虽然有所下降，但幅度不大，至今仍然在相对高位运行。深入观察几个主要国家的女性总和生育率，可以发现，除了两个人口大国外，发达国家的生育水平均在40年前就低于更替水平。这些国家是外来移民的涌入的主要对象，部分国家出现的人口负增长趋势其实在两代人前的时期就已经定下基调。

表4-2　最近50年世界及主要国家女性总和生育率变化　(‰)

	1965—1970年	1970—1975年	1975—1980年	1980—1985年	1985—1990年	1990—1995年	1995—2000年	2000—2005年	2005—2010年	2010—2015年
世界	4.92	4.48	3.87	3.59	3.45	3.04	2.74	2.62	2.56	2.51
高收入国家	2.60	2.34	2.07	1.98	1.91	1.80	1.71	1.69	1.76	1.75
中等收入国家	5.88	5.24	4.39	3.96	3.72	3.16	2.75	2.59	2.48	2.42
低收入国家	6.56	6.57	6.47	6.53	6.44	6.23	6.00	5.67	5.31	4.89
中国	6.30	4.85	3.01	2.52	2.75	2.00	1.48	1.50	1.53	1.55
日本	2.02	2.13	1.83	1.75	1.66	1.48	1.37	1.30	1.34	1.40
印度	5.72	5.41	4.97	4.68	4.27	3.83	3.48	3.14	2.80	2.48
美国	2.58	2.02	1.77	1.80	1.91	2.03	2.00	2.04	2.06	1.89

（续表）

	1965—1970 年	1970—1975 年	1975—1980 年	1980—1985 年	1985—1990 年	1990—1995 年	1995—2000 年	2000—2005 年	2005—2010 年	2010—2015 年
法国	2.64	2.30	1.86	1.87	1.81	1.71	1.76	1.88	1.97	2.00
德国	2.36	1.71	1.51	1.46	1.43	1.30	1.35	1.35	1.36	1.39
英国	2.57	2.01	1.73	1.78	1.84	1.78	1.74	1.66	1.88	1.92
俄罗斯	2.02	2.03	1.94	2.04	2.12	1.55	1.25	1.30	1.44	1.66

资料来源：United Nations，Department of Economic and Social Affairs，Population Division. *World Population Prospects*：*The 2015 Revision*. DVD Edition.

生育水平和人口增长率的变化最终将反映到世界人口的绝对数量上来。从世界人口数量变化的绝对水平来看，第二次世界大战后的补偿性生育和战后经济社会环境造成了人口数量的迅速增加。在 20 世纪 60 年代后期，世界人口每年增加 7 000 万以上，到 20 世纪 80 年代中后期，形成了年度新增人口的高峰，每年新增人口超过 9 000 万。最近二十余年，年度新增人口在 8 000 万左右徘徊。考虑到人口再生产的波浪形周期，可以预期未来年度新增人口会出现一个持续下降的趋势。

至于未来世界人口数量发展的趋势，联合国给出了高、中、低三种预测方案。采用较高增长参数的高方案显示，到 2100 年世界人口将突破 165 亿，比现有人口多出一倍有余。以较为折中的中等增长参数为基础的方案则显示，2100 年世界人口规模为 112 亿，较目前人口规模增加 50%。这一方案显示，到 21 世纪末，年度增加人口只有 1 500 万人左右，相对于届时的人口规模，自然增长率是一个极低水平。如果采用较低的人口增长参数，则可以预期，世界人口总数在 21 世纪 50 年代左右达到顶峰，规模不超过 90 亿，此后可能出现一个缓慢下降过程，到 21 世纪末，回归到世纪之初的水平（表 4-3）。

表 4-3　21 世纪世界人口数量发展趋势　（亿人）

	2020 年	2030 年	2040 年	2050 年	2060 年	2070 年	2080 年	2090 年	2100 年
中方案	77.58	85.01	91.57	97.25	101.84	105.48	108.37	110.55	112.13
高方案	78.28	88.22	97.89	108.01	118.59	129.37	140.83	153.06	165.77
低方案	76.89	81.80	85.32	87.10	86.86	85.08	82.00	77.81	72.94

资料来源：United Nations，Department of Economic and Social Affairs，Population Division. *World Population Prospects*：*The 2015 Revision*. DVD Edition.

三种方案显示的世界人口发展态势到底哪一种更有可能出现？这取决于一系列复杂的影响因素。从 20 世纪 70 年代以来，不少机构和学者对世界人口数量进行了一系列预测，预测结果与实际发展过程相比较，较为普遍地存在着明显的过高估计人口数量增长的倾向。权威的联合国经济和社会发展部人口处也在其不间断的预测过程中逐步回调世界人口数量发展的高峰值并推迟到达高峰值的时间。按照经验，我们不妨以中方案为参考，以介于中方案和低方案之间的发展趋势来把握世界人口数量发展的前景。基于此，我们可以认为较为可能的发展趋势是世界人口数量在 21 世纪后半期达到一个顶峰，而且由于人口再生产本身所具有的惯性特点，在此之后会有一个收缩过程。至于这个转折点之后的进一步发展趋势，还有待观察。

世界人口数量变化的第二大特色就是不同国家和地区之间的人口增长和人口再生产模式还存在较大的差别。表4-4的数据就表现了过去50年间不同发达程度国家人口增长的明显差异。这种差异在未来的50年里仍然存在,但差异逐渐缩小,直至21世纪末有可能将收敛至一个不太明显的水平。

表4-4　世界主要人口大国最近50年人口增长变化态势　　(‰)

国家	1965—1970年	1970—1975年	1975—1980年	1980—1985年	1985—1990年	1990—1995年	1995—2000年	2000—2005年	2005—2010年	2010—2015年
中国	26.91	22.91	15.44	14.78	18.51	12.43	6.83	5.87	5.68	5.43
印度	21.32	23.08	22.93	22.97	21.44	19.73	18.40	16.54	14.60	12.60
美国	9.87	8.85	9.48	9.45	9.85	10.35	12.11	9.15	9.07	7.54
印尼	27.05	25.92	24.13	22.45	18.98	16.42	14.29	13.45	13.14	12.79
巴西	26.32	24.36	23.88	22.60	18.88	15.79	15.40	13.94	10.47	9.07
巴基斯坦	27.37	28.30	29.22	29.95	30.64	28.01	25.12	21.95	22.24	22.25
孟加拉国	31.02	27.08	29.40	28.65	26.51	23.70	21.80	19.47	16.65	14.85
尼日利亚	22.32	24.97	27.04	27.60	26.31	25.30	25.16	25.76	26.91	27.02
俄罗斯	5.68	5.55	6.29	6.99	6.32	0.98	−2.57	−3.83	−0.65	0.42
日本	12.67	13.24	9.01	6.91	3.73	3.62	1.97	2.00	0.54	−1.18
墨西哥	33.22	34.52	29.71	25.94	24.11	22.49	20.74	18.41	16.25	14.53
法国	5.91	5.25	3.35	3.87	3.85	3.39	3.31	3.70	3.99	3.46
德国	3.78	−1.05	−2.03	−1.51	−0.82	−1.44	−1.13	−1.60	−2.09	−2.47
英国	5.16	1.65	0.01	1.03	2.10	2.05	1.59	1.26	3.20	3.45

资料来源:United Nations, Department of Economic and Social Affairs, Population Division. *World Population Prospects: The 2015 Revision*. DVD Edition.

以世界上人口排列前十的国家和几个人口较多的主要发达国家为例,世界人口发展的不平衡格局尤为明显:英、法等发达国家人口增长处于一个极低水平,日、德、俄等国甚至出现负增长,中国由于严格的人口控制政策已经实现了很低的增长水平,美国是世界上最大的人口净流入国家,扣除人口机械增长的原因,实际的自然增长率也与英法等国相当。与此形成对照的是,几个发展中的人口大国,如印度、印尼、巴基斯坦、孟加拉国、尼日利亚和墨西哥,人口增长速度仍然偏高。其中的尼日利亚和巴基斯坦,人口增长率始终在高位运行,墨西哥、印度和孟加拉国虽然目前仍然处于较高增长水平,但已经出现了明显的下降趋势。根据联合国预测的中方案,再过50年,除了尼日利亚等少数国家人口增长速度仍然较快外,主要国家人口增长均处于极低水平,其中一半以上的国家人口将出现负增长。如果这一趋势延伸至世纪末,则世界人口趋近于稳定,高收入国家和中等收入国家均出现人口负增长,表4-5中所列14个国家中有10个国家人口会出现负增长,即使增长速度最高的尼日利亚,速度也只有8‰。

表 4-5　未来 50 年世界及主要国家人口增长预测　（‰）

	2020—2025 年	2025—2030 年	2030—2035 年	2035—2040 年	2040—2045 年	2045—2050 年	2050—2055 年	2055—2060 年	2060—2065 年
世界	9.65	8.63	7.80	7.08	6.38	5.66	4.95	4.28	3.72
高收入国家	3.36	2.61	1.94	1.42	1.02	0.70	0.37	0.09	−0.08
中等收入国家	9.22	7.95	6.93	6.04	5.17	4.28	3.43	2.62	1.98
低收入国家	24.60	23.42	22.22	20.97	19.65	18.31	16.99	15.69	14.43
中国	1.71	0.10	−1.02	−1.94	−2.90	−3.91	−4.94	−5.93	−6.38
印度	10.21	8.84	7.41	6.01	4.82	3.75	2.80	1.82	0.88
美国	6.80	6.10	5.27	4.60	4.08	3.84	3.70	3.69	3.63
印尼	9.09	7.57	6.24	4.92	3.66	2.51	1.54	0.81	0.23
巴西	6.36	5.04	3.76	2.57	1.46	0.44	−0.49	−1.41	−2.32
巴基斯坦	17.22	15.03	13.58	12.47	11.22	9.63	8.00	6.54	5.35
孟加拉国	9.84	8.10	6.38	4.76	3.27	1.82	0.49	−0.75	−1.91
尼日利亚	24.31	23.44	22.57	21.55	20.31	19.00	17.75	16.57	15.40
俄罗斯	−2.38	−3.65	−4.34	−4.14	−3.50	−3.07	−3.05	−3.27	−3.35
日本	−3.55	−4.47	−5.17	−5.68	−5.83	−5.71	−5.59	−5.85	−6.31
墨西哥	10.24	8.56	6.99	5.60	4.33	3.13	1.99	0.87	−0.20
法国	3.55	3.30	3.04	2.54	1.94	1.48	1.30	1.28	1.37
德国	−1.08	−1.67	−2.26	−2.83	−3.40	−3.95	−4.31	−4.25	−3.88
英国	5.40	4.57	3.95	3.68	3.55	3.26	2.73	2.24	1.96

资料来源：United Nations，Department of Economic and Social Affairs，Population Division. *World Population Prospects*：*The 2015 Revision*. DVD Edition.

正是由于不同国家间人口增长态势不同，世界人口最多国家的排列座次将发生变化。一直人口最多的中国，将在 2025 年前后让位于印度，后者将以 14.5 亿左右的规模成为世界上人口最多的国家，并且保持持续增长，直到 2068 年，达到 17.54 亿人口的高峰，然后才缓慢下降。表 4-6 列出了目前世界人口最多的主要国家在本世纪的人口变化趋势。

表 4-6　主要国家 21 世纪人口数量变化趋势　（亿人）

国家	2020 年	2050 年	2070 年	2100 年
中国	14.03	13.48	11.98	10.04
印度	13.89	17.05	17.54	16.60
美国	3.34	3.89	4.18	4.50
印尼	2.72	3.22	3.26	3.14
巴西	2.16	2.38	2.30	2.00
巴基斯坦	2.08	3.10	3.49	3.64
孟加拉国	1.70	2.02	1.97	1.70
尼日利亚	2.07	3.99	5.49	7.52

（续表）

国家	2020 年	2050 年	2070 年	2100 年
俄罗斯	1.43	1.29	1.21	1.17
日本	1.25	1.07	0.95	0.83
墨西哥	1.34	1.64	1.65	1.48
法国	0.66	0.71	0.73	0.76
德国	0.80	0.75	0.69	0.63
英国	0.67	0.75	0.79	0.82

资料来源：United Nations，Department of Economic and Social Affairs，Population Division. *World Population Prospects*：*The 2015 Revision*. DVD Edition.

4.1.2 世界人口的结构变化趋势

世界正在经历的第三次人口革命，不仅表现在21世纪人口数量出现企稳的态势，而且也表现在人口的结构进一步发生深刻的变化。数量的变化和结构的演进相互影响、相互促进，构成了第三次人口革命最为突出的特点。

结构变化的表现之一是人口老龄化成为世界多数国家最为明显的人口现象。在50年前，世界人口年龄结构相当年轻，65岁以上老年人的比例刚刚超过5%，进入21世纪，世界人口则已经整体上迈入老年社会，而且老龄化的速度明显加快（表4-7）。

表 4-7　50 年来世界人口年龄结构变化　（%）

年份	0—14 岁	15—64 岁	65 岁及以上
1965	37.91	57.03	5.06
1970	37.61	57.11	5.28
1975	36.93	57.52	5.55
1980	35.41	58.76	5.84
1985	33.86	60.27	5.87
1990	32.89	61.03	6.08
1995	31.87	61.67	6.45
2000	30.16	63.01	6.84
2005	28.04	64.68	7.28
2010	26.69	65.67	7.63
2015	26.07	65.66	8.28

资料来源：United Nations，Department of Economic and Social Affairs，Population Division. *World Population Prospects*：*The 2015 Revision*. DVD Edition.

不过，在世界人口整体进入老年社会的背景下，不同类型国家的人口年龄结构仍然呈现较大差异。基本的格局是，发达程度愈高，人口老龄化程度也就越高。比如高收入国家目前65岁以上老年人口比例超过16%，而低收入国家则刚刚超过3%。以人口老龄化的程度而言，高收入国家大约领先于中等收入国家50年，而中等收入国家又领先于低收入国家50年（表4-8）。

表 4-8　50 年来不同发达程度国家的 65 岁以上老人比例　(%)

年份	高收入国家	中等收入国家	低收入国家
1965	8.72	3.61	2.80
1970	9.39	3.77	2.85
1975	10.18	3.98	2.91
1980	10.96	4.21	3.01
1985	10.97	4.37	3.02
1990	11.73	4.54	3.09
1995	12.62	4.89	3.12
2000	13.26	5.33	3.16
2005	14.10	5.79	3.22
2010	14.81	6.16	3.33
2015	16.29	6.74	3.41

资料来源：United Nations, Department of Economic and Social Affairs, Population Division. *World Population Prospects: The 2015 Revision*. DVD Edition.

展望未来至 21 世纪末期，世界人口老龄化的趋势将更加明显，世纪末 65 岁以上人口的比例将接近 23%，比目前大多数发达国家人口老龄化程度更高。届时高收入国家老年人口比例接近 30%，即使是低收入国家人口的老龄化程度也快接近于目前高收入国家老年人口的水平，而中等收入国家人口的老龄化程度则接近目前老龄化程度最高的发达国家的水平。

在人口平均预期寿命普遍延长、老龄化程度越来越深的情况下，人们更加关注“高龄老人”，即年龄在 80 岁以上老人这一群体的发展状况。从客观情况来看，这部分高龄老人是需要家庭和社会在医疗保障、日常护理等方面付出更多的特别群体。根据联合国的中位预测方案。到 21 世纪末，世界 80 岁以上的高龄老人将超过 8%，尤其是高收入国家，比例更是超过 13%，中等收入国家的高龄老人也达到 9%(表 4-9)。可以预期，人口老龄化将是一个普遍受到关注而且持续时间很长的世界性人口现象，由此引发的经济和社会问题将是复杂而全面的。

表 4-9　至 21 世纪末世界人口老龄化发展趋势　(%)

	世界人口		高收入国家人口		中等收入国家人口		低收入国家人口	
	65 以上	80 以上	65 以上	80 以上	65 以上	80 以上	65 以上	80 以上
2015	8.28	1.70	16.29	4.35	6.74	1.16	3.41	0.43
2020	9.35	1.89	17.94	4.82	7.91	1.32	3.47	0.45
2025	10.43	2.04	19.79	5.27	9.06	1.46	3.62	0.49
2030	11.70	2.37	21.66	6.17	10.49	1.74	3.80	0.53
2035	13.03	2.89	23.03	7.11	12.13	2.27	4.08	0.57

（续表）

	世界人口		高收入国家人口		中等收入国家人口		低收入国家人口	
	65 以上	80 以上	65 以上	80 以上	65 以上	80 以上	65 以上	80 以上
2040	14.19	3.35	24.21	8.09	13.60	2.74	4.45	0.64
2045	15.04	3.90	25.00	9.02	14.72	3.34	4.86	0.71
2050	16.03	4.47	25.82	9.62	16.00	4.07	5.47	0.82
2055	17.24	4.95	26.51	10.16	17.63	4.69	6.13	0.95
2060	18.11	5.28	26.99	10.52	18.79	5.11	6.91	1.09
2065	18.62	5.73	27.09	11.02	19.49	5.69	7.78	1.33
2070	19.10	6.37	27.18	11.45	20.11	6.55	8.72	1.57
2075	19.67	6.78	27.47	11.80	20.79	7.08	9.69	1.85
2080	20.36	6.95	27.85	11.91	21.60	7.30	10.67	2.18
2085	21.03	7.15	28.28	12.06	22.36	7.53	11.67	2.53
2090	21.61	7.49	28.71	12.43	22.97	7.91	12.67	2.90
2095	22.17	7.96	29.08	12.87	23.52	8.47	13.69	3.29
2100	22.73	8.42	29.43	13.35	24.06	9.00	14.72	3.71

资料来源：United Nations，Department of Economic and Social Affairs，Population Division. *World Population Prospects*：*The 2015 Revision*. DVD Edition.

人口老龄化程度加深，最为直接的后果是经济活动人口承担的老年人口赡养负担加重。以老年人口负担为例，目前世界上每 100 个经济活动人口负担的 65 岁以上老年人口为 12.6 个，到世纪末将增加到 38 个，几乎是现在负担的三倍之多。相比较而言，中等收入国家和低收入国家，老年人负担系数增加的幅度更大(表 4-10)。

表 4-10　经济活动人口老年负担系数增加趋势

	2015 年	2020 年	2050 年	2070 年	2100 年
世界	12.6	14.3	25.6	31.2	38.1
高收入国家	24.5	27.7	44.2	47.4	53.1
中等收入国家	10.1	11.9	25.1	32.7	40.8
低收入国家	6.3	6.3	8.8	13.6	23.1

资料来源：United Nations，Department of Economic and Social Affairs，Population Division. *World Population Prospects*：*The 2015 Revision*. DVD Edition.

20 世纪中期以来世界人口结构变化的另外一个突出表现是人口城市化发展取得明显进展。如果说人口老龄化更多体现的是一种人口现象，人口城市化则是人口现象与经济和社会发展的一个综合体现(表 4-11)。

表 4-11 世界主要人口国家 50 年来城市化发展情况 (%)

	1965 年	1970 年	1975 年	1980 年	1985 年	1990 年	1995 年	2000 年	2005 年	2010 年	2015 年
世界	35.6	36.6	37.7	39.3	41.2	42.9	44.7	46.6	49.1	51.6	54.0
高收入国家	65.4	68.2	70.3	71.8	73.1	74.4	75.5	76.4	78.0	79.3	80.4
中等收入国家	25.7	26.8	28.4	30.7	33.5	36.1	38.7	41.5	44.8	48.1	51.3
低收入国家	12.5	14.5	16.1	18.4	20.1	21.8	23.2	24.6	26.4	28.5	30.8
中国	18.1	17.4	17.4	19.4	22.9	26.4	31.0	35.9	42.5	49.2	55.6
印度	18.8	19.8	21.3	23.1	24.3	25.5	26.6	27.7	29.2	30.9	32.7
美国	71.9	73.6	73.7	73.7	74.5	75.3	77.3	79.1	79.9	80.8	81.6
印尼	15.8	17.1	19.3	22.1	26.1	30.6	36.1	42.0	45.9	49.9	53.7
巴西	51.0	55.9	60.8	65.5	69.9	73.9	77.6	81.2	82.8	84.3	85.7
俄罗斯	58.2	62.5	66.4	69.8	71.9	73.4	73.4	73.4	73.5	73.7	74.0
日本	67.9	71.9	75.7	76.2	76.7	77.3	78.0	78.6	86.0	90.5	93.5
墨西哥	54.9	59.0	62.8	66.3	69.0	71.4	73.4	74.7	76.3	77.8	79.2
法国	67.1	71.1	72.9	73.3	73.7	74.1	74.9	75.9	77.1	78.3	79.5
德国	72.0	72.3	72.6	72.8	72.7	73.1	73.3	73.1	73.4	74.3	75.3
英国	77.8	77.1	77.7	78.5	78.4	78.1	78.4	78.7	79.9	81.3	82.6

资料来源：United Nations, Department of Economic and Social Affairs, Population Division. *World Population Prospects: The 2015 Revision*. DVD Edition.

过去 50 年里，世界人口城市化水平由 35%提升到 54%，超过一半的人居住在城市之中。其中，高收入国家 80%以上的人口居住在城市，低收入国家城市人口比例则刚刚超过三成。展望未来世界人口城市化发展前景，高收入国家城市人口比例仍将有所提升，而中等收入国家和低收入国家人口城市化水平则会有明显提高，至 21 世纪中期，全世界约三分之二人口将成为城市人口(表 4-12)。

表 4-12 世界人口城市化发展前景 (%)

	2020 年	2025 年	2030 年	2035 年	2040 年	2045 年	2050 年
世界	56.22	58.22	60.04	61.69	63.23	64.79	66.37
高收入国家	81.36	82.31	83.25	84.17	85.07	85.93	86.75
中等收入国家	54.21	56.80	59.11	61.16	63.01	64.86	66.69
低收入国家	33.20	35.67	38.16	40.64	43.09	45.58	48.13

资料来源：United Nations, Department of Economic and Social Affairs, Population Division. *World Population Prospects: The 2015 Revision*. DVD Edition.

4.1.3 世界人口的质量变化趋势

处于第三次人口革命过程中的世界人口质量也发生了明显变化。根据联合国开发计划署提供的资料，以 HDI 指数观察，世界范围内人类发展水平均有了明显提高：世界 HDI 指数从 1980 年的 0.559 上升到 2013 年的 0.702；其中，列入极高人类发展水平的 49 个国家，1980 年的 HDI 指数为 0.757，2013 年上升为 0.890；列入高人类发展水平的

53 个国家和地区，1980 年的 HDI 指数为 0.534，2013 年上升为 0.735；列入中等人类发展水平的 41 个国家和地区，1980 年的 HDI 指数为 0.420，2013 年上升为 0.614；列入低人类发展水平的 43 个国家和地区，1980 年的 HDI 指数为 0.345，2013 年上升为 0.493。

从婴儿死亡率、人均预期寿命等通常使用的反映人口质量的指标来看，世界人口质量也呈现出不断提高的发展趋势。未来世界人口的质量可望延续现有发展趋势得到继续提高。以人均预期寿命为例，未来 50 年世界人口出生时预期寿命将接近 80 岁，高收入国家则超过 85 岁，最低的低收入国家也将超过 73 岁，到 21 世纪末，世界人口出生时预期寿命将超过 83 岁，高收入国家则接近 90 岁，最低的低收入国家也将超过 78 岁（表 4-13）。

表 4-13　不同国家婴儿死亡率和人均预期寿命变化趋势

	1965—1970 年	1970—1975 年	1975—1980 年	1980—1985 年	1985—1990 年	1990—1995 年	1995—2000 年	2000—2005 年	2005—2010 年	2010—2015 年
0 岁人口预期寿命（岁）										
世界	55.38	58.05	60.21	61.99	63.61	64.54	65.58	67.05	68.84	70.48
高收入国家	69.31	70.38	71.51	72.62	73.84	74.35	75.21	76.15	77.53	78.80
中等收入国家	52.50	55.92	58.75	60.62	62.44	63.74	64.91	66.44	68.03	69.54
低收入国家	41.82	43.74	43.90	47.20	48.90	49.11	50.66	53.07	56.93	60.27
婴儿死亡率（‰）										
世界	105	95	85	76	67	63	57	49	42	36
高收入国家	32	25	21	17	15	12	10	8	7	6
中等收入国家	115	103	91	80	69	64	58	49	42	35
低收入国家	151	141	138	126	116	113	99	84	70	60

资料来源：United Nations, Department of Economic and Social Affairs, Population Division. *World Population Prospects*: *The 2015 Revision*. DVD Edition.

4.2　中国的人口发展与问题

人口问题，本质上是一个发展问题。自 20 世纪 50 年代以来，中国的经济社会发展和结构经历了一个急剧变化的阶段，人口再生产模式也发生了深刻变化。新中国成立初期在百废待兴、全面建设的背景下崇尚“人多力量大”的思想，造就了人口的快速增长。进入 60 年代以后，规模日益膨胀的年度新增人口和就业需求，给国民经济发展和人民生活改善造成了明显压力，不得不改弦易辙于 20 世纪 70 年代开始倡导人口控制，并且从 70 年代后期开始执行了迄今为止最为全面而且严格的计划生育政策。对人口再生产过程的强力干预，加速了中国的人口转变过程。进入 20 世纪 90 年代，中国人口已经进入了一个低水平生育的发展阶段。被压缩的人口转变过程恰恰又发生在经济结构急剧变化、经济和社会体制进行转轨的背景之下，由此产生了一系列的人口经济问题和社会问题。客观认识面临的人口与发展问题，采取适当的政策措施，是实现中国经济社会可持续发展的重要任务。

4.2.1　中国的人口数量变化与特征

新中国是在一个高位的人口数量平台上成立的。1949 年，全国人口达到 5.4 亿，此后，1954 年突破 6 亿，1964 年突破 7 亿，1969 年突破 8 亿，1974 年突破 9 亿，1981 年突破 10 亿，1988 年突破 11 亿，1995 年达到 12 亿，2004 年突破 13 亿。

从决定人口数量增长的出生率和死亡率变化及其相互关系的角度，可以把新中国成立以来中国人口数量的增长大致划分为六个阶段。

第一个阶段是 1950—1957 年，其特点是较高的人口出生率和初步下降的人口死亡率带来的人口快速增长。新中国成立后趋于稳定的国内局势和大规模的经济建设，带来了人民生活的初步改善，特别是 1952—1957 年第一个五年计划期间国民经济的快速发展和人民生活水平的迅速提高，为战乱后人口的迅速恢复和增长提供了外部条件。这一时期，年人口出生率都在 30‰以上，而死亡率则从 1949 年的 20‰下降到 1957 年的 10.08‰，年人口自然增长率都在 20‰以上，形成了新中国成立后第一个人口增长高峰。

第二个阶段是 1958—1961 年，其特点是非正常的低出生率和高死亡率带来的非正常人口减少和低增长。20 世纪 50 年代末和 60 年代初的三年困难时期，中国人口的再生产发生了巨大变化，打断了前一阶段中国人口发展的进程。1960 年成为新中国历史上唯一的一个人口出生率低于人口死亡率而负增长的年份。1958 年全国人口的出生率比上一年下降了 4.81 个千分点，死亡率增加了约 1.08 个千分点，初步出现了人口发展趋势的转折。1959—1961 年，连续三年，人口出生率分别下降 4.44、3.92 和 2.84 个千分点，从 1957 年的 34.03‰下降至 1961 年的 18.02‰；与此同时，1959 年和 1960 年，死亡率则分别上升了 2.62 和 10.84 个千分点，1961 年的死亡率虽然有了明显下降，但仍然比 1957 年的水平高出 3.44 个千分点。

第三个阶段是 1962 年至 1970 年，其特点是恢复性的高水平出生率和持续下降的死亡率带来的人口快速增长。1962 年之后，不仅被打断的人口增长进程得到恢复，而且还在这一时期形成了一个补偿性的生育增长，由此形成了新中国人口发展史上的又一个高峰。从 1962 年起至 1970 年的 9 年间，每年的人口出生率都在 33‰以上，最高的 1963 年甚至达到 43.37‰，而同一时期的人口死亡率则迅速恢复至正常水平并持续下降，由 1962 年的 10.08‰下降至 1970 年的 7.60‰。出生率和死亡率的消长，使得这一阶段中国人口每年增加 2 000 万左右，从绝对增长量来讲，是中国历史上空前的人口增长高峰时期。

第四个阶段是 1971—1979 年，其特点是迅速下降的出生率和趋于稳定的低死亡率带来的较高速度但呈下降式的人口增长。这一阶段的人口死亡率基本保持稳定，由 1971 年的 7.32‰下降至 1979 年的 6.21‰，9 年间下降了 1.1 个千分点，死亡率达到了新中国历史上的最低水平。在出生率方面，由 1971 年的 30.65‰下降至 1979 年的 17.82‰，9 年间下降了 12.83 个千分点，成为出生率下降最为迅速的时期。1950—1970 年，除了个别年份，全国女性总和生育率基本稳定在 6 左右，接近无节制生育状态，在本阶段则由于政府开始有意识地展开计划生育宣传，提倡“晚、稀、少”的生育模式，并在与计划生育相关的若干经济政策和其他一些方面采取相应措施，使得女性总和生育率迅速下降，1979 年已经下降至 2.75 的水平。

第五个阶段是1980年至20世纪末期，其特点是低位缓慢而持续下降的出生率和趋于稳定的死亡率带来的人口相对较低但持续的增长。以1980年9月中共中央就计划生育工作向全体共产党员和共青团员发出公开信为标志，中国的计划生育工作和人口发展进入了一个新的阶段。从人口政策方面来讲，“一对夫妻只生一个孩子”的政策在城镇得到较好实施，农村地区也实行了较为严格的人口控制政策。从人口的出生和死亡情况来看，人口死亡率基本稳定在6‰—7‰的水平，人口出生率则从20‰左右的水平逐渐地下降至15‰左右，1998年，全国人口自然增长率首次低于1‰的水平。这一阶段中，80年代经历了育龄人口进入生育高峰而导致的出生人口和自然增长人口数量的轻微回弹。进入90年代以后，女性总和生育水平已经低于更替水平，只是由于人口的年龄结构的影响，年自然增长人口仍然在1 000万左右。

第六个阶段是进入21世纪以来至今。其特点是趋于稳定的死亡率和出生率带来的人口增长率稳定而持续走低，年度新增人口不断走低，并且将面临绝对减少的转折。进入21世纪之后，人口死亡率保持在7‰左右，出生率徘徊在12‰左右，自然增长率徘徊在5‰左右。人口数量年度增长从1 000万以上下降至600万左右。2013年中央政府开始启动计划生育政策调整，允许父母一方为独生子女的家庭生育二孩，2015年再次对生育政策进行调整，开放所有家庭均可生育两个孩子，政策调整所产生的效果还有待观察。从人口再生产惯性特点判断，中国人口保持较低而稳定的生育水平和增长水平，人口数量出现转折这一趋势将是确定无疑的。

中国人口再生产模式在极短的时间里发生了巨大变化，用30年左右的时间基本完成了一些国家用长达百年时间完成的人口转变，导致这种变化的因素是多方面的，其中主要包括：① 国家的人口政策是推动人口再生产模式转变的强大外部力量；② 经济发展水平不断提高、经济结构不断升级是生育模式转变的微观基础；③ 社会建设全面发展形成的覆盖面较广的文化教育和医疗卫生网络是促进人口再生产模式变化的催化剂；④ 不断涌现并得到广泛推广和普及的节制生育和优生优育技术手段为人口再生产模式的改变提供了保障。

经历了史无前例的规模和时间压缩了的人口转变，中国的人口再生产呈现出独特的格局。对于20世纪50年代以来中国人口在数量方面经历复杂变化而形成的局面，可以用“高、低、不平”几个字进行简单的概括。

第一，所谓的“高”是指中国人口数量将达到前所未有的高峰，在可以预见的将来仍然维持高位运转，人口数量庞大将是中国经济和社会实现可持续发展的不变背景和基本条件（表4-14）。

表4-14　未来50年中国人口数量变化前景　（亿人）

方案	2020年	2030年	2040年	2050年	2060年	2070年	高峰年份	高峰人口
低方案	13.90	13.67	13.08	12.18	10.97	9.66	2021	13.91
中方案	14.02	14.15	13.94	13.48	12.76	11.97	2028	14.16
高方案	14.15	14.63	14.81	14.86	14.79	14.71	2050	14.86

资料来源：United Nations, Department of Economic and Social Affairs, Population Division. *World Population Prospects: The 2015 Revision*. DVD Edition.

按照联合国提供的低位预测方案，中国人口最早在 2021 年即达到最高峰的 13.91 亿，然后逐年下降。如果是中位预测方案，则达到顶峰的时间推迟到 2028 年，顶峰人口增加到 14.16 亿。即使是高位预测方案，也会在 2050 年达到 14.86 亿的高峰，然后逐年下降。虽然不同人口预测方案的结果取决于多种参数赋值的变化和取舍，而且未来相关影响因素的变化很难确定，但以过去中国人口数量实际变化发展基本上处于低方案和中方案中间的发展轨迹来看，在 21 世纪 20 年代达到顶峰而转折进入一个新的阶段的概率极大。

第二，所谓的“低”，是指中国人口再生产模式已经转入一个低水平生育时期，自然增长率、总和生育率、年度新增人口相对于过去的再生产模式将不断创造出新低的纪录。可以得出的明确结论是：中国的人口再生产水平已经明显低于更替水平，人口数量的绝对增长正在失去动能，如果没有外部刺激因素拉高生育水平至更替水平之上，中国人口即将出现绝对数量的下降而且这个趋势将在较长时间里持续下去。

第三，所谓“不平”，一方面是指人口再生产模式在不同的区域呈现出不平衡发展的特点，个别区域间的差异甚至还比较大，既存在生育水平超低、早在 20 世纪 90 年代就出现人口负增长的东部沿海地区和发达城市，也存在人口出生率仍然高达 20‰的中西部农村地区；另一方面则是指人口再生产本身存在周期性的波浪发展特点，历史上出现过的生育高峰以及政策变化可能带来的影响将在一定时间内以波浪式的传递形式延续下去。

4.2.2　中国的人口结构变化与特征

正如前文所述，中国的人口转变以及社会经济结构和体制改革发生在一个被压缩的时期里，在世界上是一个较为罕见的人口与经济社会发展与改革相结合的复合过程。这个过程之中，除了人口数量和质量发生变化之外，人口结构的变化尤其显著并且具有重要的经济社会意义。

1. 人口年龄结构的变化

中国人口结构变化的主要方面之一是人口年龄结构的变化，尤其是从年轻型的人口向老年型的人口转变。中国人口老龄化的进程，实际上自 20 世纪 60 年代已经开始启动。1964 年全国 65 岁以上老年人口比重为 3.54%，1982 年第三次人口普查时达到 4.91%，1990 年第四次人口普查时上升到 5.57%，2000 年第五次人口普查时已接近老龄社会门槛的 6.96%，2010 年则为 8.87%，这就是说，在迈入 21 世纪的同时，中国也进入了老龄社会。相对于其他国家和地区，中国人口老龄化的发展有其值得关注的几个重要特点。

第一，向老龄社会过渡的时间非常短促。中国的人口老龄化发展，有人口寿命延长导致的老年人口数量增加的原因，但一系列研究表明，近 20 年来及未来的一段时间里，最主要原因是还是生育率下降造成的人口年龄金字塔底部的收缩。正是这个特殊的人口老龄化形成机制，使得中国人口老龄化完成过程所用的时间十分短促。从 20 世纪 60 年代人口老龄化进程开始直到世纪之交进入老龄社会，前后不到 40 年的时间。相比而言，发达国家通过人口再生产的自然过程形成的人口老龄化一般会经历 80 多年的时间，有的甚至在 100 年以上。

第二，老龄化的程度呈加速发展的态势。以联合国人口预测的中位方案为例，中国的65岁以上老年人口比例，在2015—2020年间，年平均提高0.5个百分点。到2020—2030年，年平均提高0.51个百分点。2030—2040年间，年平均提高0.74个百分点。这种时间和程度上累进的人口老龄化态势将为我们应对人口老龄化的挑战带来严峻考验。从横向比较来看，在21世纪中期中国65岁以上老年人口比例将超过30%，显著地超过高收入国家的平均水平，只比日本略低。另外，呈现加速发展态势的是中国老年人口中高龄老人的比例增加十分迅速，在2030年80岁以上老年人口比例不到3%，但到2050年将会迅速上升到10%左右(表4-15)。这一部分老人需要在日常护理和精神慰藉方面投入更多的特殊人群的增加，凸显了老龄化可能带来的家庭和社会负担会进一步加重。

表4-15 未来50年中国、印度与日本人口的老龄化发展 (%)

年份	中国		印度		日本	
	65以上	80以上	65以上	80以上	65以上	80以上
2015	9.55	1.62	5.64	0.86	26.45	7.79
2020	12.09	1.92	6.54	1.01	28.57	9.10
2025	14.18	2.23	7.48	1.13	29.56	10.64
2030	17.18	2.93	8.50	1.31	30.55	12.70
2035	21.25	4.26	9.58	1.65	31.99	13.68
2040	24.59	5.21	10.80	2.01	34.29	13.75
2045	26.03	6.71	12.16	2.39	35.62	14.08
2050	27.55	8.94	13.82	2.82	36.40	15.15
2055	31.02	10.66	15.57	3.33	36.87	17.24
2060	32.90	11.06	17.29	3.94	36.77	18.32
2065	32.86	11.78	19.00	4.73	36.55	18.64

资料来源：United Nations, Department of Economic and Social Affairs, Population Division. *World Population Prospects: The 2015 Revision*. DVD Edition.

第三，老年人口绝对数量庞大，形成巨大社会压力。随着中国人口老龄化程度的加深，中国将拥有越来越大规模的老年人口。2000年，中国65岁以上人口总数为8800万，2025年将达到2亿左右，2050年左右将达到4亿左右的高峰。庞大的老年人口数量将超过许多世界人口大国的全部人口数量。有学者认为，人口老龄化虽然表现为总人口中老年人相对比例的增加，但其实质，或者说对社会经济产生影响的关键，在于老年人口绝对数量的增加所带来的社会影响。对中国而言，人口老龄化问题的要害是庞大的老年人数量问题，而不是其比例的高低。

第四，老龄化的发展呈现不平衡的格局。早在1982年的第三次人口普查时，上海市就成为我国第一个60岁以上人口比重超过10%而进入老龄化社会的地区。到1990年的第四次人口普查，在上海之后，北京、天津和经济发达的江苏和浙江以及内地一些相对发达的城市地区，60岁以上人口也突破10%的界限，相继进入老龄社会行列。2000年第五次人口普查和2010年第六次人口普查资料进一步显示，人口老龄化趋势在我国有进一步发展：东部地区老龄化水平进一步提高，中西部一些地区发展的势头也很快。一方面，从东中西地域分布来看，不同省市之间人口老龄化的发展不平衡，具体表现为东部地区若干省市老龄化程度较高，而西部地区人口年龄结构相对年轻，但老龄化发展速度较快，甚至有个别地区人口老龄化的绝对水平也较高；另一方面，城市化和人口流动过程中城镇和农村老龄化发展不平衡，出现了农村地区人口老龄化程度高出城镇的现象。这就是有学者概括的“中西部地区的人口超老龄化”和“人口老龄化的城乡倒挂现象”(表 4-16)。

表 4-16 中国城镇和乡村老龄人口的比重 (%)

年份	市人口	镇人口	乡村人口
1982	6.90	5.90	7.10
1990	4.80	3.80	5.20
2000	6.10	5.90	7.60
2005	8.80	7.80	9.80
2010	8.91	7.97	10.06

资料来源：国家统计局人口普查办公室历次人口普查和抽样调查公报。

第五，中国的人口老龄化发生在经济发展和社会结构急剧变革的过程之中。发达国家的人口老龄化也是随着国家经济发展和社会结构演进过程而发生的，但这个过程较长，而且进程较为平稳。中国的人口老龄化是在经济体制从计划经济向市场经济过渡的过程中发生的，在这一过程中，中国的经济结构将由农业为主的传统型经济向工业和服务业为主的经济结构过渡，人口城乡结构也由乡村人口为主向较高城市化水平方向发展，养老保障体系的建立和完善存在着较多的缺失和历史欠账，尤其是农村居民的社会养老保障体系还有待完善，这些特殊的背景，决定了“未富先老”背景下的中国人口老龄结构将在一个较长历史时期成为社会经济的焦点问题。

2. 人口城乡结构的变化

中国人口结构变化的另一主要方面是人口城乡结构已经发生重大变化，而且这个变化还在持续进行之中。

中国的人口城市化是伴随着经济结构的非农化和劳动力非农化过程发生的。新中国成立后工业化的发展、改革开放后服务业的繁荣，使得中国的经济结构和劳动者的就业结构也发生了巨大变化，由此促进了城市人口从绝对规模到相对比例的持续攀升。在 1949 年后大约 30 年时间里，中国选择的是一条重工业优先发展战略，非农业特别是工业在国民经济中的地位极大提高，但城乡相对隔离的政策制约了城市化的发展，在整个 60 年代和 70 年代，城市人口比重几乎没有提高，至 1980 年，人口城市化率仍然不到 20%。这是世界各国在工业化和城市化发展历史上少见的“有工业化而无城市化”发展模式，因此形成了极为典型的城乡二元经济和社会格局。

改革开放之后，一方面得益于农村土地承包制赋予农民的生产经营活动自由和就业流动自由，另一方面则是城市经济体制改革激发的活力，吸引了数以亿计的农村人口流入城镇务工经商，形成了推动中国城市化发展的强大动力。中国城市化发展进入了一个高速发展的时期。从 20 世纪 80 年代开始的三十余年时间里，我国人口城市化水平每年以提高一个百分点的速度发展，在 2011 年城市化率已经超过 50%，由原来大大低于世界人口城市化水平变为超过世界平均水平。这一阶段中国城市化发展速度之快、规模之

大、高速发展持续时间之长，在世界人口城市化发展的历史上是空前的。

对于改革开放后中国城市化发展以及目前的城市化发展水平，学术界存在不同的理解和认识，有一些思想和观点值得关注。

比如有一种意见认为，中国的城市化发展仍然处于严重滞后的状态，理由是与工业化、非农化发展相比，中国的人口城乡结构与经济结构、劳动力就业结构之间仍然存在较大反差，即城市化相对滞后，由此产生一系列经济社会问题。世界各国社会经济发展的历史经验显示，城市化水平是与工业化、非农化程度及人均国民收入的提高紧密相关的。从发达国家的经验来看，在城市化发展的初期，工业化(工业劳动力就业比重)、城市化、人均国民生产总值的增长几乎是同步的。随着工业化和非农化的进一步发展，尤其是第三产业的发展，城市化水平提高的速度大大高于工业劳动力增长的速度。目前中国国民经济中非农产业增加值的比重超过90%，非农产业就业率超过70%，而城市化率刚刚超过50%，显然与经济结构和就业结构还不匹配。传统城乡隔离体制造成的二元结构远未消除，继续开放城镇、着力提高城市化水平，不仅是城市化发展的需要，也是今后一个时期刺激中国经济发展的投资和消费需求的重要推动力量。

人们通常以就业的IU比和NU比这两个指标来分析一个国家和地区城市化、工业化和非农化之间的发展关系。IU比是指工业化率与城市化率的比值，NU比是指非农化率与城市化率的比值。从世界各国实践来看，当城市化、工业化和非农化发展较为协调时，IU比大致为0.5，NU比大致为1.2左右。如果IU比明显小于0.5，而NU比明显小于1.2，则说明不仅从事工业和其他非农业生产经营的劳动人口几乎全部集中在城镇地区，而且有相当数量的农业生产人口也集中在城镇地区，这种情形说明相对于工业化和非农化的发展程度而言，城市化是超前发展了，会出现过度城市化的态势。其表现是大量农村人口涌入城镇地区，而城镇地区又无充足的非农业就业岗位和机会为他们提供就业，过度膨胀的城镇会出现贫民窟等城市病。相反，如果IU比明显大于0.5，而NU比明显大于1.2，则说明大量从事工业和其他非农业生产经营的劳动人口滞留于农村地区，未能向城镇地区集中，这种情形说明相对于工业化和非农化的发展程度而言，城市化发展滞后了。新中国成立以来IU比和NU比一直相对偏高，50年代末60年代初，IU比和NU比呈现畸形突出态势。即使除开这一特殊时期，我国IU比和NU比的基本特征也是偏高。如从80年代开始的二十余年里，NU比一直在1.5至1.6左右，IU比一直在0.8左右。

进入21世纪后特别是最近十余年里，中国的IU比和NU比则有了明显回落，但仍然处于比正常水平要高的状态，这显示了城市化仍然滞后于整个国民经济和社会发展与结构演进的进程。城市化的滞后发展会对经济社会的多个方面产生消极影响，这主要体现在：① 城市化滞后发展不仅制约了城镇建设的发展，限制了城镇建设投资需求对经济的拉动能力，更重要的是城乡隔离进一步拉大了农民与市民的经济收入差距，使占我国社会消费群体大多数的农民的消费能力和水平始终得不到显著提高，国民的整体消费能力对经济增长的拉动力显得较为疲软。② 城市化滞后发展，不利于第三产业的发展，延缓了我国经济结构调整和优化的步伐。③ 城乡隔离导致的城市化滞后发展，不利于形成统一的具有竞争性的劳动市场，阻碍了城镇经济体制改革尤其是国有企业改革的推进。

④ 城乡隔离导致的城市化的滞后发展,严重阻碍了我国农村地区的发展,妨碍了农民问题的解决,延缓了农业现代化的进程。⑤ 城市化的滞后发展,对我国农村生态造成了很大的破坏,十分不利于农村地区的可持续发展。⑥ 城市化的滞后发展,造成了我国极为紧张的土地资源的浪费使用和使用效率的低下。⑦ 把农民隔离于城镇之外的城市化滞后发展模式,在城镇和农村都产生了一系列有害于社会稳定的负面影响。城乡隔离造成数量众多的剩余劳动力囤积于农村,"农村病"无论是从其发生的范围广度还是使农民身受其害的影响深度,都更甚于"城市病"。⑧ 城乡隔离的城市化滞后的发展模式,把广大农民排除在现代文明进程之外,完全违背了社会主义的公平和公正的原则,体现不出社会主义制度所应该具有的优越性,不利于我们探索一条有中国特色的社会主义道路。

又比如还有意见认为,中国的人口城市化水平统计数据存在着很大的"水分",中国的真实城市化率只有统计年鉴所显示水平的70%左右,因为大量的非户籍人口以非永久性流动的方式在城镇务工经商,他们本质上仍然是农民,而只是被现行的统计方法计算为城镇人口。这就是人们所说的具有中国特色的农村人口"半城市化"现象。"半城市化"主要是指农村人口进入城市非正规部门就业,有限地参与城市的劳动分工,但并没有与城市的社会、制度、文化等系统实现有效衔接,心理上得不到认同,更没有真正融入城市社会的现象,他们进入城市却没能成为城市居民或市民。"半城市化"实际上完成了农村人口向城市地理转移的"前半城市化",却没有实现和完成农村人口市民化的"后半城市化"。"半城市化"是中国特殊国情下城市化发展过程中的一个阶段,也是特殊制度诱因下城市化发展的"异化"结果。

再比如有人认为,近30年来,中国的城市化率平均每年增加一个百分点以上,是过去城乡隔离形成的城乡利益势差在新的发展背景下释放的结果,既与这一阶段的快速发展和结构演进有关系,也与体制改革的因素有很大关系。但这是城市化发展过程中的超常态现象,这种超乎寻常的发展速度是非正常和难以长期持续下去的,一方面,大量涌进城镇的"半城市化"人口需要较长时间消化和融入,城市在硬的基础设施建设以及软的公共服务和社会制度建设和完善上需要经历一个较长过程;另一方面,以开发区、高新区、产业园等众多名目建设新的城镇发展极是近20年中国城市化发展的另外一个新的重要特色,在这种外延扩张的城市化发展过程中,数量庞大的农民由于行政主导的土地征收、房屋拆迁被裹挟着成为城镇居民,需要较长时间来适应城市化的生活和生产方式,他们几乎是在一种被动的状态下完成了城市化的进程。这种城市化的发展,与正常状态下的自愿迁移流动而完成的城市化有着不同的特征。

按照联合国的预测,中国2050年城市化水平将达到75%左右。对于中国人口城市化发展的前景,有两点值得注意:第一,在未来30年左右时间里,中国的城市化发展水平将较前一个时期有所放缓,城市化率年度提高的水平可能只有前30年的一半左右。这一方面是因为按照城市化发展的一般规律,在经历了城市化率30%—50%这样一个快速成长阶段后,城市化的发展将进入一个速度相对较慢的持续增长时期。另一方面则是经济发展和体制改革带来的城市化发展利好刺激将相对减弱。第二,中国是一个人口大国,即使是到21世纪中期基本完成城市化发展的任务,整体的城市化发展水平与发达国家相比仍然有一定差距。2050年的城市化率也只相当于几个主要发达国家2000年的水平(表4-17)。

表 4-17　主要国家 21 世纪上半期城市化发展　（%）

	2000 年	2010 年	2020 年	2030 年	2040 年	2050 年
全世界	46.6	51.6	56.2	60.0	63.2	66.4
中国	35.9	49.2	61.0	68.7	72.8	75.8
印度	27.7	30.9	34.8	39.5	44.8	50.3
美国	79.1	80.8	82.5	84.2	85.9	87.4
日本	78.6	90.5	95.3	96.9	97.4	97.7
英国	78.7	81.3	83.8	85.7	87.3	88.6
法国	75.9	78.3	80.6	82.7	84.6	86.3
德国	73.1	74.3	76.4	78.6	80.9	83.0

资料来源：United Nations，Department of Economic and Social Affairs，Population Division. *World Population Prospects*：*The 2015 Revision*. DVD Edition.

3. 人口性别结构的变化

中国人口结构变化之中另外一个引人注目的问题就是在 20 世纪 80 年代以来出现的出生人口性别比失衡的现象。

一般而言，不受外在因素干扰的出生人口性别比应该在 105 左右。但中国的统计数据显示，进入 20 世纪 80 年代以后，我国有部分地区出生人口性别比较正常水平明显偏高。80 年代中期以后，全国出生人口性别比开始突破 110，并且呈现持续升高的态势。统计资料表明，自 1985 年以后，我国出生人口的性别比一直高于 110 的水平（只有 1988 年稍低，为 108.5）。进入 90 年代以后，出生人口性别比更是在高位上不断抬升，进入 21 世纪第二个 10 年后，整体水平稍显下降但仍然属于异常偏高状态。第五次人口普查资料还显示，在全国 31 个省级地区中，2000 年人口普查时点前一年出生人口性别比在 107 以下的只有西藏和新疆两个地区，12 个地区出生人口性别比在 110 至 120 之间，超过 120 的有 11 个地区。第六次人口普查资料进一步显示，2010 年人口普查时点前一年出生人口性别比，全国仍然高达 117.9，31 个省级地区中，在 107 以下的仍然只有西藏和新疆两个地区，超过 120 的还有 9 个地区，其余均在 110—120 之间。

出生人口性别比失衡现象是 20 世纪 80 年代以来中国人口问题中一个带有全局性的问题，但其发展有不平衡性，城乡之间、不同地区之间、出生婴儿的胎次之间的差距极大。一是地区之间性别比失衡现象差异较大，基本的态势是东部、中部地区的出生人口性别比普遍高于西部地区。二是城乡之间出生人口性别比失衡现象差异明显，并且差异在继续扩大。从数据表面看起来城市出生人口性别比失衡问题似乎比农村程度稍低，但已有的研究表明，城市出生人口性别比的失衡在多胎生育中也非常高，只不过由于二胎和多胎生育在市镇中数量较少，因而以总出生人口性别比升高幅度不大掩盖了二胎及多胎生育性别比失衡的程度。三是不同胎次间性别比差异极大。基本态势是第一胎出生人口性别比相对较低，二胎和多胎出生人口的性别比呈现急剧的上升。全国的情况是如此，一些地方所做的专项调研反映的情况也对这一现象给予证实，并且所揭示的现象更加严重。

从世界范围来看，出生人口性别比偏离正常水平的现象比较突出的国家是中国和韩国,印度的出生人口性别比在最近 20 年也较正常水平偏高,但偏离程度较中国要低(表 4-18)。

表 4-18　中国、韩国、印度出生人口性别比变化

国家	1965—1970 年	1970—1975 年	1975—1980 年	1980—1985 年	1985—1990 年	1990—1995 年	1995—2000 年	2000—2005 年	2005—2010 年	2010—2015 年
中国	107	107	107	107	109	112	114	116	117	116
韩国	107	107	107	107	114	114	110	110	107	107
印度	106	106	106	106	107	107	109	110	111	111

资料来源: United Nations, Department of Economic and Social Affairs, Population Division. *World Population Prospects*: *The 2015 Revision*. DVD Edition.

造成出生人口性别比失衡现象的原因是多方面的,而且不同地区、不同时期各种原因所起的作用不同。对于我国 80 年代以来历次人口普查和其他调查所揭示的出生人口性别比失衡的现象,已经有一些中外专家学者进行了有一定深度的调查研究,对造成性别比失衡现象的直接原因进行了分析。如有国外的学者认为,中国出生人口性别比统计偏高,是因为女婴收养的增加、性别选择性流产、溺杀女婴行为等,国内学者则在更为深入细致的调查研究的基础上,把出生人口性别比统计偏高现象的原因归纳为四类:一是对出生女婴的瞒报、漏报和谎报出生女婴为领养和迁入;二是各种方式的性别选择性流产;三是溺婴和弃婴现象的发生;四是女婴死亡率的上升。应该说,造成出生人口性别比失衡现象的原因是多方面的,在不同的地方,某种原因可能是主要的,在另外的地方,别的原因是主要的;在某一时期,某个原因是主要的,在另外一个时期,另外的原因是主要的。

对于中国出现的出生人口性别比失衡是否与人口控制政策有关,一些实际工作者和学者存在不同看法。相当多的人认为,由于对出生人口数量进行控制,父母就会在有限的孩子性别上做出人为的选择,这就是孩子数量挤压在孩子性别和质量上的选择和替代效应。这种观点也得到多数调查研究和实证分析的证明。也有人认为,计划生育并不必然带来城市人口性别比升高的后果,否则,执行人口控制政策更加严格的城市地区应该比农村地区失衡程度更高才是,而且,国际上有些国家和地区也出现过出生人口性别比失衡现象,他们并没有执行类似中国的人口控制政策。实际上,对待中国的出生人口性别比失衡问题,既要从人口再生产的一般规律角度进行分析,也要充分了解中国人口再生产和人口转变发生的社会经济背景。在这个问题上有两点是可以明确的:第一,生育水平下降的过程中,父母因为抚养孩子数量下降而对孩子性别更加关注,是一个普遍现象。但这种关注并不一定必然表现为男孩偏好造成出生人口性别比的升高。第二,在存在比较明显的人口控制外在压力环境下,前一个因素就会得到强化,在一定程度上引发人为的性别选择,造成出生人口性别比明显失衡。

4.2.3　中国的人口质量变化与面临的问题

新中国成立以来,中国的人口质量不断得到提高。从身体健康方面而言,通过建立覆盖面广的医疗卫生保健体系,我国消灭或控制了一些具有传染性强、危害性大的疾病,

大大提高了人口平均寿命。目前我国人口平均预期寿命已经超过75岁。从科技文化素质方面而言,人口的文化素质得到不断提高。1964年人口普查,13岁及以上人口文盲率高达33.58%,1982年至2010年历次人口普查,15岁及以上人口文盲率分别为22.81%、15.88%、6.72%和4.08%,中国已经成为世界上全面普及国民基础教育最为成功的发展中国家之一。与此同时,改革开放以来,中国的高等教育得到恢复和发展,进入了一个快速发展的时期。目前全国有各类高等院校2 500所以上,在校学生超过3 000万人,高等学校毛入学率超过30%。高等学校年录取人数接近700万人,录取率超过70%,已经跨越高等教育发展作为"精英教育"的初期阶段进入了一个迅速普及和提高的"大众教育"阶段。

中国人口质量的提高还表现在与世界同等发达程度的国家相比,人口素质指数处于较高水平。无论是PQLI指数还是HDI指数,皆是如此。如早在20世纪80年代,国内外一些学者就根据当时资料计算各国PQLI指数,发现中国的PQLI指数值,不仅远高于一般低收入国家的水平,甚至比一些中等收入国家的水平还高。进入90年代以后,联合国历年出版的《人类发展报告》中所列各国HDI指数值表明,中国的HDI指数稳定在0.7以上,高于发展中国家平均水平,处于中等发达国家行列。中国人口质量指数的相对水平高于经济发展程度,主要是由于中国人口的平均预期寿命和教育发展表现强于一般发展中国家。而制度性因素所形成的中国较为普及的医疗卫生保健网络和基础教育推广体系,是中国人口质量提高较快的原因所在。以中国和另外一个人口大国印度相比为例,1980年HDI指数中印分别为0.423和0.369,均低于世界平均水平的0.559,但到了2013年,中国已经提升至0.719,高于世界平均水平的0.702,而印度的HDI虽然也有明显提升,但却仍然只有0.586,远在世界平均水平之下。至于人口预期寿命、婴儿死亡率和人口受教育年限等指标,中国均全面优于印度。表4-19对人口寿命和婴儿死亡率两个指标进行了对比。另外据联合国数据,在2005—2012年间,印度15岁以上成人识字率为62.8%,适龄人口接受高等学校教育的比例为23%,都明显低于中国的95.1%和35%。

表4-19　50年来中印人口质量的若干指标变化

	1965—1970年	1970—1975年	1975—1980年	1980—1985年	1985—1990年	1990—1995年	1995—2000年	2000—2005年	2005—2010年	2010—2015年	1995—2000年
出生人口平均预期寿命(岁)											
中国	44.13	55.05	61.32	65.19	67.45	68.63	69.39	70.59	72.85	74.44	75.43
印度	42.73	46.03	49.40	52.56	54.95	56.75	59.20	61.59	63.57	65.46	67.47
活产婴儿死亡率(‰)											
中国	135	94	72	55	45	42	40	34	25	17	12
印度	158	147	136	121	106	93	82	71	60	50	41

资料来源:United Nations, Department of Economic and Social Affairs, Population Division. *World Population Prospects: The 2015 Revision*. DVD Edition.

虽然用PQLI指数和HDI指数等指标衡量的中国人口质量大大超出了世界上同等发展中国家的一般水平,但这并不意味着中国的人口质量不存在问题。一方面,从横向比较的角度看,中国的HDI指数目前只能列在世界各国排名90位之后,与高度发达国家仍然有相当的距离;另一方面,从适应市场经济发展和可持续发展需要的角度来看,中国人口质量,尤其是科学文化素质方面,还需要大力加强和提高。从教育方面而言,存在的主要问题有以下几点。

第一,初级教育的基础仍然不够牢固和完善。具体表现在一些地区,特别是中西部农村地区,9年制义务教育落实程度并不理想,中小学学生辍学率还较高。在北京、上海等经济发达的城市地区,小学毕业生升学率几乎达到百分之百,而在西藏、贵州、云南和海南等一些欠发达地区,小学毕业生升学率普遍较低,有的地方高达45%小学毕业生不能进入初中学习。中西部地区农村由于经济欠发达,一方面农民家庭对教育支出的承受能力有限,另一方面则是以升学为目的的教育模式和只有少数人能够进入大学的现实,让广大农民认为读书无用而丧失支持子女学习的积极性,使得中小学学生辍学率和流失率较高。另外一个值得关注的是超过一亿流动农民的子女教育问题,他们要么留在农村,成为"留守儿童",文化学习无人关心和过问,处于放任状态,要么随父母流动在城镇成为"边缘人",难以享受正规的学习教育。

第二,教育供给渠道狭窄和教育资源利用效率低下,使得全面的社会需求未能得到有效满足。知识经济时代体现出的人力资本价值,从整体上改变了过去相当长一个时期存在的"体脑倒挂",由此激发了人们对知识的巨大社会需求,但改革相对滞后的教育体制不能有效地满足社会需求。一方面,多元力量投资教育的社会环境还没有完全形成,民间资本进入教育领域还存在相当多的壁垒;另一方面,由国家包办或主要由国家供给资源的教育机构存在着严重的人浮于事、效率低下的现象。这两个方面的因素造成教育领域的不完全市场竞争格局,结果是提高了教育的成本、抑制了教育的普及,妨碍了全民文化素质的提高。

第三,教育的内容与市场需求脱节,忽视素质教育而偏向学历教育现象较为普遍和严重。围绕高考指挥棒以升学为目的的基础教育和以学历文凭为主要标志的高等教育,严重背离了教育是提高人口文化素质以适应社会经济发展需要的根本目标。学校培养出的人才与社会需求不相适应,既浪费了教育资源,也使得人们在人力资本上的投资没有取得相应的回报,抑制了人们投资于教育的积极性。21世纪初,一直是劳动力供大于求的珠江三角洲和其他沿海地区,首次出现了"民工荒"的局面,特别是具有一定文化知识和生产技能的熟练工人极为短缺,严重影响了这些地区的经济发展,由此可见我国的教育与市场需求之间存在较大距离。

以上所述教育方面存在的问题,根源之一在于教育的发展和改革没有适应改革开放以来市场取向的社会经济变革所带来的环境变化和社会需求,仍然是以计划的思维方式和管理方式来办教育。虽然也有个别环节和部分地区试图进行若干改革,但缺乏整体环境的配合和全面的推进手段,反而滋生若干腐败现象,败坏了教育改革和发展的形象。全面提高人口科学文化素质,就要从适应市场需求的原则出发,全面拓展教育供给渠道,全民办教育,全民受教育。让个人和家庭真正成为人力资本投资主体,通过市场机制调配社会教育资源,决定教育内容及发展模式,形成多渠道、多层次、多模式的教育格局,提高教育的私人收益率和社会收益率。

4.3　面向可持续发展的人口政策

处于第三次人口革命过程之中的世界人口正在经历着全方位的深刻变化，特别是在追求可持续发展已经成为人类基本共识的大背景下，选择并且实施适应可持续发展需要的人口政策，是世界各国面临的共同选择。虽然世界人口再生产已经整体上向收敛于可持续发展的再生产模式方向迈进，但是各个国家，特别是处于不同发达层级的国家，人口再生产状况仍然是有所差别的，加之不同国家的自然资源禀赋、经济发展水平、宗教文化环境等因素不同，在实现可持续发展的人口发展方面，面临的具体问题尤其是最突出的人口问题是有所不同的，由此采取的政策也是千差万别。联合国经济和社会事务部人口处出版的年度世界人口政策文件，将世界各个国家和地区的人口政策分为六个大类，分别是人口规模和人口增长、人口年龄结构、生殖健康和计划生育、健康和死亡、人口分布与国内迁移、海外移民，每个大类下又分解为不同议题。每一个大类和子议题下，世界各国人口政策都存在一定的差异。以人口规模和人口增长为例，最新的动态是，在列入观察的197个国家和地区中，20%的国家政府希望提高人口的增长水平，较10年前增加了5个百分点，21%的国家政府希望维持目前的人口增长水平，较10年前也增加了5个百分点，37%的国家政府希望降低目前的人口增长水平，较10年前下降了1个百分点，22%的国家政府对目前的人口的规模和增长水平维持一个不干预的政策，较10年前下降了10个百分点。鉴于世界各国人口政策的复杂性，本节聚焦于面临转折点的中国人口政策，分析我们面临的争论可能的选择。

4.3.1　中国人口发展政策问题产生争论的背景

世界第一人口大国的政策，始终是学术研究和社会实践的热点问题，各种观点和争论也一直存在，新中国成立以来，中国在人口问题上的政策实践和学术研究，也确实是一个充满了反复和曲折的过程。从提出并且实施人口控制政策，迄今已近半个世纪。20世纪90年代以来，从实现可持续发展的大目标出发，对中国人口发展走向与人口政策调整问题的讨论又一次成为热点话题。这一轮新的争论产生，有三个主要背景。

背景之一：人口与经济社会发展之间关系的复杂性，使人们对“究竟什么样的人口才算合理”这一经典命题的在新的环境下出现新的解读，提出新的疑问。

已有的研究与不同国家和地区发展的历史经验证明，人口与社会经济发展的关系是复杂而多维的。人口变动的社会经济效果，因不同国家和地区人口本身状况而异，因经济发展水平所处自然环境和人文环境而异，因考察的时期长短而异。因此，在“人口究竟是发展的动力还是负担”这一问题上，并没有简单而明确的、适用于不同发展阶段的、放之四海而皆准的唯一性答案。第二次世界大战之后，国际学术界结合发展中国家人口增长与经济发展的实践，对人口与经济关系进行的研究中，过快人口增长不利于经济增长成为一种主流的声音。与学术研究的主流声音相呼应，许多发展中国家实施了人口控制政策。20世纪后半期开始，一些国家和地区，特别是已经完成人口转变的国家和地区由于人口低增长乃至负增长而产生的若干社会经济负面影响，引起一些学者对人口减少的忧虑。一些学者认为,德国、日本等国家经历的经济低迷现象,恰恰与这些国家的低水平生育及人口结构变化带来的不利因素有关。特别是发达国家出现的低水平生育现象,引起了一些学者对20世纪出现的人口控制运动的反思,其中一些人对人口控制实践提出强烈批评。有学者认为,20世纪出现的人口快速增长,主要原因在于卫生条件改善带来的早死率降低、人均寿命延长,而真实的人口再生产状况是生育水平的大幅下降,总和生育率由1960年的5.0左右降至2000年的2.6左右,预期到2050年将进一步降至2.2,低于更替水平。他们断言,世界人口已经不可能再出现翻番的情况,现在应该忧虑的是人口减少可能带来的后果。与当年一些学者呼吁警惕"人口爆炸"(population explosion)相反,他们把人口减少的趋势称为"人口内陷"(population implosion),并把这个现象与欧洲历史上出现过的导致人口数量大幅减少的"黑死病"相提并论,称之为"白色瘟疫"(意为人口数量减少,老年人增加)。他们强烈谴责作为一种社会运动的人口控制,称之为集体自杀行为。与这种思潮相呼应,中国国内在人口控制问题上始终存在不同的声音。较为激进者认为,马尔萨斯主义已经被世界人口发展的历史反复证明归于破产,计划生育不仅于当代中国的发展无功,甚至会遗祸后代。比较温和的学者也认为,以众多家庭只生一个孩子为基本内容的人口控制政策,造就了无数"风险家庭",这无助于社会和家庭的稳定,何况生育权是"天赋人权"的基本内容,应该得到充分的尊重。因此,必须拿出大智慧和大勇气,对人口控制政策改弦易辙。也有长期从事人口控制实际工作的专家认为,我国人口再生产的微观社会经济基础已经发生根本变化,应该适时调整人口政策,逐步放宽乃至完全取消对人口生育的数量控制。

背景之二:中国改革开放后,经历了人类历史上规模最大、持续时间最长的黄金增长时期。"三步走"发展战略目标中的第一步和第二步目标已经基本实现,但是也付出了沉重的资源和环境代价。如何以绿色发展的方式走好发展的第三步,最终实现可持续发展的目标,是事关中华民族复兴伟业的重大战略问题,这其中人口问题是关键变量之一,它要求我们对未来的人口发展目标和政策做出及时的定位和设计。

改革开放以来,我国经济实力和人民生活水平得到前所未有的增强和改善,人均GDP快速增长,总体经济实力位居世界第二。但是整体来看,我国人均GDP水平在世界上仍然排在90名左右,离发达国家甚远。考虑到基数增大后发展速度下降的一般规律,尤其是要改变牺牲环境和高强度资源投入的发展模式以实现绿色的可持续发展,未来的发展任务是十分艰巨的。谋划未来发展的关键参数之一就是,我们以什么样的人口规模来实现这个目标。人口政策未来的走向如何选择,将直接影响2050年按人均GDP指标计算的发展目标能否实现。保持低水平生育甚至实现人口规模的绝对减少,将有助于人均GDP指标目标的实现,但也可能带来若干负面影响;放宽人口控制力度,可以营造相对宽松的发展环境,但又会影响发展目标的实现,这是一个两难选择。因此,未来人口政策走向,是事关我国实现第三步发展战略目标的重大问题。

背景之三:在以人类历史上前所未有的规模和力度干预人口再生产过程之后,经过40年的发展和积累,中国人口政策效应已经充分显现。这些效应是多元而复杂的,并伴随人口再生产本身固有的惯性作用在未来数十年时间里不断积累和加强。我们在收获这些政策带来的积极效果的同时,也正在并将仍然会为若干负面效应付出代价。趋利避害，进行人口发展目标和人口政策的修正和调整已经具有充足的理由。

理由之一是劳动力的供需格局发生逆转，需要人口政策的调整加以配合。进入21世纪，在沿海地区就发生了“民工荒”现象，进入21世纪第二个10年，中国的劳动力数量开始绝对减少。对我们这个长期以来饱受就业压力折磨的国家，似乎是个福音，但我们又不得不面对这样的疑问和挑战：一些国家出现了劳动力供给困难造成的经济持续低迷，我们是否也会面临这样的难题？作为“世界工厂”，我们的快速经济发展，很大程度上依赖于廉价而供给充足的劳动力，一旦这个相对优势不复存在，现有的经济发展模式将难以为继，我们是否做好了准备？虽然我们很早就提出了通过提高劳动者素质来实现内涵式发展的思路，但这个转变显然非一朝一夕可以完成，而现实经济生活中的劳动力短缺，则可能对经济发展造成重要影响。世纪之初从东部发达地区开始出现继而蔓延的“民工荒”已经为我国的劳动力短缺敲响了警钟。目前的短缺还主要表现为结构性矛盾，但如果不及早采取相应措施，矛盾发生的广度和深度就会大大增加，到时再调整人口政策，就会缓不应急。通过人口政策的调整，避免劳动力供给的过度起伏给经济发展造成压力，无疑是思路之一。

理由之二是中国的人口老龄化发展趋势格外严峻，需要通过人口政策的调整加以缓解。中国的严格人口控制政策，造成人口年龄金字塔底部的急剧收缩。一些国家经历100年左右的人口老龄化过程，在中国被压缩至短短30—40年的时间内完成，这个被压缩和催化了的过程，使得中国城乡出现典型的“4-2-1”型家庭结构的概率大于一般国家。而且整体人口老龄化的进程呈加速发展，预计在21世纪中叶65岁以上人口比例将接近30%，这个老龄化程度远远超过当今发达国家人口老龄化水平。在我国经济发展程度还不高，尚未建立起完善社会保障制度的背景下，解决“未富先老”难题，既要建立和完善社会养老体系，同时也要发扬中国传统文化和习俗所认同的家庭养老传统，尽可能借助于家庭的养老力量，这种选择的结果，就必须适当放宽目前的人口控制政策，缓解家庭养老压力。

理由之三是人口数量控制政策造成了出生人口性别比失衡现象，需要通过政策的调整来加以矫正。

多数学者以及实际部门工作者认为，出生人口性别比失衡发生的时间与严格的计划生育政策执行在时间上具有继起性，历次普查资料和各类专项调查资料反复证明失衡现象的客观性，而且若干“二孩加间隔”等政策试点地区出生人口性别比相对正常，这些事实足以判断出生人口性别比失衡是出生人口数量挤压而造成的性别选择效应。从根源上讲，男孩偏好具有广泛的社会、经济、文化基础，但人口控制政策严格压缩人们的子女数量选择空间无疑是触发这种性别偏好的重要原因。因此，出现了一种流行的观点，认为如果要把扭曲了的出生人口性别比失衡现象矫正过来，客观上需要对现行的人口政策进行调整。

4.3.2 关于中国人口现状与发展政策选择的主要争论

围绕着中国人口发展现状和未来目标与政策走向的争论，主要表现在以下八个主要方面。

争论之一：中国目前的人口数量到底有多少？

传统上，我国人口数量总数主要依据公安部门户籍资料和统计部门发布的年度数据加以掌握，随着人口普查制度的规范化，十年一次的普查和五年一次的抽查为国家准确掌握人口基础数据又提供了便利。但随着改革开放程度加深造成的人口流动和人户分离现象增加、计划生育绩效考核等因素影响，多部门、多渠道得到的人口总量数据之间的一致性越来越差，人们对中国人口数量的真实数据莫衷一是。这种怀疑在2000年第五次人口普查以及2010年第六次人口普查后都引起争论。既有人认为普查数据整体质量良好，误差控制在国际社会认可的范围之内，人口总数数据基本可信，也有人断言因为漏登和瞒报，中国的人口数远远不只普查登记人口数，要高出1亿—2亿。

使问题进一步复杂化的是，过去人们对中国人口数量的多数质疑，是认为实际数量大于日常统计和普查登记数。但最近两次普查期间社会环境的变化，使得质疑的原因更加多元化。既有人口的漏登和瞒报，也有重复登记。相关研究表明，公安部门的户籍统计存在因一人多户（口）、死亡人员未及时注销户口等原因造成的重报和重登现象，而计划生育部门也有重视出生人口登记忽视死亡人口登记的现象，这些因素都造成登记人口总数与实际的误差。有学者也对统计部门所公布的人口漏报数据以及一些修正性研究结论提出质疑，认为流动人口增加，可能带来的后果是普查时期的重复登记，而一些基层单位根据设定的比例上调流动人口数以修正普查登记数的做法，加重了这一疑虑。也有学者通过入学儿童人口数量等方式推断人口普查漏登情况，提出自己的结论。

争论之二：中国人口发展的数量目标到底是什么？

对中国人口数量目标的争论，围绕这样两个具有逻辑连续性的问题展开：第一，长远而言，适应中国可持续发展的人口数量目标应该如何设定？第二，在即将抵达人口数量高峰之后，中国的人口政策数量导向应该作何调整？

对于中国的合理人口规模，早在20世纪20—30年代，我国就有学者开始研究，1949年后又多次形成讨论高潮。如同对地球上能够养活多少人以及合适的人口数量应该为多少存在巨大分歧一样，对中国满足可持续发展要求的人口数量的主张也相差甚大，从2亿左右，到7亿—10亿，均有人主张。多数人认为，中国目前的人口数量已经超出最合适的人口规模。也有学者对这些研究结果并不认同，他们认为不同时期人类认识自然、利用自然的方式不同，地球的承载能力也有很大不同。从长远的、动态的、开放的角度看，绝对的适度人口或者人口承载力是不存在的。中国完全没有必要为一个远远小于现实人口的所谓适度人口概念捆住自己的认识和解决问题的手脚。

与此紧密联系的是，现在可以肯定地得出结论，中国人口规模即将达到一个数量高峰而转入绝对减少状态，下一步的目标如何设定？中国的人口内在自然增长率已经从1990年开始变为负数，这个事实决定了中国未来人口总数将经历一个数量绝对减少的时期。延续现有的人口政策或者仅仅做某种程度的微调，实际上意味着是把人口数量减少作为未来数量目标付诸实施。这与保持一种人口减少政策并逐步向某个低于现有人口的目标迈进是一种理所当然的、为多数人接受的选择。但现实情况是，官方并没有就目标人口规模提出鲜明的主张。有人认为，美国人口只有2亿多，没有妨碍它成为超级强国，中国的国情决定了人口少一些比人口多一些更加有利，人口少一些能够使得中国发展的困难更少一点，发展得更加快一点，更加平坦一点。也有人明确提出中国只有将人口数量控制在与美国相当的3亿—5亿的水平，中国人民才能有一个满意的生活质量和

生存环境。

也有学者不认同逐步减少中国的人口数量的发展目标。他们认为追求减少人口数量为目标的主张是人口数量决定论的体现,这种观点割裂了人口数量与结构之间的关系。他们以欧洲国家为例,说明继续实行人口减少政策可能带来的劳动人口减少、家庭结构单一等社会和经济危害。从劳动年龄人口数量影响国家软硬实力的角度看,相对年轻的劳动力人口结构是保证一国经济增长的积极条件,很少能够找到一个人口呈负增长而经济呈增长的国家和地区,人口增长是经济增长的必要条件,至少可以说,人口不减是经济增长的必要条件。因此,这些学者主张中国追求一种基本上的人口静止的"人口可持续不减"战略。至于耕地、水等资源约束问题,更应该从开放的、全球化的视角加以认识,应该通过增强竞争力拓展国家的人口承载能力,以封闭的方式通过迅速减少本国人口数量的手段解决资源与环境问题不是解决问题之道。更有人将中国的人口数量问题与中华文明的兴衰与民族冲突联系在一起,认为减少人口数量,不利于中华民族全面复兴,也不利于中国文明在多元文化的全球化进程中发挥更大作用。

争论之三:目前的中国人口生育水平到底有多高?

与目前中国人口数量到底是多少这个问题相关联的,是中国目前真实的生育水平到底有多高。第四次人口普查之后的年份里,官方的文件谈及当今中国生育率水平,始终说低于更替水平的"低水平生育",后来就一直以 1.8 左右延续多年不变。自 20 世纪 90 年代以来,多次人口普查、抽样调查、其他专项调查所显示的生育水平之低,让相关政府机构和多数学者几乎不敢相信。1990 年第四次人口普查得到的普查前一年人口总和生育率为 2.31,2000 年的第五次人口普查得到的结果为 1.22,2005 年 1%抽样调查得到的结果为 1.33。2010 年第六次人口普查得到的结果为 1.18,水平之低,让多数学者和研究机构难以置信和接受。

普查和抽查得出的生育水平与一般人的感性认识以及部分学者基于人口政策测算出的生育水平大相径庭,导致人们对中国近 20 年来真实生育水平莫衷一是。一方面,有人认为,普查和相关调查固然存在一定误差,但多次和反复的调查结果已经不容置疑地表明,中国已经出现了真实的极低生育水平;另一方面,很多研究者又基于其他方法进行测算和研究,如利用人口普查外的系统数据,比如用教育部门提供的儿童入学统计数据,反推历年人口出生水平,测算生育率,又如根据中国的现行计划生育政策在各地区的多样性,测算中国的政策生育率,这些方法测算的结果,均显示出超低水平生育数据不可信。作为一种保守选择,相关政府部门多年来对普查所得的生育水平数据进行了修正,导致很长一个时期里官方公布的总和生育率一直是 1.8,或者代之以"低水平生育"这样一个较为笼统的说法。

争论之四:中国人口发展与政策走向的战略重点是什么?

在如何认识未来中国人口发展与政策走向的战略重点的问题上,也存在一定的争论。这个问题上的不同认识,直接关系着未来人口发展战略目标与政策的制定。

以人口数量控制为主要内容的人口政策实施了近半个世纪,社会经济发展水平和人们的生育模式已经发生了巨大变化。但鉴于中国人口超大规模以及资源环境方面所面临的巨大压力,一些学者坚持认为必须高度重视中国人口数量给中国长期发展带来的压力，实际上人口过多仍然是中国第一位的人口问题。他们认为，过去认为中国耕地少、底子薄、经济不发达，所以提出控制人口。这种说法虽然正确，但仅仅停留在这个层次上的认识是片面的、低层次的，应该从全局性、根本性和长期性的战略高度认识人口控制问题。人口控制应当始终是中国人口发展战略的主旋律和核心原则，是不能也不应该动摇的。人口总量控制，仍然是21世纪中国人口政策的基本导向。严格的一胎政策，不仅要在城市地区继续坚持下去，而且还要从城市推向农村。他们也强调，他们主张21世纪中国人口政策的重点仍然是把控制人口数量放在第一位，并不意味着他们不重视人口结构问题，对中国人口结构性问题可能带来的社会经济后果也不是视而不见。他们认为，放宽生育政策，调高生育水平，增加出生人口，并不能解决我国面临的人口结构性问题，而且结构问题的解决，并不只有放宽人口控制政策这样唯一的途径。比如，可以通过促进人口流动和城市化的思路，缓解人口结构问题，这种思路其实是通过人口的迁移流动，削峰填谷，以空间换时间，实现中国区域人口协调发展。

与主张仍然把数量问题放在第一位相反的意见认为，中国人口发展与政策的重心应该根据变化了的客观情况有所调整。

有学者强烈反对"数量第一"的政策主张，认为应该是"数量与结构并举"和"数量结构统一"。这种观点持有者认为，"数量第一"论者过分执着于人口"分母效应"，把发展面临的种种困难和问题往往简单地归咎于人口太多。其实，现代经济发展最为重要的是人口的素质，把数量和结构放在同等位置，不仅可以解决越来越突出的人口结构问题，也可以腾出手来把更多资源用于提高国民素质。

与"数量结构并举"更进一步的观点是，结构问题应该成为21世纪中国人口问题的核心并置于人口发展战略的首要地位。有学者认为，日本自20世纪90年代以来经济缺乏活力，人口停滞和老龄化是一个重要原因。以此为鉴，中国应该对以节制消费需求为主要依据的人口控制政策做出新的审视。21世纪中国人口问题越来越成为一个多维问题，人口数量控制将逐步退居次要地位，而人口老龄化、城市化和人力资本投资等成为新的课题。主张结构优先，并不是忽视和放弃数量控制，而是寓人口控制于结构优化之中，并通过结构优化促进人口质量的提高。

争论之五：劳动力供给的下降是否要通过人口政策调整加以解决？

在中国人口数量即将迎来转折性顶点之前，中国的经济活动人口数量就已经出现了历史性转折，由逐年增加转变为逐年减少。这种转折预示着中国城镇劳动力的供需关系将发生逆转，由全面过剩，到出现结构性短缺，最终将出现需求大于供给的局面。在劳动年龄人口逐步减少的大趋势下，劳动力供需关系是否会发生根本性变化？是通过人口政策的调整来调节劳动力的供需关系，还是通过其他的方式来解决劳动力的供需矛盾？学者们存在不同的观点，由此产生不同的政策主张。

一种观点认为，中国的人口规模如此之大，劳动力数量如此之多，而且长期积压的就业压力如此之严重，在可以预见的时期内，不可能出现劳动力短缺局面。如果调整生育政策，提高年轻人比重，就会增加失业人口数量，加剧劳动力供大于求的不平衡矛盾。有学者认为，直到2050年，中国经济活动人口数量将保持在8亿—10亿之间，如此庞大的劳动力资源可以保证中国不存在劳动力短缺的问题，认为人口控制会带来劳动力短缺是多虑了。还有学者从经济发展中的结构变化对劳动力需求影响的角度加以分析，认为在国际竞争的背景下，随着经济不断知识化，信息自动化排斥劳动力现象加剧，存在着大量城镇失业和农村剩余劳动力的中国，就业问题始终存在，调高生育政策会加大解决问题的难度。有学者认为，替代人力的技术不断开发和普及，各种制造业和服务业劳动力需求会大大减少，连加拿大和澳大利亚这样地广人稀、人口只有几千万的国家也不欢迎一般性移民，中国人口即使减少到3亿—5亿，也无理由担心劳动力短缺。

也有学者从经济发展的基本原理以及国际经验出发，认为仅仅根据中国劳动年龄人口规模庞大就得出中国不会出现劳动力短缺的判断，缺乏中间环节的逻辑支撑，并不具有说服力。中国农村转移出的劳动力与尚未转移出的劳动力年龄结构分布存在巨大差异性，农村劳动力增长速度和外出转移速度已经发生变化，中国再也不处于传统经济学理论所认为的劳动力近似于无限供给的状况，包括农村在内的城乡劳动力短缺现象已经开始出现，中国已经出现了发展经济学理论中的“刘易斯转折点”。在这种背景下，中国的人口政策应该适时、适当调整，尽可能延长人口红利期。许多学者也从“民工荒”现象出发，认为中国除了要解决结构性的劳动力供需矛盾之外，对计划生育政策带来的劳动力供给逐年减少可能引发的就业问题应该及早给予关注。

争论之六：中国人口老龄化压力是否要通过人口政策调整加以缓解？

中国的人口老龄化已经出现，而且老龄化程度将会越来越深，这点已经不容置疑。在这样的背景和趋势下，是否要通过人口政策的调整，缓解人口快速老龄化带来的压力，成为不同观点学者交锋的一个重要领域。

有学者主张针对老龄化加速发展、劳动力负担比不断攀升的局面，调整生育政策，缓解人口老龄化压力。他们利用人口老龄化的发展趋势数据指出，如果不改变现行政策，则中国的老龄化程度高出多数发达国家，而劳动力供给状况又明显不及印度等与我们构成竞争关系的国家，现行生育政策不变方案下劳动力资源快速萎缩与极高的老人比例以及老年抚养负担，将阻碍我国经济社会可持续发展，并削弱保护环境、开发资源、抵御天灾人祸的综合国力。

但是这种观点遭到一些学者的反对，这些学者认为这是仅仅从老年人口比例出发思考问题的结果，是掉入“相对考量”的陷阱。而全面认识人口老龄化，必须从相对指标和绝对指标相结合的角度才能获得全面的认识。

首先有学者对所谓人口老龄化和老年人口的界定提出异议和质疑，认为笼而统之地讲人口老龄化，可能会渲染和夸大人口老龄化的负面影响。传统的理论把60岁或者65岁以上人口达到一定比例作为判断人口老龄化程度的标志，在人口寿命普遍延长、人口生育率普遍下降的背景下，这两个量纲还是否具有原来提出时的参考意义该打问号。仅仅从相对比例衡量老龄化，既不客观，也不全面，难以形成对老龄化的全面理解。将这两个指标与养老负担联系在一起的思想早就过时了。有学者进一步指出，划分人口年龄结构类型的标准，原本是一个人口统计学的分析工具，现在人们习惯于不加思考借用这些指标，将人口统计学意义泛化为社会经济意义，不利于人们对人口年龄结构变化带来的社会经济实质性影响的认识和把握。

其次还有人认为人口老龄化压力日益加大虽是事实，但并不构成应该调整人口政策的充分理由。一方面,中国人口老龄化的程度虽然继续升高,但只略高于目前发达国家水平,整体来说并不很高。另一方面,现在的老年人口数量增多,是25—65年前高出生率造成的结果。即使现在放宽人口生育政策,也不会减少老年人口,相反,只能加大65年以后的老年人口规模,使得未来的老年人口问题雪上加霜。调高生育水平,对于当代的养老问题,是远水不解近渴,反而会造成未来养老任务更重、就业压力更大的弊端,形成老少负担"两头沉"。放宽生育政策以缓解养老压力,不是解决人口老龄化的上策。

持有相同观点但辩护理由更加激进者认为,为缓解人口老龄化放开生育,只会增加人口,不利于人均收入水平提高,而且,根本上讲,老年人口并非通过无偿占有子女劳动成果而生存。加速老龄化,有助于老年保障。持有这种观点的学者虽然不否认人口老龄化带来的若干负面影响,但他们认为放松人口控制政策带来的后果远比人口老龄化的负面影响严重,因此,两害相权取其轻,继续维持乃至加强目前的人口控制政策是一种不得已的选择。

争论之七:出生性别比失衡现象是否要通过人口政策调整加以矫正?

人口控制政策与出生人口性别比失衡之间的内在关联如何?是否需要通过人口政策的调整对出生人口性别比失衡现象加以矫正,是中国人口问题争论的一个热点话题。

有学者承认出生人口性别比失衡现象存在的客观性,认为这一现象的产生有其深刻的社会、经济与文化背景,不能简单归之于人口控制政策。他们认为,中国的出生人口性别比失衡,是因为大家更偏好于生男孩。之所以存在男孩偏好,是跟劳动力市场有性别歧视有关,还跟社会保障欠缺、很多人依赖于家庭养老有关。因此,解决出生人口性别比失衡的办法,不在于改变人口控制政策,而在于完善劳动力市场,消除性别歧视,建立完善的社会保障体系。

一些政府机构和实际工作部门的研究者,则倾向于否认人口控制政策导致出生人口性别比失衡。他们认为,没有实行计划生育的东亚、南亚乃至中东和北非一些国家和地区也出现过生育率下降过程中的出生人口性别比升高现象。计划生育政策更加严格的中国城市地区,出生人口性别比失衡现象反而并没有农村地区严重,因此,计划生育政策与出生人口性别比偏高并没有直接因果关系。如果有关系,也只能说,计划生育政策促进了低水平生育的早日带来,间接影响了出生人口性别比偏高。他们认为,计划生育政策不是出生性别比偏高的主要原因,靠改变计划生育政策来矫正出生人口性别比失衡,会失之于简单的判断。

有学者并不讳言出生人口性别比失衡现象的存在,也不为人口政策导致这一现象产生进行辩护,但他们认为,实行计划生育政策,并未导致我国总人口的性别比显著上升,也无有力证据说明放开二胎生育就会导致性别比下降。与人口数量太多的危害相比,出生人口性别比失衡问题微不足道。至于性别比失衡现象引发的社会问题,虽然在一些方面客观存在,但其实远非一些耸人听闻的新闻媒体描述的那样形势严峻。以所谓的婚姻挤压为例,一些媒体动辄宣传数十年后,数千万男性不能找到适龄婚配女性,这其实是夸张的说法,婚姻市场中的男女年龄梯度的分布自我调节足以解决这个问题。

多数学者并不否认出生人口性别比失衡背后复杂的社会经济因素,但认为计划生育政策是直接导致失衡现象普遍蔓延的主要因素,调整人口政策是矫正出生人口性别比失衡的一个重要手段。

争论之八:人口政策的调整是否会导致生育水平的反弹?

中国的人口控制政策实际上是在不断调整和完善中,在普遍的“一孩政策”下,逐步放开家庭生育控制。如果进行生育政策的调整,放宽生育限制,是否会导致生育水平的反弹,导致人口控制成果前功尽弃?在这个带有高度敏感性而又具有全局性的公共政策问题上,仍然存在不同的认识和判断。

有研究机构基于不同地区和不同人群所做的生育意愿调查发现,目前女性的生育意愿普遍高于目前的政策生育水平,如果放宽政策限制,反弹是不可避免的。鉴于中国人口目前的低水平生育反弹势能大,人民群众的生育意愿与现行生育政策要求之间有较大差距。现在的低水平生育是通过艰苦的工作获得的,维持低水平生育的成本和代价极高。

对放宽生育控制政策持反对态度最为强烈的,是从事人口控制的实际工作者。他们认为目前我国的低水平生育是高成本和代价的政府主导型干预的结果,低水平生育的社会和经济基础在我国远未形成和巩固。对基本国策的轻易改变,其社会震荡将难以预料,对可能产生的巨大风险不能不进行审慎评估。不仅仅是放宽政策后人们未来的生育水平会反弹至多高,而且也包括原本放弃多孩生育的夫妇可能的补偿性生育带来的冲击。他们忧虑的是,一旦过快而且幅度过大改变生育政策,来之不易的生育秩序和稳定局面将荡然无存,如果到时又发现人口发展形势严峻,根本无回头的可能。

一些学者并不认为对现行人口控制政策进行调整就会造成生育水平的大幅反弹和人口发展形势的失控。理由是:第一,生育水平的变化,有其内在的规律,一个基本的趋势是,当一个国家的人口生育水平下降到很低并长期低于更替水平之后,哪怕是通过政府鼓励生育的政策,也很难将其提高。改革开放以来中国经济发展和社会结构变化对中国人口再生产模式的变化产生的影响是决定性的,不能想当然认为一旦适当放宽生育政策就会导致大幅度反弹。第二,即使在现行生育控制的政策环境下,全国大多数农村地区的家庭仍然生育了两个孩子,因此,把生育政策放宽到二孩,至多是对现状的一种承认,并不会带来生育的冲击。对大量的突破现行政策生育现象的管理力不从心,又不从政策上加以反思和完善,实际上是一种鸵鸟政策,倒不如尊重现实,把政策的制定与执行建立在客观可行的基础之上。第三,20 世纪 80 年代以来的一些有别于“一孩政策”的农村地区试点,并没有出现生育水平大幅高于政策更为紧缩地区的现象,反而是生育水平、人口结构各个方面更加合理,社会更加和谐。因此,担心出现允许人们生育 N 个,人们就会生育 $N+1$ 个孩子的现象的顾虑,是没有根据的。

4.3.3 面向可持续发展的人口政策定位与研究课题

理论和学术研究,见仁见智,政策的制定和实施,错综复杂。处于快速发展与结构变化进程中人口大国的人口问题的复杂性,远非一般的学术问题和社会政策可以类比,一些问题虽然经历了数十年的争论,但随着经济社会环境的变化,远未形成普遍共识。无论是从宏观的战略层面还是从微观的政策操作层面,可以预见,相关的争论仍将持续下去,只不过讨论的议题和重点会因时而异。

中国人口问题本身的复杂性与中国经济快速发展和社会结构急剧变化交织在一起，审视人口问题有着多维的视角。在这种背景下，探讨中国的人口发展与政策走向，应该有一个基本的目标定位，否则，就人口问题谈人口问题，或者只执着于某些特定因素和目标谈人口问题，始终难以找到达成共识的平台，也无从凝聚共识。因此，当务之急是确立我国人口发展和人口政策走向的目标定位。从根本上讲，人口的发展和政策选择应该服务于国家可持续发展战略，人口的发展和政策调整，必须也只能是促进人口与资源、环境的协调发展，以有利于国家的富强和人民福利的增加为最高目标和最后依归。在这个大的目标下，对人口发展与政策调整涉及的各个具体问题进行权衡和取舍。

一旦确立了这样的一个定位，我们就会发现，在人口发展与政策调整问题上，萦绕在一些人头脑中根深蒂固的若干观念其实是陷入了认识误区，值得再斟酌。

比如说在人口规模与国家强盛的关系上，一些人对中国有可能在不远的将来将人口第一大国的地位让位于印度耿耿于怀，强调人口规模是体现综合国力、提供充足劳动力、保持市场容量和国防力量的必要条件。其实，国力的强盛与人口的规模并无必然关联，以中国既有的人口条件，国力的强盛程度主要还是取决于发展水平的高度。我们需要担心的仍旧是人口规模对资源和环境造成的压力不能使我国赢得宽裕的发展空间，而不太可能是因为人口减少带来的困扰。在人口与资源、环境关系高度紧张的状态下保持所谓的强盛大国称号，而人民的福利未必得到实在的提高，说明强国的称号带来的只是虚幻的感觉，这与我们的发展目标是有偏差的。

又比如说在经济增长与人口的关系问题上，一些人担心劳动力供给减少和抚养负担的增加带来经济的停滞，因而害怕人口减少，从而主张实行人口零增长或者“人口不减”战略。我们有必要回过头再思考一下，人口增长停滞就会造成经济增长乏力吗？人口减少就必然导致经济衰退吗？人口减少与经济衰退就必然导致人均经济和社会福利的下降吗？反之，经济增长就必然等于人民的福利增加吗？人口发展的目标是人口自身的福利提高而不是GDP指标，经济增长是手段而非目的，为了经济增长而实行人口不减战略，实在是舍本逐末。

再比如说，一些人执着于人均概念和分母效应，沉浸在快速人口减少可能带来的福利增加的虚幻景象之中，幻想如果我们的人口只有美国那么多，人均GDP就会比现在增加3—4倍。他们不去考虑，没有现实的人口规模，要实现目前的经济规模有无可能，而是一厢情愿地夸大人口减少带来的人均收入倍乘效应，完全忽视人口规模萎缩过程中可能带来的社会经济问题，实际上是仍然是把人均GDP看成人民福利的唯一指标。其主张表面虽然与“人口不减”论者相异，但立论基础却无实质区别。

有关中国人口发展与政策调整走向的争论虽然进行了许多年，但在一些关键性的问题上，仍然缺乏有深度的研究，也需要结合实践进行进一步的探索。如果把确定中国人口发展与政策调整走向的任务比喻成要在茫茫大海上完成一次远航，我们现在面临的困境是，远航的目标不定、起点不明、航线不清。

所谓目标不定，是指中国人口发展与政策调整的长期战略目标尚未明确。现在已经清楚的是，在2030年以前，我国的人口将达到峰值，而人口再生产的惯性作用，要求我们现在就对未来人口发展的走向做出选择。是保持零增长,还是设定一个较低的目标值?这个问题必须尽快得到明确。

所谓起点不明,就是对目前我国的人口再生产的“家底”到底是什么样尚存在较多疑问。比较有把握的人口总数到底是多少?真实的生育水平又是如何?潜在的生育意愿与真实的生育行为之间转化的可能有多大?转化的环境和条件又是什么?对这些基本参数的准确把握是我们制定未来人口发展与政策调整的基本前提条件。

所谓航线不清,就是在目标不定和起点不明的情况下,选择什么样的路线、以什么样节奏和方式达到设定的目标就无从确定。

中国人口发展与政策调整的前景,取决于上述三个因素的明朗化程度。而目前仍然存在的纷杂争论,是解决和澄清种种疑虑的正常过程。从学术研究的角度而言,争论持续越久,越有助于问题研究的深入,但考虑到人口再生产的惯性作用以及中国社会经济与人口发展所处的背景因素,中国人口发展和政策调整的问题又必须尽快做出决断和选择。因此,理论界应与实践部门一起,对中国人口发展与政策的调整问题进行联合攻关,重点突破一些亟待回答的重大课题,作为形成宏观战略决策的基础和政策制定的依据。就目前而言,重点的课题应该放在如下几个方面。

第一,从中国国家发展中长期战略目标出发,识别未来50年、100年乃至200年的人口发展目标到底是什么。

这一重大主题至少包含两个方面的研究内容,一是实现国家现代化以及可持续的发展目标,对人口发展提出的要求是什么;二是结合经济发展趋势、社会结构变革走向、技术进步效应等多重因素,分析判断什么样的人口规模、结构与质量才能在人口、资源和环境的协调发展的状态下实现国家的中长期发展战略目标。从国家战略层面清晰地勾勒未来50—100年人口发展目标,并对下一个世纪人口发展目标进行定位。

第二,对人口现状的真实把握。重点弄清楚的问题包括中国的准确人口数据到底是多少,现阶段真实的生育水平到底是多高。

应该结合普查和专项调查的实施和成果,有计划和有重点地组织一批调查研究和专题分析,基本澄清多年来笼罩在中国人口统计各个方面的种种猜疑,取得有关人口规模、真实的人口出生水平的准确把握,为制定中长期人口发展战略和政策调整决策提供切实可靠的依据。

第三,对未来人口发展过程中可能出现的种种矛盾和冲突进行识别和权衡,按照趋利避害、两害相权取其轻的原则进行综合分析和取舍,确定人口发展和政策调整的路线图。

应该看到,目前就人口发展走向和政策调整的种种争论,不同主张持有者往往是从某一个特定角度和层面分析问题和提出主张,而这些问题和主张从别的角度来看又往往相互冲突。以出生人口性别比失衡可能造成的婚姻挤压为例,迄今为止的宣传与研究,还只停留在所谓的婚龄人口女性赤字上面。在现实生活中出现了婚配年龄差异扩大化的趋势面前,这种研究深度不足以解释问题的全部,也难促使一般民众理解,因此出生人口性别比失衡被一些人认为是“微不足道”的问题,或者被认为是为了达到其他目标必须也可以付出的代价之一。类似的矛盾和冲突在劳动力数量供给与老年人口负担变化的关系上也同样存在。这就要求理论和实践部门对未来可能出现的问题严重性有深刻把握，从发展的大局着眼，做出趋利避害的选择。

第四，对新的社会经济背景下人们真实的生育意愿和生育政策调整后带来的效果进行观察和研究，为全面的政策调整提供参考依据。

面临转折的中国人口政策必将根据客观形势的变化发生若干调整，2013 年和 2015 年中央政府两次调整了生育政策，但人口政策调整可能带来的效果和影响目前还缺乏全面的把握。未来人口政策将如何进一步调整，还需要在进一步观察和分析的基础上才能做出选择。为此，不妨借鉴我国改革开放以来最为重要的一条经验，进行小范围试点。发现问题，积累经验，再进行大面积推广。

第五，树立“大人口观”，将人口政策的视角由以数量为核心拓展至包括人口规模、生育、年龄结构、健康与死亡、人口分布与迁移等多个领域，建构符合可持续发展需要的总和人口政策体系。

实事求是地讲，迄今为止的人口政策很大程度上是由不完整的人口观(即人口数量观)所支配的，人口政策的重心放在了生育控制及由此产生的生育健康上，至少这种倾向是客观存在的。未来人口发展的结构性问题更加普遍，对人口质量的要求更加迫切，这就要求我们用“大人口观”取代狭义的人口观，用全面的人口政策替代狭义的人口控制政策。从宏观上讲，“大人口观”和全面的人口政策不仅关注眼前人口数量的控制，而且关注人口的质量的提高和结构的优化，认为最优的人口是在数量、质量和结构上求得平衡从而满足可持续发展要求的人口；就微观而言，“大人口观”和全面的人口政策不仅包括家庭成员规模的合理选择、生育健康的维护，而且也包括子女成长的规划设计、家庭成员的老年生活保障等，是一种综合的社会政策。

本章小结

世界人口的发展正处于第三次人口革命的过程之中。中国的人口发展也由于经济结构急剧变化、经济和社会体制等一系列背景因素，面临一系列挑战。如何制定和选择面向可持续发展的人口政策，还存在不同认识，需要在不断总结实践经验和教训的基础上继续探索。

思考题

1. 你对世界人口第三次人口革命有何认识与思考？
2. 第二次世界大战以后世界人口发展有何新特点？
3. 典型的高度发达国家与不发达国家在人口再生产方面有哪些差异？
4. 如何看待 HDI 指数？
5. 如何概括中国人口发展的基本特点？
6. 中国的人口老龄化有什么特点？其社会经济意义何在？
7. 如何认识中国城镇和乡村人口老龄化的差异？

8. 谈谈你对中国改革开放以来中国城市化发展的认识。
9. 如何看待中国农民的"半城市化"现象?
10. 如何理解中国出现的出生人口性别比失衡现象?
11. 结合自己的学习和成长过程,谈谈你对中国教育体制改革与完善的看法。
12. 你对中国人口发展的数量目标的争论有何评价?
13. 评价一下中国人口发展问题的数量与结构之争。

第3篇

资源与可持续发展

第 5 章　资源与经济发展

学习目标

- 了解自然资源的分类与基本特征
- 掌握自然资源与经济发展之间的相互关系
- 认识实现资源经济可持续发展的途径

随着人类认识和改造自然能力的显著增强，人们对自然资源的开发和利用也达到了前所未有的广度和深度。作为人类生存和发展的重要物质基础，自然资源在促进区域经济发展过程中发挥着愈加重要的作用。但自然资源所固有的有限性特征，以及其大规模开采利用过程中所产生的环境污染与生态破坏，给人类社会经济的可持续发展带来了日趋严峻的挑战。本章从自然资源的概念和特征入手，剖析其与经济发展之间的内在关系和作用机理；在此基础上，提出社会经济可持续发展对资源开发和利用的总体要求。

5.1　自然资源概述

资源，广义来讲，是在人类社会经济发展过程中可以用来创造财富的一切有用要素。它既包括天然地存在于自然界的自然资源，如土地、矿产、森林、水资源、海洋资源等，也包括后天通过人类劳动创造而形成的人造资源（即社会资源），如人力资源、技术资源、物质资产、货币资本、人造的与自然资源种类和形态相同或相近的资源（如人造林）等。在人口、资源与环境经济学中，资源一般被界定为其狭义的一面，即自然资源。也就是说，在人口、资源与环境的可持续发展关系上，主要是从自然资源的可持续利用角度来展开的。

5.1.1　自然资源的内涵

在对自然资源的内涵进行深入挖掘之前，不妨首先剖析资源一词的概念。《辞海》将资源定义为："资财之源，一般指天然的财源。"这一论述与英国古典政治经济学家威廉·配第的观点不谋而合。威廉·配第曾经提出"土地是财富之母，劳动是财富之父"的著名论断。马克思在论述资本主义剩余价值的产生时指出："劳动力和土地"是"形成财富的两个原始要素"，是一切财富的源泉。恩格斯则进一步明确指出："其实劳动和自然界一起才是一切财富的源泉。自然界为劳动提供材料，而劳动把材料变为财富。"马克思和恩格斯虽然没有专门给资源下定义，但已经把劳动力和土地、劳动和自然界肯定为财富的源泉，这是一种广义的资源概念。

20 世纪 80 年代以来，随着科学技术的发展和进步，人类开发、利用资源的能力得以显著提高。在此背景下，学术界对资源的科学定义也不断完善。有学者认为资源是指一切可被人类利用的物质、能量、信息、劳动、资金、设备以及良好的社会环境等，包括自然资源和社会经济资源两部分。也有学者把资源概括为资产的来源，是人类创造社会财富的起点。其组成包括一切可利用的有形和无形要素。更一般地，人类在生产、生活和精神上所需的所有物质、能量、信息、劳动、资金、技术等初始投入和环境要素都是资源。还有人将资源概括为各种有用的自然物，这里所指的自然物包括能量在内。

作为狭义的资源，自然资源内容繁多，储量丰富。关于自然资源的定义，目前学术界尚未形成统一的认识。《辞海》将自然资源定义为："天然存在的自然物，不包括人类加工制造的原料，如土地资源、水资源、生物资源、海洋资源等，是生产的原料来源和布局场所"，该定义强调了自然资源的非人工特性。联合国环境规划署(UNEP)则认为："所谓资源，特别是自然资源，是指在一定时间、地点和条件下能够产生经济价值，以提高人类当前和未来福利的自然环境因素和条件。"《大英百科全书》中把自然资源定义为："人类可以利用的自然生成物及生成这些成分的源泉和环境功能。前者如土地、水、大气、岩石、矿物、生物及其群集的森林、草场、矿产、陆地、海洋等；后者如太阳能、地球物理的环境功能(气象、海洋现象、水文地理现象)、生态学的环境功能(植物的光合作用、生物的食物链、微生物的腐蚀分解作用等)和地球化学的循环功能(地热现象、化石燃料、非金属矿石生成作用等)。"这一定义侧重于自然资源的环境功能。

综上所述，尽管当前学术界对自然资源的定义存在一定差别，但仍可以对其内涵进行如下归纳：首先，自然资源在一定时间内可供人类利用或适宜于人类生存(即能产生一定的经济价值或生态效益，提高人类当前或未来福利)；其次，自然资源与自然环境是两个不同的概念，但具体到一定地域又往往是同义的，可以认为前者是后者透过社会而折射出的侧影；最后，自然资源是与社会经济技术相联系，客观存在于一定时空的自然物质和自然能量综合的动态体系，它是随人类社会发展和科学技术进步而日益扩大自己范畴的。

5.1.2 自然资源的分类

1. 可耗竭自然资源和非可耗竭自然资源

自然界生成各类自然资源的条件、机理不尽相同，各类自然资源的自然属性也各有差异，各类自然资源在人类发展的不同阶段与人们生产生活的联系又有紧密或疏远之分。因此，从自然资源的供给与需求之间关系的角度来看，自然资源有可耗竭资源和非可耗竭资源之分。

可耗竭自然资源，也称有限性自然资源，是指该种资源的存量会随着时间的推移而日渐减少，直至枯竭。这种自然资源减少乃至枯竭的原因，一方面，是自然界各种自然力发生作用的结果，它反映了自然演进过程中的内在规律，另一方面，在人类社会生产和生活对自然界的影响程度和深度达到空前规模的今天，自然资源减少乃至枯竭，几乎都可以归结到人类活动的影响。显而易见，人类经济生活所依赖的自然资源绝大多数是可耗竭资源。这就是我们之所以要研究资源的配置与经济福利最大化的客观基础，也是经济学乃至其各类分支学科产生的客观基础。不过，传统经济学的立论基础是资源的稀缺性，研究的问题是如何有效配置稀缺的资源以谋取经济福利的最大化，着眼的是当代人的福利；而可持续发展经济学的立论基础是自然资源的可耗竭，研究的是如何实现人类代际持续的福利最大化。这正是可持续发展经济学不同于传统经济学的新视角。

非可耗竭自然资源，也称无限性自然资源，它是指自然界生成的数量丰富而稳定，而且几乎不会因为人类社会经济活动对其的利用而导致枯竭的资源。经济学中，这类资源被称为“自由物品”或“无价物品”(free goods)，它们一般被排除在经济学研究的视野之外。

必须指出的是，自然资源的可耗竭和非可耗竭之分是具有相对性的，其最主要的参照系就是人类社会经济活动所产生的需求与地球资源系统的现实及潜在的供给能力。在人类数量规模很小，对某种自然资源的利用和索取量相对于该种自然资源的存量很小的情况下，可以认为这种自然资源是非耗竭资源。相反，某些自然资源，从自然界的生成机理来看，似乎是无限可利用的，例如太阳能、风能、潮汐能、水、大气等，但人类活动也会对这些资源的质量本身或其利用条件产生影响。例如，地球生物圈内水资源的总量几乎不变，但人类活动导致相当多的水资源不能直接利用或区域性水资源短缺。大气资源似乎也取之不绝，但清新空气却成为一种稀缺资源。从这个意义上讲，非可耗竭自然资源也绝非可由人类毫无节制地索取。此外，人类对地球资源系统的认识也有一个逐步深入的过程，在这个过程之中，对可耗竭资源与非可耗竭资源的认识并非一成不变。而且，人类科技的发展已经为我们展示了这样的一个前景：人类在未来将有可能突破地球资源系统的束缚，从更广阔的宇宙空间获取必要的资源。这样一来，划分可耗竭资源和非可耗竭资源的坐标系发生了根本的变化，人们将重新界定各类资源的属性。

2. 可再生自然资源和不可再生自然资源

可再生自然资源是指资源本身在自然条件下可以通过生长、繁殖而实现自我更替的生物资源和其他一些具有动态自我更新特点的非生物性资源，如森林、草原、水、土壤等。虽然具有不断地自我更新、自我成长以维持一定的资源存量的特点，但可再生资源毕竟属于可耗竭自然资源，人们对其的开发和利用必须合理而有度，否则就会破坏可再生资源的再生条件。这个“度”就是该种自然资源在自然条件下再生的速度和规模以及其正常再生过程的必要环境条件，是人类利用该自然资源的极限。超过了这个“度”，可再生资源就会日渐枯竭，控制在这个“度”内，人类就可以长期循环往复地利用它获取稳定的经济福利。

不可再生自然资源是本身没有自我循环生长能力，随着人类的使用而日渐消耗减少的自然资源。这类资源大体又有两种情况，一是在使用中和使用后，可以重新回收再次使用的，被称为可回收的不可再生资源，如金属矿物质、大部分非金属矿物质；二是资源本身在使用过程中消耗殆尽，或转化成其他形态的物质，没有剩余可以回收利用。像石油、天然气等能源资源，在消耗的过程中，转化为热能，这就是一次性消耗资源。不可再生资源的特点及其有限性，提醒人们应该尽量提高资源使用效率，注重资源的回收利用，以及尽可能用可再生资源替代不可再生资源。

类似于可耗竭资源和非可耗竭资源的划分，可再生资源与不可再生资源的划分也是相对的。比如说土壤资源，它可以经过较长时间的自然过程形成，但对于人类农、牧业生产活动来说，它显然又是一种不可再生资源。科学家研究表明，某些地区山体上因为乱砍滥伐森林而流失的表土，是经过数百年的时间风化而形成的，这种土壤资源一旦被破坏，要恢复是极为困难的。再如，人类使用的主要能源资源如煤、石油、天然气等，都是在漫长的年代中由生物资源经过地质过程演化而形成的，从这种意义上讲，它们是可再生的，甚至这个过程始终在进行着。但人类对这些资源的大规模开发使用以及这些资源形成过程的漫长性，无疑使得人们把它归于不可再生资源一类。

5.1.3 自然资源的基本特征

作为人类生产和生活不可或缺的物质基础，不同种类的自然资源以各不相同的方式为人类社会加以利用。但将自然资源作为一个整体来看，各类资源又具有一定的共同特征。这些共同的特征主要包括自然资源数量有限性、地域差异性、功能多样性、整体系统性以及边界扩充性等几个方面。

1. 数量有限性

资源数量有限性蕴含两层含义，一是绝对数量的有限（绝对有限性），二是相对数量的有限（相对有限性）。绝对有限性指的是任何一种资源最终可供利用的数量都存在一个极限，不管人们是否确切知道这个极限，它都客观存在并且构成资源利用的终极约束。例如对金属矿物来说，其在地球上的储量在特定时期内是一定的，不会因为人口或其他因素的变化而发生变化；也就是说，存在数量上的绝对有限性。资源相对有限性，一是针对一定数量的人口而言，二是针对社会资源利用技术而言，三是针对社会对该资源的需求而言。由此可见，与资源数量的绝对有限性不以人的努力而发生改变不同，资源的相对有限性可以因人口、技术的改变而发生变化。例如，在一定时间和一定地点内，随着人口数量减少，人均资源占有量增加；再如，随着勘探技术的进步，矿产资源探明储量发生变化。

资源数量的有限性对不同类型的资源具有不同含义。就可耗竭资源来说，不可循环利用的可耗竭资源有绝对的数量限制，比如石油，尽管从理论上来说石油资源也是可以再生的，但是再生周期却极为漫长。由于地球上的石油在相当长的一段时期内储量是一定的，因此总有一天会被用完。而可循环利用的资源，尽管也有存储数量的限制，但是由于可以通过回收利用的方式实现多次利用，因此这类资源的数量限制更多地是取决于一定时期内资源市场对该类资源的供给能力。合适的市场制度可以改变可循环利用的速度从而改变这类资源的相对数量。对于可再生资源来说，可再生资源数量的有限性主要是指在一定时期内资源总量存在一个最大的限制。例如，生物资源的数量要遵循生物增长规律，经过一定时间后生物资源的数量就会维持在一定的数量水平。退一步说，由于受到生物繁殖速度的限制，在一定的时期内，生物资源的数量也是有限的。另外，如果利用不当，尤其是当使用速率超过生物的再生速率时，可再生的生物资源就可能转变为可耗竭资源。

2. 地域差异性

一定事物或现象的发展演变都依赖于一定的空间进行并且因受到当地自然环境的

制约而产生明显的地域性特征。由于受到地球自转、公转、海拔高度、太阳辐射、大气环流、水循环、地质构造和地表形态等因素共同作用，自然资源的地域分布是不均衡的，具体表现为：在不同的地域内，自然资源的性质、数量、质量以及空间组合都具有明显的差异。比如，地球上的植被便具有明显的纬度地带性分布特征。随着太阳辐射热量在地球表面的纬度带递变规律，从地球赤道向极地依次出现热带雨林、亚热带常绿阔叶林、温带夏绿阔叶林、寒温带针叶林、寒带冻原和极低荒漠。再如，由于受到地形和气候的影响，我国降水量大致呈自东南沿海向西北内陆递减的趋势。根据降水量的区域差异，全国可以划分为湿润区、半湿润区、半干旱区和干旱区。此外，由于生物种属对于光、热、水、土等环境因素有不同的适应性，自然资源分布不均衡现象不仅存在于不同地域之间，即使从一个小范围来看，山上山下、阳坡阴坡、河南河北也往往存在差异。可见，自然资源的区域差异表现在整体和局部两个方面。

3. 功能多样性

人类生产和生活所需要的各种各样的物质和能量都是通过对资源的利用来实现的。资源提供给人类的不仅是物质层次的享受，而且还有精神层次的满足。一般来说，一种资源通常具有多种用途，例如，煤炭不仅可以用来发电，还可以用来炼焦；水资源可以用作养殖、航运和发电等；土地资源可以用作农业生产，也可以用作建设道路、建筑等。自然资源的功能多样性为其满足人类多种需求提供了可能。

自然资源的功能多样性和人类社会的需求多样性，要求数量有限的资源在不同用途之间进行合理分配，以实现总体效用的最大化。有的用途相互之间是相容的，比如，水资源在用来渔业养殖的同时可以用来航运。但是，有的用途之间是互不相容的，比如，用作道路建设的土地通常不能同时用于农业种植。资源不同用途之间的相容与否对资源合理配置提出了不同的要求。为实现资源效率的最大化，在利用与配置资源时，需要对资源不同用途之间的相容性和互斥性加以充分考虑：对于相容性的用途要充分考虑对其合理组合以提高配置效率；对于不相容的用途，则要根据各用途之间边际效用相等的原则来合理分配。

4. 整体系统性

各类自然资源并非孤立地存在，而是以特定的形式发生着联系，从而形成一个相互作用、相互制约的整体。自然资源的整体性表现在两个方面，一是资源系统内部要素之间的整体关联性，二是资源系统与外部环境的整体关联性。首先，从资源系统本身来看，多种不同的资源在一定的空间范围内以各种不同关系组合在一起，形成一个多层次、多因素、多功能以及结构复杂的资源系统。系统中某一资源发生改变可能导致系统内其他资源发生变化，甚至可能导致整个资源系统发生变化。自然资源的整体性要求对资源进行综合研究、开发和利用。其次，人类如果改变一种资源或资源生态系统中的部分元素，会引起周围的环境发生变化。例如，采伐山地森林，不仅会直接改变林木和植被状况，还会引起土壤和径流的变化，甚至对野生动物乃至当地气候系统产生一定影响。再如，黄土高原的水土流失，不仅使当地农业生产长期处于低产落后状态，而且造成黄河下游的洪涝风沙、土壤盐碱化等灾害不断发生。

5. 边界扩充性

随着科技进步以及社会生产力水平不断提高,人类对自然资源的认知水平和开发水平也逐步提升,进而导致自然资源的内容、种类不断向外围扩充。比如,在生产力水平极其低下的石器时代,人类可资利用的自然资源不外乎是周围野生植物的果实、树枝和可捕食的动物,以及可做工具的石头。而在社会生产力高度发达的今天和未来,地球的深海、极地乃至其他星球的矿藏,对于人类都是现实的或潜在的自然资源了。可以说,既定的生产力水平决定了既定的自然资源内容与种类。即使在目前,人们对于自然界的认识也还远未达到自然界本身的复杂程度。一些现在看来没有用处的物质,在不久的将来完全有可能变为极其宝贵的资源,只不过现在不知如何对其加以利用罢了。人们无论是发现新的资源,还是发现原有资源的新用途,都会不断增加自然资源的内容、种类和数量。从这个意义上来讲,自然资源的边界是不断扩充的。

5.2 自然资源与经济增长

自然资源与经济增长的关系问题,历来为人们所关注和重视。自然资源是社会和经济发展必不可少的物质基础,是人类生存和生活的重要物质源泉。同时,自然资源为社会生产力发展提供了劳动资料,是人类自身再生产的营养库和能量来源。但近些年来,随着自然资源需求量日益扩大以及其开发利用过程中所产生的环境污染和生态破坏等问题日益严重,自然资源对经济长期可持续发展又产生了一定程度的制约。

5.2.1 自然资源对经济增长的影响

作为物质生产活动的必需投入品,自然资源在不同的历史时期对经济增长发挥着不同的作用。在前两次工业革命时期,人类对自然资源大规模、高强度的开发利用,带来了前所未有的经济繁荣,创造了灿烂的工业文明。进入 20 世纪,随着全球经济规模不断扩大,人类对自然资源的直接需求显著上升,引发了全球范围内资源价格的上涨,世界开始进入资源高价时代,自然资源愈发显示出短缺的前景。在此背景下,自然资源短缺对经济增长的制约作用日益凸显。为此,一些资源需求大国加快了占有资源的步伐,能源外交、资源外交已经成为许多国家参与全球竞争的重要手段。

1. 自然资源为经济增长提供物质基础和能量源泉

早在 17 世纪中叶,英国古典政治经济学派创始人威廉·配第便提出了“劳动是财富之父,土地是财富之母”的著名论断,揭示了自然资源对经济增长与社会财富增加的巨大支撑作用。18 世纪中叶开始兴起的重农学派,进一步将土地对生产的作用推上了至高无上的地位,其代表人物坎蒂隆认为,土地是一切财富的本源或实质,魁奈则认为,“土地永远是一切财富首要的、唯一的来源”。按照这样的视角:资源是经济增长的物质基础,自然资源禀赋在同方向上影响经济增长速度。资源充裕对经济增长而言就意味着福音,而资源匮乏对经济增长而言则意味着约束。

究其原因不难发现,人类要生存,就必须有维持生活的物质资料;而要取得这些生活资料，就必须对自然资源进行开发和利用。由此可见，自然资源是一切劳动资料和劳动对象的源泉，是自然界提供的生产前提和再生产前提。如果没有自然资源作为支撑，任何社会经济发展和人们生活质量的提高都将成为空谈。回顾一下人类进化与发展的进程，不难发现，无论在人类发展的什么阶段，都离不开自然资源所提供的物质与能量。尽管在不同的发展阶段上，人类利用的自然资源重点可能有所侧重，但毫无例外，自然资源是人类生存和发展的起点。在人类进化的早期，人类主要靠采集和渔猎从自然界获取必要的物质能量以维持生存，这个时期的人类其实完全融入了地球生态的天然食物链条之中。农业社会，依靠种植业和畜牧业获取必要的食物和其他生活资料是人们的主要生产和生活方式，人类依赖的主要自然资源是土地、气候、水和其他生物资源。农业时代世界上存在的几个文明发源地，都是分布在气候温暖、雨量丰沛、土壤肥沃的地区。工业社会里，人类除了继续从农业和畜牧业所依赖的自然资源获取必要的基础性生活资料外，还开始大规模地开发利用工业生产所必需的各类自然资源，以满足空前水平和空前规模的人类衣、食、住、行及享乐和发展的需要。如果说资本主义诞生两百多年来人类创造的生产力比过去任何时候都要多，那么，伴随着这一发展的进程的另外一面是，人类两百余年来对自然资源的开发利用比过去任何时候都要多。习惯于奢华生活方式的人类，已经把自己生产生活的方方面面建立在对自然资源的利用之上。人类进入后工业社会的所谓高发展阶段之后，表面上看来是直接与自然资源开发利用过程相连的从事农业和制造业人口比例有所下降，人类似乎在一定程度上摆脱了自然资源的约束。但实际情况是，人类只不过是以更加有效的手段、更加集约的方式开发和利用自然资源。从自然资源利用的绝对量来讲是有增无减。发达的人类文明之车，始终建立在自然资源之轮之上。

2. 自然资源短缺对经济增长制约明显

早在两百多年前，英国著名的人口学家马尔萨斯就提出："两性间的情欲会使人口按几何级数繁衍，而食品生产受土地禀赋制约只能按算术级数增长；由于人均食品供应超出生存水平的剩余最终都将被增长的人口所消耗，因此人口的进一步增长会被饥荒、瘟疫和战争等所抑制，从而人均收入在长期中将维持在最低生存水平。"但随后，以机器的普遍使用以及技术条件显著改善为主要特征的两次工业革命，促进了以英国、法国、德国、美国等发达资本主义国家劳动生产率的大幅提升；经济增长的投入要素不断丰富，经济活动的范围和成效逐渐突破了资源的限制，资本积累在增长中的突出作用日益显现，技术创新起到了支撑长期经济增长的独特作用，相比之下，自然资源的作用逐渐被其他要素所替代。在此背景下，资源绝对稀缺的论断长期被人们忽视与质疑。

直至20世纪中叶，随着社会生产力的迅猛发展以及全球经济规模的飞速扩张，人们对自然资源的消耗激增，提供自然资源的生态环境也遭到严重破坏，自然资源耗竭与经济持续增长之间的矛盾日益突出，引起了社会各界的普遍关注和忧虑。1972年，罗马俱乐部发表了《增长的极限》一书，被认为是"资源有限论"悲观派的代表作。该报告构建了包含人口增长、粮食短缺、不可再生资源枯竭、环境污染和能源消耗等五大因素的"反馈回路"，模拟全球社会经济与生态环境的未来演化路径。结果显示：随着资源消耗与污染物排放的指数增加，地球将在一百年之内达到其增长的极限，并最终导致人口和工业生产力出现不可控制的衰退。虽然这一预测结果因将世界发展前景描绘得过于黯淡而引发了学术界较大的争议，但其前瞻性的研究结论依然为人们清醒地认识能源与环境问题敲响了警钟。特别是在该报告发表后不久，由于主要产油国减少石油供应而导致的全球石油价格飙升，进而引发西方国家爆发了第二次世界大战以来最严重的经济危机，使人们隐约感受到了《增长的极限》所描绘的未来场景。

进入新世纪以来，由于多种原因，自然资源的商品价格呈现迅速上涨的态势，世界范围内资源的供给也比以往任何时候都难以满足人们对资源的需求。由此，自然资源短缺对经济增长的约束作用逐渐被学术界所广泛认同。学者们大多从如下两个方面对这一问题进行阐述：第一，把自然资源与社会经济可持续发展加以联系，肯定自然资源对可持续发展的不可或缺的作用。由于自然资源日益短缺，现在的经济增长难以为继，总有一天因自然资源中断供给而停止增长。第二，从生态环境和人类福利的角度看待自然资源的作用，把资源看作一种特殊的"资本"，否定技术对资源的替代作用。2008 年，英国出版了一本名为《自然资本与经济增长》(*Natural Capital and Economic Growth*)的著作，在知识界有一定的影响。这本书的中心观点是，人均 GDP 和 HDI 都不能代表人类福利，人类的福利水平还应包括自然资本。自然资本也同金钱资本一样，需要积累。如果自然资本被不断消耗，始终得不到积累，经济增长也将会走到尽头。

第一次"石油危机"的警示

1973 年 10 月 6 日，埃及和叙利亚为洗去第三次阿以战争失败的耻辱，联手进攻被以色列占领的西奈半岛和戈兰高地，第四次中东战争爆发。战争初期，由于事发突然，以色列军队只好仓促应战，埃及和叙利亚军队占据了主动。后来由于美国支持以色列，埃及和叙利亚军队在作战中形势逐渐不利。于是，阿拉伯国家纷纷举起石油武器助战。10 月 17 日，沙特警告美国，如果第二天不停止援助以色列，将对其实行石油禁运。但美国尼克松政府对此置若罔闻，竟促成国会批准了对以色列的 22 亿美元军事援助。17 日晚，阿联酋率先宣布减产 12%，并对美国实行石油禁运。第二天，沙特决定从当天起减产 10%，并马上停止对美国的石油出口。接着，卡塔尔、科威特、利比亚、阿尔及利亚、巴林和阿曼纷纷宣布减产和对美国实行禁运。到 22 日，所有阿拉伯产油国都已对美国实行禁运，多数产油国的减产幅度甚至超过了原先宣布的数字。与此同时，阿尔及利亚等国还宣布对帮助美国运输武器的荷兰实行禁运惩罚。

经过多方斡旋，直到 1974 年 3 月 18 日和 7 月 10 日，阿拉伯产油国才分别解除了对美国和荷兰的石油禁运。在这次石油危机期间，6 个月内国际市场平均每天的石油供应减少了 260 万桶，原油价格从每桶 3 美元上涨到 12 美元，为原来的 4 倍。石油价格暴涨引起了西方国家的经济衰退，从而触发了第二次世界大战后最为严重的全球经济危机。石油危机尤其对美国的经济和人们的生活产生了巨大冲击。美国能源消费占全球的三分之一，而且对石油的依赖程度极为严重。石油供应出现危机，美国只好被产油国牵着鼻子走。1973 年美国经济处于高速增长阶段，突如其来的石油危机使当年 9 月的物价指数比1月上涨了6个百分点，道·琼斯30种工业股票平均跌幅达11.4%，工业生产下降了14%，国内生产总值下降了4.7%。美国政府内部一片惊慌，甚至有人要求出兵占领海湾油田。连尼克松总统也不得不惊呼："我们正面临一场能源战！"

石油危机对西欧的影响也是非常巨大的。西欧的工业生产出现负增长，国内生产总值下降了2.5%。混乱在一瞬间就把西欧人带回到战后发不出工资、各种物品极端缺乏的年代。他们在五六十年代取得的经济成就突然间就变得不稳固了，前景也是黯淡的：经济不再增长，衰退和通货膨胀持续。日本受这次危机的打击更为明显，其工业生产下降了20%以上，国内生产总值则下降了7%，五六十年代经济的高速增长建立起来的信心顷刻瓦解。

资料来源：殷建平．上世纪70年代两次中东石油危机给我们的警示．石油大学学报(社会科学版)，2005，21(5)：9-12.

5.2.2　人类发展对自然资源的影响

1. 人类发展不断提高资源利用的广度和深度

人类的发展历史进程，见证了人们利用自然资源能力的不断增强。正是借助于不断提高的对自然资源认识和利用的能力，人类利用不断进步的科学技术手段把自然资源的利用广度和深度提高到了空前的水平。从广度来讲，人们对自然资源的利用已经到了空前的程度，地球上的自然资源不断被人们认识和开发，许多在低发展阶段人们还难以认识和利用的资源，如海底生物和矿物、地球两极各类资源，如今也正在被人类开发，或正在开发计划之中。而且，人类也一直在努力探求突破地球自然资源的限制，为自身的发展开辟新的资源空间。对月球、火星等地外天体的探索可以看成是为这种前景做出的最初努力。从深度来看，借助于不断进步的技术工艺手段，人类对自然资源的开发利用已经到了非常"精细"的程度。虽然目前还难以从理论上说人类对地球自然资源的了解已经很深，但可以肯定的是，在对已知自然资源的开发利用上，人类几乎是接近了极限。利用新技术，人们可以把曾经被认为百无一用或不名一文的东西变得价值连城；利用新技术，人们可以把生产和生活中每时每刻产生的废弃物回收或再利用，变废为宝；利用新技术，人们发现在旧有技术层次上难以利用的资源又有了开发价值，贫矿可以变成富矿；利用新技术，人们发现可以超越原先的认识与预期，从地球中"榨取"更多的资源来，使得若干原先被预言很快就要枯竭的资源仍然在源源不断地被开发出来，甚至贮藏量有增无减；利用新技术，人们还在克服某些资源的短缺方面取得了一定进展，如发现用相对丰裕的资源替代稀缺资源、用人工方法合成或促进某些资源的再生。

2. 人类发展的前景取决于能否实现资源的可持续利用

人类对自然资源利用广度和深度的提高，对人类发展进程的影响是巨大的。一方面，正是由于获取和利用自然资源的能力不断提高，人类才能够摆脱从一般食物链中被动获取基本生存资料的窘况，主动地掌握自己发展的命运，从而迎来加速发展的时期。另一方面，人类的超常发展，是以地球自然资源的快速消耗为代价的。

按照一般的认识,人类的发展与自然资源的关系大致经历了三个阶段。一是以土地为核心资源的自然崇拜时期,二是以开发地下矿产资源为核心的技术革命时期,三是以对自然资源可持续利用为核心的可持续发展时期。我们目前正处于向第三个时期转变的阶段。前景如何,尚难预料。千余年来尤其是近300年来,人类发展与地球资源存量的会计账簿上,一端是加速的增长,一端是迅速的减少。如果这种趋势再继续发展下去,人类与资源的天平将不可避免发生倾斜。目前已经有明显的若干迹象昭示了旧有发展模式的不可持续性。正是从这个意义上讲,人类未来发展的前景,取决于对基础性资源瓶颈制约的克服。突破人类发展与自然资源制约的途径无非两种:一是人类借助于不断进步的科学技术手段,从地球外的天体获取源源不断的资源补充。这种前景其实是突破了人类与地球资源系统的现有格局,把人类的发展放置在更宏大的系统中,从而为人类的发展提供更广阔的空间。以人类现有的发展趋势来看,这种前景并非完全没有可能。科学研究者已经在探讨移民其他星体的可能以及从其他天体获取资源的方法。但问题是,一来这种途径可以在多大规模和多大程度上解决目前人类面临的资源困境,二来对于这种美妙但仍然需要假以时日的前景,目前地球上的人类是否有足够的时间去等待。由此看来,人类发展前景面临的资源制约,还得主要靠第二条途径加以突破,那就是在现有的地球——人类生存系统中通过资源的可持续利用来实现。在人类与资源的系统中,人类的可持续发展和资源的可持续利用应该是一个互动的过程。从人口方面来讲,人类主动选择恰当的数量规模、结构和质量是把资源需求控制在地球资源系统可持续供给水平之下的重要因素。从资源方面来讲,寻求可持续利用的资源、用可再生资源替代不可再生资源都是实现资源持续供给的必要途径。只有同时从这两个方面着手,人类才可能有一个光明的发展前景。

5.2.3 对自然资源与人类发展前景的不同观点

人类的发展离不开自然资源,这一点没有人持不同意见。当人类发展的规模和对自然资源开发利用的水平还不足以使得人与自然资源之间的关系显得紧张的时候,人们对人类发展前景与自然资源关系的考虑自然也就很少。两百多年前,以马尔萨斯为代表的学者对人口增长与食物供给之间存在的不平衡现象的研究,开始了人类对这一严肃课题的思考。但应该说,那时的研究与思考,只是从具体的某一方面、某个论题来研究人的需求与物质资料的生产和供给的关系,并没有系统地上升到人类发展与整个地球自然资源的关系的层面进行理论探讨。到了20世纪,尤其是第二次世界大战后,人类与资源关系日益突出的矛盾使得思想家和学者们不得不严肃地面对这一重大课题。

概括地讲,在人类发展前景与自然资源关系问题上,存在着两种不同的有代表性的观点。一种是悲观学派的观点,他们认为人口及经济增长过程中生产要素按照指数增长带来了人口爆炸、资源耗竭、粮食短缺、环境破坏等难以解决的顽症,等待人类的是某一个时刻的总崩溃。另一种则是乐观学派的观点,他们认为人类的发展和经济进步可以不断持续下去,科学技术的威力完全可以满足人类发展过程中不断产生的需求,对人类发展前景持悲观态度是完全没有必要的。

1. 悲观论

从理论渊源上讲，悲观学派是马尔萨斯18世纪观点在20世纪的系统化和理论化，因此，有人把人类发展与资源关系问题上的悲观论者称为现代马尔萨斯主义者，并不无调侃之意地说他们是“带着计算机的马尔萨斯”。但应该客观地指出，当代学者对人类发展与资源关系的探讨，是全方位和系统化的，绝不只是停留在人口与食物之间的竞赛这种单一而肤浅的层次。20世纪在人与资源关系问题上较为有影响的悲观论者及其代表作有：1945年皮尔逊和哈勃出版的《世界的饥饿》，福格特1949年出版的《生存之路》，汤普逊1953年出版的《人口问题》，赫茨勒1956年出版的《人口问题》，埃利奇1968年出版的《人口炸弹》、1970年出版的《人类生态学问题：人口、资源、环境》、1990年出版的《人口爆炸》，罗马俱乐部1972年出版的《增长的极限》，泰勒1970年出版的《世界末日》，戈德史密斯1972年出版的《生存蓝图》，沃德1972年出版的《只有一个地球》，哈丁1993年出版的《生活在极限之内》等。概括地讲，悲观论者所持的论点及其依据主要有以下几方面。

(1) 人口呈指数增长带来的人口爆炸

20世纪中叶出版的一批著作，对人口的快速增长历史和现状进行了描述和分析，对未来人口增长的前途进行了预测，他们大多勾勒出一幅由于人口指数增长而有可能导致人类在某一突然到来的时刻崩溃的黯淡前景。20世纪后半期人类发展的实践，并没有采取罗马俱乐部在其70年代初的报告中所建议的举措，人类也没有出现他们所断言的那种崩溃，但这并没有解除悲观论者的忧虑。如埃利奇就认为，人口本质上是按指数增长的。按指数增长的长久历史绝不意味着指数增长可以长久持续下去。他认为，近几十年来，世界人口增长速度确实有所放慢，但千万不要以为人口爆炸的历史已经结束而过早欢呼。人口增长速度只不过从20世纪60年代2.1%左右的年增长率下降到90年代的1.8%而已，按照这个增长速度，人口数量翻番的时间也只是从33年延长到39年罢了。根据一些学者的预测，世界人口在达到100亿乃至更多之前，是不会停止增长的。

(2) 人口迅速增长和生活质量的提高所带来的资源耗竭

悲观论者认为，地球上人口规模的急剧膨胀和人类出于经济福利追求而对自然资源的不懈索取，已经使得地球资源濒临枯竭。福格特就认为，地球上大部分地区的资源资本都面临着严重的枯竭，如果人们不改弦易辙，必然要遭受灭顶之灾。沃德在其1972年主编的《只有一个地球》中介绍了一位叫巴克明斯特的学者对人类发展过程中对资源耗费进行形象说明的“能量奴隶论”。假如人们所享用的一切，都可以换算成单位人的体力劳动的话(即假设的能量奴隶)，在30年前，每个美国人日常生活中的能量耗费，相当于150个奴隶为其劳动。而今天，这个数字变成了将近400个，在未来的20年中，人均消耗的能量则可能达到1 000个能量奴隶。人们追求生活质量的提高没有止境，对自然资源的消耗也存在无限的加大趋势。

悲观论者通常以土地资源、矿物资源、水资源为例来论证资源的耗竭。在土地资源方面，一方面土地肥力递减而导致的土地负载能力日益下降，将导致现有土地资源能供养的人口受到限制；另一方面，地球上可以开垦的土地资源有限，而且资源条件(如水、气候)和开垦成本都不利于这些土地资源的利用。即使是现有可以利用的土地资源，由于存在着物理、化学限制(环境的物理、化学特征对农作物的生长和收获量所起的限制作用)、生物限制(环境中某些生物因素对农作物的生长和收获量所起的限制作用)和人为限制(人类在开发利用自然资源时违背自然规律对土地生产能力的限制和破坏),其对人类的供给能力也达不到理论上所具有的潜力。在矿物资源方面,不可再生的金属及非金属矿物不断被消耗着,即使由于开发手段的进步使得预期的枯竭时限不断推迟,但这类资源存量的减少和枯竭是无法改变的,目前也看不出有全面替代各类资源的办法和途径。即使是人们曾经认为在地球生物圈内循环往复、无供给之忧的水资源,也面临危机,地下水层的抽取速度已经数倍于自然更替速度,而人类生产和生活活动导致的水资源污染和破坏,又使得水资源的短缺雪上加霜。

(3) 人口规模膨胀所产生的资源压力导致环境对人口负载能力的下降

不断膨胀的人口规模和不断提高的人均资源消费水平,使得人类不仅只顾眼前福利大肆开发利用不可再生资源,而且对可再生资源的利用也大大超出了保证其自我恢复和更新的能力的极限,这就使得人类赖以生存了千百万年的地球环境资源对人口的负载能力日益退化。如对草地的过度放牧,使得草原日益沙化;对湿地和湖泊的围垦导致更大范围内土地防洪能力的降低和土地生产能力的下降;为追求较高土地生产力而大肆使用化肥,其结果是使土地生产能力日渐衰退;对江河湖泊及海洋渔业资源的过度开发,使得世界范围内的水产资源被过度捕捞,并逐渐枯竭;日趋严重的环境污染,使得过去适宜人们居住的秀美山川变成人们唯恐避之不及的荒凉之地。悲观论者特别强调相对于土地负载能力的"人口过剩"问题。他们认为,通常人们把人口过剩看成是在一定地区内人口太多、密度过高。但从人类发展与资源关系的角度来看,评价人口是否过剩,不应该只看其人口密度,而应该考察这个地区内的人口数量和与之相对的资源以及承受人类活动的环境容量,也就是该地区的人口和该地区的供养能力之间的关系。悲观主义者认为,当一个地区不迅速耗尽不可更新资源,不使环境供养人口的能力退化下去便维持不了当地人口的时候,换言之,当一个地方的长期供养能力因为当前居住的人口而明显下降的时候,这个地区就是人口过剩了。按照这个标准,悲观论者认为,整个地球,实际上是每个国家,现在都已经出现了人口负载能力下降的情况,因而存在大量的过剩人口。

(4) 科技进步的局限性难以支持人类的持续发展

悲观论者并没有无视人类发展进程中科学技术的不断进步所带来的影响。但他们认为,科学技术并不能改变人类与资源关系的根本性质,技术的进步对人类发展与资源矛盾的解决,起不了决定性的作用。因为,首先,从消极的方面看,技术进步从某种功用的角度虽然对人类的发展有其可取之处,但它同时也伴随着相应的副作用,而且这种副作用往往一开始并不为人们所注意,直至其产生严重后果才被发现,技术进步所带来的是福是祸,难以评价。以核电为例,曾经被认为是解决人类能源问题的重要途径而大行其道,由于类似苏联切尔诺贝利电站的重大事故和核废料处理的问题,许多国家不得不重新审视其核电发展计划。历史的实践也反复证明,科学技术的进步,同时也意味着人们追求更高生活质量的手段和方法的更多样化,对地球资源索取的规模扩大和速度加快。以现代文明的标志之一的汽车的发明和利用为例,它极大促进了人类生活方式的改变和生活质量的提高,同时它又因为大量消耗油气资源、修建宽阔的公路和停车场地及排放有害气体成为能源危机、环境污染的罪魁祸首之一。更不用说,在商品社会里,人们对技术进步的追求始终受到经济利益的驱动,在节约与保护资源和提供现实经济福利的不同类型的技术进步上,存在着不对称的格局。从这个意义上讲,科学技术的进步可能是加快人类作为一个整体完成自身在地球这个星球上生命过程的因素。其次,即使是从积极的意义上评价发现和发明的影响,它们对人类发展与资源约束的矛盾的解决也帮助不大。第一,技术进步并不是解决资源短缺的最重要因素。比如粮食生产,化肥的使用、机械化的生产手段、品种改良等生物技术的应用,虽然可以在一定程度上增加粮食的供应,但不要忘记,决定粮食产量的最终因素是土地资源和气候条件。第二,技术进步所带来的正面影响对人类发展与资源矛盾的缓解所起的作用甚微,因为技术进步始终赶不上人类对资源压力增加的速度。正如皮尔逊等人在论述技术进步对粮食供给增加的作用时所说的那样,技术进步所带来的变化是要一步一步来的,是一个缓慢的积累过程。对任何一代人来讲,技术进步取得显著进展的可能性是比较小的,而这种速度是赶不上人口的增长及人类对资源需求压力的增加的。哈丁还以一些人津津乐道地开辟人类生存和发展太空新空间为例,说明所谓的技术进步对人类处境的解决无甚帮助。他列举一系列事实和数据,证明人类难以发现向外移民的合适天体。即使存在这样的天体,向这些地方移民以缓解地球的人口资源矛盾既不存在可行性,也难以解决问题。总之,悲观论者认为,发现和发明所带来的技术进步,只不过是用新的方法在更逼近极限的程度上挖掘地球资源,推迟人类在生态和资源法庭上被审判的时间,但这一天注定会来临。

2. 乐观论

与悲观论者不同,乐观学派虽然也认为目前人类的发展面临某些资源的约束,但根据人类发展的历史经验,人口与资源的矛盾终将找到解决的出路,人类长期发展的趋势是光明的。在与悲观论者进行论战的学者中,卡恩和西蒙成为乐观学派的著名代表。前者1977年出版了《下一个200年》,后者出版了《人口增长经济学》(1977)、《最后的资源》(1981)。他们还共同合作编辑了《资源丰富的地球》(1984)。针对悲观论者的种种观点和政策主张,乐观学派从不同的角度提出了自己的看法,其中有代表性的观点如下。

(1) 人类可以有充足的资源支撑其长期的发展

首先,乐观主义者对悲观论者喋喋不休的资源耗竭论颇不以为然。他们认为,人类发展所依赖的资源并不像悲观论者所说的那样,会在一个很短的时间内濒于枯竭。

第一,悲观论者通常所用的资源存量预测方法不可靠,所得结论自然也无说服力。西蒙认为,悲观论者预测资源未来的状况所用的方法通常是,先估计地球表面或地下已知资源的实际储量,再根据对这种资源的现在的使用率估计未来的使用率,最后得出结论,说某种资源只能维持多少年。他认为,这种方法的错误之处在于:一方面,某种资源的实际储藏量,即使是非常有限,也不是人们在任何时候都能弄清楚的,因为只有人们对它产生实际需求时,才会努力去寻找和发现它们。恰如部分学者们担心了多年的石油资源危机,当人们对它的需求增加时,我们发现自己掌握的资源储量比什么时候都多;另一方面,即使某种特定资源被彻底探明了其资源储藏潜力有限,也说明不了什么问题,我们并不能据此就认为资源会耗竭,因为人们的经济活动不断地开辟新的途径,使用新的资源来替代它以满足自身需求。

第二，人类经济活动的实践已经证明，一度被认为是濒于枯竭的某些自然资源不仅没有枯竭，反而可以更大规模地满足人类的需求。例如，早在19世纪，木材和煤炭曾经是人们最担忧发生短缺的两种自然资源。英国经济学家杰文斯在1865年的《煤炭问题》中曾经预言，英国的工业会因为煤炭的耗尽而急刹车，而且未来的资源供应已经没有理由指望有任何的解救办法。20世纪的早期，美国总统罗斯福也提出，由于大规模的开发利用，木材的供应将严重不足，“木材荒”的到来将不可避免。然而，在人类对煤炭和木材的使用以更大的规模和更快的速度进行了百余年后，英国没有发生煤炭荒，美国也没有发生木材荒。不仅没有发生短缺，而且还大量出口。这是因为，当人们对煤炭的需求增加时，对它的寻求和采掘也就增加了。对木材而言，当木材需求量增加时，对木材生产、对其代用品的开发也加强了。基于这两个实例的分析，乐观论者认为：“其实除了能源之外，实际上没有什么资源是不可以靠自然生长的”，“没有符合逻辑的理由来说明为什么自然资源都是不能无限供应的”。即使是不能自然生长的能源，乐观论者也认为，它是最关键的自然资源，有了能源就能制造出其他任何资源。而现有的技术为我们展示了这样一种前景：在目前人类使用的常规能源之后，有大量的铀燃料可以供我们使用，在铀燃料之后，重氢的溶解将会为人类提供10亿年的动力。现有资源足以供给当前的人类需求，以使我们还不必急于短期内在重氢溶解技术上寻求突破。

第三，对资源利用的空间是可以无限扩展的。乐观论者认为，即使人类以地球为其经济活动的基本空间，在未来相当长的时间里，如200年里，人类都可以通过尽力开发地球各类自然资源获取经济增长所必需的保障。一定发展阶段后，人类则可以拓展其活动空间，在大气层以外的空间去开采各种矿藏和原材料，在太空进行能源生产和各类消费物品的制造，同时，部分人群还可以迁移到外层空间，在太空生产基地生产各类物品输送回地球。此外，人类获取资源的空间不仅可以向太空拓展，而且也可以向地球深层和海洋深处拓展。总之，乐观论者极力反对地球资源耗竭的论点。

其次，乐观论者坚决反对为保护资源而实行零增长政策或放慢发展步伐的论调，主张人类应该追求不断的增长，以提高自己的经济福利。乐观论者以人类发展的历史数据论证道：在美国独立建国的18世纪70年代，世界人口只有约7.5亿，世界总产值为1 500亿美元，人均产值约200美元，当时人类生活水平低下，基本上屈服于自然的压力。200年后的20世纪70年代，世界人口达到41亿，世界总产值高达5.5万亿美元，人均产值达到1 300美元，人类的生活状况有了很大的改善。预计到200年后的22世纪70年代，如果世界人口增长到150亿，世界总产值增加到300万亿美元，人均产值会达到2万美元。到时，人类可以很好地控制自然，生活在富裕的水平上。人类的发展似乎一开始就面临资源约束的问题，但随着人口规模的扩大，人类经济活动范围的拓展和总量的增加，一开始就要到来的资源耗竭问题并没有真正到来。从长期的历史角度看，“如果过去是未来的指南，那么，似乎没有理由担心资源会耗用殆尽”。基于人口推力和发明拉力理论，乐观论者看来，人口和经济的增长，不仅不会造成资源的短缺，相反，社会需求是发现资源并满足资源需求的巨大动力，也是解决所谓资源稀缺的方法之所在。乐观论者认为，放弃经济增长试图稳定并减少资源的消耗并不是一个好办法，真正的出路在于不停地追求发展。他们论证道，从发展的角度看，现有技术条件下经济运行过程中对资源和能源的消耗是较高的，即使人类经济活动规模在现有水平上停顿下来，也不会减少对资源和能源使用的规模。相反，只有进一步发展，在新的技术平台上使用资源和能源，人类才能节省资源和能源。因此，停止增长绝非解决资源问题的出路。

正是由于持有这种观点，乐观论者反对那种把利用资源寻求发展看成是损害子孙后代利益的说法。他们认为，人们致力于当代经济的发展，就是致力于生产力的提高，这种能力的提高将造福于自身并荫及子孙后代。可以肯定的是，每一代人献身于提高生活水平的努力，客观上都会将生产力更加发达的世界留给后一代。随着人类生产能力的不断提高，社会世袭的财富就会因积累而不断增长。既然我们可以指望我们的后代会比我们更加富裕，那么现在我们要放慢发展步伐，为后代节约资源，岂不就像要穷人向富人送礼一样。

当然，乐观论者认为，人类发展的资源供给存在无限的可能性并不意味着他们主张人类可以任意挥霍资源。他们也主张人类应该积极发展新技术，尽可能降低能源和其他资源的消耗，努力开发本质上不会消失或可以再生的资源，用新的资源、能源作为替代品，不断改善资源、能源的供给。他们预期，在不久的将来，作为资源的核心的能源，将主要集中在太阳能、地热能、核聚变和核裂变等永久性能源上。

（2）科技进步是解决资源约束问题的有力保证

在悲观论者看来，人类面临的种种难题，如资源危机、能源危机、粮食危机和环境危机，靠科学技术的进步是难以从根本上解决的。科技进步最多只会延缓危机发生的时间而不能解决问题本身。相反，乐观论者则认为科技进步是人类发展进程中解决资源问题的希望之所在。事实上，乐观论者的立论就是建立在长期的科技进步基础之上的，他们认为，技术进步将创造出资源的无限可利用性，从这种意义上讲，人类的创造力是最关键的资源，即不断创造新技术的人类本身就是保证其无限发展的“最后资源”。

首先，技术进步可以突破人类资源利用的空间界限，不断发现和利用新的资源；其次，技术进步可以提高资源利用效率，使现有的资源创造更多的经济福利。技术进步可以分为资本节约型、劳动节约型和中性的技术进步三种。其中，资本节约型技术进步意味着在相同的产出条件下，使用新技术只需要较少的资本投入。乐观论者正是从技术进步可以减少对资本的使用这个角度来说明新技术对解决资源和能源危机的重要作用。

乐观论者以悲观论者经常提及的粮食危机为例，说明技术进步在人类资源问题的解决上所发挥的作用。

在悲观论者看来，人类面临的资源危机固然表现在许多方面，但作为人类生存和发展的最基础性资源——粮食的问题始终难以解决。由于人口的指数增长趋势和面积有限的土地肥力递减规律的共同作用，人类将陷入粮食不足的危机之中。但乐观论者显然不同意这种观点，他们认为，依靠技术的力量完全可以解决人类面临的粮食供给问题。乐观论者提出了三种粮食生产思路：第一，用传统的方法和技术生产粮食；第二，用非传统的方法生产传统的粮食；第三，用非传统的方法生产非传统的粮食。人们之所以总是念念不忘粮食危机，主要是习惯于用第一种思路来看待粮食问题。实际上，20世纪以来，人口在第一和第二种粮食生产思路上，取得了明显的技术进步，生物工程和遗传工程研究带来的品种的改良、耕作技术的提高，化肥的使用已经使得粮食的增长赶上人口增长的步伐。而且,现有的技术研究已经为我们展示了更加光明的第三种思路,即用非传统方法生产非传统粮食的前景:用工厂式生产的方法提取或合成人类所需的各类蛋白质和其他营养物,可以高效而节省资源地满足人类的粮食需求问题。

以上简要介绍了在资源与发展问题上两种有代表性的对立观点。应该说,两种观点,是从不同角度对人类发展过程中所遇到的资源约束进行思考而得出的不同结论。它们对我们正确认识和处理人类当代面临的资源与发展关系问题提供了有益的参考。

悲观论者长期以来反复呼吁人类要严肃地对待自身发展进程中面临的资源约束,主张人类采取积极的、理性的措施避免沿着现有的发展道路走下去以至于崩溃。但是,历史发展的进程在很大程度上一次次地证伪了悲观论者的主张和结论。事实证明,悲观论者在其论点的提出和论证方法上,确实存在明显的纰漏,如他们靠简单的经验或历史数据推断人类发展的趋势,对人类新的发展阶段的特点没有引起足够重视,对技术进步巨大作用的估计不足等,他们的若干政策主张也明显带有理想主义的色彩而不具有可操作性。然而,我们决不能因为悲观论者屡屡喊"狼来了"而狼并没有到就漠视他们理论的价值和借鉴意义。首先,在悲观论者不断提出并宣传其论点的背景下,人类面临的资源危机在前所未有的范围和深度为人们所认识,他们所预言的崩溃结局没有出现,在某种意义上讲,正是人们对这种可怕前景的警惕而自觉不自觉地采取相应措施的结果。不可否认的事实是,他们的理论已经成为当今人类共同的价值观——可持续发展理论的重要思想资源。其次,客观地讲,悲观论者所忧虑的人类窘境,当前仍然存在,并且在可以预期的将来仍然存在,甚至还有可能恶化,仅仅从这一客观情形而言,悲观论者的观点就足以值得我们重视。悲观论者理论的突出价值就在于他们提出了具有重大理论与实践价值的问题,并促使人们关注这些问题。

乐观论者依据人类发展的历史经验和对技术进步的期待,乐观地看待人类发展与资源问题的前景,主张在发展中解决资源约束难题,而且他们在20世纪针对悲观论者的论点和主张所作出的一系列反驳和判断,似乎更加符合我们目前的现状。从这个意义上讲,乐观主义者的观点和思路有可取之处,特别是他们提出的重视科技力量的观点,在知识经济时代尤其具有重要指导意义。但是,我们也应该看到,乐观论者立论的基础和政策主张的局限性和片面性也是十分明显的,这突出地表现在,他们把人类发展与资源问题的解决全部寄托在长期的、持续的技术进步上,在他们看来,技术进步是万能的,技术至上支撑着他们的全部理论体系。从长期的总体趋势而言,技术进步固然呈加速发展态势,但长期趋势和短期问题并不能混为一谈,毕竟技术的进步有停滞和积累的过程,而人类发展对资源的需求则呈刚性。我们在对人类长期发展过程中的资源问题持积极的、谨慎的乐观态度的同时,决不能忽视当前所面临的挑战。

5.3 自然资源利用与可持续发展

自1987年世界环境与发展委员会提出可持续发展的概念以来,可持续发展研究已成为国际组织、国家政府以及专家学者们关注的重要议题。进入21世纪以来,可持续发展已经逐步成为当今世界发展的主题,而可持续发展的核心内容便是充分合理利用自然资源。要合理开发和利用自然资源,必须统筹兼顾,既要有利于满足当前的发展,又要考虑到今后的可持续性。为此,对自然资源的合理开发利用提出如下方面的要求。

5.3.1 提高自然资源利用效率

资源利用效率是指一个生产单位、一个区域或一个部门如何组织并运用自己可以支配的稀缺资源,使之发挥出最大作用,从而避免浪费现象。资源利用效率在生产中表现为用既定的生产要素生产出最多的产品,这也是评价可持续发展的最重要指标之一。一般而言,在技术水平一定的情况下,生产活动与资源消耗往往成正比例关系,经济规模的扩张意味着更多的资源消耗,同时也意味着更加严重的环境污染与生态破坏。如果资源利用效率能够保持在较高水平,则可以在很大程度上抵消经济规模扩张所引起的资源消耗与环境污染;相反,如果资源利用效率低下,较快的经济增长将带来巨大的资源与环境成本,最终导致可持续发展能力的显著降低。在当前资源短缺以及大量资源开发利用所引发的生态环境问题不断加剧的情况下,为有效缓解经济增长—资源消耗—环境污染三者之间的系统性矛盾,逐步实现建设资源节约型和环境友好型社会的战略目标,提高资源利用效率已成为当务之急。

以中国的情况为例,目前,我国自然资源开发利用存在“四低”现象,即资源产出率低、资源利用率低、资源综合利用水平低和再生资源回收利用率低,给资源环境可持续利用带来了巨大压力。首先,从勘探开发环节来看,2010年,我国矿产资源总回采率仅为35%,比发达国家低15—20个百分点;共、伴生矿综合利用率达到40%,而发达国家伴生金属的综合回收率平均在80%以上。其次,从生产流通环节来看,2007年,我国每万美元GDP消费的铜、铝、铅、锌四种常用有色金属达到77.5千克,而同期发达国家的消费量均在10千克以下。主要产品能耗也比国际先进水平要高,2007年,我国每吨煤炭生产电耗为24千瓦时,而国际先进水平仅为17千瓦时;每吨铜冶炼综合能耗为610 kgce(千克标准煤),而国际先进水平为500 kgce;每吨原油加工综合能耗为110 kgce,国际先进水平仅为73 kgce。最后,从再利用环节来看,2008年,我国工业固体废物综合利用率为64.3%,与80%左右固体废弃物综合利用目标仍然有很大的距离。我国选矿、尾矿利用率也比较低,2010年,我国金属尾矿的平均利用率不足10%。

由此可见,提高自然资源利用效率对于缓解经济增长与资源短缺之间的矛盾,实现经济持续、快速、健康发展具有重要的战略意义。首先,提高资源利用效率有利于缓解资源消耗过快增长和环境质量恶化。其次,提高资源利用效率有利于促进经济增长方式的转变,促进经济结构调整和产业结构优化升级,走新型工业化道路,提高经济效益,实现经济效益、社会效益和生态效益的统一。最后,提高资源利用效率还有利于控制和降低对国外资源的依赖程度,保障国家经济安全和社会稳定。

5.3.2 自然资源动态优化配置

资源的相对稀缺性是经济学的基本假设前提。由资源的相对稀缺性引起的决策问题被称为资源配置问题。作为国民经济与社会发展的重要物质基础,自然资源也具有明显的稀缺性特征。随着人口的增加和现代文明的发展,继续过分依靠开发利用自然资源来满足社会需求的增长,已不能维系自然生态和人类社会的发展。在自然资源的开发利用过程中,不合理、非节约型和非持续型的开发利用,必然引起自然资源急剧衰竭、环境恶化,使自然资源与经济发展及环境发展之间的矛盾加剧。在此背景下,人类在经济增长和自然资源持续利用、当前利益与长远利益之间如何进行权衡,成为摆在当代人面前的一个重大现实问题。

根据可持续发展的本质内涵,即"既满足当代人的需求,同时不影响后代人的利益的发展",人类在进行资源配置时,必须同时考虑当代和未来的利益,做到跨期最优配置和代际公平。为了实现这一目标,人类只有在经济发展方式上改弦易辙,彻底改变人与自然的关系,进而改变资源与财富的观念,将原来单纯地追求物质财富满足,转变为追求人的全面发展,将原来在国际竞争中过于强调竞争力,忽视国家间利益分配的国际经济关系行为准则,转变为注重国家间协调发展的新的国际经济关系行为准则,同时努力将代内公平拓展到代际公平,注重后代人所应该享有的权利,注重分配方式和分配结构对生态环境与自然资源保护、经济发展和社会福利的影响。这就是通常人们所说的要按照人口资源环境相均衡、经济社会生态效益相统一的原则,控制开发强度,调整空间结构,促进生产空间集约高效、生活空间宜居适度、生态空间山清水秀。

5.3.3 优化自然资源管理

资源管理是指资源所有者及其代理人或占用者运用管理学等相关学科基本原理及必要手段,对资源勘察、调查、开发、利用、保护及经营等过程进行计划、组织、协调、监督、约束和激励等,以提高资源利用效率,保障国家、地区、企业和个人资源需求的行为总称。在各个环节加强对自然资源的管理,对实现资源高效利用具有重要的现实意义。主要表现在以下几方面。

首先,资源管理是实现资源合理分配的基础。资源分配包括资源的部门分配、地区分配和人群分配等。无论是资源在部门和地区之间实现均衡分配,还是在人际和代际实现公平分配,都要以合理的资源管理为基础。

其次,资源管理是提高资源利用效率和加强资源保护的基础。在资源极其短缺的情况下,追求资源利用效率至上是国家和地区实现可持续发展的重要手段。而资源效率的提高,离不开资源的评价、配置、激励和约束等,这也恰恰是资源管理的核心内容。

此外,资源管理是保障资源安全的基础。资源安全指一个国家或地区可以持续、稳定、及时和足量地获取所需自然资源的状态,或指一国或一地区自然资源保障的充裕度、稳定性和均衡性。为此,资源安全目标的设立、安全责任的界定、安全手段的选择等,均成为资源管理的重要方面。

最后,资源管理是科学引导资源需求的重要手段。相对于有限的资源供给,人类对资源的需求是无止境的。因此,必须对人类的资源需求给予适当的引导,以实现相对的资源供需平衡。对资源需求的科学引导,包括资源消费对象的选择(如能源种类的选择)、消费结构的调整、消费水平的控制、消费需求的预测等,均为资源管理的重要方面。

总之,资源管理是国家和地区可持续发展的基础和前提。没有科学有效的资源管理,便没有资源的可持续利用,也就没有国家或地区的可持续发展。从某种意义上来讲,资源管理水平的高低决定了一个国家、一个地区和一个民族可持续发展的能力。

本章小结

自然资源与人类社会经济发展之间存在着显著的相互影响、相互制约的关系。全面认识和理解两者之间的逻辑关系及其内在影响机制，是深入学习资源经济学相关理论的前提和基础。对自然资源合理开发利用途径的挖掘和探析，将为促进资源经济可持续发展提供明确的方向。

思考题

1. 自然资源有哪些基本特征？
2. 谈谈你对自然资源“整体性”特征的认识和思考。
3. 如何理解可耗竭自然资源和非可耗竭自然资源的区别？
4. 怎样认识可再生自然资源和不可再生自然资源的区别？
5. 自然资源与人类发展之间的关系是什么？
6. 如何理解自然资源为人类社会经济发展提供了物质基础和能量源泉？
7. 自然资源短缺会对人类发展产生哪些限制和约束？
8. 应该怎样正确评价人类发展前景与自然资源关系问题上的悲观论和乐观论？
9. 应该如何认识科技进步在解决资源约束难题上所发挥的作用？
10. 可持续发展目标对自然资源的开发利用提出了哪些方面的要求？

第6章 自然资源的高效利用

学习目标

- 了解资源利用效率的内涵及其影响因素
- 理解能源效率度量方法及其演变过程
- 认识资源利用效率的提升路径

全球经济发展规模空前扩张导致资源消耗量迅速增加，资源存量正在以惊人的速度锐减。与此同时，资源消耗过程中所产生的各种污染物与温室气体，给人类赖以生存的生态环境带来了严重破坏。要化解经济增长与资源环境之间的尖锐矛盾，有效缓解日趋强化的资源环境约束，必须加快构建资源节约和环境友好的生产方式与消费模式，增强可持续发展能力。而建设资源节约型社会的本质内涵，就是要在社会生产、建设、流通、消费的各个领域，在经济和社会发展的各个方面，切实保护和合理利用各种资源，提高资源利用效率，以尽可能少的资源消耗获得最大的经济效益和社会效益。

6.1 资源利用效率的内涵

资源利用效率主要考察单位资源消耗和经济产出二者之间的关系。目前关于资源利用效率的评价指标通常有资源投入产出率、资源容量、资源利用强度、资源平均使用周期、废弃物回收利用率等。由于自然资源种类繁多，形式多样，本章仅以能源资源为例，探讨资源利用效率的内涵与特征、影响因素、度量方法以及提升途径。

6.1.1 能源效率的定义

世界能源委员会(World Energy Council)将能源效率(energy efficiency)定义为“减少提供同等能源服务(如加热、照明等)和生产活动所消耗的能源”，并指出，除了技术进步外，组织和管理的优化以及经济效率的提升均可以实现能源效率的改进。史丹(2002)则将能源效率概略地分为能源技术效率和能源经济效率两个部分。其中，能源技术效率主要是指由生产技术、产品生产工艺和技术设备所决定的能源效率；能源经济效率主要指受经济发展水平、产业结构、价格水平、管理水平、对外开放以及经济体制等经济因素影响的能源效率。为进一步阐明能源效率的深刻内涵，Oikonomou 等(2009) 对“能源效率”与“节能”两个概念进行了辨析，认为能源效率关注可获得的最大能源服务数量与初级(或最终)能源投入量之间的比值，而节能更着重于通过能效的提升或行为方式的改变实现能源消耗量的减少。

从具体度量方式来看，Patterson(1996)根据投入、产出的不同定义，将能源效率归纳为热力学指标、物理—热量指标、经济—热量指标以及纯经济指标四种类型。由于现有研究能源效率的文献大多集中于宏观经济领域，因此，基于货币单位的经济—热量指标在实际分析中被广泛应用。该指标被定义为能源实物消耗和经济活动之间的比率，最初采用能源强度（即单位 GDP 能耗）或单位产品能耗来表示：

能源效率＝GDP 总量/能源消耗总量

能源效率＝产品产量/能源消耗总量

由此可见，提高能源效率有如下三种途径：

(1) 在保持能源消耗总量一定的情况下，生产尽可能多的经济产出；

(2) 在保持经济产出一定的情况下，尽可能减少能源消耗；

(3) 经济产出与能源消耗总量可同时增加，但经济产出的增长速度高于能源消耗的增长速度。

以中国为例，改革开放以来，中国在提高能源效率方面取得了长足的进步，能源强度呈现出持续快速的下降趋势，这一良好势头一直保持至 2000 年左右，随后其下降速度开始减缓。2002 年以后，由于高耗能行业快速增长所引发的能源需求量的迅速抬头，我国能源强度开始反向增长。为了尽快遏制这一不利趋势，国务院及时推行了节能减排政策。随着相关政策的有效实施，我国能源强度在“十一五”期间再一次呈现持续下降的趋势（图 6-1）。

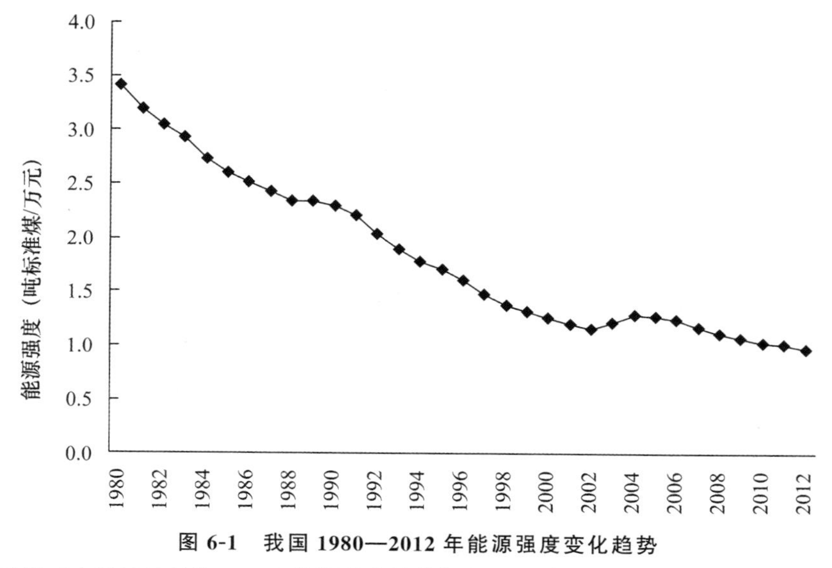

图 6-1 我国 1980—2012 年能源强度变化趋势

资料来源：《中国统计年鉴 2013》，能源强度的基期为 2005 年。

尽管如此，由于受技术水平较低、产业结构不合理等多种因素制约，我国单位 GDP 能耗仍高达全球平均水平的两倍以上。从高耗能产品的能效水平来看，我国生产单位质量的钢铁、水泥、乙烯与合成氨所消耗的能源也均大幅高于国际先进水平（表 6-1）。

表 6-1　2000 年中国能源效率水平及其与国际先进水平对比

相关指标		中国能效水平	与国际先进水平的差距
单位产值能耗(吨标准煤/百万美元)		1 274	比日本高 8.7 倍
单位产品能耗	火电供电煤耗(克标准煤/千瓦时)	392	高 22.5%
	钢可比能耗(千克标准煤/吨)	784	高 21.4%
	水泥综合能耗(千克标准煤/吨)	181	高 45.3%
	合成氨综合能耗(千克标准煤/吨)	1 273	高 31.2%
主要耗能设备	燃煤工业锅炉平均运行效率	65%	低 15%—20%
	中小电动机平均效率	87%	低 5%
	机动车燃油经济性水平	—	比欧洲低 25%
	载货汽车百吨千米油耗(L)	7.6	高一倍以上
	内河运输船舶油耗	—	高 10%—20%
单位建筑面积能耗		—	是发达国家 2—3 倍
综合能源效率		33%	低 10 个百分点

资料来源:《节能中长期专项规划》。

6.1.2　能源效率内涵拓展及其影响因素

尽管用单位 GDP 能耗或单位产品能耗(单要素能源效率)指标来衡量能源效率在计算上较为方便可行,但在具体操作过程中仍然存在一些悬而未决的问题。比如,关于在衡量能源投入时如何加总不同质的能源、加总的方法(按热量还是价值法加总),以及如何界定真实的能源投入等问题,人们的看法各不相同。此外,全球化产业分工可能导致各国真实能源消费数量产生偏误,且在跨国经济产出比较时还存在着汇率法和购买力平价法的方法之争。以对中国的能源效率研究为例:如果采用热效率指标进行比较,2002 年中国能源效率为 33%,比国际先进水平(日本)大约低 10 个百分点,大致相当于欧洲 20 世纪 90 年代初、日本 20 世纪 90 年代中期的水平;如果利用单位产品能耗指标进行比较,2004 年我国七大行业 16 种产品的能耗指标平均比国际先进水平高 40%;如果利用汇率法进行能耗强度的比较,则中国的能耗强度是日本的 7—9 倍,是世界平均水平的 3—4 倍;但如果采用购买力平价法进行能耗强度比较,则中国仅比日本高 20%左右,低于美国的能耗水平,为经合组织国家平均水平的 1.2—1.5 倍。

此外,对于上述基于单要素生产率框架的传统指标是否度量了"效率"也值得推敲。以最常用的能耗强度指标为例,其不仅取决于经济活动中的生产工艺和技术水平,还在很大程度上受产业结构调整、能源与其他非能源要素(如资本、劳动等)替代关系、能源相对价格变动、能源结构优化等诸多因素影响。而且,能耗强度指标只是衡量了能源这一单个要素与经济产出之间的比例关系,没有考虑其他投入要素的影响,但在实际生产过程中,能源必须与资本、劳动等其他要素进行有机结合,生产目标方能实现。由此可见,尽管计算较为方便,但将能源强度作为测度能源效率的一个指标还存在较大的局限性,可能无法描述出真实生产率的变动情况。

1. 能源效率内涵拓展

鉴于单要素能源效率在测度能源效率过程中存在不足，特别是忽略了经济产出是由能源与资本、劳动力等其他生产要素共同组合的结果这一事实，Hu 和 Wang(2006) 进一步建立起全要素能源效率（total factor energy efficiency，TFEE）的分析框架，开创性地将能源、资本与劳动力三者共同作为维持生产活动的投入要素，将 GDP 作为产出，进而运用非参数的数据包络分析（data envelopment analysis，DEA）方法，对中国各省区市的全要素能源效率进行测度。全要素能源效率被定义为在除能源要素投入以外的其他要素（如资本、劳动力）保持不变的前提下，按照最佳生产实践，一定的产出（如 GDP）所需的目标能源投入量与实际能源投入量的比重。该定义考虑了生产活动中除能源投入之外的其他生产要素，更符合实际情况，也弥补了常用的能源强度或能源生产率指标仅考虑能源单一要素的缺陷。全要素能源效率的提出得益于技术效率的概念。1957 年，Farrell 在《生产效率度量》一文中首次提出了技术效率的概念，并从投入视角对技术效率定义如下："在生产技术和市场价格不变的条件下，按照既定的要素投入比例，生产一定量的产品所需要投入的最小成本占实际生产成本的比重。"这一概念更符合经济学中帕累托效率的内涵，并为此后的效率研究奠定了基础。

尽管用全要素能源效率指标测度区域能效水平显得更加合理，但其仍未能充分地反映区域经济系统的投入与产出过程。事实上，能源消耗在为区域经济生产活动提供动力来源的同时，也排放出二氧化硫、二氧化碳等副产品，而处理这些非合意的产出需要付出巨大的经济成本。对于生产过程的产出端而言，多数研究仅考虑了合意的经济产出而忽略了对污染物等非合意产出的考察，这会扭曲对使用能源带来的经济绩效和社会福利变化的评价，从而会误导能源政策，导致过度低效地使用能源，形成大量的污染，破坏环境。为了将非合意产出纳入能源效率的研究范畴，Färe 等(2005) 引入了一个既考虑经济产出，又考虑污染物排放的联合生产框架，从而将能源投入、资本与劳动力等非能源投入、经济产出、非合意产出等纳入共同的分析框架，这也是当前估算考虑非合意产出的全要素能源效率最为流行的方法。

2. 能源效率的影响因素

鉴于提高能源效率对能源节约及温室气体减排的重要意义，能源效率影响因素的研究引起了国内外学者们的广泛关注。总体而言，能源效率主要受产业结构变动、技术进步、能源相对价格波动、能源结构调整等诸多因素综合影响。

(1) 产业结构效应

产业结构变动对能源效率的影响主要反映在"结构红利假说"中。不同产业类型之间存在着较为显著的能源效率差异，其中，第二产业，特别是重化工业属于典型的能源密集型行业，在技术水平等其他因素相对稳定的前提下，其在经济结构中比例的增加将导致能源效率的降低，而服务性行业对能源的依赖性相对较弱。由于一个国家或地区的产业演变过程普遍受"配第-克拉克定理"支配，因此，产业结构变动对能源效率的影响一般呈现出先降低后升高的规律性特征。

(2) 技术进步效应

技术进步主要由两部分组成:一是科技进步,指的是生产技术的改进,如新产品的发明、新技术的应用;二是技术效率,反映的是某个决策单元在投入要素不变的情况下,实际产出与最大产出的距离。技术进步对能源效率的促进作用主要表现为提升可再生能源开发利用水平、提高能源终端利用效率、提高回收率、降低损失率、能源管理水平的改善等方面。由于新技术、新设备、新工艺的出现,在相同产出下可以节约能源投入,或者相同投入下可以实现更多的产出。

(3) 能源价格效应

在竞争性市场环境下,能源价格的高低将直接决定生产技术的选择;较高的能源价格将驱使生产者采用能源节约型技术,最终实现能源效率的改进,反之则导致能源依赖型技术的采用。例如,Wang(2008)认为,中国政府主导的能源价格形成机制无法反映资源稀缺程度与环境成本,较低的能源价格促进了能源密集型行业的过快增长,并对消费者行为产生误导,最终不利于能源效率的提高与温室气体的减排。同时,由于信息不对称与交易成本较高导致的市场调节障碍,以及不合适的激励政策所造成的能源价格扭曲,均会对能源效率的提升产生负面影响。

(4) 其他因素

结合中国的具体国情来看,能源经济效率还受对外开放程度、经济体制等多种因素影响。改革开放政策通过迫使企业积极参与市场竞争,引进国外先进的技术设备及现代化的管理水平等途径,对促进我国能源效率提升发挥了积极的作用。但同时,大量高载能产品的出口以及国外已淘汰的生产技术与设备的进口,导致能源密集型技术的大面积扩散,是造成我国1995—2004年能源效率降低的主要原因。外商直接投资也被认为是影响我国能源效率的重要因素之一。由于国外企业技术水平普遍高于国内企业,国际贸易技术溢出总体上促进了中国各地区全要素能源效率的提高。此外,积极引导其他生产要素(如资本)对能源进行更大规模的替代,也将对我国能源效率产生积极影响。例如,1992年以来,中国以市场化为导向的经济体制改革加速,导致能源需求价格弹性降低以及能源与资本、劳动力之间替代弹性升高,这一过程对我国1993年以来能源效率的改进做出了显著的贡献。

6.2 环境约束下的全要素能源效率度量

根据Hu和Wang(2006),全要素能源效率被定义为“目标能源投入量”和“实际能源投入量”的比值。其中,估算“目标能源投入量”的核心工作便是明确生产前沿,而非参数前沿方法是解决这一问题的有效工具。该方法以投入产出的实际数据为基础,由于无须指定生产函数的具体形式、无需价格信息、计算简单、可寻找改善途径等优势而被广泛应用。

数据包络分析是典型的非参数前沿方法,现已广泛应用于工商管理、金融经济、公共事业、教育卫生等领域的相对效率研究中。数据包络分析方法的思想最早来源于Farrell(1957)提出的可通过构造非参数的线性凸面来估计生产前沿的观点,是建立在“相对效率评价”概念基础上的一种新生系统分析方法，其利用线性规划技术来评价决策单元(decision making unit，DMU)的效率水平，目的是通过决策单元投入产出数据的自身特点来确定非参数前沿面，有效的DMU位于前沿面上，而无效的DMU则位于前沿面下方，并根据偏离前沿面的程度来判断其相对效率的大小，其本质上即为经济学中的“帕累托最优”。这就避免了参数方法主观设定生产函数形式而可能导致的偏误，且计算方式明显简单很多。本节介绍运用数据包络分析方法来测算生产决策单元的全要素能源效率。

6.2.1　生产技术

生产技术的距离函数表达方式源于用数学集合表述生产过程中的投入产出关系。早期，经济学家通常用简单数学函数描述生产技术，此方法较好地定义了多投入单产出的生产技术。后来，研究者逐渐意识到，在合意产出(或能源利用)产生的同时，一些非合意产出如SO_2、CO_2、废气、废水等也将不可避免地被排放。为了更为客观地描述生产过程，从而将环境问题一同纳入到分析框架，需要构造一个既包括合意产出，又包括非合意产出的生产可能性集合，Färe等(2007)将这种生产可能性集合称为环境技术。假设每一个决策单元使用N种投入$\boldsymbol{x}=(x_1,\cdots,x_N)$，$\boldsymbol{x}\in R_N^+$，生产出$M$种产出$\boldsymbol{y}=(y_1,\cdots,y_M)$，$\boldsymbol{y}\in R_M^+$，其中，产出$\boldsymbol{y}$包括合意和非合意两类。该技术的集合表达式可描述为：

$$T=\{(\boldsymbol{x},\boldsymbol{y}):\boldsymbol{x}\text{能够生产出}\boldsymbol{y}\} \tag{6-1}$$

该生产技术集T描述的是关于投入要素$\boldsymbol{x}$和产出$\boldsymbol{y}$的所有组合的生产可能性集。对应于生产一般性规律(如边际产出非负、边际生产率递减)，Färe和Grosskopf(2000)详细讨论了该生产技术集满足的标准性定理，包括凸性、强处置性、紧密型、有界性等。

基于不同的分析视角，研究者也经常使用技术需求集(投入集)和产出可能性集(产出集)作为生产技术集T的替代性描述方式。由于能源属于一种重要的投入要素，并且全要素能源效率的计算是基于投入方向性距离函数，此处重点描述投入集。① 该集合描述的是生产某一固定产出$\boldsymbol{y}$所需要的各种要素投入组合$\boldsymbol{x}$，其表达式为：

$$L(\boldsymbol{y})=\{\boldsymbol{x}:(\boldsymbol{x},\boldsymbol{y})\in T\}=\{\boldsymbol{x}:\boldsymbol{x}\text{能够生产}\boldsymbol{y}\} \tag{6-2}$$

对应于生产技术集T所满足的性质，Coelli等(2005)也系统地讨论了投入集和产出集所满足的性质，包括紧密性、投入产出可获得性、处置性等。另外，投入集和产出集同是生产技术集T的替代性描述，从某种意义上说，三者是等价的。

6.2.2　投入方向距离函数

生产技术集仅从概念上完整地描述了多投入多产出生产技术，并不能直接用于理论或实证分析。同时，生产技术集描述方式需要对决策单位的行为进行假设，如成本最小化、收益或利润最大化，而这类假设通常与经济现实存在一定的差距。为此，Malmquist

① 产出集表示固定投入$\boldsymbol{x}$能够生产的所有产出组合$\boldsymbol{y}$，产出集$P(\boldsymbol{x})$可表示为：$P(\boldsymbol{x})=\{\boldsymbol{y}:(\boldsymbol{y},\boldsymbol{x})\in T\}=\{\boldsymbol{y}:\boldsymbol{x}\text{能够生产}\boldsymbol{y}\}$。

(1953) 和 Shepard(1970) 独立地提出了距离函数的概念,用于描述无行为约束的多投入多产出生产技术。距离函数包括投入导向(input oriented)的距离函数和产出导向(output oriented)的距离函数两种形式。其中,投入导向的距离函数要求在既定产出向量条件下考察投入变化造成的影响,而产出导向的距离函数在给定投入向量条件下关注产出可能达到的最大扩张比例。为与全要素能源效率度量目标相一致,此处以投入方向距离函数为例对各决策单元运行情况进行数学刻画。

对应于投入集 $L(\boldsymbol{y})$,Shepard(1953)最早定义了投入方向距离函数 $D(x,y)$,其表达式为:

$$D(x,y)=\max\{\theta:\theta>0,(\boldsymbol{x}/\theta)\in L(\boldsymbol{y})\} \tag{6-3}$$

其中,θ 为一个大于零的标量。由式(6-3)可知,投入方向距离函数定义了在现有技术水平下生产固定产出 $\boldsymbol{y}$ 的投入前沿,处在前沿上的生产单元能够用最小投入组合 $\boldsymbol{x}/\theta$ 生产固定产出 $\boldsymbol{y}$,而处于前沿之内的生产单元受制于各种因素并未有效地使用生产技术,即需要更多生产要素投入以实现相同的产出水平,由此导致要素投入的冗余。也就是说,如果该类生产者采用新技术,或通过培训技术人员、改善投资环境等方式提高了现有技术的使用效率,那么获得同样产出水平其投入可节约的量为:

$$\Delta x=x-\frac{x}{\theta}=\frac{x(\theta-1)}{\theta} \tag{6-4}$$

因此,投入距离函数值 θ 表示保持产出不变的条件下,达到生产技术前沿时生产者投入要素的最大缩减比例,其取值范围为$[1,+\infty)$。

6.2.3 环境约束下全要素能源效率测算

根据 Hu 和 Wang(2006),全要素能源效率被定义为在除能源要素投入以外的其他要素(如资本、劳动力)保持不变的前提下,按照最佳生产实践,一定的产出(如 GDP)所需的目标能源投入量与实际能源投入量的比重。为与该定义相一致,此处将投入要素 $\boldsymbol{x}$ 进一步分解为能源投入 $\boldsymbol{e}$ 和其他非能源投入 $\boldsymbol{x}_n$。同时,为了将环境污染因素纳入同一分析框架,产出 $\boldsymbol{y}$ 也被进一步分解为合意产出 $\boldsymbol{y}_g$ 和非合意产出 $\boldsymbol{y}_b$。由此,对应于环境约束下全要素能源效率的距离函数可定义为:

$$D(\boldsymbol{x}_n,\ \boldsymbol{e},\ \boldsymbol{y}_g,\ \boldsymbol{y}_b)=\max\{\theta:(\boldsymbol{x}_n,\ \boldsymbol{e}/\theta,\ \boldsymbol{y}_g,\ \boldsymbol{y}_b/\theta)\in T\} \tag{6-5}$$

该距离函数定义的是能源节约型和环境友好型的生产技术前沿,处于前沿上的生产者在保持非能源投入 $\boldsymbol{x}_n$ 不变的条件下,使用最少的能源投入 $\boldsymbol{e}/\theta$ 以获得给定水平的合意产出 $\boldsymbol{y}_g$,同时排放最少的污染物 $\boldsymbol{y}_b/\theta$。据此,环境约束下的全要素能源效率可表示为:

$$\mathrm{TFEEE}=\frac{\boldsymbol{e}^{\mathrm{tar}}}{\boldsymbol{e}^{\mathrm{act}}}=\frac{\boldsymbol{e}/\theta}{\boldsymbol{e}}=\frac{1}{\theta} \tag{6-6}$$

由此可见,各决策单元的环境约束下全要素能源效率可通过求解公式(6-6)中的 θ 来获取。此处基于数据包络分析方法构建能源节约型和环境友好型技术前沿,并运用数学规划方法求解如下线性规划方程:

$$D(\boldsymbol{x}_n^t,\ \boldsymbol{e}^t,\boldsymbol{y}_g^t,\ \boldsymbol{y}_b^t)=\max\theta$$

$$\text{s.t.}\quad \sum_{i=1}^{N} z_i^t \boldsymbol{e}_i^t \leqslant \boldsymbol{e}_i^t/\theta$$

$$\sum_{i=1}^{N} z_i^t x_{nki}^t \leqslant x_{nki}^t, \quad k = L, K$$

$$\sum_{i=1}^{N} z_i^t y_{gi}^t \geqslant y_{gi}^t$$

$$\sum_{i=1}^{N} z_i^t y_{b\ i}^{\ t} = y_{bi}^t / \theta$$

$$z_i^t, \theta \geqslant 0, i = 1, \cdots, N \tag{6-7}$$

其中,z_i^t 表示构造前沿面时决策单元 i 第 t 期观测值的权重。投入变量和合意产出的不等式约束意味着相应变量可自由处置(又称强可处置性),而非合意产出的等式约束则表示非合意产出的弱可处置性。

6.3 资源利用效率的提升路径

6.3.1 发展循环经济

为解决人类可持续发展过程中所面临的自然资源与生态环境困境,一个根本性的出路在于改弦易辙,重新建立人类经济活动中对自然资源的利用模式,发展循环经济。循环经济与传统经济(特别是工业社会经济活动)在自然资源利用方式上存在着重大的差别。后者是人们习以为常的"资源消费→产品→废物排放"型物质流动模式,而循环经济则试图建立起"资源消费→产品→再生资源"闭环型物质流动模式。

1. 循环经济的内涵

循环经济(circular economy)概念最早是由英国经济学家肯尼斯·鲍尔丁在其"宇宙飞船理论"中提出。他认为,地球资源与地球生产能力是有限的,必须要在自觉意识到容量是有限的、未来是封闭的地球上建立循环生产系统;地球就像在太空中飞行的宇宙飞船,要靠不断消耗自身有限的资源而生存,如果不合理开发资源,破坏环境,就会像宇宙飞船那样走向毁灭;强调只有对其中的资源储备和环境条件倍加爱护,才能维持飞行员的生存。循环经济一词最初由英国环境经济学家 D. 皮尔斯(D. Pearce)和 R. K. 图纳(R. K. Turner)在《自然资源和环境经济学》(*Economics of Natural Resources and the Environment*)一书中首先提出,文中将"循环经济"解释为"(循环经济系统)不是一个开放的线性系统,相反,它是闭合和循环的",这种闭合和循环主要通过对废弃物的资源化来实现。

20 世纪 90 年代,循环经济概念被引入中国后,迅速得到学界的重视和推广。此后,中国学者结合个人的研究领域,纷纷地从经济形态、资源综合利用、环境保护、技术范式等不同的视角对"循环经济"的概念进行了不同的定义,其中比较有代表性的曲格平认为:所谓循环经济,本质上是一种生态经济,它要求运用生态学规律而不是机械论规律来指导人类社会的经济活动。循环经济倡导的是一种与环境和谐的经济发展模式。它要求把经济活动组织成一个"资源—产品—再生资源"的反馈式流程,其特征是低开采、高利用、高排放。诸大建从可持续发展的角度将循环经济定义为:循环经济是一种善待地球的经济发展新模式，它要求把经济活动组织成为“自然资源—产品和用品—再生资源”的闭环式流程，所有的原料和能源能在不断进行的经济循环中得到合理利用，从而把经济活动对自然环境的影响控制在尽可能小的程度。当前，我国普遍使用的是国家发展和改革委员会对循环经济的定义，即“循环经济是一种以资源的高效利用和循环利用为核心，以减量化、再利用、资源化为原则，以低消耗、低排放、高效率为基本特征，符合可持续发展理念的经济增长模式，是对大量生产、大量消费、大量废弃的传统增长模式的根本变革”。

2. 循环经济的特征

循环经济的技术经济特征之一是提高资源利用效率，减少生产过程的资源和能源消耗。这是提高经济效益的重要基础，也是污染排放减量化的前提。循环经济的技术经济特征之二是延长和拓宽生产技术链，将污染尽可能地在生产企业内进行处理，减少生产过程的污染排放。循环经济的技术经济特征之三是对生产和生活使用过的废旧产品进行全面回收，可以重复利用的废弃物通过技术处理进行无限次的循环利用。这将最大限度地减少初次资源的开采，最大限度地利用不可再生资源，最大限度地减少造成污染的废弃物的排放。循环经济的技术经济特征之四是对生产企业无法处理的废弃物集中回收、处理，扩大生态环保和资源再生产业的规模，扩大就业。

3. 循环经济的原则

(1) 3R 原则

一般认为，发展循环经济，必须遵循“减量化、再利用、再循环”为内容的行为原则，即“3R 原则”(reduce, reuse, recycle)。

减量化原则是生态效率理念的核心，要减少进入生产和消费流程的物质和能量的流量。它要求削减有毒物质的生产或排放，降低原材料的使用，减少产品的尺寸等。总之，要求在生产过程之前和之中预防废弃物产生，而不是产生后治理。减量化并没有停止资源消耗与环境破坏，只是减缓破坏速度，使其以更小的增量在更长的时间内进行。

再利用原则目的是延长资源和产品的使用周期，要求人们尽可能多次地以及尽可能以多种方式利用各种物质资源，防止物品过早地成为垃圾。在生产中，要求制造商使用标准尺寸进行设计和生产，以便于更换部件而不必淘汰整个产品，同时发展再制造产业；在生活中，鼓励人们使用能够重复利用的物品，如二手商品、包装物等。

再循环原则是把废旧物返回到生产环节，使之再融入新的产品之中，以减少废弃物的最终处理量，并减轻环境压力。再循环方式有二：一是原级再循环，即将消费者遗弃的废弃物资源化后形成与原来相同的新产品。二是次级再循环，即将废弃物变成不同类型的新产品。

以上三个原则中，减量化属于输入端方法，旨在减少进入生产和消费过程的物质和能量；再利用原则属于过程性方法，目的是提高产品和服务的利用效率；再循环原则是输出端方法，通过把废弃物再次变成资源以减少末端处理负荷。

(2) 3R 原则之间的关系

人们常常简单地认为利用 3R 原则来提升资源效率的本质就是废弃物资源化，其实不然。废弃物的再生利用相对于末端治理虽然是重大的进步，但人们应该清醒地认识到：再生利用本质上仍然是事后解决问题而不是一种预防性的措施。废弃物再生利用虽然可以减少废弃物最终的处理量，但不一定能够降低经济过程中的资源流动速度以及资源使用规模。例如，塑料包装物被有效地回收利用无法减少塑料废弃物的产生量。相反，由于塑料回收利用给人们带来"资源被节约"的错觉，这反而会加快塑料包装物的使用速度以及扩大此类物质的使用规模。此外，以目前方式进行的再生利用本身也往往是一种非环境友好的处理活动，因为在废弃物处理过程中需要耗费大量的矿物、水、电以及其他资源，并可能产生许多新的污染物。

在人类经济活动中，不同的思想认识可以导致三种不同的资源利用方式：一是线性经济与末端治理相结合的传统方式；二是仅仅让再利用和再循环起作用的资源恢复方式；三是包括整个3R原则且强调"避免废弃物优先"的低排放甚至零排放方式。显然，只有第三种资源利用方式才是循环经济所推崇的经济方式。资源效率的管理目标，不仅是减少待处理的废弃物的体积和重量，而且是要从根本上减少自然资源的耗竭，减少由线性经济引起的环境退化。

由此可见，3R原则的顺序不能颠倒，这一点可以从1996年生效的德国《循环经济与废弃物管理法》看出："对废弃物的有限顺序是避免产生—循环利用—最终处置。"也就是说，首先要从源头加以控制，即采用减量化原则，首先针对输入端，减少进入生产和消费过程中的物质及能量。这是最为重要、最为基本的一步。如果不能在这一环节上加以很好的控制，将给后续的控制带来相当大的难度。其次是对于源头不能削减但是又可以利用的废弃物（如经过消费者使用的包装废弃物、旧货等）要加以回收利用，延长产品和服务的使用周期。相对于资源化原则，再利用的作用也很大。最后，对于那些不能再重复利用的废弃物，通过将其再次变为资源以减少末端处理的负荷，并减少环境污染。

4. 循环经济运行模式

概括而言，循环经济可以从企业、生产基地等经济实体内部的小循环（微观层次），产业集中区域内企业之间、产业之间的中循环（中观层次），以及包括整个社会的生产、生活领域的大循环（宏观层次）三个层次共同展开。

（1）企业内部的循环模式

以企业内部的物质循环和能量梯级利用为基础，构筑企业、生产基地等经济实体内部的小循环。企业是经济发展的微观主体，是经济活动的最小细胞。在微观层次推动循环经济，主要通过企业内部推进清洁生产、资源高效利用和废弃物的循环利用，组织企业内各种工艺之间的物料循环、延长产业链，减少生产和服务中物质和能源使用量，努力实现废弃物的"零排放"。

（2）生态工业园区的循环模式

基于工业生态学的基本原理，通过企业之间的物质、能量和信息集成，形成产业间的代谢和共生耦合关系，使一家工厂的废水、废气、废渣、废热等成为另一家工厂的原料和能源，以实现资源共享、副产品交换和废弃物资源化。依据产业生态学和物质流管理的基本理念，并不是每一个企业都有能力充当自身的废弃物分解者。通过"物质代谢"的方式,可以模拟自然生态系统构建不同企业之间的垂直或者水平共生协作关系,充分利用不同产业、项目或工艺流程之间以及资源、主副产品或废弃物之间的协同共生关系,运用现代化的工业技术、信息技术和经济措施优化配置组合,形成一个物质、能量多层利用,经济效益与生态效益双赢的共生体系。

(3) 社会层面的循环模式

社会层面的循环经济模式又称包装物双元回收体系(duales system deutschland, DSD)模式。其主要有两种形式:第一,建立废弃物的回收再利用体系。通过积极开展城市循环经济试点工作,建立覆盖全社会的再生资源回收网络,全面推进居民特别是城镇社区生活垃圾的分类收集。第二,构建循环型社会体系。用生态链条把工业与农业、生产与消费、城区与郊区、行业与行业有机结合起来。推行全社会节水、绿色消费,城市交通要使用清洁能源,居民和公共场所要使用绿色照明设备,使用新型建材建设和改造住宅区,等等,把整个社会建设成为循环型社会。

5. 发展循环经济的主要途径

(1) 完善政策体系

发展循环经济的政策体系分为基础性政策、激励性政策、约束性政策和考核性政策。其中,基础性政策主要是宏观调控性、基本制度性和结构调整性政策,如产业政策、贸易政策、产权政策等。激励性政策主要是指在市场调节的基础上引导企业自觉发展循环经济的政策,如绿色财政、绿色税收、绿色价格、绿色金融等。约束性政策是指利用法律和行政手段对企业的生态行为进行约束,如利益补偿、产业规制、舆论监督、公众参与等。考核性政策是通过一系列评价指标体系对循环经济发展进行评估并得出相应的结论,如绿色国民经济核算制度、环境审计、绿色会计等。

(2) 依靠科技进步

科学技术是发展循环经济的决定性因素。发展循环经济就是要通过采用和推广无害或低害新工艺、新技术,降低原材料和能源消耗,实现低投入、高产出、低污染和低排放的生产。没有技术支持,就不可能建立循环经济体系。因此,要采取措施,切实解决制约循环经济发展的技术瓶颈。一是加强循环生产技术的基础研究,包括共性技术、关键技术和专门技术,对重大技术项目要组织科研院所进行联合攻关,并在资金和人力上给予支持。二是对技术开发和创新者实行奖励。三是加快建立循环经济技术体系,加快先进适用技术的推广。四是积极推进产学研相结合,不断探索和完善科研成果转化机制,加快科研成果的转化和应用。五是加快人才市场建设。

(3) 创新政府职能

政府应当成为推动循环经济发展的责任主体,在循环经济发展过程中发挥主导和引领作用。这种主导作用体现为以下几种职能:制订规划、提供制度、监督实施、绩效评估、信息服务、重大技术研究、善意设租以及对循环经济发展的必要性进行宣传推广等。

(4) 推动循环经济立法

当前发达国家规范循环经济大致有两种立法模式:一种是污染预防型,如美国、加拿大等,将清洁生产纳入预防污染的法律框架,属于广义的环境法;另一种是经济循环型,以德国和日本为代表,将整个经济活动纳入循环经济,属于广义的经济法。

我国循环经济法律体系分为以下三个层次:第一层次是以《循环经济促进法》为名的基本法,它起到统揽全局的作用。该法明确了各级政府及管理部门发展循环经济的权利、义务,明确了全社会发展循环经济的方向和途径。第二层次是以资源利用环节划分的循环经济综合法。第三层次是各综合法的子法,是针对各种资源或行业或产品制定的具体法律法规。

卡伦堡生态工业园

丹麦的卡伦堡生态园是世界生态工业园建设的肇始,它自20世纪70年代开始建立,已经稳定运行了三十多年。卡伦堡生态园已成为世界生态工业园建设的典范。卡伦堡是一个仅有两万居民的小工业城市。最初,这里建造了一座火力发电厂和一座炼油厂。数年之后,卡伦堡的主要企业开始相互交换“废料”:蒸汽、(不同温度和不同纯净度的)水以及各种副产品,逐渐自发地创造了一种“工业共生体系”,成为生态工业园的早期雏形。

在卡伦堡工业共生体系中主要有五家企业和单位:① 阿斯耐斯瓦尔盖(Asnaesvaerket)发电厂,这是丹麦最大的火力发电厂,发电能力为150万千瓦,最初使用燃油发电,第一次石油危机后改用煤炭,雇用600名职工。② 斯塔朵尔(Statoil)炼油厂,丹麦最大的炼油厂,年产量超过300万吨,消耗原油500多万吨,有职工290人。③ 挪伏·挪尔迪斯克(Novo Nordisk)公司,丹麦最大的生物工程公司,也是世界上最大的工业酶和胰岛素生产厂家之一,设在卡伦堡的工厂是该公司最大的分厂,有1 200名员工。④ 吉普洛克(Gyproc)石膏材料公司,这是一家瑞典公司,年产1 400万平方米的石膏建筑板材,拥有175名员工。⑤ 卡伦堡市政府,它使用发电厂出售的蒸汽给全市供暖。这五家企业和单位相互间的距离不超过数百米,由专门的管道体系连接在一起。此外,工业园内还有硫酸厂、水泥厂、农场等企业参与到了工业共生体系中。

由于进行了合理的连接,能源和副产品在这些企业中得以多级重复利用。这些企业以能源、水和废弃物的形式进行物质交易,一家企业的废弃物成为另一家企业的原料:发电厂建造了一个25万立方米的回用水塘,回用自己的废水,同时收集地表径流,减少了60%的用水量;自1987年起,炼油厂的废水经过生物净化处理,通过管道向发电厂输送,作为发电厂冷却发电机组的冷却水;发电厂产生的蒸汽供给炼油厂和制药厂(发酵池),同时,发电厂也把蒸汽出售给石膏厂和市政府,它甚至还给一家养殖场提供热水;发电厂一年产生的七万吨飞灰,被水泥厂用来生产水泥;1990年,发电厂在一个机组上安装了脱硫装置,燃烧气体中的硫与石灰发生反应,生成石膏(硫酸钙),这样,发电厂每年可多生产10万吨石膏,由卡车送往邻近的吉普洛克石膏材料厂,石膏厂因此可以不再进口从西班牙矿区开采来的天然石膏;炼油厂生产的多余燃气,作为燃料供给发电厂,部分替代煤和石油,每年能够使发电厂节约煤3万吨,节约石油1.9万吨,同时这些燃气还供应给石膏材料厂用于石膏板生产的干燥之用;制药厂利用玉米淀粉和土豆粉发酵生产酶,发酵过程中产生富含氮、磷和钙质的固体、液体生物质，采用管道运输或罐装运送到农场作为肥料。

据了解，卡伦堡16个废料交换工程投资计6000万美元，而由此产生的效益每年超过1000万美元，取得了巨大的环境效益和经济效益。

资料来源：绿叶. 世界生态工业园建设的典范：卡伦堡生态园. 2007，(1)：56-57.

6.3.2 优化资源管理

自然资源管理是指为了有效平衡自然资源供给与需求，根据自然资源系统与社会经济系统的内在联系，采取经济、行政、法律、技术等复合手段，实现自然资源优化配置和可持续利用目标的过程。人类社会要摆脱发展中面临的自然资源困境，实现可持续发展，需要加强和改善自然资源管理，形成有效的自然资源配置机制，合理地开发和高效地利用自然资源。对自然资源价值的认知是人们研究自然资源的起点，明确了自然资源的价值才能建立起有效的资源管理规制和资源市场机制；同时，体现自然资源内在价值的定价方法是经济社会实现资源配置的价格机制基础。

自然资源的价格构成，本质上是自然资源价值构成的外在表现。自然资源的价值构成包括存在价值、经济价值和生态价值。与之相对应，自然资源的价格构成应充分反映其开发成本、使用成本和环境成本。然而，现行的自然资源定价机制往往采用政府定价或政府指导价，未能真实反映市场供需关系和自然资源稀缺程度，也无法充分反映资源开发利用补偿成本、环境治理成本、安全治理成本等因素，致使资源价格长期低于其市场均衡水平。由此可见，自然资源管理必须以市场配置资源为基础，促进资源的优化配置，而价格是市场机制的核心，定价问题则是自然资源管理的重要问题，本节主要论述自然资源的价值和定价问题。

1. 资源价值评估的一般方法

节约、高效利用自然资源，首先必须对自然资源进行核算，特别是价值量核算，做到心中有数。尽管自然资源价值在理论上还没有完全解决，但自然资源必须有偿转让、有偿占用、具有交换价值即价格，已成共识。这里所讲的资源价值评估、计量，实际上就是资源交换价值即价格的评估、计量。自然资源价值计量的方法大体可以归纳为三种：直接市场法、替代市场法和假象市场法。

(1) 直接市场法

直接市场法是可以直接运用市场价格对可以观察和度量的自然资源价值变动进行测量的一种方法，它具体可分为以下四种。

① 市场价格法。以自然资源交易和转让市场中所形成的自然资源价格来推定评估自然资源的价值。但它应该以自然资源市场已相当发育并有序规范化为前提。而现实中的自然资源利用远未实现市场化，这就为市场价格法的运用带来了困难。

② 净价法。用自然资源产品市场价格减去自然资源的开发成本和开发商所得的正常利润，即得自然资源的价格。例如，已知某种矿产品的市场价格，减去矿床勘察和开

发、运输费用以及采矿部门的正常利润，所得的结果就是矿产资源价格。

③ 重置成本法。其理论基础是 J. R. 希克斯(J. R. Hicks)的收入理论，即自然资源在核算期末的数量和质量与核算期初的数量和质量相等。在这种方法中，以受到损害的自然资源恢复到损害前的状况所需要的费用来衡量自然资源的价值。重置成本法理论上应该更加符合可持续发展的思想，因为维持自然资源的状况(即数量和质量)不变，也就是保证了自然资源的可持续利用。

④ 成本费用法。通过分析自然资源价格的构成因素及其表现形式来推算求得。计算森林林木的价值可用该法。

由于直接市场法是建立在充分的信息和比较明确的因果关系基础上的，所以用直接市场法进行的评估比较客观、争议较少。但是采用直接市场法，不仅需要足够的实物量数据，而且需要足够的市场价格数据。而相当一部分自然资源根本没有相应的市场，也就没有市场价格；或者其现有的市场只能部分地反映自然资源数量和质量变动的结果。在这种情况下，直接市场法的应用或者不可能，或者有很大的局限性。

(2) 替代市场法

当所研究的自然资源本身没有市场价格来直接衡量时，可以寻找替代物的市场价格来衡量，这类方法被称为替代市场法。例如清新的空气、美好的环境等并没有直接的市场价格来衡量，这时就需要找到某种有市场价格的替代物来间接衡量没有市场价格的自然资源的价值，譬如用不同住宅区土地价值来推导空气质量的价值，用旅游费用来估计名胜古迹的价值。替代性市场法主要包括以下三种。

① 旅行费用法。用旅行费用作为替代物来衡量人们对旅游景点或者其他娱乐物品的评价。旅游费用包括旅游者支付的门票价格、旅游者前往这些地方所需要的费用和旅途所用时间的机会成本。

② 收益还原法(又称折现法、收益资本化法)。依据替代与预测原理，把未来的预期收益以适当的还原利率折为现值。还原利率一般采用银行一年期存款利率，加上风险调整值并扣除通货膨胀因素。土地价值的估算一般采用该方法。其基本公式为：

$$P=\frac{R}{1+r}+\frac{R}{(1+r)^2}+\cdots+\frac{R}{(1+r)^n} \tag{6-8}$$

式中，P 为土地资源的现值，R 为土地资源的平均年期望收益，r 为还原利率。

总之，替代性市场法力图寻找那些能间接反映人们对自然资源质量评价的商品或服务，并用这些商品或服务的价格来衡量自然资源的价值。替代性市场法能够利用直接市场法所无法利用的信息，这些信息本身是可靠的，衡量时所涉及的因果关系也是客观存在的。但是这种方法涉及的信息往往反映了多种因素的综合结果，自然环境因素只是其中之一，因而排除其他因素的影响，是替代市场法不得不解决的一个难题。所以与直接市场法相比，用该法得出的结果可信度要低得多。

(3) 假想市场法

在连替代性市场都难以找到的情况下，只能人为地创造假想的市场来衡量自然资源的价值，我们把这种方法称为假想市场法。假想市场法中的意愿调查法是直接询问人们为了自己将来的健康和福利而利用和改善自然资源环境愿意承担的费用，然后以该费用

来衡量自然资源数量和质量下降的损失价值。与直接市场法和替代市场法不同，意愿调查法不是基于可以观察到的或预设的市场行为，而是基于调查对象的回答。该方法的最大问题是调查是否准确模拟了现实世界，被调查者的回答是否反映了他们的真实想法和真实行为。由于该法受主观因素的影响，随意性较大，因此得出的结果与真实的结果会有不同程度的偏差。这些偏差主要有：信息偏差，调查者向调查对象提供的信息可能太少或有错误，使二者的信息不对称；工具偏差，调查所假设的收款或付款方式不同，可能会得到不同的回答，因为有些人不喜欢某种收款方式；假想偏差，调查对象长期免费享受环境和自然资源而形成的“搭便车”心理，会导致调查对象将这种享受看作理所当然而反对为此付款，从而使调查结果出现假想偏差；策略性偏差，当调查对象相信他们的回答能够影响决策，从而使他们实际支付的私人成本低于正常条件下的预期值时，调查结果可能产生策略性偏差。

在估算自然资源的价值时，一般采用直接市场法。如果采用直接市场法的条件不具备，则采用替代性市场法。只有上述两种方法都不可行时，才能用假想市场法。实际核算中，由于各种条件的限制，往往多种方法结合起来使用。

2．不可再生资源的价值评估

一般的不可再生资源价值的评估构成包括 5 个方面的内容：① 资源采掘权益；② 对资源耗竭的补偿；③ 对生态环境破坏的补偿；④ 对勘探的补偿；⑤ 资源发现权权益。即不可再生资源的评估价的一般形式可以表示为：

$$V_e = R_d + C_r + E_p + P_p + F_j \tag{6-9}$$

式中，V_e为不可再生资源评估价；R_d为不可再生资源资产采掘权益底价，它一般根据不可再生资源的规模大小及其品位高低来决定；C_r为不可再生资源补偿费，一般根据直接的补偿标准或市场的资源价值计算；E_p为生态环境恢复补偿费，一般根据资源利用后土地复垦、植被恢复等需要的费用进行计算；P_p为勘探耗费的补偿费，根据勘探过程劳动投入费用进行计算；F_j为资源发现权益补偿费。具体而言，一般的不可再生资源评估方法有以下四种。

（1）底价法

以矿产资源为例，一般探明矿床的矿石最高地质品位、最低地质品位及平均地质品位都是已知的，据此可以求出一个品位段里每升高一个单位品位级的收益增量，再按被评估矿床的平均地质品位的收益量，计算总储量的总收益量，就是该矿产资源资产的底价。计算公式是：

$$P_d = \overline{\Delta L} \cdot C_p \cdot Q = \frac{1}{n}\sum_{i=1}^{n}(P_{yi} - S_g - S_k) \cdot (C_p - C_o) \cdot Q \tag{6-10}$$

式中，P_d为矿产资源资产底价；$\overline{\Delta L}$为矿石单位品级的平均收益增量；C_p为该矿体的矿石平均品级；Q为矿产的探明工业储量；P_y为该矿石不同品级的销价；S_g为该矿石的开采成本；S_k为该矿石的勘查成本；n为不同矿石品级个数；C_o为该矿体的矿石边界品级。

（2）收益现值法

收益现值法是考虑了超额收益或缺额收益的更高层次的评估，其计算公式是：

$$W_p = \sum_{i=1}^{n}(W_{ai} - W_b) \cdot \frac{1}{(1+r)^i}$$
$$= \sum_{i=1}^{n}(E_{pi} - S_{ji} - Y_{si} - Y_{qi}) \cdot (1-\delta) \cdot \frac{1}{(1+r)^i} \quad (6\text{-}11)$$

式中，W_p 为矿产资源资产净价；W_a 为年收益额；W_b 为部门平均收益额；E_p 为年销售收入；S_j 为年经营成本；Y_s 为资源税金；Y_q 为其他税金；δ 为部门平均收益率；r 为适用贴现率；n 为计算年限。

（3）市价法

利用市价法对不可再生资源进行评估时，首先需要进行相关的市场调查研究。寻找矿种相同、自然成因类型相同、工业类型大致相似的参照资产，并结合参照资产的成交时间、成交地点、使用情况等资料来保证其可靠程度。其次，对比分析被评估资产与参照资产的差异，特别是矿石品位、品级、有用有害成分构成、采选性能等差异。最后，根据被评估资产与参照资产的差异程度，选择恰当的参数进行调整。计算方法为：

$$V_e = P_x \cdot u \cdot \eta \quad (6\text{-}12)$$

式中，V_e 为资源资产净价；P_x 为参照物资源资产价格；u 为规模调整系数；η 为品位调整系数。

（4）拍卖法

拍卖法是利用市场机制，在明确界定资源的使用范围、年限、使用条件等各项要素的前提下，通过有意参与该资源使用竞争的经济活动主体之间的出价竞争，最终确定该资源的价值的一种方式。

中国金矿采矿权首次拍卖会

2002 年 8 月 18 日上午 10 点 45 分，我国金矿采矿权首次拍卖会在南昌落槌，在来自香港及省内四位竞拍者一番激烈的你争我夺之后，起拍价为 160 万元的江西上饶应家磁钨金矿采矿权被上饶一家公司以 200 万元获得。这是我国首次对金矿采矿权采取拍卖的方式进行有偿授予。此次首例金矿采矿权拍卖具有全国意义，尤其是对我国矿业权市场的发展有着深远的意义。

这次金矿采矿权拍卖是按照“十五”发展纲要中“深化矿产资源使用制度改革、发展矿业市场，以及在竞争性行业或产业中取消对不同所有制的限制”的有关精神运作，实现了矿业权市场三个方面的突破：突破了以前大多是对河道砂石等建筑用非金属矿产的采矿权拍卖；突破了竞标企业所有制性质的限制，而对竞标者的资质有了很严格的限制，体现了从讲究血统到讲究能力的转变；对矿产资源特别是贵金属进行有偿转让、征收资源税，到现在采取更为市场化的可以照顾到矿藏的品位、地理位置以及当前市场供需情况的拍卖方式，也是一大突破。此次金矿拍卖还为自然资源如矿产资源、土地资源、森林、海洋等在使用方面迈开市场化步伐提供了借鉴作用。

根据协议，中标者将获得应家磁钨金矿 4 年开采权。金矿的所有权始终属于国家，这与我国历来对其他矿产资源的管理相一致，即国家对矿产资源的所有权具体体现在对矿产资源所有者的财产权收益、对矿业权的设置实行垄断、向采矿人收取矿产资源补偿费、对已经设置的探矿权、采矿权是否被合理利用进行监督和管理等方面。

因此，拍卖金矿还意味着一种新的矿业监督模式的试运行，相关各级政府部门将面临如何在一个已经被拍卖采矿权的金矿进行依法监督检查，以及如何维护本行政区的矿产资源管理秩序，维护矿业权人的合法权益的新课题。

这次金矿采矿权拍卖是我国矿业权市场成长的一个清晰信号，它推动我国矿业权市场向前迈了一大步。但从《矿产资源法》中明确提出包括探矿权和采矿权的矿业权概念，到国务院1998年出台的《探矿权采矿权转让管理办法》，再到现在全国各地逐步停止矿业权行政无偿授予，开始尝试对矿业权甚至贵金属的采矿权进行拍卖，我国矿业权市场发展走过了漫长的历程。

1998年以前，矿业企业对矿业权大多是通过行政审批无偿获得的，这种体制导致我国矿业的发展和矿产资源的利用存在诸多问题：开采混乱、矿产资源的利用率低等，矿业没有从根本上摆脱粗放式的生产方式。

行政审批的传统体制下采矿权与探矿权分离，导致矿产后备资源紧张。国土资源部资料显示，全国矿产资源形势总趋势是矿产资源消费增长幅度大于矿山企业生产增长幅度，矿山企业生产增长幅度大于矿产勘查储量增长幅度。主要矿产资源可采储量多年呈负增长，老矿山普遍存在保有储量不足、后备资源难以接替的问题，一些重要矿山因资源枯竭正处于减产或即将关闭的境地。在矿业资源的行政配置之下，矿业发展资金紧缺，筹资渠道单一，进而发展乏力。另外，矿业权的行政审批和无偿授予制度容易滋生腐败。

随着社会主义市场经济体制的完善和我国加入世界贸易组织，这种行政配置资源的方式越来越不适应我国矿业的发展，大力培育和规范矿业权流转市场显得日益重要和紧迫。1998年2月国务院发布了《探矿权采矿权转让管理办法》之后，全国各地积极探索和实践探矿权、采矿权有偿出让的各种办法和操作规程。近年来，在国家各项相关制度不断完善的基础上，各地矿业权市场不断升温，我国矿业发展出现新曙光。

本次金矿拍卖，标志着我国矿业权流转市场已从人们的观念中走入了现实的经济发展轨道。业内人士也认为这次金矿拍卖之后，各级政府部门如何维护当地矿业管理秩序、如何对采矿权人加强监管、如何杜绝采矿安全隐患等，将成为人们继续关注的焦点。

资料来源：http://news.xinhuanet.com/fortune/2002-08/19/content_529622.htm.

3. 可再生资源的价值评估

(1) 收益现值法

可再生资源价值评估的收益现值法类似于其他资产评估的现值法，即把未来使用期限中的预期收益贴现为即期值，以得出被评估资产的价值。评估中除计算收获收益外，还要计算应补偿的费用和初始的投资。计算的公式为：

$$E_p = \sum_t \left[\frac{B_t - C_t}{(1+r)^t} - P_h \right] + H_a \tag{6-13}$$

式中，E_P为可再生资源的评估净价；B_t为在时期t中的销售价；C_t为在时期t中的生产成本；P_h为初始时期的投资；H_a为保护性补偿费用；t为生物资源生长期(年)。

(2) 轮作最优法

对于任何一项可再生资源，所有者仅仅希望其收获净价最大化是不够的。因为生物资源所生长的土地或者水及海洋水域，既可以用来生产这种生物，也可以用来生长另一种生物。使用者在使用可再生资源时，就会周密计划在什么时候养殖这种生物最佳，而在另外一个时候或交叉或接续养殖何种生物最佳，这就是轮作的最优选择。它意味着这项可再生资源性资产中，使用者要从生物资源中获得最高收益，而所有者也必然从这一最高收益中，获得他应该获得的最大收益。所以，评估就从这种预测轮作中取得可再生资源性资产的最优计价。计算公式为：

$$B_b = \sum_{i=1}^{n} \frac{B_{ti} - C_{ti}}{(1+r)^i} - P_h + H_a + K_o \tag{6-14}$$

式中，B_b为可再生资源轮作总净价；K_0为体现在再生资源生长地中的资本化时期0的现值；$i=1,2,3,\cdots,n$为轮作生物种类。

4. 自然资源定价的主要理论模型

既然自然资源有价格已成共识，而且关系到自然资源的节约、高效利用和保护，所以自然资源如何定价就成了一个关键问题。许多国家及国际组织的研究人员都认为资源定价是十分重要的，但同时也承认定价是十分困难的。本节介绍常见的自然资源定价模型，重点分析影子价格模型、边际机会成本模型的计算方法，其次简单论述可计算一般均衡模型、市场估价模型和能值定价模型的定价思想、优越性和局限性。

(1) 影子价格模型

市场失灵和政府失灵均可能造成自然资源市场价格被不同程度地扭曲。影子价格是从资源有限性出发，以资源充分合理分配并有效利用为核心，以最大经济效益为目标的一种测算价格，是对资源使用价值的定量分析。影子价格的经济含义是：在资源得到最优配置，使社会总效益最大时，该资源投入量每增加一个单位所带来的社会总收益的增加量。自然资源影子价格的具体计算方法如下：

首先构建目标函数：

$$Z_{\max} = \sum_{j=1}^{n} c_j x_j \tag{6-15}$$

满足约束条件：

$$a_{i1}x_1 + a_{i2}x_2 + \cdots + a_{ij}x_j + \cdots + a_{mn}x_n \leqslant b_i$$

式中，$i=1,2,\cdots,m$；$j=1,2,\cdots,n$；c_j为各类自然资源单位数量收益系数；x_j为各类自然资源数量；a_{ij}为约束系数；Z为目标值(包含生态效益与经济效益)；b_i为自然资源总量。

利用该规划的对偶规划求解自然资源的影子价格(U_i)，构建目标函数：

$$Y\min = \sum_{i=1}^{m} b_i U_i \tag{6-16}$$

满足约束条件：

$$a_{1j}U_1 + a_{2j}U_2 + \cdots + a_{ij}U_i + \cdots + a_{mj}U_m \geqslant c_j, \quad U_i \geqslant 0$$

式中，$i=1,2,\cdots,m$；Y 为生产总成本；U_i 为决策变量的影子价格。

使用影子价格法可以反映资源利用的社会总效益和损失，符合资源定价的基本准则，为资源的合理配置及有效利用提供了正确的价格信号和计量尺度。但是，由于所需资源和经济的数据量大，计算复杂，在实践上存在很大困难；影子价格法反映的只是一种静态的资源最优配置价格，不能表现资源在不同时期动态配置时的最优价格；影子价格与生产价格、市场价格差别很大，它只反映某种资源的稀缺程度和资源与总体经济效益之间的关系，不能代替资源本身的价值。

(2) 边际机会成本模型

边际分析就是将数学中的微积分应用于经济活动的研究。经济主体对经济变量的反映和评价，不是由经济总量或平均量来决定的，而是由变量的增加或边际量所决定的。在经济学中，“边际”具有特殊的含义，它是指处在最后一单位被生产或消费的点上，边际的单位是某物的增加单位。通俗地讲，边际就是增加、追加或额外的意思，即指数学中的增量比。

机会成本指在资源有限的情况下，为从事某项经济活动而必须放弃的其他活动的价值。机会成本中不仅包括财务成本，还包括生产者在尽可能有效地利用财务成本所代表的生产要素时所能够得到的利润。

边际机会成本(marginal opportunity cost，MOC)并不是上述两个概念的简单组合。所谓的边际机会成本是从经济角度对资源利用的客观影响进行抽象和度量的一个有用的工具。边际机会成本理论认为，资源的消耗使用应包括边际生产成本、边际使用成本和边际外部成本三种类型。

① 边际生产成本(marginal production cost，MPC)，它是指为了获得资源，必须投入的直接费用，如为了获得水资源，需要进行调水，因此而投入的各种水源工程费用、输水工程费用、环保及其他费用等。

② 边际使用成本(marginal use cost，MUC)，它是指用某种方式利用某单位稀缺自然资源时所放弃的以其他方式利用同一个自然资源可能获取的最大纯收益，即将来使用此资源的人所放弃的净效益。资源是有限的，一个人使用了某种资源，就意味着另一个人丧失了使用这种资源的权利，因而会给“另一个人”带来一定的损失。这里还存在这种情况，某人暂时不用此资源，但将来需要这种资源，这样现在资源的消耗使用也间接地损害了将来使用此资源的人的一部分利益，其所放弃的净效益就是 MUC。当然，如果资源的使用是在可承受的基础上进行的，MUC 就是用于更新资源的费用。

③ 边际外部成本(marginal external cost，MEC)。外部成本是与外部效果(external effects)紧密联系在一起的。所谓的外部效果是指那些与资源使用无直接关联者所导致的效益和损失。外部成本主要指所造成的损失，这种损失包括目前或者将来的损失，当然也包括各种外部环境成本。上述三项可以用下式来表示：

$$\mathrm{MOC} = \mathrm{MPC} + \mathrm{MUC} + \mathrm{MEC} \tag{6-17}$$

总之，自然资源的边际成本不仅包括了生产者获取自然资源所花费的财务成本，而且还包括生产者从事生产所应该得到的利润，包括因取得自然资源对社会和他人造成的损失，并反映了自然资源的稀缺程度变化的影响。边际机会成本理论认为：MOC

表示由社会所承担的消耗一种自然资源的费用，在理论上应是使用者为资源消耗行为所付出的价格 P。当资源的 $P<$MOC 时会刺激资源过度使用，$P>$MOC 时会抑制正常的消费。

边际机会成本方法弥补了传统的资源经济学中忽视资源使用所付出的环境代价以及后代人或者受害者利益的缺陷，可以作为决策的有效判据用来判别有关资源环境保护的政策措施是否合理。但是，边际成本方法的应用较困难。在公式 MOC＝MPC＋MUC＋MEC 中，MPC 的获取比较容易，而 MUC、MEC 则比较困难，同时缺乏可比性。由于同一资源在不同地区 MUC、MEC 的计算内容和方法不同，使 MOC 缺乏可比性，难以进行时空分析以及从宏观上把握资源价格变化。人们在实践中正努力运用边际机会成本法。索思盖特对由于森林减少或水土流失造成的农业损失价值的估计和对由于大坝土淤积而造成的电力生产损失就是较为成功的案例。我国对此也进行了探索研究，取得了初步成果。

（3）可计算一般均衡模型

① 定价思想：应用市场经济的一般均衡理论，分析自然资源供需达到均衡时的资源价格或自然资源边际贡献。

可计算一般均衡模型（computable general equilibrium model，CGE），是一种宏观经济的自然资源价格计算模型。它应用市场经济的一般均衡理论，分析自然资源供需达到均衡时的资源价格或自然资源边际贡献。CGE 模型源于瓦尔拉斯的一般均衡理论，但又不同于这一理论。它取消了完全竞争的必要性假定，把政策的干预引入了模型，使之适合当今许多国家混合经济的条件。因此，它使一般均衡理论更接近经济现实。CGE 模型 20 世纪 60 年代末出现于宏观政策分析和数量经济领域，随着经济理论的不断丰富、计算技巧的逐步完善，CGE 模型的研究和应用日渐广泛。能有效应用于包括自然资源和环境在内的各种商品价格的计算。

② 优越性：CGE 模型能有效地模拟宏观经济的运行情况。因此，它能用来研究和计算某一区域的经济在均衡条件下各部门商品的相对价格，以及在均衡条件下各部门的生产和消费情况。作为一种建模技术，CGE 模型吸收了投入产出、线性规划等方法的优点，体现了部门间的联系，同时又克服了投入产出模型忽略市场作用等弊端，把要素市场、产品市场，通过价格信号有机地联系在一起，既反映了市场机制的相互作用，又突出了部门间的经济联系。

③ 局限性：不仅需处理的数据量巨大，更主要的是在我国目前的经济统计工作中，还没有把各类资源及开发状况作为一个单独的部门来处理，因而，无法把资源商品纳入模型，直接计算资源产品的相对价格。

（4）市场估价模型

① 定价思想：基于人们对自然资源的开发利用既会给人类带来经济正效益，也会造成环境负效应的认识，通过自然资源在市场上的价值表现，将两种效益进行换算，通过直接或间接的市场价格来估算自然资源和环境资源的经济价值。

市场估价模型主要适用于矿产能源资源、水资源、森林资源的价值核算。由于这三种资源的市场价格较为完善，因此，可以用市场估价法进行核算。即以现期经济活动对上述三种资源的耗减量 Q_i 和相应的市场价格 P_i 为基础，计算该种资源的经济使用价值。但考虑到现行的这些资源的市场价格是建立在资源无偿占用、永续不竭基础上的，没有考虑到代际的公平性和人与自然的协调性，因此，价格明显偏低，应在此基础上加上资源所有者权益价格 P_s、时间调节系数 P_t 和环境调节系数 P_c，从而形成完整意义上的“生态价格”。具体来说，P_s 表示资源所有者享有的法定权益，是国家凭借其对自然资源的垄断而获得的权益补偿，它一般通过“绝对地租”、“级差地租 I”和“垄断地租”等形式表现出来，国家通过 P_s 形成专门的资源补偿基金，专项用于资源的节约利用、环境的保护、新资源和替代资源的开发及利用等，以实现自然资源的良性循环。P_t 表示资源的未来价值，即因今天的使用致使后代无法使用造成的损失。由于这种损失受未来替代资源或技术状况的影响，准确估计的技术难度较大，但当未来的替代资源的成本小于目前的资源成本时，$P_t=0$。P_c 表示该种资源的开采及耗用可能对生态环境造成的有形的和无形的损失。

综上所述，资源的这三种耗减价值为 $C_i=Q_i(P_i+P_s+P_t+P_c)$。

② 优越性：市场定价模型比较直观；定价的具体方法众多，在实际定价工作中，无论是在计算资源商品价值还是在计算资源服务价值方面，都有广泛的应用。

③ 局限性：许多资源没有相应的市场和价格。即使有，市场价格也多是扭曲的，无法真实地反映消费者的支付意愿或受偿意愿，不能充分衡量自然资源开发的全部成本。因而必须把扭曲价格订正为有效价格，但这经常是很困难的。主观性较强，且每种方法的使用都有严格的前提和限制，因而调查结果也存在着产生各种偏差的可能性。

(5) 能值定价模型

① 定价思想：能值是指某种流动或贮存的能量包含另一种流动或贮存的能量之量，它与能量有着本质的不同，是一种比值定义的概念。20 世纪 80 年代后期，美国著名生态学家 H. T. Odum 在对不同生态系统中的能量流动进行系统研究的基础上，根据不同自然资源对能量吸收转换的效率差异，提出能值转换率的概念，并以此作为评价自然资源和环境价值的尺度。由于地球上各种自然资源的能量都直接或间接来源于太阳能，所以实际应用的是太阳能值转换率，它指形成每单位某种自然资源的能量所需的太阳能数量。因而，太阳能值转换率是一个比值，比值越大，说明某种资源的太阳能值转换率越高，则其在能量系统中的等级就越高，经济效益就越大，价值也就越大。例如，太阳光能的能值转换率为 1，风能的能值转换率为 623，海浪能为 17×10^3—30×10^3，燃料的为 18×10^3—40×10^3，人类劳务为 80×10^3—50×10^8，信息资源为 10×10^4—10×10^{12} 等。能值转换率的大小，从本质上揭示了不同资源能量、商品劳务和技术信息等存在价值差别的根本原因。

② 优越性：能值理论解决了一般能量单位难以进行不同类型、不同性质的自然资源的能量相互加减和比较的问题，以太阳能值作为资源财富（资源资本）统一度量标准，为客观地评价和比较多种类型的自然资源的内在价值及其对人类经济系统的贡献提供了一种新思路。

③ 局限性：由于能值和货币价值是两种完全不同的尺度，中间也没有过渡的桥梁，因而在现实资源管理和经济生活中难以直接应用。

本章小结

提高资源利用效率是建设资源节约型与环境友好型社会的本质内涵。明确资源利用效率的概念、影响因素和测度方法，进而提出资源利用效率的提升路径，对建设低投入、高产出，低消耗、少排放，能循环、可持续的国民经济体系而言具有重要的理论和实践意义。

思考题

1. 为什么说提高自然资源利用效率对节约资源与保护环境具有重要意义？
2. 谈一谈“提高能源效率”和“节能”两者之间的区别和联系。
3. 能源效率的影响因素有哪些？
4. 与国际先进水平相比，中国的能源效率水平怎么样？
5. 发展循环经济应遵循哪些原则？
6. 循环经济各种原则之间的内在关系是什么？
7. 循环经济发展的主要运行模式有哪些？
8. 自然资源的成本构成主要包括哪几方面？
9. 自然资源有价值吗？其价值来源是什么？
10. 试比较各种自然资源定价模型的定价思想、优越性和局限性。

第7章　自然资源的可持续利用

学习目标

- 理解资源开发的成本—收益评价方法
- 掌握自然资源的动态最优配置理论
- 认识自然资源可持续利用的实现途径

人类持续发展所面临的资源困境将长期存在,资源约束将始终伴随人类的消费与生产过程。要克服资源约束,必须树立起资源可持续利用的思想并付诸实践。所谓自然资源的可持续利用,是指在人类现有的认知水平和技术能力可以预期的时期里,合理开发和利用自然资源,实现人类福利的不断增加,并且保持和延长自然资源的生产使用性和基础完整性,不危及后代人开发利用自然资源以满足其需求和增进其福利的能力。实现资源可持续利用,要按照可再生资源和不可再生资源的特点,选择恰当的利用方式。

7.1　自然资源的开发利用

自然资源数量的有限性要求社会以效率和可持续为准则来对待资源利用和分配问题,即在资源利用方面,要在保证资源可持续利用的前提下实现资源利用效率的最大化;在资源分配方面,同样要考虑资源分配对可持续利用资源的要求,还要考虑资源配置能够实现资源使用的整体效用最优。因此,要对某种自然资源的最优开发和利用策略进行分析,必须首先明确该种资源的储量状况,并确定资源最优开发利用所应遵守的原则。

7.1.1　自然资源的存量和流量

1. 资源存量和流量的概念

资源的存量和流量是资源经济学的两个重要概念。所谓资源的存量,是指在一定的经济技术条件下可以被利用的自然资源数量。在某一固定的时间点上,自然资源存量是一定的。但随着社会经济的发展以及科学技术水平的提高,已探明的资源不断被利用,而新的资源又将不断被发现,所以在一个动态的时间范围内,自然资源的存量又是不断发生变化的。

资源的流量是指在一定时期内的资源流入量和流出量。例如,可再生资源的再生量和可耗竭资源的开采量。影响资源流量的因素包括自然的新陈代谢和人为的干预。在一定的时期内,资源流入量减去资源流出量,就等于资源净流量。资源净流量可以反映自然资源的消耗速度。

自然资源的存量和流量之间的关系可以用公式表示如下:

期末存量＝期初存量＋期内净流量

＝期初存量＋期内资源流入量－期内资源流出量

其中，期内资源流入量包括新发现量、生长量、补充量、重估增值量等，期内资源流出量包括开采量、各种损失量、重估减值量等。

2. 资源存量和流量的分析

资源储量可分为已探明储量、未探明储量和蕴藏量。

（1）已探明储量

已探明储量是指利用现有的技术条件，对资源位置、数量和质量得到明确证实的储量，它又分为可开采储量和待开采储量。可开采储量是在目前的经济技术条件下有开采价值的资源；待开采储量是储量虽已探明，但由于经济技术条件的限制，尚不具备开采价值的资源。在技术条件不变的情况下，待开采储量能否转变为可开采储量，这在很大程度上取决于人们对这些资源的支付意愿。

（2）未探明储量

未探明储量是指目前尚未探明，但可以根据科学理论推测其存在或应当存在的资源。它分为推测存在的储量和应当存在的资源。推测存在的储量是可以根据现有科学理论推测其存在的资源，应当存在的资源是今后由于科学的发展可以推测其存在的资源。

（3）资源蕴藏量

资源蕴藏量等于已探明储量与未探明储量之和，是地球上所有资源储量的总和。因为价格与资源蕴藏量的大小无关，因此，蕴藏量主要为一个物质概念而非经济概念。对于可耗竭资源来说，蕴藏量是绝对减少的；对于可更新资源来说，蕴藏量是动态变化的。这个概念之所以重要，是因为它代表着地球上所有有用资源的最高极限。所以不能将蕴藏量看成探明储量，也不能认为全部资源蕴藏量都是可利用的。

各种自然资源储量的关系如图 7-1 所示：

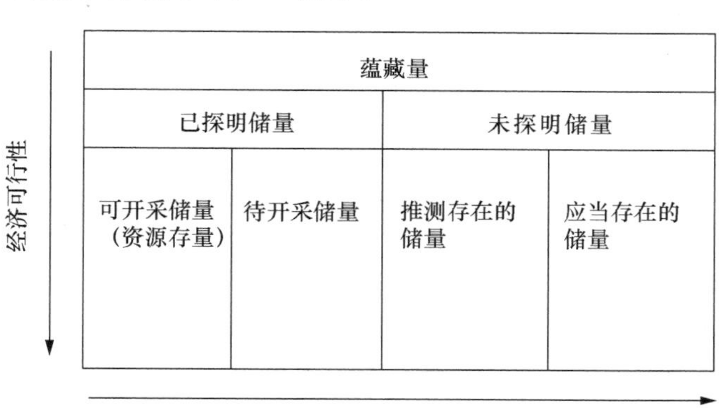

图 7-1　自然资源各种储量之间的关系

从图 7-1 可以看出，自然资源储量的利用程度取决于经济可行性和技术可行性。纵轴从上到下表示开采成本不断提高，资源利用的可能性逐渐降低。横轴从左到右表示技术难度逐渐增加，资源利用的可能性逐渐降低。这两个方面都包含有时间的概念，但没有表示时间的尺度，这是因为不同类别的资源在不同的时间会有不同的开发利用形式。

7.1.2 自然资源开发利用的原则

自然资源可持续利用是指使用资源的方式与速度不会导致资源的长期衰竭，从而保持其满足当代与后代需要与期望的潜力。资源的可持续利用是社会、经济可持续发展的基础。对可更新资源而言，必须保持其更新、恢复、再生的能力，并尽可能在使用中得到改善；对不可更新资源而言，必须防范将来把它们耗尽的风险，并且必须确保整个人类分享从这样的利用中获得的好处。为了实现上述目标，在对自然资源的可持续开采利用过程中，必须遵循如下几项原则。

1. 开发与保护相结合原则

对自然资源进行保护是促进其可持续开发利用的前提。应当按照不同的资源类型、区域特点，制订具体的开发保护计划，促进资源保护与培育、改造相结合。对可更新资源而言，保护资源首先是要保护资源系统的稳定性和资源的更新、恢复、再生的能力，抑制资源生产率下降，防止资源的破坏和流失，确保其永续利用。对不可更新资源而言，首先要保护其开发利用条件，使之不至于遭受破坏而不能更好地开发利用；其次要合理调节有限资源的耗竭速度，提高资源的采、冶、选的回收率和综合利用率。

2. 开发与节约相结合原则

资源节约原则是由自然资源储量的有限性与人们消费欲望的无限性二者之间的矛盾所决定的。资源节约要贯彻到资源的开发、利用、生产、消费的全过程。要改变不适当的生产与消费模式，以最高的效率利用资源，以最低的限度产生废弃物。要提倡资源的综合利用、重复利用、循环利用、一物多用，提高资源的产出率和综合利用率。

3. 因地制宜原则

因地制宜原则是指根据当地的具体情况而采取适当的资源开发利用方案。资源开发利用中的因地制宜原则是由于自然资源生成、分布与组合具有严格的区域性特征所决定的。具体包括：根据地区的自然条件、自然资源禀赋特征而采取不同的开发利用方式，以及采取相应的保护、改造措施；根据地区的资源结构与区域经济社会特征，确定合理的、优化的产业结构；根据地区资源、环境与人口关系，制定科学的发展规划。

4. 均等边际原则

均等边际原则是指当资源有限时，应将资源适当地分配给各种用途，使其在每一用途中所获得的边际报酬大致相等，这样才能使各种用途的总报酬实现最大。这一原则鼓励资源经营者将资源向能得到更多收益的生产领域转移，即把自然资源在各种产业之间合理分配，以最大化其总报酬，进而提高社会福利水平。

7.1.3 资源开发的成本—收益评价

所谓成本—收益分析，是指对一个经济决策的短期和长期的成本与收益进行估算并加以比较，它是一种预先做出的计划方案。在市场经济条件下，任何一个经济主体在进行经济活动时，都要考虑具体经济行为在经济价值上的得失，以便对投入与产出关系有一个尽可能科学的估计。成本—收益分析的一般程序包括如下三个步骤：首先，识别待开发项目的成本与收益；其次，把发生在未来的成本与收益贴现为现值；最后，对贴现后的成本和收益进行对比。其中，贴现是在考虑时间因素的情况下，将未来发生的成本与收益转化为现值的过程，将未来价格折算到现值所使用的利率叫作贴现率。

1. 开发主体的成本—收益分析

资源开发在经济上应满足如下关系式：

$$\mathrm{PV}_b \geqslant \mathrm{PV}_c$$

$$\mathrm{PV}_b = \frac{B_n}{(1+r)^n}$$

$$\mathrm{PV}_c = \frac{C_n}{(1+r)^n} \tag{7-1}$$

其中，PV_b为资源开发收益的现值，PV_c为资源开发成本的现值，B_n为第n年资源开发的收益，C_n为第n年资源开发的成本，r为贴现率，n为资源开发的时间。

2. 宏观主体的成本—收益分析

资源开发的宏观经济收益可以用经济净现值、经济内部收益率和经济净现值率等指标进行评价。

经济净现值(economic net present value，ENPV)是资源开发项目对国民经济所做净贡献的绝对指标，它是用社会贴现率将项目计算期内各年的净收益折算到开发期初的现值之和。经济净现值大于零的项目可以考虑开发。其公式为：

$$\mathrm{ENPV} = \sum_{i=0}^{n} \frac{\mathrm{TB}_i - \mathrm{TC}_i}{(1+r)^i} \tag{7-2}$$

式中，TB_i和TC_i分别为发生在第i年的总收益和总成本；r为社会贴现率；n为资源开发的时间。

经济内部收益率(economic international rate of return，EIRR)为资源开发项目对国民经济贡献的相对指标，是使开发期内经济净现值累计等于零时的贴现率。其公式为：

$$\sum_{i=0}^{n} \frac{\mathrm{TB}_i - \mathrm{TC}_i}{(1+\mathrm{EIRR})^i} = 0 \tag{7-3}$$

式中，TB_i和TC_i分别为发生在第i年的总收益和总成本；EIRR为经济内部收益率。一般来说，经济内部收益率大于或等于社会贴现率的项目可以考虑开发。

经济净现值率(rate of economic net present value，ENPVR)是指资源开发项目的净现值与全部投资现值之比，即单位投资现值的净现值。它是反映单位投资对国民经济的净贡献程度的指标。其计算公式为：

$$\mathrm{ENPVR} = \frac{\mathrm{ENPV}}{I_p} \tag{7-4}$$

式中，I_p为投资的净现值；ENPV为经济净现值。一般情况下，应优先选择净现值率高的项目。

7.2 自然资源的动态最优配置

7.2.1 自然资源动态配置的一般模型

借助于一般的投资决策思路，我们可以得出自然资源开发利用获得最佳效益的决策方式，亦即自然资源动态配置的一般模型。

假设某种自然资源的市场需求与其价格之间存在如下关系

$$P_t = a - b \cdot q_t \tag{7-5}$$

式中，P_t为单位自然资源价格，a 为该资源价格上限，b 为单位资源开采利用成本，q_t为开采量，那么对该资源进行开发利用 t 年的总收益 TB_t就可以表达为：

$$\mathrm{TB}_t = \int_0^{q_t} (a - bq)\mathrm{d}q = a \cdot q_t - \frac{b}{2} \cdot q_t^2 \tag{7-6}$$

又设该种自然资源的边际成本为常数 c，则 t 年开采 q_t数量的总成本 TC_t为：

$$\mathrm{TC}_t = c \cdot q_t \tag{7-7}$$

如果可开采的自然资源总量为 $\bar{Q}$，那么 n 年的已利用的自然资源的最大收益净现值和剩余可利用资源的价值之和为：

$$\max \sum_{i=1}^{n} \frac{a \cdot q_i - \frac{b}{2} \cdot q_i{}^2 - c \cdot q_i}{(1+r)^{i-1}} + \lambda(\bar{Q} - \sum_{i=1}^{n} q_i) \tag{7-8}$$

式中，r 为稳定利率，λ 为初期价格和边际开采成本之差，称为边际使用者成本。上式表现了自然资源的最优动态配置。

由于自然资源是有限的，自然资源的需求量无法超过自然资源总量 $\bar{Q}$，因此，当以下条件满足时，资源开发利用的总收益实现最大，即自然资源实现了最优配置：

$$\frac{a - b \cdot q_i - c}{(1+r)^{i-1}} - \lambda = 0, \quad i = 1, \cdots, n$$

$$\bar{Q} - \sum_{i=1}^{n} q_i = 0 \tag{7-9}$$

以上是就一般的自然资源动态配置实现收益最大化而言。对于可耗竭资源和可再生资源来说，由于存在是否具有替代品、资源再生率有高有低等因素的影响，其持续利用的实现途径是不一样的。

7.2.2 可耗竭资源的动态最优配置

可耗竭资源开发利用的相关理论研究始于美国经济学家霍特林(Hotelling) 于 1931 年在美国《政治经济杂志》上发表的《可耗竭资源经济学》一文。在文中，他阐述了达到资源最佳利用状态具备的两个条件：一是随时间的推移，资源的稀缺性租金须与社会贴现率相同的速度增长，此为最佳存量条件；二是资源品价格等于边际生产成本与资源影子价格之和，此为资源最佳流量或最佳开采条件。根据这两个条件，可耗竭资源的可持续开发利用就是指在对人类社会有意义的时间和空间上，保证自然资源的质量和可提供服务的前提下，人类对矿产资源的开发利用可以在一个无限长的时期内永远保持下去，既满足当代人对资源的需求，又不对后代人的需求构成危害，从而使人类对自然资源的开发利用不会衰落，永续地满足社会可持续发展的需要。

1. 两个时期的资源配置模型

可耗竭资源在不同时期合理配置的核心问题是如何提高资源配置的效率，从而使得资源利用净效益的现值实现最大化。下面采用成本—收益分析法考察一种可耗竭资源在两个时期的配置模型。在分析开始之前，需首先作如下假设：

① 资源的边际开采成本 MC 在两个时期内是固定不变的，且均为 2 元/单位；

② 两个时期资源供给总量是固定不变的，假设第一时期内供给量为 Q_1，第二时期内供给量为 Q_2；

③ 两个时期内对资源的需求是固定不变的，且边际支付意愿满足方程 $P=8-0.4Q$（P 为资源价格，Q 为资源开采量）。

由图 7-2 可知，需求曲线和供给曲线相交，对应的均衡资源数量为 15 个单位。如果资源的供给量大于或等于 30 个单位，则两个时期的资源配置很容易实现高效（不考虑贴现率），即资源供给足以满足两个时期内的资源需求，时期 1 内对资源的需求不会减少时期 2 的资源供给。相反，如果两个时期内资源的供给量小于 30 个单位，假定为 20 个单位，那么该如何在两个时期内合理地分配这 20 单位的资源，从而实现资源的高效率配置（即两个时期内的净效益现值之和达到最大）呢？

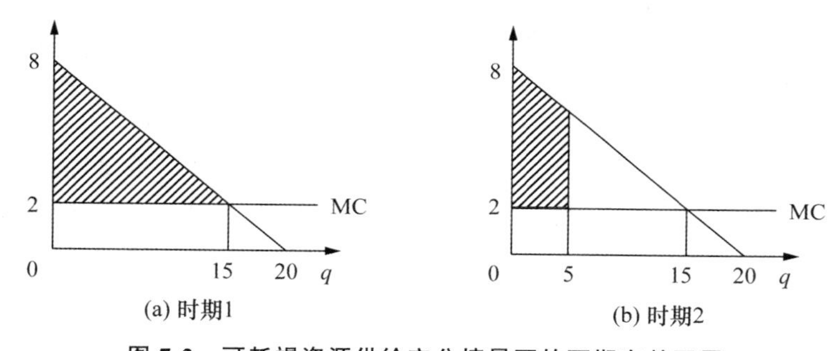

图 7-2　可耗竭资源供给充分情景下的两期有效配置

根据相关经济学理论，实现资源高效率配置的必要条件是：使得两个时期内资源的边际净收益现值相等。图 7-3 中 l_1 和 l_2 分别表示时期 1 和时期 2 的边际净收益现值曲线。当资源需求量为 1 时，时期 1 的边际净收益现值为 6 元，其等于此时的边际收益（8 元）减去边际成本（2 元），随着资源需求量的不断增加，时期 1 的边际净收益递减。假设贴现率 $r=0.1$，则时期 2 的最大边际净收益为 $6\div(1+0.1)\approx5.45$，且同样随着资源消费量的不断增加而递减。由此可见，图 7-3 中的 E 点即为资源得以高效率利用的配置方案，在该点两个时期的净收益现值之和实现最大。此时，分配给时期 1 的资源量为 10.238 个单位，分配给时期 2 的资源量为 9.762 个单位。

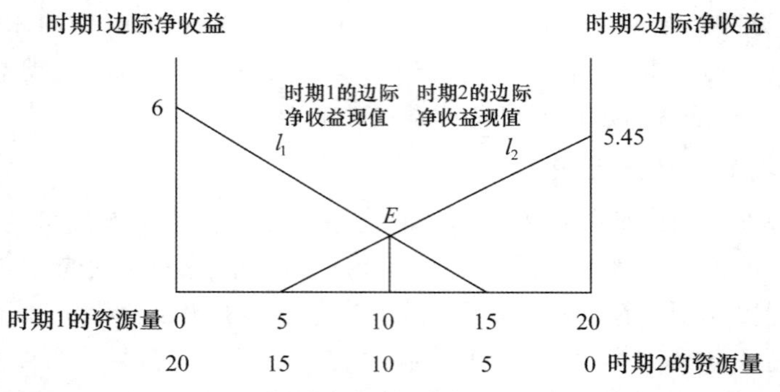

图 7-3 可耗竭资源供给稀缺情景下的两期有效配置

2. n 个时期的资源配置模型

假设两期配置模型中所设定的资源需求曲线和边际开采成本曲线保持不变，时间由两个时期延长到 n 个时期，资源的供给量也相应地增加。为实现有限资源在 n 期内的高效率配置，可以采用净现值之和，即 $\mathrm{PV}=\sum_{i=0}^{n}\frac{P_i-C_i}{(1+r)^i}$ 达到最大这一条件约束下，资源利用者的各期边际净收益，即 $\frac{P_i-C_i}{(1+r)^i}$ 相等，其中 P_i 为价格，C_i 为成本，r 为贴现率。

需特别指出的是，对于稀缺的可耗竭资源来说，不但要考虑其边际开采成本，还应重点关注其边际使用者成本，即由于资源稀缺而产生的额外的边际成本（增加一单位的当期资源使用而失去的在将来某个时期使用该单位资源的边际净收益）。边际使用者成本反映了资源稀缺程度和资源消费的机会成本。如果资源不是稀缺的，资源价格（总边际成本）就等于边际开采成本；如果资源是稀缺的，资源价格（总边际成本）就等于边际开采成本加上边际使用者成本。在 n 个时期的资源配置过程中，由于假设边际开采成本保持不变，但边际使用者成本是不断增加的，因此，总的边际成本也在不断增加（图 7-4）。与之相对应，资源开采量随着总边际成本的增加而逐渐降低。由此可见，即使边际开采成本没有发生改变，有效的资源配置可以使得资源逐步耗竭，从而避免了其突然耗竭。

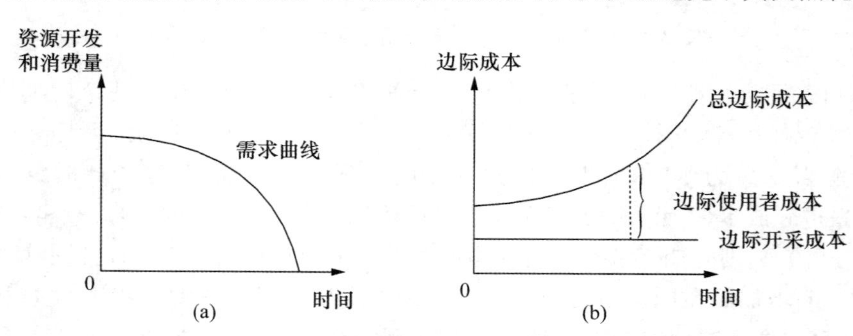

图 7-4 可耗竭资源的开采数量及总边际成本

此处以矿产资源为例，探讨其在未来 n 期的优化配置问题。矿产资源是一种典型的可耗竭资源。其持续利用包含两个层面的含义，一是对这类资源的开发利用，在存在市场替代品的条件下，通过价格机制的调节，实现不同资源利用的平稳过渡和转移；二是在不存在现实的直接替代品条件下，选择最优的开采利用方式，实现资源利用收益（在资源经济学文献中通常称之为租）的最大化。

矿产资源所有者的生产经营目标是开采矿产资源的生产利润最大化。在进行资源的最优开采率选择时，必须要考虑资金的时间价值或机会成本，还必须考虑评价时点的可比性问题。可耗竭矿产资源开采的利润最大化公式为：

$$V_0 = Q_0 \times (P_0 - C_0) + Q_1 \times \frac{P_1 - C_1}{1+r} + Q_2 \times \frac{P_2 - C_2}{(1+r)^2} + \cdots + Q_T \times \frac{P_T - C_T}{(1+r)^T} \tag{7-10}$$

式中，P_T为第 T 年开采的资源的价格，C_T为第 T 年开采资源的单位成本，Q_T为第 T 年矿产资源的开采量，r 为贴现率，T 为枯竭状态发生的时期；$Q_T \times (P_T - C_T)$等于 B_T，B_T为第 T 年的矿产资源开采净收益；而 $P_T - C_T$等于R_T，表示第 T 年的单位矿区使用费。

资源所有者通过开采和出售这种资源，把财富（矿藏）转变为当前的收入。如果预期R_T在每一时期 t 都是一样的，开采者将在初始期开采出所有的矿物，把所得的一部分用于当前的消费，把剩下的进行投资来获得利率为 r 的利息。如果预期 R_T每一时期的增长率都超过 r，则开采者将把矿藏永远保留在地下，地下矿藏的净现值大于用开采收入所能购买的金融证券的净现值。最大化 V_0的结果是：

$$R_0 = \frac{R_1}{1+r} = \frac{R_2}{(1+r)^2} = \cdots = \frac{R_T}{(1+r)^T} \tag{7-11}$$

即每一时期的单位矿区使用费的现值必须相等。由于矿藏是资本性的资源，因而：

$$V_0 = Q_0 \cdot (P_0 - C_0) + K_0 \tag{7-12}$$

这里的 K_0等于时期 t 的资源保有储量的资本价值。对于开采出来的矿产资源产品未来市场价格的预测，将使资源所有者对 K_0不断再评价，有助于使 r 和R_T的增长率恢复相等，从而给可耗竭矿产资源带来稳定因素。

合理有效开发利用稀土资源的战略对策

作为当今世界新材料工业、现代高技术产业和国防工业发展的重要战略性资源，稀土被称为现代工业的“维生素”和“21 世纪新材料宝库”。我国是世界储量第一的稀土资源大国，年产量占世界总量的 90%以上，出口量占全球的 80%以上。在过去的二十多年里，虽然我国依靠丰富的稀土资源和质优价廉的稀土产品，占据了世界 80%以上的市场份额，但同时也付出了沉痛的代价。首先，稀土生产、出口过快增长，带来了乱采滥挖，造成了不同程度的资源浪费、水土流失和环境污染；其次，过度开发、恶性竞争造成产大于销、供过于求，经济效益大幅下滑。因此，我国必须适时调整发展战略，尽早采取有效措施，加强稀土这一重要战略性资源的保护和合理利用。我国应重点强化三大战略对策，合理有效开发利用稀土这一重要战略性资源。

一、严格限制出口，加大稀土资源的战略储备

过去数十年间，日本通过各种手段，利用中国稀土开发和出口贸易秩序的混乱，已经做了约 20 年的稀土战略储备。而稀土储量世界第二的美国，早早便封存了国内最大的

稀土矿——芒廷帕斯矿，转而每年从我国大量进口稀土。相反，我国更多地把稀土看作是换取外汇的普通商品，不计成本地敞开门向世界供应。但稀土资源是不可再生的，据"2010 国际稀土峰会"的数据，中国稀土探明储量已经从 1995 年的 4 300 万吨、占全球的 43%，下降到 2009 年的 3 600 万吨、占全球的 36.52%。照目前这样大规模开采下去，北方稀土资源还能开采 30—50 年，四川矿和江西矿最多也只能开采 10—30 年。因此，国家应把稀土列为战略元素，建立稀土资源国家储备制度，对稀土实行总量控制、垄断经营、集中管理。特别是要实施减少出口配额、加收出口关税等一系列策略，严格限制稀土出口量，使稀土真正成为中国掌握世界未来高技术发展的钥匙。

二、优化产业组织结构，提高稀土产业集中度

尽管我国是稀土资源与出口大国，但一拥而上地盲目开发以及低水平宏观规划，导致中国并未成为稀土开发强国。我国只是国际稀土价格的被动接受者，而"无序竞争、产能过剩"则是我国稀土被长期贱卖的"病根"。我国稀土矿产资源开采过程中普遍存在着政府监管力度不够、行业准入把关不严、主体过多、竞争无序、资源综合利用率低等问题。目前，我国稀土企业已达 1 000 多家，分布在全国 10 多个省市。这些企业普遍规模较小，经济效益差，竞争能力弱。因此，整顿稀土行业，提高产业集中度，做大做强稀土产业已成为政府和企业的共识。

今后，必须进一步贯彻落实国家有关稀土政策，严格依据稀土工业发展专项规划，规范稀土开发经营秩序，促进稀土产业合理、有序、健康发展。要探索建立统一的稀土矿产品市场，强化行业自律，形成企业间稀土矿产品联合磋商定价机制和矿产品调配机制，在限定出口份额的同时，提高稀土出口的价格；进一步推进稀土资源开发整合，使资源向具有资金、技术、管理和履行社会责任能力强的优势企业聚集，加快上游开发企业和下游生产、出口企业的强强联合，促进稀土产业结构调整和矿山开发合理布局；构建区域间稀土产业共同联盟，开展技术交流合作，推进企业集聚共生，提高产业的集中度，促进区域稀土产业集约发展、集群发展。

三、加速科技进步，实现稀土产业可持续发展

在全球稀土供应链上占据绝对垄断地位的我国迟迟未能掌控市场话语权，除政策层面因素外，缺乏高技术是更为关键的因素。目前，许多稀土专利技术和高技术产品都掌握在美国、日本、韩国等国外少数公司手中，我国稀土科技开发和应用水平远远落后于发达国家，高技术稀土产品少，长期以来只能依赖低价出口稀土矿物、混合稀土及初级产品，然后再高价进口深加工稀土产品，以致多数稀土企业长年致力于稀土开采权的争夺而基本处在一个比较原始、初级的发展阶段。同时，由于技术落后，国内市场对于高端稀土应用产品的需求也非常少，目前我国稀土消费 85%用于冶金、机械、石化、玻璃、陶瓷等传统领域，仅 13%用于新材料等高技术领域，低于美日等发达国家 35%—40%的水平，也低于 19%的世界平均水平。可见，若不能加快稀土现代科技开发应用技术的研究，推进稀土应用技术的升级，中国稀土产品依然只能是档次不高、供过于求，依然不能掌握供应链的制高点，掌握产业话语权。

因此，我国必须强化技术进步意识，加快国内与稀土应用紧密相关的新材料、新能源、先进制造、电子信息等高技术产业的科技创新步伐。特别是要依托资源优势和现有

产业基础，建设国家稀土新材料新技术应用产业基地，打造“中国稀土谷”。并且在稀土人才培养和科研方面，尽快组建成立稀土学院，建设一批国家级的重点实验室、技术研究开发中心，形成强大的稀土开发应用技术创新体系，长期稳定支持稀土的前瞻性基础研究和应用研究，加强国内市场开发应用，使其最终走向自主知识产权的高技术产业化之路，以此推进稀土产业、产品结构的高端化，提高终端、高端稀土产品的比重。

资料来源：谢瑾岚. 合理有效开发稀土资源的战略对策. 中国国情国力，2011(3)：7-9.

3. 可耗竭资源之间的替代

假设有边际开采成本固定且可相互替代的两种可耗竭资源，其中第一种资源的边际开采成本低于第二种资源；但在一段时间内，第一种资源的边际开采成本的增长率较高。随着两种资源不断被开采，在一定条件下，边际开采成本较低的第一种可耗竭资源将被边际开采成本较高的第二种资源所替代。可耗竭资源之间的替代关系如图 7-5所示。

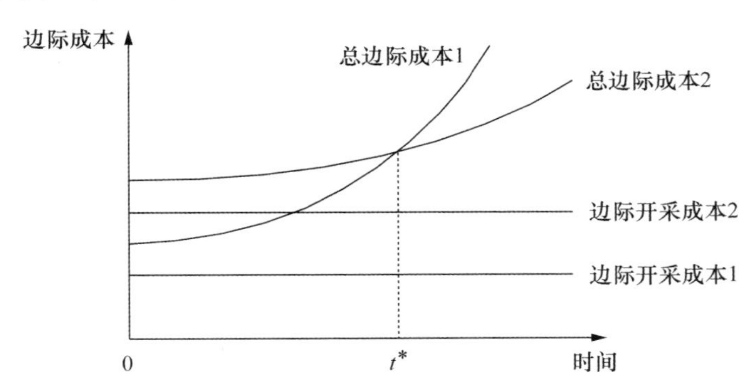

图 7-5　边际开采成本不变时可耗竭资源之间的替代

两种资源的总边际成本都随时间不断增加，在转折点 t^* 以前，只有总边际成本较低的第一种资源会被利用。到转折点 t^* 时，两种资源的总边际成本相等。在 t^* 之后，只有总边际成本低的第二种资源会被开采利用。通过对总边际成本曲线进行分析，发现其具有如下两方面的特征：首先，两种资源的替代是平滑过渡的；其次，总边际成本的增长率在 t^* 之后开始变慢。

导致第一个特征的原因比较容易理解：两种资源的总边际成本在替代的那一刻必然相等；否则，成本低的资源会被利用以获得更多的净收益。导致总边际成本增长率在替代之后变慢的原因为：就边际使用成本占总边际成本的比重而言，第二种资源小于第一种资源。每一种资源的总边际成本都是由其边际开采成本加上边际使用者成本得到。对两种资源来说，边际使用者成本均以比率 r 增加，而边际开采成本都是不变的。从图 7-5 可以看出，第二种资源不变的边际开采成本占总边际成本的比例要大于第一种资源的比例，因此第二种资源的总边际成本的增长率要慢一些。

4. 可再生资源替代可耗竭资源

假设可耗竭资源在使用的同时，存在一种可再生资源的替代品，且该可再生资源能够以固定的边际成本获得,那么可耗竭资源的有效配置情况又将如何呢?例如,当太阳能以煤炭、石油、天然气等传统化石能源的替代品身份出现时,传统化石能源该如何有效配置?

假设可耗竭资源存在可再生资源的替代品,且它可以按照6元每单位的成本无限制地使用。由于可再生资源的边际成本(6元)小于可耗竭资源的最大支付意愿(假设为8元),因此从可耗竭资源到可再生资源的替代就会发生。而且,由于可再生资源的边际成本为6元每单位,所以可耗竭资源的总边际成本不会超过6元,这是因为人们更倾向于使用成本更低的替代品。由此可见,对可耗竭资源的最大支付意愿设定了没有替代品时的总边际成本上限,而替代资源的边际开采成本则设定了有替代资源且其边际成本低于可耗竭资源的总边际成本时的上限。

伴随着可耗竭资源边际使用成本的不断上升,其开采数量会逐渐下降,直至转向对可再生的替代资源的使用。无论是从边际成本角度,还是从资源数量角度,这种转变都将是自然发生的。如图7-6所示,在有效的资源配置中,实现了可耗竭资源向可再生资源替代品的平滑过渡。但是,由于可再生资源的出现会加速可耗竭资源的开采,结果是可耗竭资源比在没有替代品的情况下被更快地消耗。

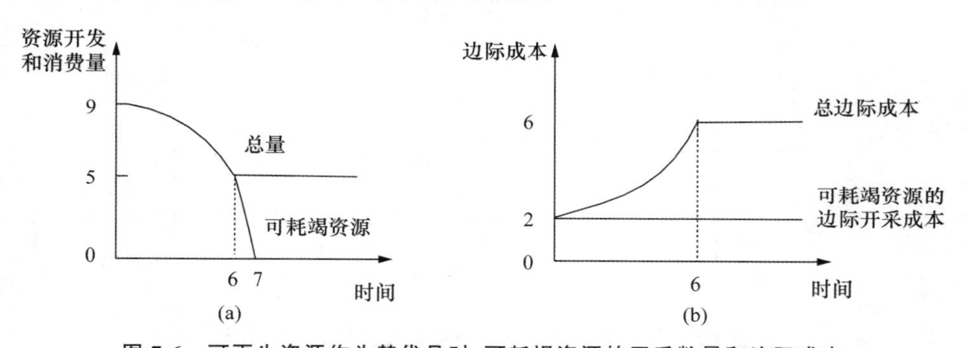

图7-6　可再生资源作为替代品时,可耗竭资源的开采数量和边际成本

在图7-6中,可再生资源的使用开始于过渡点(或转折点,对应于时间6)。在转折点之前,只使用可耗竭资源;在转折点之后,仅消耗可再生资源。这种有序的资源使用模式是由成本模式转换造成的。在转折点之前,可耗竭资源比较便宜;在转折点上,可耗竭资源的总边际成本(包括边际使用者成本)等于替代资源的边际成本,因此这时出现了转换。由于替代资源用之不竭,因此,替代资源的消耗在任何时期都不会下降到5个单位以下。

7.2.3　可再生资源的动态最优配置

可再生资源也称为可更新资源,是指经使用、消耗、加工、燃烧、废弃等程序后,能在一定周期(可预见)内重复形成的,具有自我更新、复原的特性,并可持续被利用的一类自然资源,主要包括生物资源(可再生)、土地资源、水、气候资源等。严格地说,它们所具备的这种再生或更新能力并不意味着它们可以随意地自我更新。实际上,如果管理不善,不用可持续的方式来管理,就会影响到资源的再生能力。如果资源的利用率长期超过其增长率,那么可再生资源也是会耗竭的。大量的研究表明,可再生资源能否实现自我更新,主要取决于自然资源的管理体制,一套注重可持续发展的管理体制有助于资源的自我更新并实现最优配置，而不注重可持续发展的资源管理体制往往会导致可再生资源的退化甚至耗竭。

1. 可再生资源的生态增长过程

可再生资源的基本特征是资源本身具有一定的可再生(更新)和自我恢复的能力，具体表现为资源数量随着时间的推移而不断变化的过程。在研究可再生资源(如森林等)的增长过程方面，最典型的是Schaefer于1957年所建立的生物学模型，它是考虑在没有人类掠夺情况下的生物增长模式。假设某种生物资源的个体数量为S，其内生增长率为r(该种生物资源的出生率和死亡率的差值)，则个体数量在未来一段时期内的变化为：

$$\frac{\mathrm{d}S}{\mathrm{d}t}=r\cdot S \tag{7-13}$$

方程(7-13)为一个可以求解的微分方程。通过对该方程进行求解，可以得到该种生物资源个体数量在任意时刻的表达式为：

$$S_t=S_0\cdot \mathrm{e}^{rt} \tag{7-14}$$

根据(7-14)的性质，如果该种生物资源的内生增长率r为正，则其个体数量会以指数形式增长而且没有边界。但很显然，这一现象只有在生物资源数量规模不是很大的时候才成立。随着时间的推移，实际资源数量与估计值将存在较大偏差。产生这一问题的根本原因在于建模时没有充分考虑外部环境(如食物、空间等)对于种群增长的限制。这种环境只能为生物资源的增长提供有限的支持，当生物个体数量超出其支持能力范围时，外部环境将对其规模的进一步扩张带来一定程度的约束。

为充分考虑有限的资源及外部环境对生物资源数量增长的约束，1838年，比利时生物数学家P. F. Verhulst提出了著名的Logistic方程，用以描述资源有限情况下的种群增长模型：

$$\frac{\mathrm{d}S}{\mathrm{d}t}=rS\left(1-\frac{S}{K}\right) \tag{7-15}$$

其中，$r>0$，为种群的内生增长率，$K>0$，表示环境的容纳量，可以解释为环境资源能容纳该种群个体的最大数量。当种群规模达到环境容纳量后，种群的规模将无法继续增加。

对方程(7-15)进行求解，得到考虑资源环境约束情况下该种群数量在任意时刻的表达式为：

$$S_t=\frac{K}{1+\left(\frac{K}{S_0}-1\right)\cdot e^{-rt}} \tag{7-16}$$

此函数在坐标轴上存在一个拐点，且该拐点所对应的种群数量为最大持续产量点，即当$S=K/2$时，$h_{\max}=\frac{1}{4}rK$。

2. 可再生资源的动态优化配置

生物种群的生存、发展和衰亡，主要取决于其群体的数量规模。如果某种生物的数量低于一个临界水平，则该物种就会遭遇灭绝的危险。总体来说，资源的群体数量取决于两个因素：该种群的生物学特征和人类社会行为因素。其中，人类社会行为是影响物种生存、发展和灭绝的重要因素。因此，在对生物资源开发利用过程中，应充分考虑如何

有效地使用资源，确保可再生资源的持续利用，这是一个十分重要的经济决策问题。

(1) 资源开发与种群平衡[①]

可再生资源(主要指生物资源)的特点决定了人们不能像对待可耗竭资源那样，预先设定一个存量规模，然后探寻其最优开采量的时间路径。因为种群规模处于动态变化过程中，后一阶段的净增量与初始生物资源存量及其变化速率有关。因此，从资源种群的最优管理角度来看，资源开采控制侧重于对种群规模或资源存量的最优控制。从一个连续时间过程看，管理者的目标是使整个开发周期的净收益现值实现最大。

对于可再生资源来说，如渔业资源和森林资源等生物资源，其经济意义上的开发就是指收获；但存量的变化不等于收获率，它受到生物生长和更新能力的调节。现假设某种可再生资源在不受人为因素影响下的数量动态特征为：

$$\frac{\mathrm{d}N}{\mathrm{d}t} = F(N) = rN\left(1 - \frac{N}{K}\right) \tag{7-17}$$

根据上节内容可知，当 $N=K/2$ 时，资源增长率为 $rK/4$ 且达到最大值。上述结果是在既定的收获率水平 $h(t)$ 下取得的。但当该资源受到人类经济活动影响时，种群数量受到收获率的动态影响时，那么公式(7-17)可改写为：

$$\frac{\mathrm{d}N}{\mathrm{d}t} = F(N) - h(t) \tag{7-18}$$

下面单纯地从生物学意义上来探讨收获行为与资源数量增长之间的关系：

① 若 $h<\max F(N)=rK/4$，式(7-18)有两个平衡点 N_1 和 N_2[图 7-7(a)]。在这种情况下，种群动态取决于现期规模。若 N 位于 N_1 和 N_2 之间，$\frac{\mathrm{d}N}{\mathrm{d}t}>0$，则 $N(t)$ 趋于 N_2；若 N 位于 N_1 左侧，则在恒定的开采率下 $\frac{\mathrm{d}N}{\mathrm{d}t}<0$，$N(t)$ 趋于 0，或在有限的时间内衰减为 0。

② 若 $h=\max F(N)=rK/4$，式(7-18)在 $N_1=K/2$ 处有唯一平衡点[图 7-7(b)]。由于此时 $\frac{\mathrm{d}N}{\mathrm{d}t}=0$，则该点的收获率为最大持续产量。

③ 若 $h>\max F(N)=rK/4$，$\frac{\mathrm{d}N}{\mathrm{d}t}<0$，对于任意现期存量水平 N，种群都将趋于 0[图 7-7(c)]，通常称为过度开发。

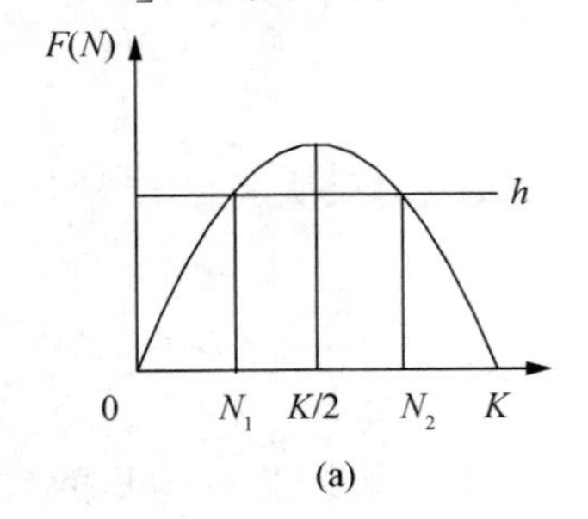

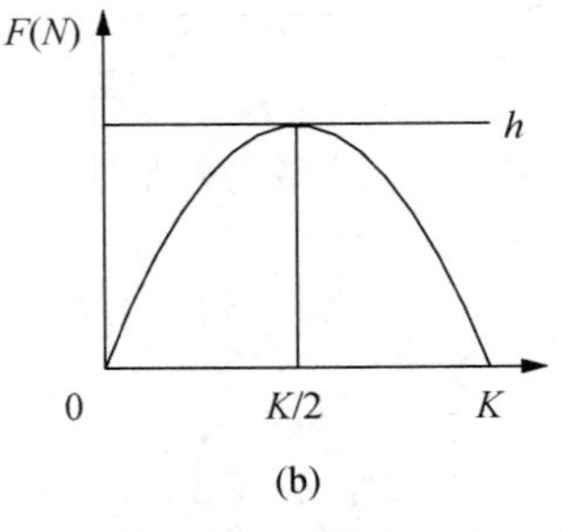

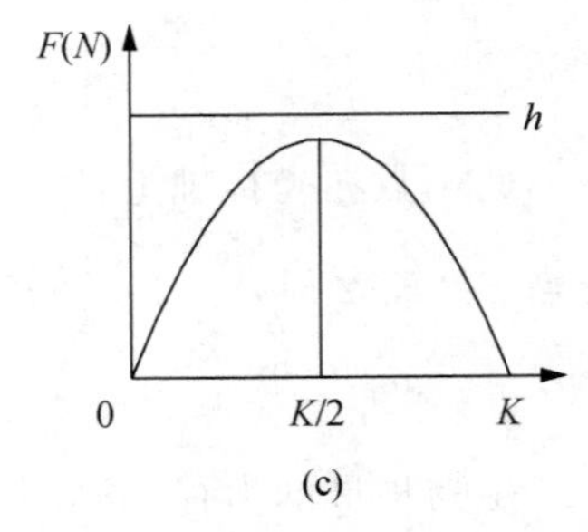

图 7-7　收获行为对种群数量的动态影响

① 部分相关内容可参考：过建春. 自然资源与环境经济学. 北京：中国林业出版社，2007：133-134.

(2) 可再生资源最优利用[①]

假定收获率由两个因素共同确定：当前的种群数量 $N=N(t)$ 和收获强度 $E=E(t)$，即：

$$h=Q(E,N) \tag{7-19}$$

式(7-19)被称为资源产业的生产函数。出于经济的目的，假设把 $Q(E,N)$ 写为 $Q(E,N)=aE^{\alpha}N^{\beta}$；同时，令 $\alpha=1$，并用不减函数 $G(N)$ 代替函数 aN^{β}，则上式可变为 $h=G(N)\times E$。

现假设所收获的资源价格 P 以及单位收获成本 c 均为常数，则使用一个收获强度 E 在 Δt 时期内所产生的纯经济收入为：

$$R\cdot\Delta t=R(N,E)\cdot\Delta t=(ph-cE)\Delta t=[pG(N)-c]E\Delta t=[p-C(N)]h\Delta t \tag{7-20}$$

其中 $C(N)=c/G(N)$，其经济学含义是种群数量为 N 时的单位收获量成本。

资源的最优配置是指资源所有者的目标是从资源开发中得到已贴现的总收入最大。则对于期间配置来说，其决策目标可表示为：

$$\max \mathrm{PV}=\int_0^T \mathrm{e}^{-\delta t}R(N,E)\mathrm{d}t=\int_0^\infty \mathrm{e}^{-\delta t}[p-cN(t)]h(t)\mathrm{d}t \tag{7-21}$$

式中 δ 为贴现率，同时必须满足以下约束条件：$N(t)\geqslant 0$ 和 $h(t)\geqslant 0$。

用 $h(t)=F(N)-N^*$ 代入上式，得到：

$$\mathrm{PV}=\int_0^\infty \mathrm{e}^{-\delta t}[p-c(N)]\cdot[F(N)-N^*]\mathrm{d}t \tag{7-22}$$

应用求最大值的经典欧拉(Euler)的必要条件：

$$\frac{\partial\phi}{\partial N}=\frac{\mathrm{d}}{\mathrm{d}t}\frac{\partial\phi}{\partial N^*} \tag{7-23}$$

令 $\phi(t,N,N^*)=e^{-\delta t}[p-c(N)]\cdot[F(N)-N^*]$，经求导后可得：

$$F'(N)-\frac{C'(N)F(N)}{p-c(N)}=\delta \tag{7-24}$$

种群最优利用规模隐含在上式中。若该方程有唯一解 N^*，该解就是最优平衡水平的种群规模。式(7-24)的经济学含义为：等式右边的 δ 为贴现率，等式左边的第一项 $F'(N)$ 为资源资产的边际生产率，等式左边第二项为资源资产边际值的相对增长率。因此：

① 当生产成本不依赖于种群水平时，即 $C'(N)=0$，则可推导出 $F'=\delta$。这说明资源的边际生产率等于给定的贴现率 δ 时，资源的种群规模达到最优水平。

当初始种群水平 N_0 不同于 N^* 时，最优收获策略是尽快“投资”(当 $N_0<N^*$)或“不投资”(当 $N_0>N^*$)。其中，“投资”现在意味着建立起股本(如鱼类)。例如，当 $N_0<N^*$ 时，资金值(如鱼类)正在以大于机会成本率 δ 的速率增长，这是一种“优越的资金”，肯定应当保留和扩大，即不进行收获(图7-8)。反之，当 $N_0>N^*$ 时，资金(如鱼类)应当处理(当然不是全部，而是 N_0-N^* 那部分)。而且，无论是投资或不投资，都应该尽快实施。

---

① 部分相关内容可参考：曲福田. 资源经济学. 北京：中国农业出版社，2001：113-114.

因此，当 $N_0 > N^*$ 时，其最优收获率是 $h_{\max}$；当 $N_0 < N^*$ 时，最优收获率为零。详如公式(7-25)所示：

$$h^*(t) = \begin{cases} h_{\max}, & N_0 > N^* \\ F(N^*), & N_0 = N^* \\ 0, & N_0 < N^* \end{cases} \tag{7-25}$$

② 当生产成本依赖于种群水平时，则随着种群水平的减少，捕捞成本增加。此时，等式(7-24)左边第二项的值小于零，则 $F'(N^*) < \delta$，这说明 N^* 必须大于相应于边际生产率 $F'(N^*) = \delta$ 时的水平。

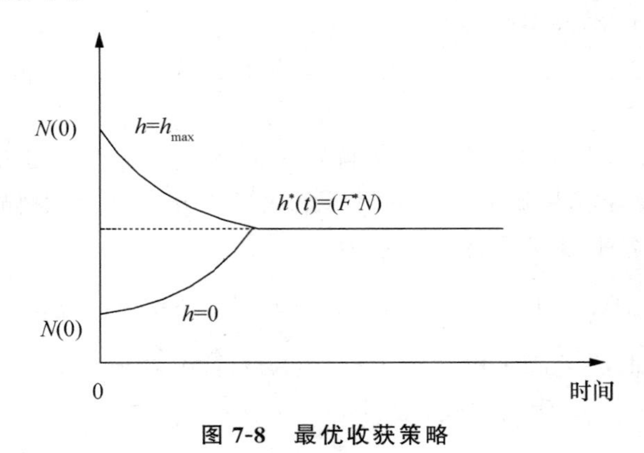

图 7-8　最优收获策略

3. 可再生资源的动态优化配置——以森林资源为例

森林资源是典型的可再生资源。森林资源的可再生性是有限和脆弱的，森林的再生性是一个时间性极强的问题。森林资源能否实现可持续发展取决于物质资本与森林资源资本的替代弹性，若替代弹性大于1，则林业可实现可持续发展，否则，不能实现林业可持续发展，森林资源出现枯竭。

森林资源的管理类似于一般生产过程的管理，其可持续利用问题主要是确定资源的最佳收获期和最大可持续收获量。下面以一个林场的经营决策问题为例，分析林木采伐的最优时间和最大可持续收获量。

首先分析一次性砍伐的最优采伐时间。林木的采伐价值随着树木的生长而增大，但不会无限增加，林木最终会衰老和死亡，其实际商业价值将降低。假设林场希望选择一个最优采伐时间 t_1，使得林木采伐的净效益 B_1 最大化，即：

$$B_{\max 1} = V_t - K_0 = \frac{(P_t - C_t)}{(1+r)^t} - K_0 \tag{7-26}$$

式中，V_t 为 t 时刻采伐林木的净现值；K_0 为林场的初始投资；P_t 为 t 时刻的木材销售价值；C_t 为 t 时刻的采伐成本；r 为贴现率。

可持续的木材收入所有的收益和成本都必须按社会贴现率进行贴现。根据不同的贴现率就可求出最优采伐时间。

假设林场不仅希望采伐的树木净收益现值最大化，还希望林场土地的可持续总产出净收益现值 $B_{\max 2}$ 最大化，因为土地既可用于现有树木的生长，又可用于种植新树，因此林场所面临的经营决策问题就是如何确定土地上的轮作和择伐，用下式表示：

$$B_{\max 2}=B_{\max 1}+K'=\frac{(P_t-C_t)}{(1+r)^t}-K_0+K' \tag{7-27}$$

式中，K'为林场资本贴现到时期0的现值。种植开始于时期0，以不变的种植速率继续种植；采伐开始于时期t，也以不变的速率采伐。在此之后，每一单位时间内被采伐的树木量将等于种植和生长的树木量。t这一时期的最优长度应满足条件：树木每多生长一年的净采伐价值的增量必须等于树木每多生长一年的利息增量减去因树木生长期延长而节约的边际种植成本。

7.2.4 保障自然资源可持续利用的途径

1. 建立自然资源核算体系

长期以来，人们把自然资源作为“天赐”的礼物而心安理得地加以开发利用。在通行的国民经济核算体系中，自然资源开发利用的诸多环节所产生的增加值都被计入GDP中，而自然资源存量的消耗、折旧则没有反映进核算体系之中。例如，“一片美丽而令人敬畏的森林为给农业让路而被毁掉了，破坏的成本是GNP的一部分，但是被毁掉的森林的价值被忽略了。对原始港湾的所谓‘改造’也是以有类似倾向的方式加以处理的。填埋湿地的成本被计入GNP，把这块地卖给在它上面建造工厂的人的销售值也被加入GNP，但对于鱼类和甲壳纲动物繁殖地的损失却没有考虑”（加勒特·哈丁，2001）。在这种财富核算体系下，明明是对自然资源的挥霍浪费，却可以表现为社会财富的增加。例如曾经就出现过这样的事例，某矿产资源如果进行合理开采，价值巨大，但被少数人进行私采乱采之后，失去综合开采价值。明明是矿产资源的巨大浪费和损失，却仍然表现为财富的增加。这种忽视和不计自然资源存量消耗和折旧的经济统计制度，造成了一种经济增长过程中的资源空心化现象，那就是在经济总量不断增长的同时，支撑经济持续发展的自然资源在持续消耗的同时没有得到相应的补充，其存量不断下降。经济的持续增长，像是不断成长的大树，日益变得枝繁叶茂，但自然资源存量的持续减少，则意味着支撑这棵大树的树干日益空心，树根日益溃烂，表面繁茂的大树其实将不可避免地出现养分短缺，面临生存危机。

要克服经济增长过程中的自然资源空心化现象，一个根本性的办法就是要建立自然资源的核算体系，把自然资源的存量变化、消耗纳入统一的国民经济核算体系中。自然资源核算主要包括两个方面的内容，一是自然资源实物数量的核算，二是自然资源价值量的核算。在国民经济总体核算中，还涉及自然资源个体核算和总量核算、自然资源静态存量核算和动态流量核算。目前，世界各国以及一些国际组织都在探讨和完善自然资源核算的体系和方法，把它与现行的经济核算体系进行对接，以期充分反映经济发展过程中自然资源的变化，从而全面反映经济社会发展的可持续性。但由于具体的技术原因以及思维的惯性，要让自然资源核算充分发挥作用以促进可持续发展的实现，还有待进一步努力。

2. 完善自然资源产权制度

克服自然资源空心化现象以及建立自然资源核算体系，一个基本前提是建立起自然资源的产权体系。自然资源产权制度是系统完整生态文明制度体系的重要组成部分，是自然资源所有制关系的法律表现形式，即从法律上对资源所有权、占有权、使用权和处置权做出明确规定。产权制度的不同安排直接影响可耗竭资源的可持续利用价值，因此明晰产权有助于使用者和所有者之间形成明确的契约关系，提高资源的配置效率。"公地悲剧"的故事揭示了这样一个道理，自然资源的保护和有效利用，是以资源产权有明晰的界定为前提的。只有建立起自然资源的产权体系，明确了自然资源的产权，才能有效刺激人们保护自然资源的积极性，才能让自然资源与其他经济性生产要素一样进入市场交易，在市场流转的过程中实现自然资源的增值并得到最有效率的利用。

当前，我国自然资源产权制度建设尚不完善，主要存在产权虚置现象严重、产权收益大量流失、产权交易偏离市场机制、现代产权制度体系尚未建立等方面的问题。因此，需按照归属清晰、权责明确、流转顺畅、权能完整、保护严格、监管有效的总体要求，建立适应社会主义市场经济客观要求的自然资源产权制度，使市场在资源产权配置中发挥决定性作用，最终形成多样化、多层次的自然资源产权制度体系。在这样的产权制度下，可耗竭资源资产与其他固定资产相似，通过资本运作，不断增值保值，最终实现可耗竭资源的优化配置。

3. 完善自然资源开发利用的经济补偿机制

资源价值补偿是以资源的使用者或可能对资源产生不良影响的生产者、经营者、开发者以及受益于资源保护者为对象，通过征收一定的费用，用于资源的保护、整治和恢复，以实现资源的可持续利用。可耗竭资源只有经过漫长的地质年代才能形成，相对于人类使用来说，其生成时间几乎可以视为无限的。但由于不能自我更新，其初始禀赋数量是确定的，可能会被耗竭。因此，可耗竭资源一方面具有不可再生性，即当前开采量影响未来资源开采收益等，另一方面资源消耗具有不可逆性，一旦开采，其消耗量不可能在短期内恢复到原储量水平，不像普通产品那样可以根据价格变化而任意增加或减少，其开采利用无疑会导致最终存量为零(或者在经济上不再具有可利用性)。

为减轻自然资源开发利用过程中所产生的资源浪费、环境污染和生态破坏等问题，促进资源的合理配置和生态环境保护，需建立和完善可耗竭资源开发利用的经济补偿机制。具体来说，即国家需采取强制手段，要求进行开发利用自然资源的单位或个人为其开发利用的行为缴纳支付一定金钱或者实物。使用者为了少花钱、降低成本，必然会主动节约这种自然资源，这正是可持续发展战略所追求的目标。在我国，自然资源由国家控制，重要的自然资源国家由国家所有，原生态的自然资源是由国家供给和管理的；而自然资源的开发利用是由一定的法人、社会组织和个人等私人主体进行的。因此，开发利用自然资源的私人主体应按照法律规定的标准，向国家支付自然资源开发利用和自然资源管理的相关费用(如通过缴纳资源税、资源费、资源价款、特别收益金等)，这是我国现阶段实行自然资源有偿使用和有偿管理，进行自然资源更新、培育的有效途径。

4. 理顺自然资源管理体制

自然资源之间往往是密切联系、有机统一的整体，对某一资源的破坏常常引起其他资源的不良反应。目前，我国各类主要自然资源按照其要素属性分别由国土、水利、农业、林业等部门管理。在利益驱动下，它们往往强调本部门资源利用的利益最大化，而这同时也影响了其他资源的数量、结构和功能。此外，各部门之间、中央与地方之间对自然资源资产管理权责界限不清晰导致资源环境监管长期处于混乱、无序局面；自然资源资产的管理权、使用权、所有权不清晰造成资源的掠夺性开发与使用，影响资源配置效率，直接后果是自然资源资产直接或间接流失和浪费。

为有效解决我国当前自然资源产权不清、价格体制存在严重缺陷等问题，有关部门已经开始着手理顺自然资源管理体制的相关工作，提出了健全国家自然资源管理体制的思路，那就是按照所有者和管理者分开和一件事由一个部门管理的原则，落实全民所有自然资源资产所有权，建立统一行使全民所有自然资源资产所有权人职责的体制，由一个部门负责领土范围内所有国土空间用途管制职责，对山水林田湖进行统一保护、统一修复。

思考题

1. 自然资源储量可具体分为哪几部分？
2. 自然资源开发利用应遵循哪些原则？
3. 如何理解自然资源开发利用过程中需遵循均等边际原则？
4. 对自然资源进行成本—收益分析的方法有哪些？
5. 自然资源动态最优配置的一般模型是什么？
6. 对于可耗竭资源而言，为何在边际开采成本不变的前提下，其总边际成本不断上升？
7. 如何认识建立自然资源核算体系的重要性？
8. 为什么要不断明晰和完善自然资源产权制度？
9. 我国现阶段实行自然资源有偿使用和有偿管理的途径有哪些？
10. 保障自然资源可持续利用的途径有哪些？

第8章　中国的资源与可持续发展

学习目标

- 认识中国自然资源开发利用现状
- 了解中国资源开发利用中存在的主要问题
- 思考中国资源可持续利用的对策

如果说人类面临的资源困境正严重制约着可持续发展的实现，那么中国作为人口众多、人均资源贫乏的世界上最大的发展中国家，资源问题更为突出，实现可持续发展更加困难，因此更需要深入分析中国的资源态势、面临的问题，探讨中国突破资源约束、实现可持续发展的战略对策。

8.1　中国的资源开发利用现状与发展趋势

8.1.1　中国资源的总体态势

中国自然资源的现状从总体上看，存在以下特点。

1. 资源总量丰富，人均数量少

中国人口在2005年年初已经超过13亿，预计在未来30年左右的时间里仍将再增加2亿—3亿，是世界第一人口大国和人力资源大国。中国有960万平方千米陆地(包括内陆水域)和473万平方千米海域，国土面积在俄罗斯和加拿大之后排在世界第三位。据《中国统计年鉴2002》，中国有耕地13 004万公顷，在俄罗斯、美国和印度之后列世界第四位；林业用地26 329万公顷，其中森林(有林地)面积15 894万公顷，在俄罗斯、巴西、加拿大、美国之后列世界第五位，草地40 000万公顷。中国水资源总量为26 526亿立方米，排在巴西、俄罗斯、加拿大、美国和印度尼西亚之后列世界第六位。中国已发现171种矿产，探明储量的有157种，若按45种主要矿产储量价值计算，中国占世界的14.64%，居第三位，其中钒、钛、锌、钨、铋、锑、锂、稀土、菱镁矿、萤石、锍铁矿、重晶石、石墨、石膏等矿产资源储量居世界第一位，锡、钼、汞、钽、磷、滑石、石棉、煤等矿产资源储量居世界第二位，钴、铌、叶蜡石、硅灰石储量居世界第三位。

但由于人口众多，除了有色金属和稀土矿，中国大多数资源的人均量都低于世界平均水平。中国人均国土面积只为世界平均的1/3；人均耕地只有0.1公顷，仅为世界人均的1/3；人均森林面积为0.13公顷，只有世界人均的15%；人均林木蓄积量9.8立方米，仅为世界人均的13%；人均草地面积0.31公顷，只为世界人均的36%。中国人均淡水资源量只有2 039 m^3(2015年数)，仅为世界人均的23.7%。人均矿产资源排在世界第80

位。显然中国资源总量是丰富的,但人均值水平却比较低,尤其是最为基本的土地资源和水资源、具有战略意义的石油资源和铁矿资源。

2. 资源分布的空间差异大,配置利用不甚合理

由于生物、气候、地理、地质分异作用的复合,使中国资源的空间分布存在巨大的差异。水资源是东多西少,南多北少;耕地资源是平原、盆地多,丘陵、山区少,东部多西部少。区域水土资源配比是北方土多水少,南方水多土少。水能集中分布在川、滇、黔、桂、藏5省区,西南可开发水能占全国76.9%,华北只占全国1.2%,华东也只有3.6%。矿产资源的基本分布由西部高原到东部山地丘陵地带逐步减少;而中国重工业却大部分在沿海地区,特别是中部、北部沿海地带。沿海地区这一大经济带中除了农业资源比较丰富外,其他资源特别是能源、矿产资源严重不足。

3. 资源类型多、品味低、开发难度大,浪费严重

中国资源质量差别悬殊,低质资源比重大。全部耕地中,中低产田占2/3左右,其中大部分属风沙干旱、盐碱、涝洼、红壤等地。在天然草场中,高、中、低产面积基本上各占1/3。中国矿产大都属贫矿,而且共生、伴生资源多,全国铁矿有95%以上为贫矿,铜矿品位低于1%的约占2/3,磷矿中贫矿占19%;而且一些特大型矿床多为共生或伴生的综合性矿床,共生、伴生矿存在难分选、难冶炼、难分离等技术难题,由于开发难度大,加上管理水平低,生产技术、设备落后,致使资源浪费严重,矿产资源总回收率仅为30%—50%,大部分乡镇企业资源回收率不到30%。

4. 呆滞资源多,开发投资大

中国宜农荒地0.35亿公顷中,有多达0.23亿公顷处在边远、盐碱地、沼泽地、干旱地和沿海滩涂。草地资源有27%属气候干旱、植被稀疏型。森林中有15亿立方米为病腐、风倒、枯损,或是分布于江河上游,或是处于深山峡谷地带。海洋资源中"争执"面积较大,渔业和石油勘探难以进行。水能富积区多交通不便,远离经济中心区。矿产资源有不少分布在地理地质条件极其恶劣的环境中,很难保证生产、生活的基本条件,其中煤炭资源近期不能利用的占40%以上,铁矿中长期不能利用的占35%,铜矿占40%,铂族93.5%分布在甘肃、云南、四川的边远地区,铬铁矿资源少,探明储量又主要分布在西藏等交通不便之地。上述资源要开发利用,必须进行大量投资,若同一般条件的资源开发比,其总投资要高出7—8倍。

8.1.2 中国资源的开发利用现状

中国自然资源的开发利用现状从总体上看,表现出以下特征。

1. 开发利用历史悠久,开发利用强度大

中国是四大文明古国之一,资源开发利用的历史非常悠久。许多万年前,就有古人在这片土地上生息,而且灿烂的中华文明,上下五千年一脉相承,长期在世界上遥遥领先,供养了比世界其他地方总数多得多、密度大得多的人口。正因为悠久的历史和众多的人口,造成了今日我国自然资源开发利用强度大的特点,尤其是土地资源开发利用强度大。时至今日,在中国只要是适合人居住的地方都已有人居住,很难找到一片条件优

越而又尚未开发的空地。我国水资源的开发利用强度也是很大的，水资源开发利用率(约 19%)达到世界平均水平的 2.6 倍。

2. 资源开发进入高潮

在 1949 年中华人民共和国成立以前，中国还是一个落后的农业国，工业矿产资源勘探程度低、开发程度低自不待言，即便农业最基本的土地资源也仍保留很多开发条件良好的荒地(如东北的北大荒、南大荒)。新中国成立后，我国进入了史无前例的资源开发高潮。一方面，大规模的经济建设需要各种资源，而且我国较长时期中采取的是自给自足的发展战略，掀起了一轮又一轮资源勘探和开发高潮。另一方面，由于 20 世纪 50 年代至 70 年代初人口的过快迅猛增长，人口对资源开发产生了强大的推力。目前中国已发现的矿产有 171 种，探明储量的有 157 种，乡及乡以上独立核算矿产采选企业达 2 万多个，年开采各种矿石超过 50 亿吨。中国原煤产量已稳居世界第一位，原油产量居第五位。中国矿产资源开发已基本满足了国民经济发展的需要，煤炭、钨、锡、锑等有色金属、稀土矿及某些非金属矿产品还出口到国际市场，1993 年以前还曾是石油净出口国。此外，中国的淡水取用量也从 1949 年的约 1 000 亿立方米增加到目前的 5 500 亿立方米左右，使水资源开发利用率从 4%提高到 19%。

3. 资源有效利用率不高

尽管我国资源开发利用强度大，但大部分资源的有效利用率都较低。例如由于开发难度大，加上管理水平低，生产技术、设备落后，致使矿产资源浪费严重，矿产资源总回收率仅 30%—50%，大部分乡镇企业资源回收率不到 30%。再如水资源的有效利用率，每生产 1 千克粮食的灌溉取水量，中国为 1.2 立方米，美国为 0.9 立方米；每生产 1 吨钢的取水量，中国为 25—56 立方米，而美国、英国的钢厂则在 5.5 立方米；每生产 1 吨啤酒的取水量，中国为 20—60 立方米，而国外较好的水平不到 10 立方米。

4. 资源开发引起的环境问题较多，可再生资源超载明显

对矿产资源开发而言，由于技术落后，管理不善，采、选、冶过程中排出的尾砂、废渣等多数未利用，占用农田、污染水系的问题很多。对可再生的土地资源、水资源、生物资源而言，往往是开发过度造成资源退化枯竭，加剧土地退化、水土流失、干旱、洪水等灾害。20 世纪 70 年代以后，长江的含沙量逐步加大，有变成第二条黄河的可能，这与长江中上游的森林过度砍伐、土地过度开垦有直接关系。从我国植被消退、土地退化、沙漠扩张、水土流失加剧、水旱灾害更趋频繁等种种迹象来看，我国土地、水等可再生资源的超载已十分明显。

5. 资源供给由自给自足向利用国内外两种资源转变

由于 1840 年以后中国长期遭受外国列强的欺凌，在中国人心中自然产生了非常强烈的自己当家作主的愿望。1949 年新中国成立后，中国在政治上独立了，同时也希望在经济上独立自主，加之新兴的社会主义中国受到帝国主义的仇视和封锁，自主的主观愿望、封锁的客观环境和地大物博的优越条件的结合，使中国走上了自力更生的发展道路。在不长的时间里，我们在自己的国土上找到了国民经济发展所需的绝大部分资源，打破了帝国主义的封锁，保证了国民经济的快速发展。

经过改革开放后三十余年经济的大发展，中国的经济规模扩张很快，所需资源的数量也增加很快，很多资源如石油、铁矿石国内已难以保障供给。还有一些资源即使国内储量丰富但国外更便宜。另外从战略角度考虑，必须保留国内一定数量的资源储备，不能把本国的资源都耗竭。因此中国有从国外进口部分资源的内在要求。再加上新的有利的开放的国际环境，为中国利用国外资源创造了条件。内外部条件的结合，使中国逐步从资源自给自足战略向开放式战略转变。

8.1.3　中国资源开发利用的趋势

可持续发展要求中国必须按照如下方向开发利用自然资源。

1. 资源的开发利用要保证自然生态的平衡

在整个生物圈中，森林、草原、荒漠、湖泊和沼泽等，都是由动物、植物、微生物等生物成分和光、热、水、土、气等非生物成分所组成。每一成分都不是孤立地存在着，而是相互关联、相互制约地形成一个统一的、不可分割的自然综合体系。这是一个自然生态平衡的总体，而且每一个组成部分都各自成为一个自然综合体，形成一个生态系统。人们要开发利用其中任一资源就不可避免地要影响其他资源，打破整个生态系统的平衡。如果其中一个生态系统受到外界的干扰，超过它本身自动调节的能力，结果就会使有机体数量减少，生物量下降，生产力衰退，从而引起其结构和功能的失调，使物质循环和能量交换受到阻碍，最终导致整个生态平衡的破坏。因此，随着现代化生产的发展，对自然资源开发利用的深度和广度的急剧增加，就更需要针对各种自然资源的基本特点，因地制宜，适时适量，合理地开发利用，以保持各种生态系统的平衡和相对稳定。

2. 资源的开发利用要与资源的再生增殖，换代补给相适应

在自然界，生物与环境之间的物质循环和能量交换，都必须遵循一定的客观比例关系。无论哪一种资源，都有一个量度问题，超过了这一量度，这种物质循环和能量交换过程就会发生混乱。这就是说，自然资源的开发利用与再生增殖，利用和补给，在客观上有一个平衡关系，即有一个客观规律，如果违背了它，就会发生难以预料的后果。如煤炭、石油等非再生资源，是经过漫长的地质时代才形成的，总储量是一定的，而且开采一点少一点，所以煤炭、石油资源的开发利用，都要求有一个储采比的客观要求。如果不考虑它的总储量，片面追求高产，盲目扩大开采规模，就会导致矿山提早衰老，资源枯竭，给经济再生产造成巨大损失。再如生物资源中的森林、草原、鱼类等可再生资源，它们的生长发育都有一定的客观规律，总资源量有限，可再生的增殖资源量也有一定局限，其本身就要求有计划地合理开发利用，从而不使资源种源灭绝，保护资源的再生增殖，永续利用。如果违反这些自然资源的再生增殖规律，盲目乱砍滥伐，超载放牧或破坏草场，酷渔滥捕，就会使这些资源受到严重破坏，不仅使资源量锐减，出现资源短缺或枯竭，更严重的是会导致生态平衡的失调，使自然灾害增加，严重影响经济发展和人民生活水平的提高。此外，还有一些非可耗竭的恒定性资源，如水、太阳能、风能等，其可利用的资源量是有限度的，开发利用后虽然可以不断补充，但这种补充量也是有限的。超量的、不合理的开发利用，也会带来不同程度的损失。

3. 对资源要实现多目标开发，综合利用

对资源的多目标开发和综合利用，是现代化生产中开发利用自然资源的必然途径。这不仅由资源本身的特性所决定，而且现代化生产的发展，在客观上提出了需要，在技术上提供了可能。例如，许多河流的开发利用，涉及灌溉、防洪、发电、航运、供水、渔业等各方面的问题，只有到现代化生产高度发展以后，才提出了对河流多目标开发和综合利用的迫切需要。也只有到现代化生产技术水平提高以后，才能够使这些需要有可能逐步变成现实。又如对煤炭资源的开发利用，过去只考虑能源需要一项指标，现在由于现代化生产技术的发展，使煤炭资源在化学等工业方面有了更广泛的用途，大大地提高了煤炭的经济利用价值，这就使煤炭资源的开发利用，不仅要满足能源的需要，还要考虑化学等工业部门综合利用的需要。因此，进一步开发利用各种自然资源，需要从发展国民经济的总体利益出发，全面考虑，合理规划，有计划地安排自然资源的多目标开发和综合利用，以期获得最大的经济效益。

4. 资源的开发利用要注意开源和节流

在自然界中，自然资源是丰富多样的，但不是无限的。尽管有些自然资源可以说是无限的，但由于各种因素的影响，人类能够利用的部分也是有限的。而且随着现代化生产的发展，生产规模的扩大，生产技术水平的提高，对自然资源的需求量更大，对质量的要求更严格。目前已有不少种类的自然资源出现短缺，在一些国家和地区出现了程度不同的“原料匮乏”和“能源危机”。逐步解决这些问题的基本途径，就是开源和节流并举结合。一方面提倡节约，采取有力措施，提高现有已开发利用的自然资源的经济利用效率；另一方面增加生产，进一步提高现有已开发利用的自然资源的产量，并采用现代化的生产技术，开发利用新的自然资源，来满足现代化生产发展的需要。

5. 资源的开发利用要做到保护自然资源与环境

为了进一步合理开发利用自然资源，就需要保护、发展自然资源。如果只偏重对自然资源的利用，而不注意保护，那么现在和将来都会造成极严重的后果。而且那些尚未被认识的很有价值的自然资源，一旦遭到破坏或灭绝，对国家对人类也必将造成重大损失。为此，对已经开发利用或待开发利用的资源，要采取保护性的措施，即在开发利用时要考虑保护，在保护条件下进行合理的开发利用。许多自然资源的存在和再生，离不开适宜的生态环境，因此必须把保护自然资源与保护和改善自然环境紧密地结合起来，既保护资源，又保护环境、改善环境，防止环境污染和生态破坏，为充分合理地开发利用资源创造更加有利的条件。例如，应因地制宜，建立各种不同类型的自然保护区，切实保护珍贵的稀有的野生动植物资源及其生态环境，以使这些珍贵稀有的动植物资源繁衍滋生，避免进一步减少，或遭受灭绝的危险。

8.2　中国资源开发利用中的主要问题

正确分析和认识中国开发利用资源中的问题，首先要明确三个观点。一是要看到资源问题的严峻性。由于人口众多，经济发展对资源的需求日益增加，资源供需矛盾将十分尖锐。资源管理不够完善、资源利用效益不高、环境代价大等问题也普遍存在，从而加剧了资源基础的削弱和恶化。二是要看到这些问题是发展中的问题，或者说是发展中国家在摆脱贫困、走向工业化过程中难以避免的问题。三是中国资源问题正在逐步解决中，中国资源问题及其解决将对世界产生重大影响。这里，我们着重分析中国自然资源开发利用中存在的主要问题。

8.2.1 土地资源

首先，耕地绝对量和人均量都持续下降，后备资源不足，整体质量恶化。现有耕地面积较最多时 1957 年的 118 万平方千米减少 19.5%。从新中国成立到现在五十多年人均耕地面积从 3.9 亩下降到 1.59 亩，减少一半以上。随着经济发展和人口增长，中国耕地资源的绝对量和人均量在相当长的时期内都将进一步下降。这必将加重中国本已紧张的人地、人粮矛盾，直接影响中国的现代化进程。而且据调查，中国耕地中大约 1/3—1/2 缺磷、1/5—1/4 缺钾、全部缺氧，养分已明显不足。

其次，土地资源退化和破坏严重，农业生产空间日益紧缩。例如水土流失面积仍在增加。新中国成立初期中国水土流失面积大约是 150 万平方千米，约占国土面积的 1/6。经过五十多年努力，初步治理了 67 万平方千米。但由于沉重的人口压力，又增加了新的水土流失区。水利部 2010 年至 2012 年开展的第一次全国水利普查显示，我国水土流失面积达 294.91 万平方千米，占国土总面积的 30.72%。因水土流失，全国年均损失耕地 100 万亩，黄土高原严重区每年流失表土 1 厘米以上，东北黑土地变薄，一些地方的黑土层流失殆尽。治理赶不上破坏，水土流失面积反而有所增加。

最后，土地荒漠化问题突出。第五次全国荒漠化和沙化土地监测结果显示：截至 2014 年，全国荒漠化土地面积为 261.16 万平方千米，占国土面积的 27.20%；沙化土地面积 172.12 万平方千米，占国土面积的 17.93%；有明显沙化趋势的土地面积 30.03 万平方千米，占国土面积的 3.12%。实际有效治理的沙化土地面积 20.37 万平方千米，占沙化土地面积的 11.8%。

8.2.2 草地资源

草地资源是中国陆地上面积最大的生态系统，对发展畜牧业、保护生物多样性、保持水土和维护生态平衡都有着重大的作用和价值。中国的草地按照地区大致可分为东北草原区，蒙、宁、甘草地区，新疆草地区，青藏草地区和南方的草山五个区。由于中国长期以来对草地资源采取自然粗放经营的方式，重开发、轻管理，草地资源面临严重的危机。主要表现为以下三点。

(1) 过牧超载乱砍滥垦，草地破坏严重。草地建设缺乏统一计划管理，投入少，建设速度慢。草地退化、沙化、碱化面积日益发展，生产力不断下降。全国有 87 万平方千米草地退化，占草地面积的 1/5，并继续在发展。

(2) 草地土壤的营养成分锐减，草地动植物资源严重破坏，草地生产力下降。

(3) 草地牧业基本上是处于原始自然放牧利用阶段，草地资源的综合优势和潜在生产力未能有效发挥。牧区草原生产率仅为发达国家(如美国、澳大利亚等)的 5%—10%。

8.2.3 淡水资源

我国的淡水资源较为丰富，但人均水平不及世界平均水平的1/4，因此并被联合国列为13个贫水国家之一。更为严重的是，我国淡水资源分布极不均衡，其利用效率也不高。目前淡水资源的开发利用存在的主要问题表现在以下几方面。

1. 淡水资源短缺，供需矛盾日益加剧

首先，农业缺水严重。我国的农业属灌溉农业，目前全国灌溉面积5 300多万平方米，农田受旱面积达2 660多万平方米，缺水300亿立方米左右，另外还有7 600万平方米耕地无灌溉设施。干旱缺水已成为我国农业稳定发展和粮食安全供给的主要制约因素。其次是城市缺水。全国670个城市中，有400多个城市不同程度缺水，缺水量约60亿立方米，因缺水影响工业产值2 000多亿元。到21世纪中叶，我国人口可能将增加到16亿，灌溉面积发展到6 000多万平方米，人口城市化率将从目前的40%增至60%左右，经济将达到世界中等发达国家水平，水的需求将大幅度增加，水的供给将成为整个经济社会发展的重要制约因素。

2. 水质危机所导致的水资源危机大于水量危机

目前，我国的水质污染非常严重。据21世纪初对全国七大水系752个重点监测断面的数据，符合《地面水环境质量标准》的Ⅰ、Ⅱ和Ⅲ类标准水质只占29.5%，属于Ⅳ类水的占17.7%，Ⅴ类和超Ⅴ类标准水质占52.8%，其中，七大水系干流154个国控断面中，Ⅰ、Ⅱ和Ⅲ类标准水质占50.6%，属于Ⅳ类水质的占26.0%、Ⅴ类和超Ⅴ类标准的占23.4%。我国河流长度有70.5%被污染，约占2/3以上，可见我国地表水污染非常严重。

3. 水的生态环境恶化

2012年，我国水土流失面积达294.91万平方千米，占国土面积的30.72%，造成江河湖库淤积和北方河流干枯断流情况越来越严重。此外，还存在湖泊萎缩、草原退化、土地沙化、湿地干涸、灌区次生盐渍化、部分地区地下水超量开采等问题，造成局部地区水环境恶化，生态失衡。

4. 洪涝灾害严重

我国大江大河防洪工程体系由堤防、水库、蓄滞洪区等组成，目前存在的突出问题是防洪标准偏低。主要江河标准也只有20—50年一遇，中小河流的防洪标准更低，只有5—10年一遇。70%的城市没有达到国家规定的防洪标准，甚至还有部分城市基本没有设防。随着人口增加、经济快速发展以及河道、湖泊淤积等，防洪问题越来越突出。

8.2.4 森林资源

中国森林蓄积量由20世纪80年代初的每年0.3亿平方千米“赤字”，增加到现在的0.39亿平方千米盈余，这表明中国森林的可持续发展已有良好的势头。但是，森林质量不高，育闭度偏低(全国平均为0.52)，大片的森林继续受到无法控制的退化、任意改作其他用途、农村能源短缺以及森林病虫害的危害。林木年龄结构分布不均，造林保存率低，边远地区及农村因能源供应不足而过度采伐，使林木资源遭到严重破坏。据粗算，全国每年计划外森林资源的消耗量是国家计划内消耗量的2.32倍。

8.2.5 物种资源

我国是世界上生物多样性最为丰富的12个国家之一，拥有森林、灌丛、草甸、草原、荒漠、湿地等地球陆地生态系统，以及黄海、东海、南海、黑潮流域大海洋生态系；拥有高等植物34984种，居世界第三位；脊椎动物6445种，占世界总种数的13.7%；已查明真菌种类1万多种，占世界总种数的14%。我国生物遗传资源丰富，是水稻、大豆等重要农作物的起源地，也是野生和栽培果树的主要起源中心。据不完全统计，我国有栽培作物1339种，其野生近缘种达1930个，果树种类居世界第一。我国是世界上家养动物品种最丰富的国家之一，有家养动物品种576个。

中国物种资源和生物多样性面临的主要问题是以下两方面。

首先，生态系统遭到破坏。中国的原始森林长期受到乱砍滥伐、毁草开荒及森林火灾与病虫害破坏，原始森林每年减少0.5万平方千米。土地受水力侵蚀、风力侵蚀面积已达367万平方千米。这些都极不利于物种资源的保存、生物多样性的维护。

其次，物种受威胁和灭绝严重。中国动植物种类中已有15%—20%受到威胁，高于世界10%—15%的水平。在《濒危野生动植物种国际贸易公约》附录所列640个物种中，中国占156个。遗传种质资源受到威胁，正在缩小或消失，外来品种的引进和单纯追求高产，也使得许多古老、土著品遭受排挤而逐步减少甚至灭绝。

8.2.6 矿产资源

矿产资源(包括矿物能源)在国民经济发展中具有举足轻重的作用。据统计，中国95%以上的能源、80%以上的工业原材料、70%以上的农业生产资料来自于矿产资源。如前所述，中国是世界上少有的几个资源大国之一。新中国成立以来，矿产资源开发利用也取得了举世瞩目的成就。到目前为止，中国的煤炭、水泥、钢、硫铁矿、10种有色金属以及原油产量已跃居世界第1—5位。中国已成为世界少数几个矿产大国之一，矿业已成为全国国民经济持续发展的重要基础。但是，由于中国人口众多以及管理方面的诸多问题，中国矿产资源及其开发利用中的问题也十分突出。

(1) 许多矿山后备资源不足或枯竭，未来资源形势十分严峻。到2010年，45种矿产已探明有半数以上不能保证建设的需要，资源形势日趋严峻。特别是一些能源基础性矿产、大宗支柱型矿产因不能满足需要，对国民经济和社会发展将带来重大制约。到2020年后，45种矿产中大多数矿产将不能保证需要。

(2) 矿产资源开发利用率低，浪费大。全国矿产开发综合回收率仅30%—50%，比发达国家低20%左右。国民经济发展对资源消耗的强度过大，单位资源的效益大大低于发达国家。

(3) 矿产资源开采利用中的环境问题严重。据统计，中国因矿产采掘产生的废弃物每年约为6亿吨左右。由于固体废弃物乱堆滥放，造成压占、采空塌陷等损坏土地面积达2万平方千米，现每年仍以0.025万平方千米速度发展。这些废弃物严重地污染了地下水和地表水体。此外，由于地下水的过量抽取，导致了上海、北京、天津、西安等大城市地表的下沉。

8.2.7 海洋资源

我国海洋辽阔，海洋生物资源和矿物资源丰富，但是，按陆海面积比，我国仅为1∶0.3，海岸线系数仅为0.0017，若管辖海域以300万平方千米计，人均量仅为世界人均量的1/10左右，属海洋地理不利的国家。我国海洋鱼类资源包括冷水性、温水性和热带性各类有1 300多种，其中经济鱼类300多种，但高产种类较少，仅60—70余种，沿海生长的藻类有近2 000种，虾类、贝类、蟹类等动物各有百种以上，甚至数百种，为鱼类的生态群落和饲料供应提供了优良条件。但由于缺乏统一的功能区划和有效的管理措施，使开发利用带有很大的盲目性，有些资源尚未利用，有些资源开发过度，有些地区在开发时缺乏论证，过分强调种植，搞围海工程，不考虑地形等条件，致使大片荒滩不能种植，水面无法利用，浪费并破坏了资源。由于近年来鱼类捕捞不重视再繁殖，捕捞中幼鱼比例大为增加，过度捕捞使鱼类资源明显衰退，主要经济鱼类的收益减少。再加上每年大量工业和生活废弃物倾倒和排放入海，使海洋的生态环境遭到严重危害，一些鱼类已因污染而灭绝。

海洋矿物资源主要有石油、天然气、海滨砂石、海底磷矿、重金属等。我国除海盐产量占世界首位，其他方面多低于世界水平，仍处于落后状态。

综上所述，影响中国经济发展的主要自然资源现状表明，耕地资源、森林资源、草地资源、淡水资源及部分矿产资源、海洋资源，目前已处于相当紧张的供需状态。其中，可耗竭资源的耗失过度，供需缺口增大，可再生资源的再生率需要良好的环境与合理有序的开发利用，也不可能在短时期内缓解尖锐的供需矛盾。中国面前的自然资源形势相当严峻。

8.3 实现资源可持续利用的对策

中国资源问题产生的原因是多方面的、综合性的，有历史的发展方面的原因，有现实的管理体制上和机制方面的原因，也有科学技术方面的原因。就管理体制和机制方面来说，《中国21世纪议程》曾经作过精辟的分析，归纳为以下六个方面。

① 缺乏有效的资源综合管理及把自然资源核算纳入国民经济核算体系的机制，传统的自然资源管理模式和法规体系面临市场经济的挑战；

② 经济发展在传统上过分依赖于资源和能源的投入，同时伴随大量的资源浪费和污染产出，忽视资源过度开发利用与自然环境退化的关系；

③ 运用不适当行政干预的方式分配自然资源，严重阻碍了资源的有效配置和资源产权制度的建立以及资源市场的培育；

④ 不合理的资源定价方法导致了资源市场价格的严重扭曲，表现为自然资源无价、资源产品低价以及资源需求的过度膨胀；

⑤ 缺乏有效的自然资源政策分析机制以及决策信息支持，尤其是缺乏跨部门的政策分析和信息共享，从而导致部门间政策目标相互冲突的现象时有发生；

⑥ 资源管理体制分散,缺乏协调一致的管理机制和机构。

根据中国资源态势、面临的问题及产生的原因,我们在下面对突破资源约束、实现资源持续利用的对策进行分析。

8.3.1 合理开发利用资源,提高资源利用率

合理高效开发利用资源,必须提高资源利用率、综合利用资源、加强资源管理与保护。

1. 提高资源利用率

提高资源利用率主要有两种途径:一是提高生产环节和过程的利用率。大工业生产使资源开发利用要流经许多环节和过程,这些环节和过程再通过企业内部、企业之间甚至区域之间的分工协作联系起来,从一个环节到另一个环节、从一个过程到另一个过程,资源在空间中的传输有一定比例的物质和能量损耗,如果从每一环节和每一过程都注意节约,中国资源利用率将有较大幅度的提高。比如中国灌溉水有 20%—30%的潜力,工业用水有 30%—40%的潜力,矿产资源有 10%—20%的潜力,能源有 20%的潜力,每年浪费粮食 600 万—1 000 万吨,可见中国资源利用率提高还有很大的潜力。二是提高资源配比利用率。绝大部分资源利用都是以两种或两种以上资源配比而成的,通过科学的配比可以改善资源产品的性能和品质,以达到用量少、功效高的目的。如等量的钡钛钢铁是普通钢量的 1.2—1.4 倍;汽柴油混合并加一定乳化剂则利用率大为提高;类似配比的还有合金、合材、合料等。

2. 综合利用资源

资源综合利用的范围和意义比提高资源利用率更广,它包括资源在整个循环中的综合利用及生产、流通、消费过程中的废弃物综合利用。加强资源综合利用,具有显著的经济效益、社会效益和环境效益。以 2013 年为例,我国矿产资源利用水平总体较好,部分重点大中型露天煤矿、露天铁矿开采回采率达到 95%以上,部分矿山铜矿、铅矿、锌矿等有色金属矿种的选矿回收率达到 80%以上。工业固体废物综合利用量 20.59 亿吨,利用率达到 62.3%。农作物秸秆年利用量约 6.4 亿吨。废钢铁、废有色金属、废塑料等主要再生资源回收总量达 1.6 亿吨,回收总值 4 817 亿元,回收企业 10 万余家,行业从业人员 1 800 多万人。主要再生有色金属产量占当年十种有色金属总产量的 26.6%。与此同时,资源综合利用效益日益显现。2013 年,我国资源综合利用产值达到 1.3 万亿元。通过开展资源综合利用,减少固体废物堆存占地 14 万亩以上。综合利用废钢铁、废有色金属等再生资源,与使用原生资源相比,可节约 2.5 亿吨标准煤,减少废水排放 170 亿吨、二氧化碳排放 6 亿吨、固体废弃物排放 50 亿吨。我国废旧纺织品综合利用量约为 300 万吨,相当于节约原油 380 万吨,节约耕地 340 万亩。可见资源综合利用不仅能节约资源,改善资源利用效果,扩大资源再生产的潜力,延续资源的服务年限,而且还能减少环境污染和生态系统的破坏,为国民经济增加巨额产值和利润。

3. 加强资源管理与保护

资源管理与保护二者是相辅相成的,管理和保护的目的是永续利用好资源。良好的

管理是利用好资源的基础，也是保护好资源的前提；保护就是为了使资源在相当长的时期为国民经济提供富有保证的物质来源。

中国的资源开发利用伴随着国民经济曲折的发展过程走过很大的弯路，资源破坏和资源浪费给当前的经济发展造成了很大的压力，特别需要加强资源的管理与保护。中国的资源管理与保护在最近十多年中发展很快，到目前为止已颁布了水、土、矿产、生物、森林、草原等资源法，在实践中取得了巨大的成绩，积累了不少经验。现在加强资源的管理与保护，需要进一步做到：强化宣传，普及资源管理和保护的意义和知识，增强每一个人合理利用和保护资源的责任感和使命感；健全和完善法治，使资源管理和保护的立法、执法更为有效；加强资源管理和保护的专业队伍的建设，使对资源的管理和保护真正落实到位；更多地运用经济手段进行资源管理和保护，形成全国统一的资源市场，建立合理的资源价格体系，完善资源核算制度，发挥经济杠杆的作用，变资源的低价、无偿使用为市价、有偿使用，改善资源利用效果。

8.3.2 依靠科技进步缓解资源供需矛盾

当今世界与其说是经济竞争时代，不如说是科学技术竞争时代，一个国家的科技发展水平决定其在世界的地位。科学技术是合理高效开发利用资源的决定性因素，开发新资源要靠科学技术，节约资源要靠科学技术，提高资源利用率要靠科学技术，综合利用资源也要靠科学技术。日本在资源严重贫乏的条件下，之所以能成为发达的工业化国家，并且是世界上资源综合利用效率最高的国家，一个重要原因是发挥了科学技术的作用。中国是人均资源拥有量少的国家，要克服资源约束，确保社会经济持续发展，也必须依靠科学技术进步，提高农业资源的生产率和利用率，提高土地的生产能力，保证人口增长对食物的需求。应用新技术加强矿产资源的勘探，不断增加矿产资源储量，提高现有矿产资源的利用率，尤其是中国矿产资源中共生矿和伴生矿多，低品位、难选矿多，应研究新的采、选、冶等技术或工艺，大力研究资源的二次利用和综合利用，抓紧开发利用潜在资源和替代资源，特别是新能源、新原料的研究。改造生产技术设备，降低物耗，提高产出率。在资源方面发展和运用科学技术的过程中，特别应该注意下大力气对于中国长期短缺资源的研究，加大投资力度，确保资源供应。

8.3.3 优化区域资源配置

中国自然资源分布的空间差异大，决定了中国资源开发和利用，必须以区域资源合理配置为前提。

区域资源配置包括四个层次：一是区域内部企业之间各种生产活动所需资源的配置；二是区域内部各产业之间的资源配置；三是区域之间经济发展的取向与资源配置；四是区域参与国际经济活动的资源配置。优化区域资源的配置，就是要有效地开发利用区域内部资源和合理地利用区域外部资源，实行恰当的区域分工协作和产业选择，迅速而稳定地发展区域经济，同时促进整个社会经济的发展。中国以沪宁杭、珠三角、京津唐、辽中南为主的东部地区经济发达，自然资源不足，尤其是矿产资源严重短缺，应该更多地利用国外资源，帮助中、西部地区开发自然资源，尽量节约资源，提高资源利用效果，更加注重发展技术密集型产业、资源节约型产业、智力和资本密集型产业;中国的中、西部地区经济发展落后,其中部分地区自然资源特别是矿产资源相对丰富,在发挥资源禀赋优势、努力开发资源、发展资源密集型产业的同时,更要特别注意合理开发、尽力保护自然资源,坚决杜绝滥开乱采、乱砍滥伐、破坏和浪费资源的现象,还要在自然资源开发利用过程中,尽可能延长产业链,提高自然资源的加工度、附加值,使宝贵的自然资源更持久地产生更大的经济效益。

8.3.4 提高利用国际资源的能力

突破资源约束,实现可持续发展,中国一方面要加速资源勘探、增加储量,合理开发利用国内各种自然资源,另一方面也要不断提高分享和利用世界资源的能力,尤其在经济日益全球化的条件下,更应如此。

1. 加强对国际资源的研究

多年来中国各有关部门、大专院校和科研单位对世界资源进行了不少的研究工作,积累了较丰富的资料,撰写了一些有关专著,也培养了一大批专业研究人才,但这些研究工作多是分散进行的,缺乏系统性和综合性,尚没有从全局的战略高度进行研究,这种状况与我国已跻身世界经济大国行列的地位是很不相称的。中国必须从长远的全球资源战略的高度加强对世界资源的研究工作。国家有关部门应协调和组织中国各种驻外机构开展资源信息的收集和研究工作,同时继续加强各有关部门、大专院校和科研单位对世界资源的研究工作,积极参加国际有关机构组织的资源研究工作和学术活动,通过交流提高中国的资源研究水平。要研究世界自然资源数量、质量与地区分布;不同时期世界资源消长状况和供需关系;世界资源贸易动态变化和资源储备状况;世界潜在资源的开发研究趋势与前景预测等。应组建中国的世界资源研究中心,建立世界资源信息系统。只有随着中国国际经济地位和实力的提高,不断加强世界资源的研究,才能为制定中国全球资源战略提供可靠的科学依据。

2. 促进国际贸易,增强资源进口能力

随着改革开放,中国经济逐步走向世界,并已成为世界经济的重要组成部分,与世界经济的相互依存关系日益加强,中国的对外贸易总额大幅度增长。进出口总额已从1978年的206亿美元上升到2014年的43015亿美元,增加了209倍,常年保持全球第一货物贸易大国地位。外贸总额的增加,为中国分享和利用世界资源创造了必要的物质条件,我们可以通过对外贸易,换取所需要的资源,弥补国内资源的不足。

3. 调整对外贸易结构,保证中国短缺资源的国际供应

随着中国经济的发展和工业化水平的提高,中国外贸结构将发生根本变化,我们必须充分利用有利时机,提高利用世界资源的能力,保证中国短缺资源的国际供应。中国改革开放以来,不仅进出口贸易总额有了大幅度的增长,外贸结构也发生了可喜的变化。1980年出口商品中,初级产品占出口金额的50.3%,工业制成品占49.7%,几乎是各占一半,而到2015年,初级产品所占比例下降到4.6%,而工业制成品已占95.4%;就进口商品而言,1980年初级产品占34.76%,工业制成品占65.24%,2015年初级产品占

28.11%，工业制成品占71.89%。从上述对外贸易结构变化中可以看出，在出口商品中，中国初级产品的比例在迅速下降，而工业制成品比例急剧增加，说明中国再也不是以出口资源原料为主的国家了，而是随着工业化水平的提高，工业加工能力不断得到加强，转变为一个以工业制成品出口为主的国家。在进口商品中，工业制成品所占份额也大幅度提高，这主要与中国在实现工业化过程中需要引进大量先进工业设备和进口大量矿产资源制成品有关。我们必须充分估计到国内能源、矿产资源供给短缺已成定局，每年都需要进口一定数量以弥补国内的不足。对于长期需要依赖进口的国际资源种类，应有长远的战略安排，注意与国外合作开发，以保证进口资源的来源。

4. 广开国际资源进口渠道，确保资源安全供应

全人类都面临资源困境，国际竞争激烈，国际形势动荡，国际资源生产、运输、贸易不稳定，再加上某些世界经济大国或集团控制国际资源生产、运输、贸易，可能也会通过各种途径和措施，给中国进口国际资源制造障碍，抑制中国经济的迅速发展。因此，中国必须形成多种渠道、多种形式的资源供给来源，以确保中国所需国际资源的安全供应。在平等互利的基础上发展同各国，尤其是周边国家以及第三世界国家的友好合作关系，开展互利贸易，投资开发当地资源，争取国际资源长期稳定供给。确保资源安全，还必须注意本国资源出口的合理性。中国矿产资源中，煤炭资源丰富，有巨大的出口潜力，还有其他一些国际上稀缺矿种，如稀土元素，也是中国的优势资源，但是，对于战略资源的出口，国家必须实行严格的控制，对于其他资源的出口，国家也应实行统一的管理，严禁盲目出口，危害国家资源安全。

5. 建立资源节约型社会经济体系

针对中国人口众多、人均拥有资源大大低于世界人均水平的国情，不少有识之士提出在中国应建立资源节约型社会经济体系，以确保社会经济持续发展。

资源节约型社会经济体系，从广义来说，是指建立一种合理的社会经济活动模式，实现对资源的合理开发、高效节约利用。这种社会经济体系包括社会经济活动中的生产领域、流通领域和消费领域。

对于任何一个国家，只要是实行市场经济体制，在生产领域和流通领域，生产经营者都以追求最大利润为最终目的。他们必然会最大限度地提高资源(自然资源和社会资源)的利用率，以降低生产经营成本，获取最大利润。所以说，在上述两个领域中的节约行为，并非哪个国家所特有。在现代国际社会中，恰恰是市场经济体制最成熟的西方发达国家，在生产领域和流通领域中资源利用率最高。一般来说，西方发达国家在生产领域和流通领域属节约型，但在消费领域则是过多消耗型。如果每个国家都按西方发达国家的消费模式生活，地球上的资源根本无法承受。因此，在建立资源节约型社会经济体系中，国民的消费模式也起着重要作用。

对于中国来说，随着社会主义市场经济的建立和完善，以往在生产领域和流通领域中存在的严重浪费资源的现象必将得到抑制，资源的利用效率将会大幅度提高，最重要的是不要盲目地追求西方国家的消费水平和生活方式，应根据资源供需状况，确定符合国情的消费标准，建立资源节约型消费模式，同时根据消费的导向去组织生产活动。既

保证人民生活水平随着经济发展不断提高，逐步过上舒适的高质量生活，又不过多地消耗自然资源。

本章小结

中国人口众多、人均自然资源匮乏，当前面临着较为严重的资源约束，给社会经济可持续发展带来巨大挑战。全面了解中国自然资源开发利用现状与发展态势，认识资源开发利用过程中所面临的主要问题，进而提出促进中国自然资源可持续利用的对策和建议，是践行节约资源基本国策的落脚点和最终归宿。

思考题

1. 中国自然资源的总体态势如何？
2. 中国自然资源空间分布差异大主要体现在哪些方面？
3. 中国资源开发过程中所引起的生态环境问题主要有哪些？
4. 可持续发展要求中国应该如何合理开发利用自然资源？
5. 中国土地资源开发利用中主要存在哪些问题？
6. 中国淡水资源开发利用中主要存在哪些问题？
7. 应该如何正确认识和解决中国自然资源开发利用中存在的问题？
8. 试从管理体制和机制层面解释中国自然资源开发利用中存在问题的原因。
9. 怎样加强对自然资源的管理与保护？

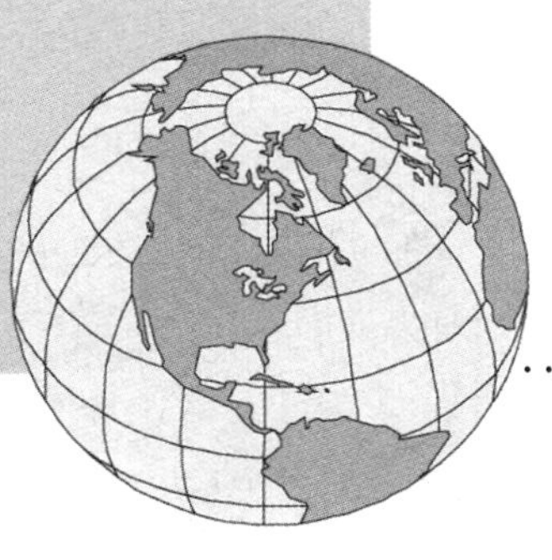

第4篇

环境与可持续发展

第 9 章　环境与经济发展

学习目标

- 了解环境的概念
- 认识传统经济模型的不足，了解环境—经济系统及其演进阶段的特点
- 认识环境因素在可持续发展中的角色和可持续发展对环境的要求

环境可为人类提供生命支持、废弃物吸纳等多种服务，同时也为人类的经济活动提供支持。在人类历史上，环境与经济系统的关系是不断演变的。对环境问题的关切是人们讨论可持续发展的重要原因，为了实现可持续发展，环境系统应该具有完整的结构和功能，应该是安全宜居的、可持续的，人们对环境服务的享用应是公平的。

9.1　环　　境

环境是指某一种特定生物体或生物群体以外的空间，以及直接或间接影响该生物体或生物群体生存的一切事物的总和。环境总是针对某一特定主体或中心而言的，它是一个相对的概念，离开了这个主体或中心也就无所谓环境，因此环境只具有相对的意义。这里讨论的环境是以人为中心的。

9.1.1　环境的概念

在生物学和生态学中，环境是指生物的栖息地，以及直接或间接影响生物生存和发展的各种因素。按我国 2015 年颁布的《中华人民共和国环境保护法》中的定义：环境是指影响人类生存和发展的各种天然的和经过人工改造的自然因素的总体，包括大气、水、海洋、土地、矿藏、森林、草原、湿地、野生生物、自然遗迹、人文遗迹、自然保护区、风景名胜区、城市和乡村等。

经济学是研究稀缺资源的有效配置的学科，在人口增长和经济增长的压力下，原本作为自然科学研究对象的各种自然要素的稀缺性不断增加，使环境成为经济学的研究对象。经济学将环境作为一种资本，这种资本与物质资本、人力资本及社会资本并列，其资本量的增加能够增进人们的福利水平。

环境和自然资源都是有价值的资本，它们作为消费品、资源供应者和废弃物的接纳者，为人类提供了许多不可或缺的服务。由于环境要素和自然资源间的重叠，人们对“环境”和“自然资源”的概念有不同的认识：有的人认为自然资源是环境的一部分，是环境为人类提供的一种服务功能；有的人认为环境是自然资源的一部分，可称为“环境资源”。在这一部分，我们将“自然资源”和“环境”作为两个概念，“自然资源”为人类提供有形的

生产对象、为生活和生产提供物质基础,"环境"则为人类提供无形的生命支持、废物吸纳、美学等服务。

第一,环境是人类不可缺少的生命支持系统。在人类已知的范围内,地球是宇宙中唯一有生命的星球。其各个组成部分相互作用,构成有一定稳定性的动态平衡:地球的大气层有效地防止了各种有害的宇宙影响,大气运动产生气候变化,江河湖海滋养万物,树木草地形成并保护了土壤,亿万物种组成了庞大的基因库,使生命得以进化繁衍、生生不息。人类来源于这个系统,人类的生存和发展离不开环境提供的基本生命支持:空气、水、气候、食物……

"生物圈 2 号"

20 世纪末,美国进行了代号为"生物圈 2 号"的实验。"生物圈 2 号"是建于亚利桑那州沙漠中的一座微型人工生态循环系统,用以研究人类是否可以在密封的人工生态系统中长期生活。按计划这个生态系统应能保持生态平衡,氧气含量保持不变,食物可以自给。科研人员原计划在这个密封体内生活两年。但一年多后,密封体内的氧气含量已由 21%下降到 14%,多数动植物无法正常生长,其灭绝的速度比预期的还要快,而且粮食歉收、食物不足。在这种情况下,科研人员被迫提前撤出,"生物圈 2 号"实验宣告失败。这次实验失败表明:人类没有完全了解生态系统的物质循环和能量转移规律,人类不能脱离地球环境长久生存,地球目前仍是人类唯一能依赖的维生系统。

第二,环境为人类提供废物吸纳场所,即所谓的沉库服务。人们的生产和消费活动会产生一些副产品,有些副产品不能被利用,最终成为废弃物被排入环境。环境通过各种各样的物理、化学、生物反应,容纳、稀释、分解、转化这些废弃物,使之重新进入环境的物质循环当中。环境具有的这种能力被称为环境自净能力,也称为环境容量。如果环境没有这种自净能力,整个自然界将充斥废弃物。

需要注意的是:虽然环境有自净能力,但这种自净能力是有限的。环境自净能力的有限性表现在两个方面:一是环境不能分解转化所有的物质,许多人工合成的物质(如塑料、有毒化学品等)无法在环境中自行降解;二是环境对废物的净化是要花费一定时间的,如果短时间内排入环境的可降解废物过多,废物不能及时得到分解转化,也会产生环境问题。

第三,环境为人类提供美学和精神上的享受,为人类的艺术创作提供灵感。清洁优美的环境满足人们对舒适性的要求,能使人心情愉快、精神放松,从而直接增加人们的福利。同时,良好的环境有利于人的身体健康,使人有充足的精力进行工作,可以提高工作效率。

总之,从经济学意义上看,环境既可作为投入品为人类的生产提供服务,又可作为消费品直接供人消费,在增进人类福利方面发挥着巨大的作用。目前人类建造的短暂停留在太空的飞行器依靠取自地球的物质,只能为少数宇航员提供短期的基本生命支持,而地球环境为世界70多亿人提供的是不可替代的全方位的生命支持系统。Costanza等(1997)对全球生态系统服务与自然资本价值进行过不完全估算(不包括不可再生燃料与矿物，也不包括大气层本身的价值)，计算出其平均价值为33万亿美元，相当于当年全球经济产值的1.8倍。[①]

9.1.2　环境的分类

本书讨论的环境是以人为中心的，并受到人类活动影响的自然要素的总称。可以按照是否受到人为改造和影响、环境要素的性质、空间范围的大小等对环境进行分类。

按是否受到人为改造和影响可将环境分为自然环境和人工环境。自然环境指环绕于人类周围的自然界，包括大气、水、土壤、生物和各种矿物资源等。自然环境是人类赖以生存和发展的物质基础，可分为大气圈、水圈、生物圈、土圈和岩石圈等五个自然圈层。人工环境是指在自然环境的基础上建立起来的城市、农村、工矿区等。人工环境的发展和演替受自然规律、经济规律以及社会规律的共同支配和制约。目前世界上完全没有受到人为改造和影响的自然环境已经很少，几乎所有的环境都是人为影响的产物。

按照环境要素的性质来分类，可将环境分为大气环境、水环境、地质环境、土壤环境及生物环境。

按照人类生存环境的空间范围，可将环境由近及远、由小到大地分为聚落环境、地理环境、地质环境等层次结构。

9.2　环境经济关系

不仅人类的生存要依赖环境的支撑，人类的经济活动也是以自然环境为基础的。经济活动会对环境造成影响，这些影响反过来又制约着经济发展。

9.2.1　传统经济模型

传统的经济模型没有特别考虑环境的影响，它把人类的经济活动看作是一个封闭的系统。在这个系统中有两个基本的行为主体：家庭和厂商。这两个行为主体由物质流和货币流连接起来，形成产品和要素两大市场。在要素市场上，家庭将生产要素出售给企业，企业将货币支付给家庭；在产品市场上，企业将产品出售给家庭，家庭将货币支付给企业。这样就构成了一个与周围环境没有物质和能量交换的孤立的封闭系统(图9-1)。

在传统经济模型里没有考虑自然资源损耗和环境污染问题。它认为产出是资本和劳动的函数，自然资源和环境对产出没有影响，用柯布-道格拉斯函数表示就是：

$$Y = AK^{\alpha}L^{1-\alpha} \tag{9-1}$$

这个函数隐含了一个假设：自然资源是不稀缺的，而且在将来也不会稀缺。[②] 这样，

---

① Robert Costanza et al. The Value of the World's Ecosystem Services and Natural Capital, *Nature*, 1997(387,6230): 253-260.

② P.达斯古柏塔. 环境资源问题的经济学思考. 何勇田摘译，国外社会科学，1997(3): 39-45.

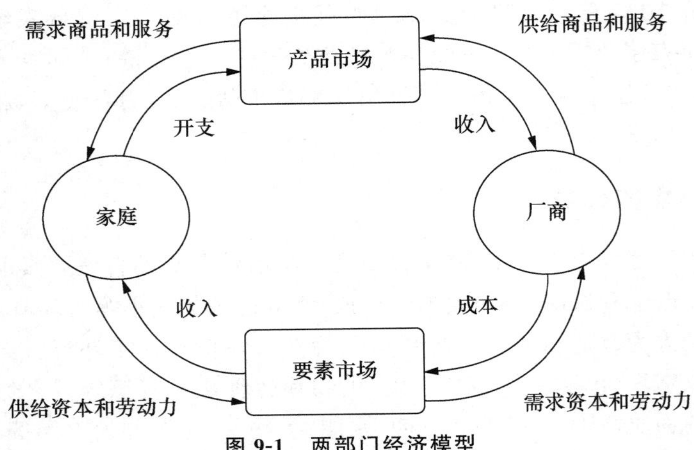

图 9-1　两部门经济模型

在传统的经济增长模型中，决定经济增长的因素是资本（哈罗德-多马增长模型）、技术（新古典经济增长模型）和制度（制度经济学）。例如，哈罗德-多马增长模型认为，任何经济单位的产出大小取决于向该单位投入的资本量，经济增长率主要取决于资本积累率。后来，索洛和丹尼森等人对哈罗德-多马增长模型进行了修正和补充，他们引入了自然资源存量和技术进步因素，将产出视为资本、劳动、自然资源存量和要素投入效率的函数，用生产函数来表示就是：

$$Q = K^{a_1} R^{a_2} L^{a_3} \tag{9-2}$$

式中，K 是资本，R 是自然资源，L 是劳动力，$a_1 + a_2 + a_3 = 1, a_i > 0$。这里隐含的假设是资本、劳动力和自然资源之间可以完全替代，也就是说自然资源的稀缺性不会对经济增长构成制约，而且在索洛和丹尼森经济增长模型中的生产函数也没有考虑到环境容量的有限性问题。可是，脱离了自然资源和环境容量的经济增长是不符合客观事实的。

9.2.2　环境—经济系统

在现实世界里，环境是一切经济活动的基础。如图 9-2 所示，经济系统从环境中汲取原材料和能源以及各种服务，同时将生产和消费过程中产生的废弃物排放到环境中去。

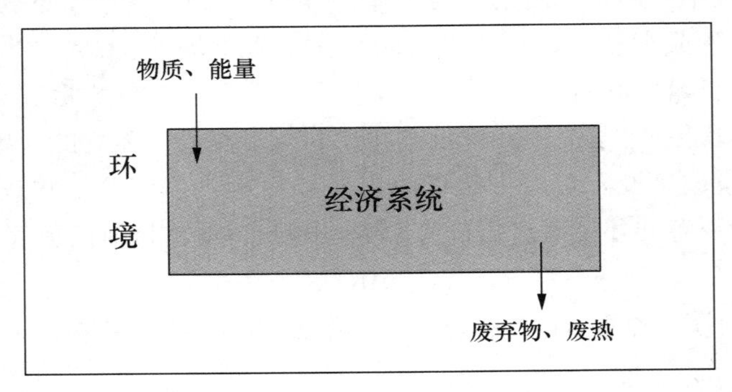

图 9-2　环境—经济系统

从环境—经济系统的模型来看，环境是一个有限系统，人类的经济活动不可避免地会影响到环境。因此，在讨论环境和经济的关系时，讨论的主题不是人类是否会(或应该)对环境产生影响，而是人类对环境的最优影响是什么，进而研究如何才能达到这个最优影响。

从微观角度考虑，纳入了环境、自然资源因素的厂商 i 的生产函数可以表述为：

$$Q_i = f_i(L_i, K_i, M_i[R_i], A[\sum M_i]) \tag{9-3}$$

式中，R_i 表示投入到生产中的自然资源，$M_i[R_i]$是生产活动中产生的废弃物流，这里将废弃物流看作是生产的投入，这是因为在一定的技术水平下，有物质投入的生产必然伴随着一定的废弃物流。对给定的物质投入水平而言，将一部分投入用于废弃物的处置不能形成有效产出，这样，减少废弃物也就意味着产出的降低。$A[\sum M_i]$ 表示环境污染水平，它取决于所有污染源的排放总量。要达到最优资源配置的条件是各种投入物的边际产出相等。

这个模型包含了一个假设：各种投入之间是可以相互替代的。这样要达到一定的产出，就可以有不同的投入组合，当然也包括"高水平的资本和劳动投入＋低水平的物质投入＋低水平的环境质量"。对于这个假设，一些比较"激进"的学者并不认同，他们认为，环境系统是有限的。首先，它提供的生命支持服务具有不可替代性。其次，作为生产投入品的环境所代表的自然资本与机器设备、劳动等人造资本之间没有替代性，或者即使有，其替代性也很弱。从整体上看，自然资本与人造资本间不是替代关系而是互补关系。美国生态经济学家 Herman E. Daly 用"空的世界"和"满的世界"的对比对这个问题进行了形象的论述。

"空的世界"和"满的世界"

经济系统是有限环境系统的子系统。在工业经济社会的初期阶段，经济系统的规模小，经济增长是在"空的世界"中进行的，人造资本是稀缺的限制性因素，而自然资源是丰裕的，因此，此时追求经济子系统的数量型增长是合理的。但是随着经济子系统的不断扩张，生态系统从一个"空的世界"转变为一个"满的世界"，这时候自然资本代替人造资本成为稀缺要素(图 9-3)。

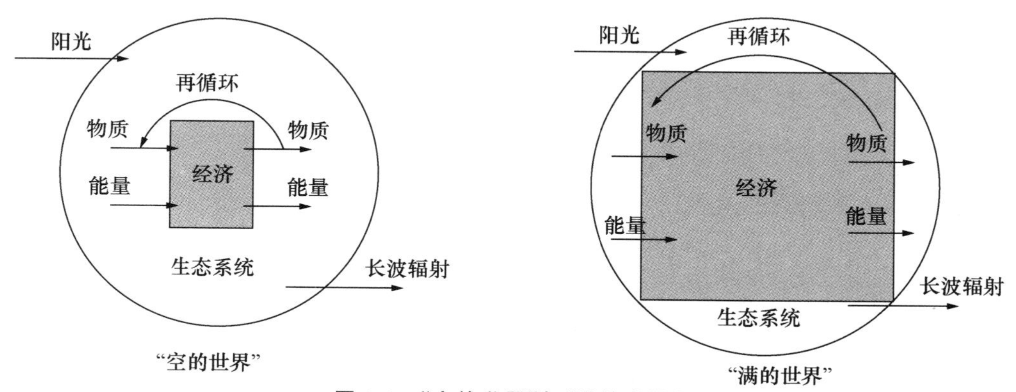

图 9-3　"空的世界"与"满的世界"

目前，世界已经从一个相对充满自然资本而缺少人造资本（以及人）的状态转变为一个相对充满人造资本（以及人）而缺少自然资本的状态：捕鱼生产是受剩余鱼群的数量的限制而不是受渔船吨位的限制，木材生产是受剩余森林面积的限制而不是受锯木厂多少的限制，农产品的生产经常是受供水量的限制而不是受拖拉机、收割者或土地的限制。

可见，随着经济子系统的不断扩张，稀缺性要素和限制性要素发生了改变，尽管经济学的逻辑仍然保持不变，但过去的经济行为今天就可能变成了非经济行为。随着世界从一个经济系统的输入输出没有限制的状态，逐渐转变为输入输出日益受到限制的状态，经济学的理论范式也将进行转换，即从“空的世界”的经济学走向“满的世界”的经济学。在一个“满的世界”中，自然资本极度稀缺，更多的人造资本（更多更大吨位的渔船，更多的网和渔夫）并不能增加产出，相反，它会使自然资本变得更加稀缺，结果使产出水平下降。在新的理论范式下，人类的经济行为也必须做出改变，自然资本和人造资本是互补而不是替代关系。

地方性的环境—经济系统可以从外界取得资源支持，也可以向外界排放废弃物。比如，一个城市可以从其他地区输入能源、木材、清洁的淡水等各种自然资源，也可以将产生的废弃物转移到其他地区去，其经济增长潜力受当地自然资本存量的制约很小。这类系统是与外界有物质和能量交换的开放系统。与开放系统相对的是封闭系统，这类系统不与外界发生物质交换。除去少量的坠落陨石外，地球环境系统与外界基本上没有物质交流。从整体上看，它是一个封闭系统，能为经济系统提供的自然资源、生命支持能力和废弃物吸纳能力都是有限的。在这个封闭系统中，经济的无限制扩张可能引发灾难性的后果——环境系统崩溃并引起经济系统的崩溃。一些环境史上的案例常被人们拿来理解这一观点，比如复活节岛上古文明的覆灭。

复活节岛古文明的覆灭

复活节岛由三座火山组成，位于南太平洋中，它离最近的有人定居的皮特凯恩群岛有 2 000 多千米，离最近的南美洲大陆有 3 200 千米，是世界上最与世隔绝的岛屿之一。复活节岛以数百尊充满神秘色彩的巨型石像闻名于世。

当 1722 年荷兰探险家罗格文“发现”复活节岛时，岛上的景象很荒芜，植物品种只有 47 种，大多是些矮树和灌木，除了昆虫，几乎没有其他动物。岛上土著人的造船技术落后，仅有几艘独木小舟。因此几百年来人们都在疑惑：岛上的人是怎么来到这里的？最奇怪的是岛上的 200 多个巨大石像（另外还有 700 多个尚待完成），单个石像重达 82 吨，在没有牛马的情况下，它们是如何被搬运、竖立，后来又被毁弃的呢？所以，甚至有人怀疑那是外星人留下的遗物。后来，科学家对沉积在土层内的花粉进行分析，对这些疑问进行了解释：在公元 1200 年到 1500 年期间，复活节岛上的树木非常茂盛，搬运石像的绳索就是取材于这些大树。之后随着文明成型、人口增多，岛上的人们对树木的砍伐越来越多。为了炫耀，部族首领们大建石像，而且越建越大。森林开始减少以致消失，岛上的生态系统崩溃，食物资源枯竭后人口迅速减少，文明出现倒退，以致出现该岛被“发现”时的景象。

9.2.3　环境经济关系的演进

在人类发展的过程中，环境—经济关系的演进受到几个因素的影响：经济规模、技术进步、经济结构、区域联系、城乡结构、人们对环境的认识和政策等。

第一，自人类文明在地球上出现以来，经济系统的规模不断扩大，相应地从环境中汲取的自然资源增加，向环境中排放的各类废弃物也增多了。

第二，伴随经济发展的技术进步会对环境—经济关系产生影响。一些技术会加大对资源的开发强度，产生新的污染物，对环境有负面影响。如电锯的发明虽然大大提高了采伐业的劳动生产率，但对森林的破坏力也相应加强了。各种人造杀虫剂的发明有助于增加种植业的产出，但许多人造杀虫剂在生态系统中不可降解，会对食物链中的各级生物产生毒害。相反地，一些技术会减轻经济活动的物质强度，减轻污染危害，降低污染削减的成本，促进污染削减，对环境的影响是正面的。如激光印刷技术的发明使印刷业从“铅与火”走进“光与电”，大大减少了生产过程中的废弃物产生，降低了工人的健康风险。又如煤炭脱硫技术的发明和应用可以大大减少 SO_x 的排放，在预防酸雨的产生上起着重要作用。

第三，伴随经济发展的经济结构改变会对环境—经济关系产生影响。在经济发展的初期，第一产业是经济的主导产业，此时社会的生产力水平较低，人类对自然资源的开发能力较差，相应地，对环境的影响也比较小。在经济发展的中期，工业化进程加快，第二产业成为经济的主导产业，此时人类对自然资源的开发能力大大加强，大量的自然资源进入经济系统，同时污染物被排放到环境中，使生态系统的稳定性受到威胁。在经济发展的高级阶段，第三产业替代第二产业成为经济的主导产业，此时经济活动的物质强度降低，源于生产活动的污染减少，环境压力变小，但消费活动产生的污染数量仍较大。综合来看，环境压力的变化方向不确定。

第四，经济发展带来的市场扩大加强了各地区间的联系，使一个地区的环境不仅受到本地经济活动的影响，也受其他地区经济活动的影响。特别是在经济全球化的过程中，环境压力可能在世界范围内转移，一个地区环境压力的减轻可能是以位于地球另一侧的其他地区的环境压力的加大为代价实现的。

第五，经济发展带来的城乡结构变化会影响环境—经济关系。经济活动和人口在城市集聚，一方面有助于产生污染治理的规模效应，方便各类污染物的集中处理，使农业地区的环境压力减轻；但另一方面，高度集聚的经济活动和人口会消耗大量的资源，排放大量的废弃物，带来交通拥挤、污染等环境问题。

第六，人们对环境的关注增加会促进各种环境政策和环境标准出台、环境投入增加，有利于环境损害的修复和污染防治，缓和环境—经济冲突。

按时间顺序，人类经济主导产业的演变有一定的规律性，可以依此将经济发展的历史时期划分为农业经济时期、工业经济时期和后工业经济时期，各时期的环境—经济关系呈现出不同的特点。

1. 农业经济时期的环境—经济关系

在农业文明之前的几百万年的历史时期里，世界人口规模小、增长慢，人类是自然生态系统的一部分，通过采集和狩猎获取生存资料，对自然生态系统的影响不大。大约在公元前10 000年左右，几大文明发源地的人类陆续开始了农业耕作和动物驯养，经过长时期的过渡后进入农业经济时期。

与采集和狩猎时期相比，农业经济时期有以下特征：

（1）农业生产技术取得进步，人类对自然的改造力度加大；

（2）人口增长加快，人口规模扩张；

（3）出现了新的人类聚居区——城市。根据现有的考古资料，大约在公元前3500年左右，在一些土地肥沃、运输方便、农业生产效率较高、人口密度较大的地区，例如两河流域、黄河流域、尼罗河流域和印度河流域的冲积平原地带，都出现了原始城市。

农业发展、人口增长和城市的出现加大了人类经济活动对环境的压力。这种压力开始是局部的，但随着农业区的扩张，它的影响也在扩大。

农业文明对生态环境有天然的依赖性，生态环境良好的地区往往人口众多、社会发展进化快、文明程度较高。不仅如此，生态环境还影响着许多国家的政权形式及其重要的行政职能。例如，气候和土地条件，特别是在从撒哈拉经过阿拉伯、波斯、印度和鞑靼地区直至最高的亚洲高原的一片广大的沙漠地带，使利用渠道和水利工程的人工江津设施成了东方农业的基础……因此亚洲的大部分政府都不能不执行一种经济职能，即举办公共工程的职能。这种用人工方法提高土地肥沃程度的设施靠中央政府办理，中央政府如果忽略灌溉或排水，这种设施立刻就荒废下去，这就可以说明一件难以解释的事实，即大片先前耕种得很好的地区现在都荒芜不毛，例如巴尔米拉、彼特拉、也门废墟以及埃及、波斯和印度斯坦的广大地区就是这样。[①]

农业经济时期的主要环境问题是人口增长压力下的生态破坏，如森林砍伐、过度放牧、过度开垦引起的水土流失、土地荒漠化等。随着森林的砍伐、土壤被侵蚀，地貌被破坏，粮食产量下降，一些村落和城市走向毁灭，有时甚至导致文明消亡的悲剧。典型的例子是古代经济发达的美索不达米亚地区，由于过度砍伐失去了森林，因而失去了积聚和贮存水分的中心，使山泉在一年中的大部分时间内枯竭了，而在雨季又使凶猛的洪水倾泻到平原上，加上不合理的开垦和灌溉，这一地区后来变成了不毛之地。中国的黄河流域曾经森林广布、土地肥沃，是文明的发源地，而西汉和东汉时期的两次大规模开垦，虽然促进了当时的农业发展，可是由于森林骤减，水源得不到涵养，造成水土流失严重、地表沟壑纵横、土地日益贫瘠、水旱灾害频繁的环境后果，给后代造成了不可弥补的损失。明清后，在人口增长的压力下，长江流域的耕地面积不断扩大，从平地向沼泽湿地、低山、

---

① 马克思恩格斯选集(第二卷). 北京：人民出版社，1972：64.

中山、高山地区不断拓展，结果使华中和华南地区的湖泊不断萎缩，林地面积逐渐减少，区域性和流域性的旱涝灾害也增加了。各地的生态破坏反过来会危害到当地居民的生产和生活。因此，恩格斯警告说："我们不要过分陶醉于我们对自然界的胜利，对于每一次这样的胜利，自然界都报复了我们。"①

在农业经济时期，除了生态破坏，人口聚集的城市也出现了污染。据历史资料记载，古罗马时期的罗马和南宋时期作为都城的杭州就有比较严重的生活污水和生活垃圾污染问题。不过，总的来说，这一时期里人类活动对环境的影响还是局部的，环境与经济之间虽然有矛盾，但没有达到影响整个生物圈的程度。

2. 工业经济时期的环境—经济关系

18世纪中后期，工业革命首先在英国发生，之后在19世纪迅速蔓延到西欧和北美地区，到了20世纪更是进一步扩展到世界其他地方。如今，世界上绝大多数国家的经济已由以农业为主导产业转向以非农业为主导产业，实现了从农业经济向工业经济的转型。

与农业经济时期相比，工业经济时期有以下特征。

(1) 能源基础的转变。工业革命可以看作是人类从依赖可再生的、有生命的能源转向大规模地依赖不可再生的、无生命的能源的过程，表9-1显示了工业革命以来世界无生命能源的产量增长情况。在工业经济时期，煤炭、石油、天然气提供了人类活动所需的大部分能源。这些能源来自远古时代的生物，储藏和累积了数百万年，是"储藏起来的阳光"，它们在短时期内是不可再生的。

表9-1 1860—1970年世界无生命能源的产量增长情况

年份	煤（百万吨）	褐煤（百万吨）	石油（百万吨）	压凝汽油（百万吨）	天然气（10亿立方米）	水力（百万兆瓦时）
1860	132	6	—	—	—	6
1870	204	12	1	—	—	8
1880	314	23	4	—	—	11
1890	475	39	11	—	3.8	13
1900	701	72	21	—	7.1	16
1910	1 057	108	45	—	15.3	34
1920	1 193	158	99	1.2	24.0	64
1930	1 217	197	197	6.5	54.2	128
1940	1 363	319	292	6.9	81.8	193
1950	1 454	361	523	13.6	197.0	332
1960	1 809	874	1 073		469.0	689
1970	1 808	793	2 334		1 070.0	1 144

资料来源：卡洛·M.奇波拉.世界人口经济史.商务印书馆，1993：38.

① 马克思恩格斯选集(第三卷).北京：人民出版社，1972：517.

(2) 爆发性的技术进步。工业革命提高了人类社会的生产力,使人类以空前的规模和速度开采消耗能源和其他自然资源,人类对环境的影响范围和深度都增加了。

(3) 世界各地的经济逐渐联系到一起。厂商的逐利本性使经济规模不断扩大,全球各地的自然资源都被开发出来投入到生产系统中去,而全球各地也都成为产品的市场。工业"所加工的已经不是本地的原料,而是来自极其遥远的地区的原料,它们的产品不仅供本国消费,而且同时供世界各地消费"①。代表性的例子是工业革命的发源地——英国,英国曾号称"日不落帝国",它将全球作为其生产资料的供应地和市场:"北美和俄罗斯的平原是我们的玉米田,芝加哥和敖德萨是我们的谷仓,加拿大和波罗的海地区是我们的森林,澳大利亚相当于我们的牧场,而我们的牛群在南美……中国人为我们种植茶叶,而我们的咖啡、糖和香料种植园全在印度。"②全球化的经济体系使经济规模加速扩张,使得人类对生态系统施加的压力也前所未有地加大了。

(4) 人口增长速度加快。工业革命以来,世界人口的增长速度明显加快。1600年,世界人口约为5.4亿,到1800年增长到约9.6亿,200年间增加了4.2亿人。到1930年世界人口增长到19.8亿,130年间大约增长了10亿人口。到1960年增长到29.8亿人,新增加10亿人口只用了30年。如今世界人口比1960年翻了一番多,已超过70亿。

(5) 城市化进程加速。工业革命使机器大生产取代了手工生产,而工业生产的集中布局促进了城市化的发展。进入19世纪以后,发达国家的城市化进程明显加快,城市人口迅速增长。1800年,全世界的城市人口比重只有3%,到1975年地球上约三分之一的人口生活在城市,到2000年已有50%的人生活在城市里。人口和工业高度聚集在城市地区,使城市周围出现日益严重的垃圾污染、工业"三废"、汽车尾气等问题。

(6) 全球性生态损害显现。由于自然资源的消耗量、各种有毒废弃物的排放量大增,人类对地球生态系统的影响前所未有地增加了,使全球生态系统的稳定和安全受到威胁。

总之,工业化带来的经济增长大大提高了人们的生活水平和生活质量,但许多产品和技术具有较高的原料和能源消耗率,又造成了大量的污染,经济和环境间的矛盾在工业经济时期迅速激化。这种局面的出现与工业经济时期的生产方式、生活方式等有直接的关系。

(1) 工业社会是建立在大量消耗能源(尤其是化石燃料)的基础上的。随着工业的发展,能源消耗量急剧增加,由此带来的污染问题也随之凸显出来,气候变化、酸雨、雾霾等问题的形成都与此有关。

(2) 工业产品的原料构成主要是自然资源,特别是矿产资源。工业规模的扩大,伴随着采矿量的直线上升,大规模的矿产开发与生产,引起破坏植被和地表地貌、排放有毒物质等问题。自然资源经加工使用废弃后,还会成为废弃物排放到环境中去,是固体废弃物的重要来源。例如,日本足尾铜矿的采掘量在1877年只有不足39吨,10年后,猛增到

---

① 马克思恩格斯选集(第一卷). 北京:人民出版社, 1972: 254-255.

② 加勒特·哈丁. 生活在极限之内. 上海:上海译文出版社, 2007: 179.

2 515 吨，增大了 60 多倍。19 世纪末期，足尾引入欧美的冶炼法，以黄铜矿为原料冶炼纯铜，但黄铜矿含硫，而且含有剧毒的砷化物和有色金属粉尘，致使附近整片的山林和庄稼被毁坏，矿山周围 24 平方千米的地区成为不毛之地。另外，由于铜矿排出的废水废屑中也含有毒性物质，排入渡良濑川，1890 年洪水泛滥，污染的河水四处漫溢，使附近 4 县数万公顷土地受害，造成田园荒芜，鱼虾死亡，沿岸数十万人流离失所。

(3) 工业化和城市化。工业化是经济增长的核心，一国要实现现代化和经济增长，必须经历工业化阶段。与第一产业和第三产业相比，工业对自然资源的开发强度明显较大，排放到环境中的废弃物的种类和数量也大大增加。工业污染会给人体健康和经济活动带来严重危害，而且由于多数工业布局在人口集中的城市，使其造成的损害更严重。城市化是农村人口进入城市及与此相应的城市化设施建设以及城市规模扩大的过程。一方面，城市化会推动经济、文化、教育、科技和社会的发展，把人类社会的物质文明和精神文明推向新的阶段；另一方面，由于城市里人口、工业、建筑高度集中，也会带来用地紧张、交通拥挤、住房短缺、城市垃圾收集与处理、城市供水与排污、住宅和交通设施建设滞后等与环境有关的问题。

(4) 环境问题与工业社会的生活方式(尤其是消费方式)有直接的关系。在工业社会，人们不再仅仅满足于生理上的基本需要——温饱，更多的消费、更高层次的享受成为工业社会发展的动力，这刺激了经济规模的扩张，也加快了自然资源的开发和废弃物的产生。

(5) 在工业经济时期，特别是工业经济的发展初期，人们对环境问题缺乏科学的认识，在生产生活过程中常常忽视环境问题的产生和存在，结果导致环境问题越来越严重。而当环境问题发展到相当严重的地步引起人们重视时，也常常由于技术能力不足而无法解决。

由于以上原因的存在，工业经济时期出现了大量的环境问题，环境—经济关系矛盾激化。

3. 后工业经济时期的环境—经济关系

自 20 世纪 70 年代后，一些国家的经济逐渐从以工业为主体转变为以服务业为主体，进入所谓的后工业经济时期。由于产业结构向非物质化方向发展，技术进步使单位产出的资源消耗和污染排放下降，经济活动带来的环境压力减轻。与工业经济时期相比，后工业经济时期的特征主要有以下几方面。

(1) 随着信息技术的发展，产业结构向污染减轻的方向转变，第三产业取代第二产业成为经济的主导产业。

(2) 经济体中人数较多的是中产阶级，这部分人的生活较为富裕，接受过良好教育，有较强的环境保护意识。以中产阶级为主体形成了各类环境组织，它们有强大的活动能力，能对政策、法律和政府行为发挥强大的影响力。

(3) 随着人们环境保护意识的加强，绿色消费市场逐渐兴起，企业为了能在新兴市场里保持竞争力，变得更愿意在环境保护方面采取较为合作的态度。

(4) 处于后工业经济时期的经济体蓄积了大量的财富，有能力对环境作可观的投入，使地区性环境问题得到解决。例如美国每年用于水污染和空气污染治理的费用都超过

1 500 亿美元，这些投入对于保持其国内良好的环境质量起着极其重要的作用。

(5) 各类技术进步(其中包括节约能源、原材料的技术和污染防治技术的进步)大都发生在处于后工业经济时期的发达经济体中，它们拥有的科技实力使其在面对环境问题时在技术上有较为广阔的选择余地。

因此，在处于后工业经济时期的经济体中，经济和环境间的矛盾趋于缓和。70 年代以来，这些经济体先后治理了自身的水污染和空气污染，进行了生态修复，生态环境都有所改善。

但是，在后工业经济时期仍然存在环境—经济矛盾。这一时期的环境问题主要起因于富裕社会的浪费型消费，在全球经济联系加强的情况下，这种消费模式对本国乃至全世界的环境资源都造成了巨大的压力。

按照经济增长理论，增长是由需求拉动的，需求包括消费需求和投资需求，而投资需求最终也需要消费需求的支撑，在国内需求不足的情况下，国外需求(出口)的扩大可以填补需求缺口。因此可以说消费需求的增加是国民经济增长的源泉。在这样的思想指导下，政府将人们的消费信心和消费指数作为经济景气的晴雨表。如果人们的消费信心增加，就将购买更多的物品，这样商家的产品能顺利地销售出去，在利润的驱动下，投资需求将加大，就业规模也将扩大，经济处于景气时期。反之，如果人们的消费信心下降，商家的产品将滞销，亏损会扩大，投资需求也将减少，失业规模将扩大，经济处于衰退时期。在发达经济体内，工业化创造出了巨大的财富，但如果人们对衣、食、住、行等自然需要感到满足，大规模生产的产品将会卖不出去。此时，推行大量消费成为经济继续增长的必然选择。商家制作了大量的广告鼓动人们消费更多的物品。消费作为一种生活理念渗透到社会价值之中。然而，由于商品不断更新换代，许多消费品使用不久就被淘汰，会带来严重的废弃物处理问题，高消费给环境带来巨大的压力。在一体化的全球经济链条中，发展中国家处于链条的末端，在增长的压力下，许多发展中国家走上以环境换投资的道路，因此，发达国家的浪费型消费不仅损害本国的环境，还对其他国家的环境和自然资源造成威胁。

9.3 环境与可持续发展

可持续发展是指既满足现代人的需要，又不危害后代人满足其需要的能力的发展，它要求支持人类生存和经济活动的环境基础应是"可持续的"。

9.3.1 环境因素在可持续发展中的角色

环境既为人类提供生命支持系统，也为人类的经济活动提供自然资源等物质基础，环境安全是人类持续发展的基础。但人口增长、经济发展、气候变化等已使环境安全受到了巨大的威胁，环境危机是促使人们认识到可持续发展问题的重要原因之一。全球范围的环境恶化和地区性的环境质量下降对人类的发展造成不同的影响。

首先，全球生态环境的系统性恶化威胁人类的生存基础。生物多样性减少、气候变化、森林衰退等问题显示出全球生态环境的系统性恶化风险，影响到它提供的生命支持功能的持续性。2011年,世界人口已超过70亿,地球生态系统为支持这些人口,出现了比较严重的生态退化,威胁到整个生态系统的稳定性。而据估计,到2050年地球人口将超过90亿,到2100年可能超过100亿[①],这意味着,地球生态系统还要在现有的基础上多负担数十亿人口。同时,人均自然资源的消费量还在增长,如人均水资源消耗量的增长速度就比世界人口增长速度快一倍。如果没有安全、健康、功能完善的生态系统,包括穷国富国在内所有的经济体未来都会面临严重的风险。

其次,地区性的环境质量下降可能引发环境与贫困的恶性循环。在一些贫困的国家或地区存在增长和环境同时恶化的情况。这些地区的环境往往属于公共资产,产权界定不清。居民缺乏其他的发展机会,只能通过开发环境维生,他们都有机会和动力进行过度开发。但是由于资金、技术的缺乏,人们对环境的开发利用往往是短视和破坏性的。环境的破坏进一步损害了人们的生存和发展基础,可能造成环境质量恶化和增长停滞的恶性循环。消灭贫困是可持续发展的重要目标之一,环境退化使贫困地区难以实现这一目标。

最后,地区性的环境质量下降会损害生产要素的质量,进而影响经济增长。这种影响在三个方面集中表现出来:第一,环境质量下降损害人体健康,降低工人的劳动效率,减少工人的有效工作时间;第二,环境质量下降会破坏耕地、森林、水体的生产能力,给农林牧渔业造成损失;第三,环境质量下降会腐蚀机器和建筑物,加速固定资产的折旧,加大生产成本,这些因素都妨碍了经济增长。

空气污染造成严重的福利和健康损失

空气污染是一种严重的健康威胁,不论是室外还是室内,污浊的空气都使人们患呼吸系统疾病和心脏病的概率增大了。据估算,2013年,全世界有550万人因空气污染过早死亡,占过早死亡人口的十分之一。室外空气污染问题在发展中国家的快速增长的城市地区尤其严重。而在这些国家的广大农村,数以十亿计的居民的生活能源取自木材、煤炭、动物粪便等固体燃料,这也造成了严重的室内空气污染。研究发现,全球93%的源于空气污染的死亡和疾病事件发生在这些国家。特别是在低收入国家,暴露在空气污染中的5岁以下的儿童的死亡率比高收入国家高60倍。

空气污染不仅意味着健康风险,也严重阻碍了发展目标的实现:它带来过高的死亡率和疾病发生率,降低生活质量;带来劳动生产率的损失,降低劳动力收入;使城市对高层次劳动力的吸引力下降,降低城市竞争力。据测算,2013年,由于空气污染,全球福利损失51.1亿美元,在南亚地区,其福利损失相当于GDP的7.4%,而东亚和太平洋地区的损失约为GDP的7.5%(图9-4)。

① UN, Department of Economic and Social Affairs, Population Division. *World Population Prospects: the 2012 Revision*. 2013.

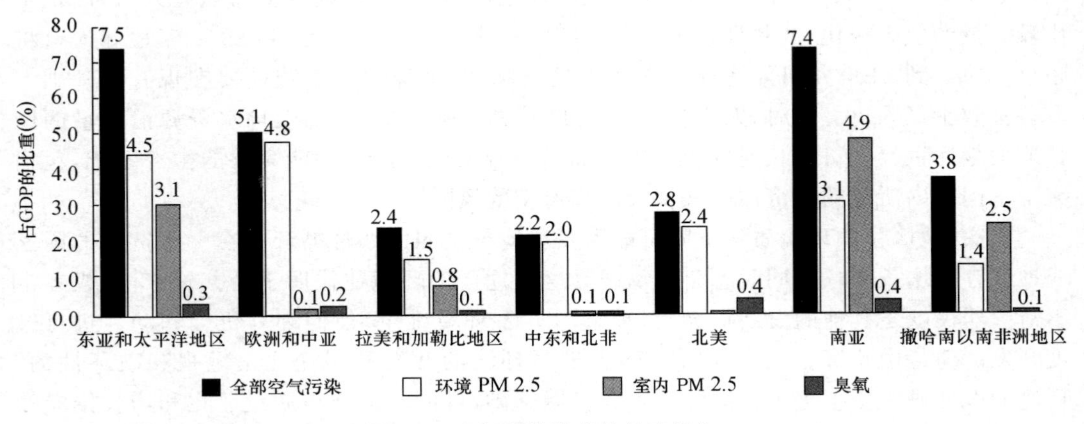

图 9-4　空气污染造成的经济损失

WHO 建议的空气中 PM2.5 的年均值应低于 10 mg/m³,但是许多国家的空气质量达不到这一个标准。1990—2013 年间,由于空气 PM2.5 污染,年均过早死亡人口增加了 30%,从 2 200 万人增长到 2 900 万人,同期全球福利损失上升了 63%,劳动收入损失从 1 030 亿美元/年增加到 1 440 亿美元/年。如图 9-5 所示,研究者发现,1990—2013 年间,PM2.5 污染和室内空气污染给中低收入国家带来的损失呈现迅猛的增长态势。

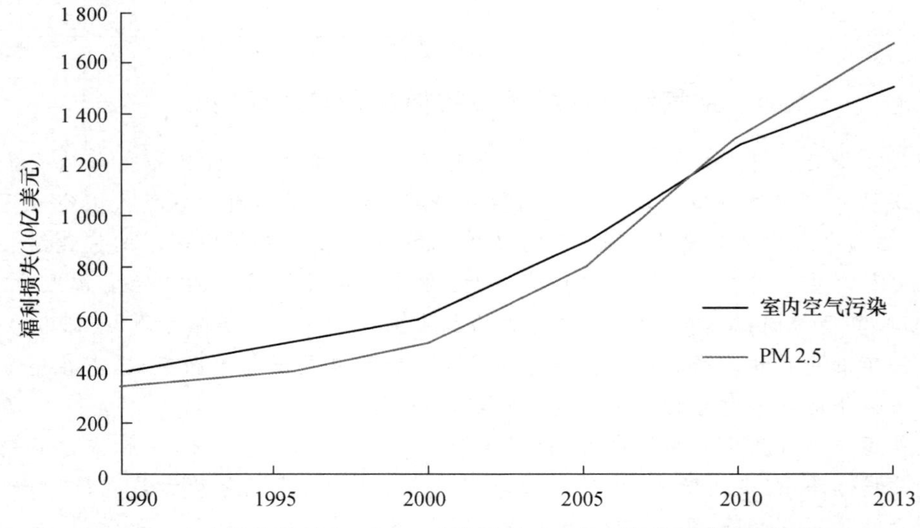

图 9-5　中低收入国家 PM 2.5 污染和室内空气污染造成的福利损失

注:福利损失已用购买力平价方法换算为 2011 年美元。

资料来源:The World Bank and IHME. Cost of Air Pollution. 2016. https://openknowledge.worldbank.org/bitstream/handle/10986/25013/108141.pdf? sequence=4&isAllowed=y.

9.3.2　可持续发展对环境的要求

可持续发展是既满足当代人的需要，又不对后代人满足其需要的能力构成危害的发展，它包括两个重要的概念：一个是“需要”，发展的目标是满足需要，尤其是贫困人口的基本需要，应将此放在特别优先的地位来考虑；另一个是“限制”，指要对环境满足眼前和将来需要的能力施加限制。在实现可持续发展时，贫穷、环境退化和人口增长三者间不可避免地相互联系着，而且这些基本问题不可能在隔绝状态中被成功解决。处于不同发展阶段的国家和人群要么一起成功，要么一起失败。为了实现可持续发展，环境系统应该具有完整的结构和功能，是安全宜居的、可持续的，对环境服务的享用应是公平的。

1. 环境是安全宜居的

满足可持续发展要求的环境应是安全的，这要求将各类污染和对生态系统的干扰破坏控制在安全标准以下，使其对人类和生物圈的负面影响降低到可接受的范围内。

满足可持续发展要求的环境还应该是宜居的。人类研究的环境是围绕着人类社会经济系统的生态系统，它不是单纯的自然环境或地理环境，而是一个经过人为改造的系统。实际上，目前世界上几乎没有完全不受人类影响的环境，人类改造环境的目的是使其服务于自身的需求，能够满足当代人和后代人的生活需要。

2. 环境服务是可持续的

在自然界中，生态系统具有复杂的结构，这种结构使生态系统具有一定的稳定性和弹性。只有这样，它才能为当代人和后代人持续地提供生命支持服务，消纳吸收人类排放的废弃物。而人类的破坏和干扰趋向于减少物种的多样性和简化生态系统的结构，降低生态系统的稳定性。不能持续的环境系统当然无法支撑可持续发展。为了实现可持续发展，人们需要转变经济发展方式、向自然资本投资、对生态系统进行科学管理，使环境能持续为人类提供生态服务。

3. 对环境服务的享用是公平的

享用环境服务的公平体现在两个方面：代内公平和代际公平。

代内公平是同代人之间的横向公平，主要是指代内的所有人对于享用清洁、良好的环境有平等的权利，一部分人的发展不能以损害另一部分人的发展为代价。因此，可持续发展将消除贫困作为一个重要的发展目标，认为所有人都应拥有满足其合理需求的条件和能力，这就涉及对有限的自然资源和环境容量的消费权利的分配问题。地球只有一个，所有的人都依赖唯一的生物圈来维持生命。但每个社会、每个国家为了自己的生存和繁荣而奋斗时，很少考虑对其他国家的影响。按有些国家和人群消耗自然资源的速度，留给后代的资源将所剩无几。而其他国家和人群的消耗量远远不足，他们的前景是饥饿、贫困、疾病和夭折。只有公平分配自然资源和环境服务才符合可持续发展的内涵要求。

代际公平是不同世代的人们之间的纵向公平，主要是指当代人和后代人在利用自然资源、享用环境服务、满足自身利益、谋求生存与发展上的权利均等。代际公平中有一个“托管”的概念，认为人类的每一代人都是后代人的受托人，有责任保护环境并将它完好

地交给后代人。由于各个世代存在的时间有先后顺序，而且这种时间顺序是不可能逆转的，这造成了当代人具有享用环境服务的优势，可能影响到后代人的生存发展和享有人类文明的权利。对于后代人来说，存在的时间是不能由自己决定的，这就需要通过建立一定的制度和机制实现有关利益或负担在当代人和后代人之间的公平分配。

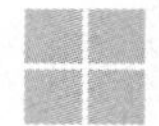

本章小结

环境是指影响人类生存和发展的各种天然的和经过人工改造的自然因素的总体。人类的生存要依赖环境的支撑，人类的经济活动也是以自然环境为基础的。传统经济模型没有考虑环境的有限性及其对经济增长的约束问题，这是不符合客观现实的。实际上，经济系统是环境系统的子系统。在人类历史发展的过程中，环境—经济关系的演进受到经济规模、技术进步、经济结构、区域联系、城乡结构、人们对环境的认识和政策等因素的影响，在不同经济时期有不同的表现。要实现可持续发展，环境应该是安全宜居的，其为人类提供的服务和对经济活动的支持应是可持续的，而不同人群对环境服务的享用应是公平的。

思考题

1. 环境可以为人类提供什么服务？
2. 影响环境—经济关系演进的因素有哪些？
3. 农业经济时期的环境—经济关系有什么特点？
4. 工业经济时期的环境—经济关系有什么特点？
5. 经济和环境的矛盾为何在工业经济时期迅速激化？
6. 后工业经济时期的环境—经济关系有什么特点？
7. 环境因素在可持续发展中的角色是什么？
8. 可持续发展对环境有什么要求？

第10章　环境—经济问题分析

学习目标

- 了解主要环境问题的表现和特点
- 认识引起环境问题的主要社会经济原因
- 认识实施环境政策可能对经济发展产生的几种主要影响

当前人类面临许多全球和地方层次的污染和生态退化问题，引起这些环境问题的原因是多方面的：既有由市场失灵和政府失灵引起的资源配置效率的损失，也有经济增长、人口增长和经济全球化带来的环境压力加大和环境压力转移。为了应对这些问题需要实施一系列环境政策，但环境政策的实施可能会损害企业的竞争力，影响到经济增长和就业，也可能给国际贸易带来扭曲。

10.1　实现可持续发展面临的主要环境问题

环境问题是指环境质量下降及其对人类的生产、生活和健康造成的影响。根据研究的需要，可以用多种标准对环境问题进行分类：

按引起环境损害的原因，可分为自然原因引起的和人为原因引起的环境问题。

按影响的地域范围，可分为地方性、区域性和全球性的环境问题。

按对生态系统的扰动性质，可分为污染和生态破坏。

10.1.1　污染

污染是指环境中混入了有害的物质或能量，其数量或程度达到或超出了环境承载力，改变了环境正常状态的现象。有些污染是由有害物质引起的，如水污染、空气污染、土壤污染等；有些污染是由能量引起的，如噪声污染、光污染、放射性污染等。对污染可以有多种分类方法：

按污染物的性质不同，可分为可降解污染和不可降解污染。

按污染源是否可移动，可分为移动源污染和静态源污染。

按污染源的可分辨性，可分为点源污染和非点源污染。

按受损害的环境介质不同，可分为水污染、空气污染、土壤污染等。

污染的危害是多方面的：一是使环境质量下降、危害人类的生活质量和身体健康，如城市的空气污染造成空气污浊，威胁人们的身体健康；二是造成经济损失，如水污染给农牧渔业造成损失；三是破坏生态系统，如酸雨造成森林死亡，温室效应引起气候变化；四是引发社会问题，随着污染加剧和人们环境意识的提高，由于污染问题引起的人群纠纷和社会冲突也增加了。

污染的产生和其危害后果完全显现间存在时滞，污染往往在发生的时候不易被察觉到，而在被察觉时已经发展到相当严重的地步。因此预防是污染管理的重要方法。

1. 水污染

水污染是指进入水域的有害物质超出了水体的自净能力，使水体及其底泥的物理、化学性质和生物群落组成发生不良变化，破坏了水中固有的生态系统和水体功能，降低了水体使用价值的现象。主要的水污染物有COD、氨氮、总磷、重金属等。造成水污染的物质来源是多方面的，主要有：生活污水和工业废水；化肥、农药和城市地面的污染物，被雨水冲刷，随地面径流进入水体；随大气扩散的有毒物质通过重力沉降或降水过程进入水体等，其中生活污水和工业废水是水污染物的主要来源。

水污染不仅对农业生产造成危害，还严重威胁人们的健康。从统计数据来看，目前世界上还有许多人口使用自然的没经过处理改进的水源，特别是在发展中国家的农村地区，水污染直接威胁到人们的健康和安全（表10-1）。

表10-1　农村中改进水源覆盖的人口比例　（%）

	1990年	1995年	2000年	2005年	2010年	2015年
中国	56.1	63.5	70.8	78.2	85.6	93.0
东亚发展中国家	58.2	64.6	71.1	77.7	84.0	90.1
北美	94.5	95.3	96.1	96.9	97.7	98.3
欧盟	94.0	95.2	96.4	97.6	98.8	99.5
印度	64.2	70.1	76.1	82.0	87.9	92.6
世界	62.2	66.5	71.2	75.8	80.2	84.6

资料来源：World Bank. World Development Indicators.

目前中国的水污染形势比较严峻，许多地区的地表水和地下水都受到较严重的污染。据统计，2014年，全国COD排放总量为2 294.6万吨，氨氮排放总量为238.5万吨。在长江、黄河等七大流域和浙闽片河流、西北诸河、西南诸河的国控断面中，V类和劣V类水质占13.8%，在全国62个重点湖泊（水库）中，水质为V类和劣V类的有9个。在202个地级及以上城市中，地下水水质属较差级的监测点比例为45.4%，极差级的监测点比例为16.1%。在水资源不足的地区，水污染还加重了水资源的短缺。

2. 空气污染

空气污染指进入大气的有害物质积累到一定浓度，并因此危害了人类的舒适、健康和福利或环境的现象。主要的空气污染物有粉尘、SO_2、NO_x、CO、CO_2等，这些污染物有的来自自然界（如火山喷出的烟灰），有的来自人类活动，其中工业、交通运输业产生的废气是空气污染物的主要来源。在沉降和淋溶作用下，空气污染可能转变成水污染和土壤污染。

目前我国城市大气环境中的总悬浮颗粒物浓度普遍超标，随着机动车的增加，城市中的汽车尾气污染也呈加重趋势。据统计，2014年，全国SO_2的排放量为1 974.4万吨，NO_x的排放量为2 078.0万吨。在161个按新标准开展空气质量监测的地级及以上城市中，有 145 个城市空气污染超标；在 470 个监测降水的城市（区、县）中，出现酸雨的比例为 44.3%。[①] 与世界其他国家相比，我国的空气污染情况比较严重（表 10-2）。

表 10-2　空气中的 PM2.5 年均值

（mg/m^3）

	1990 年	1995 年	2000 年	2005 年	2010 年	2011 年	2013 年
中国	39.3	41.9	44.2	51.0	54.2	54.1	54.4
印度	30.3	31.8	33.7	38.7	43.4	44.4	46.7
欧盟	25.5	21.2	18.0	17.0	15.4	15.0	14.4
北美	15.9	15.0	14.3	13.5	11.8	11.5	10.9
低收入国家	17.6	17.5	17.5	18.2	18.3	18.7	19.7
中等收入国家	28.7	29.4	30.3	33.8	36.0	36.3	37.3
世界	26.3	26.3	26.6	29.2	30.6	30.8	31.5

资料来源：World Bank. World Development Indicators.

3. 固体废弃物污染

固体废弃物是指在生产、生活过程中产生的被丢弃的固体、半固体、置于容器中的气态物品，以及按照法律法规规定纳入废物管理的物品和物质。固体废弃物中含有多种有害物质，堆放不仅占用土地，还可能污染周围的空气、水体，甚至地下水，有的废弃物中还含有易燃、易爆、致毒、致病、放射性等有毒有害物质。

按照产生的原因，可将固体废弃物分为一般工业固体废物、工业危险固体废物、医疗废物和城市生活垃圾。对固体废弃物的处置有再利用、堆积、填埋等方式。2013 年，我国一般工业固体废物的产生量为 32.8 亿吨，其中 62.2%被综合利用，工业危险固体废物的产生量为 3 156.9 万吨，其中 74.8%被综合利用，其余部分则被倾倒丢弃或贮存，城市生活垃圾的清运量为 17 238.6 万吨，其中以填埋方式处理了 10 492.7 万吨。这些被丢弃和填埋的固体废弃物有成为周围空气、水体、地下水的污染源的风险。

10.1.2　生态破坏问题

生态破坏是指由于人类不合理地开发利用，森林、草原等自然生态环境被破坏，使人类、动物、植物的生存条件恶化的现象，如水土流失、森林和草地资源减少、土地退化、湿地遭到破坏、生物多样性减少等。生态破坏造成的影响往往需要很长的时间才能消除，有些甚至是不可逆的。

近几十年来，我国的生态破坏问题日益突出：在农业方面，毁林垦荒、毁牧开垦、围湖造田等行为造成了森林和草原等植被破坏，加剧了水土流失，湿地减少，土壤退化和沙化、荒漠化、盐碱化，化肥农药的过度施用导致土地功能衰退；在工业方面，大量废水、废气、废渣的排放，污染了空气、水体和土壤，破坏了整体环境质量；在城市建设方面，城镇

① 酸雨是指 PH 值小于 5.6 的雨、雪或其他形式的降水。酸雨主要是由人为向大气中排放的酸性物质造成的。我国的酸雨主要源于燃烧含硫量高的煤，机动车排放的尾气也是形成酸雨的重要原因。酸雨可导致土壤和水环境酸化，对森林植物产生很大的危害，能使非金属建筑材料（混凝土、砂浆和灰砂砖）表面硬化、水泥溶解、出现空洞和裂缝。

设施占地面积巨大，破坏了原有的自然和农业生态系统；在资源产业方面，矿业开采、森林采伐改变了地表地貌，破坏了生物链，导致生物多样性无法得到保护。如今，这些经济活动带来的生态破坏问题已成为制约经济发展、影响社会稳定的重要因素。

1. 水土流失

水土流失指人类对水土资源不合理的开发和经营破坏了土壤的覆盖物，裸露的土壤受水力、风力侵蚀而流失的现象。水土流失会造成土地生产力下降甚至丧失、土壤涵养水源的能力降低、水道淤积、水质下降等危害。水土流失与生态恶化还互为因果关系：一方面，土壤覆盖物的破坏会造成水土流失，另一方面，水土流失也会加剧土壤覆盖物的破坏，使生态环境进一步恶化。

我国是世界上水土流失最严重的国家之一。在相当长的历史时期内，我国大多数地区的自然生态都处于相对平衡的状态。自西汉起，随着人口的增多，我国对水土资源的开发利用程度逐渐加大，人为因素导致的水土流失开始发生和发展。唐宋以后，随着人口南移，华中和华南地区的大量山丘被开发利用，水土流失也逐步发展和加剧。20 世纪 50 年代以来，由于人口快速增长，为满足国民对食物和木材的需求，我国许多地方掀起大规模开荒扩种的高潮，导致牧区草场超载，林区森林大量采伐，滥垦、滥牧、滥伐现象普遍。80 年代以来，国家加大了生态保护力度，各级政府虽然采取了一系列措施对过垦、过牧、过伐现象进行扭转，但这一时期的城镇建设、矿产资源开发、交通基础设施建设又导致了新一轮的水土流失。自新中国成立至 21 世纪初的监测数据表明，我国因水土流失而损失的耕地达 400 多万公顷，每年流失的氮、磷、钾的总量近 1 亿吨。水土流失使主要江河的上游地区土层变薄、土壤蓄水能力降低，增加了山洪发生的频率和洪峰流量，增加了一些地区滑坡、泥石流等灾害的发生概率。水土流失也导致大量的泥沙淤积在江河下游，使江河湖泊的防洪形势更加严峻。许多水土流失严重的地区往往也是贫困地区，水土流失加大了当地居民的脱贫难度。

2. 森林和草原退化

在整个自然界的物质循环和能量转换过程中，森林起着重要的枢纽和核心作用，有涵养水源、保持水土、防风固沙、增加湿度、净化空气、减弱噪声等功能，与人类的生存发展、自然生态系统的稳定息息相关。由于过度采伐、不恰当的开垦、森林火灾等原因，世界森林面积不断减少。森林的减少是导致水土流失、洪灾频繁、物种减少、气候变化等问题的重要原因。

在草原生态系统中，草作为生产者为草原生态系统的发展提供了物质和能量基础。过度放牧和毁草开荒是草原生态系统退化的主要原因。草原退化使动物的栖息地受到破坏，一些物种可能因此灭绝，退化的草原也有沙漠化的风险。

3. 湿地减少

湿地指常年或者季节性积水地带、水域和低潮时水深不超过 6 米的海域，包括沼泽、湖泊、河流、滨海湿地等自然湿地，以及重点保护野生动物栖息地或者重点保护野生植物的原生地等人工湿地。湿地被称为“地球之肾”，有调控洪水、滞留沉积物、以有机质的形式储存碳、减少温室效应、保护海岸不受风浪侵蚀等功能。湿地还是众多生物的生存栖息地，可向人类提供食物、能源、原材料和旅游场所。

由于各类沉积物的填充，湿地的减少是一个自然过程，但人为原因却加速了这一过程。20世纪中后期以来，围垦、对水资源的过度利用、水利工程建设、城市建设与旅游业的盲目发展、泥沙淤积、海岸侵蚀与破坏等因素导致我国的湿地生态系统逐渐退化，造成许多湿地面积缩小、水质下降、水资源减少甚至枯竭、生物多样性降低、湿地功能降低甚至丧失。据2014年第二次全国湿地资源调查统计，2003—2013年间，我国湿地面积减少了339.63万公顷，减少率为8.82%。湿地的快速退化已经造成其生物多样性保持、水源涵养、气候调节等功能的大幅丧失，对我国的农业生产安全、自然灾害防护等构成严重威胁。

1971年，一些国家联合缔结了《国际湿地公约》，我国于1992加入该公约，2013年我国颁布了《湿地保护管理规定》，以规范和加强对湿地的保护工作。

4. 土地退化

土地退化是指土地生产力的衰减或丧失，其主要表现形式有土壤侵蚀、土地沙化、土壤次生盐渍化、土壤污染等。土地退化的主要原因是人类活动，如不可持续的农业土地利用、落后的土壤和水资源管理方式、森林砍伐、自然植被破坏、过度使用重型机械、过度放牧及落后的耕作方式和灌溉方式等。

由气候变化和人类活动等引起的干旱、半干旱地区的荒漠化和沙化是土地退化的重要表现形式。荒漠化和沙化会造成生物群落退化、气候异常、水文状况恶化等问题。据统计，通过强化植被保护和工程治理，2004年以来我国的荒漠化和沙化土地呈减少态势，但其绝对面积仍然很庞大。截至2014年，全国荒漠化土地面积有261.16万平方千米，沙化土地面积为172.12万平方千米。[①]

生态移民

生态移民也称环境移民、生态难民或环境难民，是指由于环境变化严重影响到人们的生活甚至生存，受影响的人或人群被迫暂时或永久地离开自己的长久居住地而向外迁移。按照迁移原因，国际移民组织(The International Organization for Migration)把环境移民分为三类：

环境应急移民(environmental emergency migrants)，指由于暂时性的环境灾害，如火灾、地震、飓风等引起的移民；

环境被迫移民(environmental forced migrants)，指由于生态环境恶化，如森林退化、沙漠化等引起的移民；

环境引致性移民(environmental motivated migrants)，指由于环境变化导致经济收入下降而引起的人们的迁移，如由于土壤生产力下降使农民难以维生而引起的迁移。

阿拉善盟地处内蒙古自治区最西端，深居亚洲大陆腹地，位于腾格里、乌兰布和、巴

① 2015年第五次全国荒漠化和沙化土地监测结果。

丹吉林三大沙漠边缘。该地区属典型的大陆性气候,气候干旱、风大沙多。据官方数据显示,阿拉善盟的荒漠化土地比重由1996年的92.71%上升到2004年的93.14%,增加了0.43个百分点。大面积的荒漠化土地使该地区成为亚洲沙尘暴的策源地之一。

人畜规模增长和耕地过度扩张是阿拉善生态恶化的根源所在。从新中国成立初期到2005年,阿拉善地区的人口从3万膨胀到21.2万。伴随人口增加的是牲畜的增加,按照阿拉善的自然条件,该盟草场的最佳承载量为70万羊单位,但2006年全盟有200万羊单位。

为了扭转荒漠化趋势,阿拉善盟自2002年开始实施"退牧还草"工程,并陆续搬迁、转移牧业人口,同时在移民迁出区实施禁牧。但生态移民却带来了新的社会问题:退牧搬迁之后,原牧民变为农民,其收入来源从牧业变为农业。这使得他们的综合收入大大下降,部分牧民甚至陷入绝对贫困。针对这种情况,政府对转移战略进行了修正:由"向绿洲集中"转变为"向城镇集中",同时扶持非公有制的二、三产业发展以吸收转移出来的牧民就业。然而,快速的工业化又引起污染问题。被视为阿拉善工业重镇的阿左旗吉兰太镇和乌斯太镇,因为严重的工业污染,已经成为国家环保局和土地部门重点监控的地区。

资料来源:中外对话、新浪环保联合推出的电子月刊《中国草原的过去与未来》。

10.1.3 越界环境问题

许多环境问题的影响是超过人类划定的行政界限的:江河上游地区破坏森林植被,造成水土流失,会加大下游地区发生洪涝灾害的风险;水污染能在公共的河流、湖泊和海洋中传输;气流能把空气污染带到很远的地方;大的事故,特别是像核反应堆或有毒物质的工厂或仓库发生的事故,也会造成广泛的区域性影响,引发越界环境问题。典型的越界环境问题包括酸雨、海洋污染、危险废物越界转移等。有些越界的污染和生态破坏问题的影响甚至是全球性的,这类问题也称为全球环境问题,如全球气候变化、臭氧层的破坏、生物多样性减少等。从微观角度来看,经济活动的负外部性、环境的公共物品性质等是越界环境问题产生的经济原因。而从宏观角度看,不当的生产模式和消费方式、贫穷、人口快速增长及不合理的国际经济秩序等也是越界环境问题产生的重要原因。

1. 全球气候变化

据统计资料显示,近一万年来,地球年均气温的变化不超过2℃,而工业革命以来,地表温度的上升速度呈加快趋势,1880—2012年,全球海陆表面的平均温度升高了0.85℃,其中2003—2012年的平均温度比1850—1900年上升了0.78℃[①],可参见图10-1。

对于这种变化,许多学者认为是源自温室效应。温室效应是指大气层吸收大气中的

① IPCC Working Group I Report. Climate Change 2013: The Physical Science Basis.

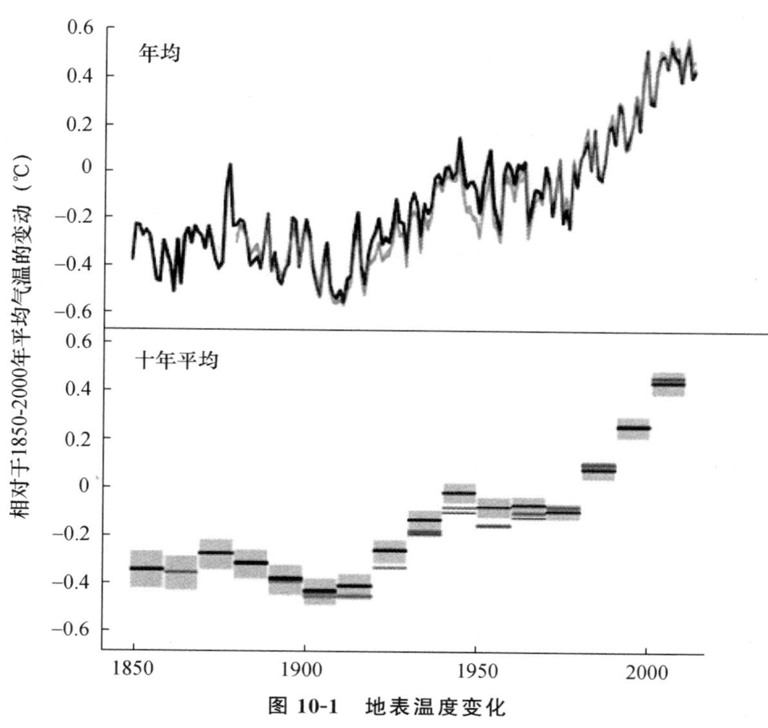

图 10-1　地表温度变化

资料来源：IPCC Working Group I Report. Climate Change 2013：The Physical Science Basis.

长波和红外辐射，使地表温度升高的现象。一些气体有助于产生温室效应，被称为温室气体，主要的温室气体有 CO_2、N_2O、CH_4 等。自然原因，如火山喷发，也会排放温室气体，但近两百年来自然原因造成的温室气体排放量变化不大，造成这一时期排放量明显增长的是人为原因带来的排放。化石能源的开采和燃烧、工业生产、农牧业生产、废弃物处理等经济活动向大气中排放了大量的温室气体，其中以化石能源燃烧排放的 CO_2 为最多（表 10-3）。

表 10-3　主要温室气体及其主要来源

温室气体	温室效应潜力（以 1 摩尔为基数）	对温室效应的贡献比例	主要来源
CO_2	1	49	化石燃料燃烧、森林采伐、水泥生产
CH_4	3.7	18	垃圾掩埋、农业、白蚁
N_2O	180	6	化肥、生物燃烧、化石燃料燃烧
其他	—	27	多种

大量的人为排放使大气中温室气体的浓度增加，温室效应增强。据测算，20 世纪温室气体浓度的增加速率达到过去 2.2 万年来的最大值。2011 年，大气中 CO_2 的浓度达到 391 ppm，比工业化前的 1750 年高了 40%。CH_4 和 N_2O 的浓度分别达到 1 803 ppb 和 324 ppb，分别比工业化前高了 150% 和 20%，目前这三种温室气体的浓度都达到八十万

年以来的最高值。

地表温度增高将导致地球气候发生较大的变化。科学家们预测的变化主要包括：北半球冬季缩短，并更冷更湿，而夏季则变长且更干更热；由于气温增高、水汽蒸发加速，各地区的降水形态将会改变；冰川融解，极地生态平衡发生改变；海洋变暖，海平面上升，导致低洼地区海水倒灌；粮食、水源、渔业资源的分布发生改变，因此引发国际的经济和社会矛盾问题等。

科学监测发现如今气候变化的影响已在全球显现，由于担心这种趋势持续下去可能给人类带来灾难性的影响，科学家们建议人类削减温室气体的排放量。世界各国对温室气体的增加都负有责任。但各国在历史上和现实中的温室气体排放量有很大的差异。在历史上，发达国家的排放是造成大气中温室气体存量增加的重要原因，但如今发展中国家的排放量增长速度更快。按照温室气体的排放量多少排序，前 50 名国家的排放量占全球排放总量的 92%，其中既有发达国家也有发展中国家，分布在世界各个地区。因此，要实现温室气体减排目标，需要各国承担起“共同但有区别”的责任。

2. 臭氧层损耗

在离地球表面 10—50 千米的大气平流层中集中了地球上 90% 的臭氧气体，其中在离地面 25 千米处的臭氧浓度最大，形成了臭氧层。它能吸收太阳的大部分紫外线、阻挡紫外线辐射到地面，并将能量贮存在上层大气，起到调节气候的作用。臭氧层被破坏会使地面受到的紫外线辐射强度增加。科学研究表明，过多的紫外线到达地面会损害人类的免疫系统、增加人类皮肤癌和白内障的发病率，还会破坏海洋和陆地的生态系统，阻碍植物的正常生长，损害生态平衡。科学观测发现，自 1969 年以来，全球除赤道外，所有地区臭氧层中的臭氧含量都减少了 3%—5%，两极上空还出现了大面积的臭氧层空洞。

臭氧层的破坏主要是由于人工合成的卤碳化合物（以氟氯烃为代表，简写为 CFCs）的大量排放，这些物质被称为臭氧损耗物质（ODS），它们在对流层中十分稳定，寿命可长达几十年甚至上百年。ODS 随大气团运动上升到平流层后，在紫外线照射下分解出含氯的自由基，这些自由基与臭氧分子发生反应，使臭氧分子成为普通氧分子，因此导致臭氧层的破坏。

如图 10-2 所示，过去 30 年中，臭氧层损耗成为人类面临的主要挑战之一，并涉及环境、贸易、国际合作和可持续发展等多个领域。在联合国的推动下，1985 年，一些国家缔结了《保护臭氧层维也纳公约》，1987 年，又缔结了《蒙特利尔议定书》，要求缔约国采取适当的措施，控制或禁止破坏大气臭氧层的活动，特别是 ODS 的生产和消费。经过国际社会的不断努力，现在全球 ODS 的消耗量已明显下降，近地面空气中的 CFCs 浓度开始下降。由于 ODS 在大气中迁移到平流层约需 15 年的时间，预计臭氧层将在未来 10 年或 20 年内开始恢复，到 21 世纪中叶，臭氧层将可能恢复到 1980 年以前的水平。

3. 生物多样性减少

生物多样性是指所有来源的生物体，这些来源包括陆地、海洋和其他水生生态系统及其所构成的生态综合体，生物多样性包括物种内部（遗传多样性）、物种之间（物种多样性）和生态系统的多样性。现存的生物多样性能提供多种环境服务，如调节大气中的气

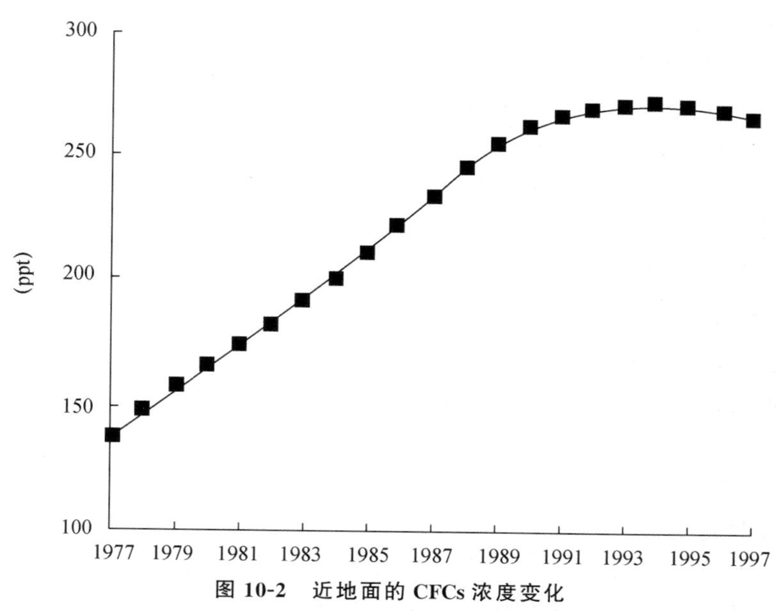

图 10-2　近地面的 CFCs 浓度变化

资料来源：Elkins(1999).

体组成、调节水循环和气候、形成并保护土壤、分散和分解污染物等。生物多样性也为农业生产提供遗传资源，构成世界食物安全的生物基础。

生物多样性是不断变化的，在漫长的生物进化过程中会产生一些新的物种，同时，随着生态环境条件的变化，一些物种也会消失。但近百年来，由于人口的急剧增加和人类对自然资源的不合理开发，自然生物栖息地不断减少和退化，加之气候改变、环境污染、外来物种入侵等原因，地球上的许多生物及其生态系统受到了极大的冲击，生物多样性迅速减少(表 10-4)。联合国环境规划署预测，在今后二三十年内，地球上将有 1/4 的生物物种陷入绝境；到 2050 年，约有半数的动植物将从地球上消失。生物多样性的减少将威胁到人类的食物供应，木材、医药和能源的来源，娱乐与旅游的机会，干扰生态的基本作用。保护和拯救生物多样性以及这些生物赖以生存的生态系统，成为越来越紧迫的任务。

表 10-4　全球受到威胁的物种个数

	受威胁的物种个数			受威胁物种占被评估物种的比重(%)
	1996 年	2000 年	2010 年	2010 年
脊椎动物	3 314	3 507	6 142	22
无脊椎动物	1 891	1 928	2 669	34
植物	5 328	5 611	8 495	70
真菌和原生生物	10 533	11 046	17 315	36

资料来源：IUCN. Red List of Threatened Species. http://www.iucnredlist.org/documents/summarystatistics/2010_1RL_Stats_Table_1.pdf.

为了保护地球的生物多样性，在1992年的联合国环境与发展大会上，一些国家共同缔结了《生物多样性公约》。这个公约的主要内容有：签约国应为本国境内的植物和野生动物编目造册，制订计划保护濒危的动植物；建立金融机构以帮助发展中国家实施清点和保护动植物的计划；使用其他国家自然资源的国家要与那个国家分享相关研究成果、盈利和技术；发达国家应以赠送或转让的方式向发展中国家提供资金支持以补偿它们为保护生物资源而日益增加的费用；发达国家应以更实惠的方式向发展中国家转让技术，为保护世界生物资源提供便利。

4. 危险废物越境转移

危险废物指国际上普遍认为具有爆炸性、易燃性、腐蚀性和传染性等特性中的一种或几种的生产垃圾和生活垃圾，这些垃圾给环境和人类健康带来危害。由于存在技术障碍、处置成本过高等问题，一些国家和地区倾向于把危险废物向境外转移，把环境风险转移到其他地区。由于法规不完善、缺乏必要的监控手段和管理危险废物的经验，发展中国家是危险废物越境转移的主要受害者。

为了遏止越境转移危险废物，特别是向发展中国家出口和转移危险废物，1989年在联合国环境规划署的推动下，一些国家缔结了控制危险废物越境转移及其处置的《巴塞尔公约》。这个公约的主要内容有：各国应把危险废物数量减到最低限度，用最有利于环境保护的方式尽可能就地储存和处理；如出于环保考虑确有必要越境转移废料，出口危险废物的国家必须事先向进口国和有关国家通报废料的数量及性质；越境转移危险废物时，出口国必须持有进口国政府的书面批准书；呼吁发达国家与发展中国家通过技术转让、交流情报和培训技术人员等途径在处理危险废物领域加强国际合作。1995年《巴塞尔公约》的修正案禁止发达国家以最终处置为目的向发展中国家出口危险废物，并要求发达国家在1997年年底前停止向发展中国家出口用于回收利用的危险废物。但是，危险废物的越境转移并没有因此消失和减少，这给发展中国家的环境带来巨大的威胁。

10.2 环境问题产生的社会经济原因

引起环境问题的主要社会经济原因有市场失灵、政府失灵、人口增长、经济增长和经济全球化。

10.2.1 市场失灵

市场机制的顺利运行需要一些条件：如产权明晰、完全竞争、无外部效应、无短期行为、无不确定性等。在这些条件满足时，市场机制能起到优化配置稀缺资源的作用，但在环境领域，这些条件往往不能得到满足，因此会产生市场失灵问题。

1. 外部性

外部性是指在没有市场交换的情况下，某个人或厂商对其他个人或厂商的福利造成的直接的、非故意的单方面影响。

“直接的”排除了通过价格变化传递的影响。通过价格变化传递的影响也称作货币外部性,如一家大企业的迁入可能抬高区内土地的租金,从而影响其他租地者的福利。货币外部性不会产生市场失灵问题,相反,正是由于货币外部性的存在,市场机制才能正常运行,稀缺资源的有效配置才能实现。

“非故意的”排除了恶意伤害他人利益的情况。如马路上行驶的汽车故意溅路人一身泥水就不属于外部性问题。

“单方面”是指缺乏市场交换,行为效果不能通过价格传递,行为的私人成本(收益)和社会成本(收益)不一致。此时行为效果外溢,但行为人不承担行为的完全成本(或不享受行为的完全收益)。

在外部性发生时,如果外溢的影响是正面的,行为的社会收益大于私人收益,或社会成本小于私人成本,这种外部性就是正外部性。反之,如果外溢的影响是负面的,行为的社会收益小于私人收益,或社会成本大于私人成本,这种外部性就是负外部性。

科斯在分析外部性时,将其视为一种权利,是企业进行生产必需的一种生产要素。如土地所有权人可以将一块土地用作防止他人穿越、停车、造房,也可以用于破坏他人的视线、安逸或新鲜空气。从这个角度看,行使一种权利(使用一种生产要素)的成本等于该权利的行使使别人蒙受的损失。

环境的利用中存在广泛的外部性。作为市场经济微观主体的企业和个人,在获利动机的驱使下,进行经济活动时往往只计算对自身利益产生直接影响的成本和收益,不考虑其活动造成的环境损害成本,结果造成私人的成本和收益与社会的成本和收益不一致,出现了环境负外部性,这是产生环境问题的重要原因。

污染是一种典型的外部性现象,它是指生产(或消费)行为污染了环境,但生产者(或消费者)不负担污染损害成本,为达到私人净效益的最大化,排污者的排污量将超过社会最优排污水平。

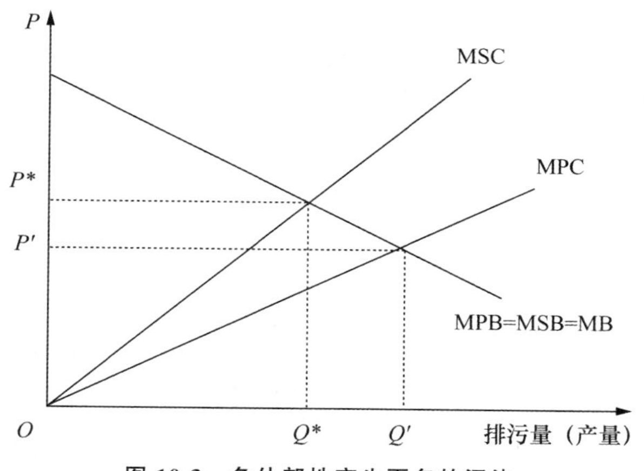

图 10-3　负外部性产生更多的污染

可以借助图 10-3 理解污染的产生:横轴表示企业的产量,当技术水平不变时,可以假设污染排放量与产量成正比,此时,也可以将横轴看作污染排放量;纵轴是以货币单位计量的边际成本、边际收益和产品价格。当污染损害成本表现为外部性时,企业生产活动的边际社会收益(marginal social benefit,MSB)和边际私人收益(marginal private benefit,MPB)相等,在图10-3上标记为MB线。边际社会成本(marginal social cost,MSC)大于边际私人成本(marginal private cost,MPC)。从有效配置资源的角度看,MSC等于MB时对应的产量Q^*(或污染排放量)是最有效率的,此时产品的价格为P^*。但由于外部性的存在,企业承担的MPC低于MSC,为了取得最大净收益,它会将产量增加到Q',此时MPC等于MB,对应的价格水平为P'。

从图10-3中可以看出,外部性的存在会导致这样几个不利的后果:生产过多的产品;产生过多的污染物;产品的价格偏低;由于直接将污染物排放到环境中去是免费的,厂商没有动力寻找降低排污量的方法,也没有动力将污染物回收处理。如果对此没有相应的约束机制,私人的最优经济活动水平会偏离社会最优状态,其现实表现就是环境污染。

与污染的负外部性相对应,环境保护行为具有很强的正外部性,即市场主体独自承担改善环境的全部成本,却不能独享环境改善带来的利益。譬如,在一个流域中,上游居民植树造林可以减少水土流失、使下游居民受益,但他们却往往不能得到下游居民的补偿。

可以借助图10-4理解这种正外部性:横轴表示植树造林的数量,纵轴是以货币单位计量的边际成本、边际收益和产品价格。当存在外部收益时,上游居民植树造林的边际社会收益MSB大于边际私人收益MPB。从资源有效配置的角度看,MSB等于MC时对应的植树造林量Q^*是最有效率的,对应的价格水平为P^*。但由于外部收益的存在,居民得到的MPB低于MSB,他们从个人收益最大化的角度出发,只会提供Q'的供给量,此时MPB等于MC,对应的价格水平为P'。

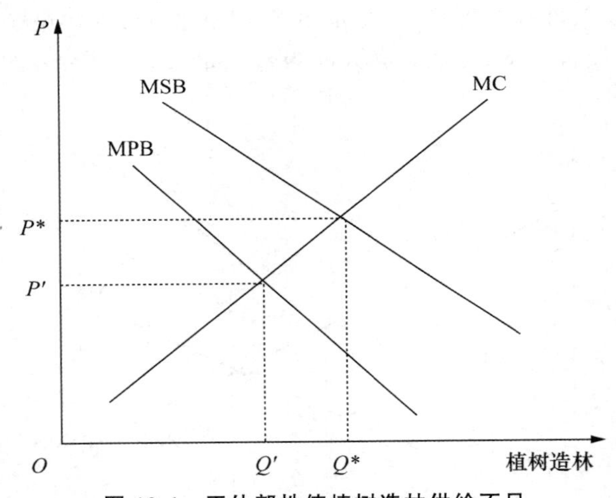

图10-4 正外部性使植树造林供给不足

从图10-4中可以看出,正外部性的存在会导致这样几个不利的后果:产品的价格偏低,产品的供给不足。如果没有相应的补贴机制,会使环境保护行为的供给小于社会最优供给量,其现实表现就是破坏了的生态环境不能得到更好的修复。

2. 公共产权

产权是一种通过社会强制实现的对经济物品的多种用途进行选择的权利[①]，产权本质上是一种排他性的权利，意指使自己或他人受益或受损的权利，它是市场机制发生作用的基础。完整的产权应具备四个条件：

普遍性（universality），指全部资源都为私人所有，权利被完全界定；

排他性（exclusivity），指直接或间接出售资源产权的收益归且仅归产权所有者所有；

可转移性（transferability），指资源所有者可以在自愿的基础上出售其资源；

可执行性（enforceability），指产权所有者可以有效地防止他人侵占其资源。

一般而言，在健全的产权体系中，价格机制会对资源的有效配置发挥作用，价格的变动反映资源稀缺程度和需求的变化，从而刺激生产者和消费者做出符合经济效率的最佳选择。构成完整产权的这四个条件中的一个或多个条件缺失就形成不完全产权。在不完全产权下，价格机制会失灵，造成资源配置效率的损失。

在各种不完全产权中，不满足排他性条件的不完全产权是产生环境问题的重要原因。除了排他性条件外，还可结合对物品的消费是否有竞争性这一条件将物品分为私人物品（private goods）、公共物品（public goods）、公共资源（common resources）和俱乐部物品（club goods）。私人物品的消费既有排他性又有竞争性，如普通商品；公共物品的消费既没有排他性又没有竞争性，如空气；而公共资源则居于这两者之间，它的消费具有竞争性但不具有排他性，如可供捕鱼的公共池塘；俱乐部物品没有竞争性，却有排他性，如有线电视服务的提供。

产权的界定、交换、实施和运行监督都需要成本。环境和某些自然资源的特殊属性使建立排他性产权很困难，有些是技术上难以操作，有些即使在技术上可行，但其交易成本却非常高，如对大气、公海、迁移的动物等就无法界定排他性产权。因此，自然界中的多数自然资源与环境都具有公共物品或公共资源的特性。

对公共物品或公共资源来说，共同体内的每个成员都有分享的机会。一个成员的努力成果会被其他成员分享，同时，一个成员的投机行为造成的损失也会由其他成员分担。这种权利和责任的双重外部性导致了资源利用中的市场失灵，因此公共物品和公共资源通常会被过度使用。哈丁讨论的“公地悲剧”就是一个典型的例证。

公地悲剧

假设某块草地属于村庄公有，村中的每个农户都可以在这块草地上自由放牧。由于这块草地的面积一定，如果过度放牧，就会造成资源滥用，引起草地肥力下降，收益减少，因此存在着一个最合适的放牧量，这是由资源的边际报酬递减规律决定的。

---

① Alchian, Armen A., “property rights”, “The New Palgrave: A Dictionary of Economics”, Eds. John Eatwell, Murray Milgate and Peter Newman, Palgrave Macmillan, 1987, The New Palgrave Dictionary of Economics Online, Palgrave Macmillan, 2017. DOI:10.1057/9780230226203.3352.

假定购买小牛的费用是一个常数(即增加投入的成本为常数),那么放养牛的收益取决于牛的数量。在牛的数目达到某一数量之前,放养的收益随牛的数量增加而增加;而在放养的牛达到一定数量之后,草地会发生拥挤,随着放养量的增加,新增小牛的边际收益会下降,边际成本会上升,从而引起平均收益的下降。对一块既定的草地来说,存在一个最佳的放养量,也就是在边际收益等于边际成本时的放牧量。

假定这块草地的最佳放养量为1 000头,若全村有100个农户,那么平均每个农户应该放养10头牛。如果村民A独自将自己的放养量增加到15头,那么他的收益会有显著的增加,而其他村民的收益会有所减少,但每户减少的量很小(每户的减少量只占到总减少量的1/99)。本来其余这99个农户应该联合起来阻止村民A的行动,但是要让99个农户联合进行一致行动也要花费成本,相对于他们各自所受的损失是不合算的。一个农户单独来阻止A行为的做法也是行不通的,因为对于该农户来说,他只能获得收益的1/99,而其他农户则可以"搭便车",当人人都这么想时,每个农户都不会有足够的动力去阻止A的行动。A的得益引起其他农户的效法,最终导致大多数农户增加放养量,使得放养量超过最佳放养量、总收益下降,甚至引起草地退化、载畜能力下降。这里,对于单个农户来说,增加放养量是合算的,但对于集体来说,个人的理性造成了集体非理性的后果,这就是所谓的"公地悲剧"。

由于环境具有自净能力,在一定的污染限度内,人们对环境的使用是非竞争性的,但当排污数量接近环境的承载能力时,对环境的使用会出现竞争现象,这样,环境成为一种消费具有竞争性但不具有排他性的公共物品。在这种情况下,人们有动力过度消费环境物品,却没有动力生产和提供环境物品,往往使得对环境的使用超出合理的限度,造成环境破坏和社会福利的损失。例如空气的使用不具有排他性,对单个厂商而言,扩大自己的生产规模、向空气中排放更多的污染物是有利可图的,每个厂商都有利用空气的承载力排放污染的冲动,但如果所有的厂商都无节制地扩大生产规模、向空气中排放污染物,人们将无法呼吸到清洁的空气。

3. 不确定性和短视

破坏环境的行为发生和环境恶化的结果出现有时间隔很长的时间,同长期性相连的是不确定性。行为和结果间隔的时间越长,不确定性往往也就越大,这抑制了企业和个人确定一种有利于环境的长期持续利用的投资和经营战略,使得从长期看,现在做出的"正确"决策可能是错误的。

一般地,人们更倾向于关注时空距离近的事物。如图10-5所示,从时间维度看,人们更多看重眼前的利益,偏重当前消费,这样,不确定性的存在可能成为拖延行动的借口,损害环境和人们的长远福利。从空间维度看,人们对周边情况的关注也多于对远距离外的情况的关注,这可能造成对当地直接影响健康的空气质量等环境指标变化很关注,却忽视影响人类生存的全球性的生态危机。

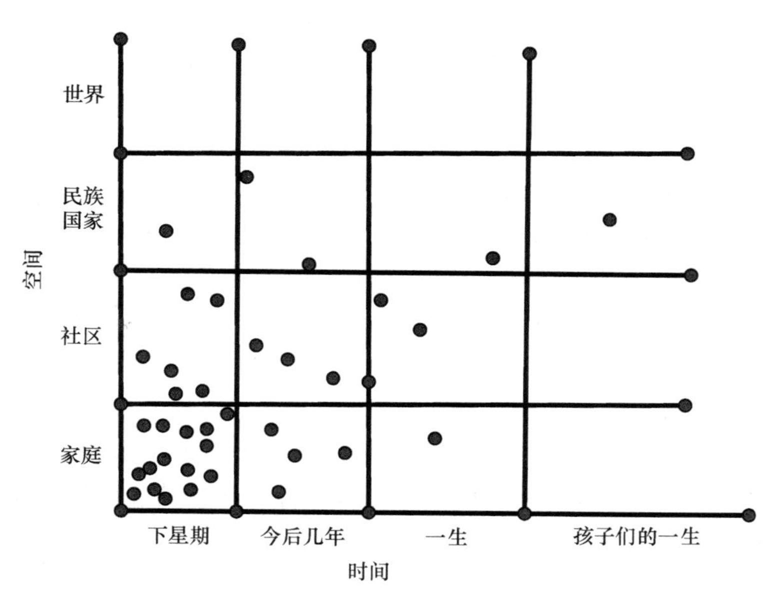

图 10-5 人的眼界

可持续发展强调在利用自然资源和开发环境中的代际公平，但无数的后代人还没有出生，只能由当代人代替他们做出决定。这会产生两个难以回答的问题：人们的决定建立在他们对后代需求的认知基础上，但后代人需求什么？当后代人的需求与当代人的需求间有竞争时，如何进行取舍？比如，在大型河流上修建水坝会截断一些淡水鱼类的洄游路线，可能使这些鱼类面临灭绝的风险，那么是修建水坝还是保护物种？每一代人所做的决定都会对后代造成影响，但现在的人无法了解未来的人的需求，这个困难就无法克服。在气候变化和削减温室气体排放问题上，一些人认为当代人有责任减少开车、取暖、用电，以减少化石能源的消耗，降低温室气体排放，避免未来可能产生的气候灾难；而另一些人却认为当今世界上还有许多人的生活水平低下，增加化石能源的使用量能提高他们的福利水平；还有人认为未来的人的技术会发展到高级阶段，他们能自己解决气候问题，当代人不用为他们减少化石能源消耗。那么是否应该减少、应该减少多少化石能源的消耗以应对气候变化呢？选择在很大程度上取决于人们的眼界。

从“生物圈二号”实验的失败可以看出，真实的生态系统就像一只“黑箱”，由于各种不确定性的存在，人们对它的了解还很不足，而且受眼界的限制，人们目前对环境的破坏可能给后代人带来过大的损害。

10.2.2 政府失灵

政府具有对所有国民的强制性，市场失灵的存在为政府机制的干预提供了理由。政府干预有多种方式：一是通过行政工具对特定的私人行为进行限制和规范；二是运用财政工具，如税收、信贷、补贴及市场许可等，对特定的私人行为进行经济激励；三是资助环境科学研究活动；四是直接提供某些公共物品。从理论上讲，政府有可能纠正市场失灵。但政府也不是万能的，政府机制的运作需要成本，在政府干预中也会出现政府失灵。一些政府失灵不但不能纠正市场失灵，还可能更加扭曲了市场机制，造成更大的损失。

政府失灵有多种形式，如需要政府提供公共物品或纠正市场失灵时政府没有作为，由于法律不完整、执法不力、政府效率低下、公营事业的低效率等原因使政府干预失败，政府对本应由市场机制作用的领域进行干预，政府干预时产生外部性等。根据决策层次的不同，与环境问题有关的政府失灵可分为项目失灵、部门政策失灵和宏观政策失灵。

1. 项目失灵

发展公共项目是政府提供公共物品的一种手段。在发展中国家，公共项目的规模一般较大，在经济发展和环境保护出现矛盾时，政府常常为经济目标牺牲环境。在实际工作中表现为忽视或缩小项目的环境成本，结果造成环境损失，从长远看也影响经济发展。

咸海的生态教训

位于中亚的咸海曾是世界第四大内陆湖泊，由发源于天山山脉的锡尔河和发源于帕米尔高原的阿姆河供水。1911—1960年间，咸海的入流量为平均每年560亿立方米，水面面积6.6万平方千米，水体总量1万亿立方米。

苏联国土辽阔，但大部分处于寒冷的高纬度地区，不利于农业生产。为开发新垦区种植棉花、稻谷、蔬菜，沙俄曾设想过引用阿姆河水开发卡拉库姆沙漠东南部，在中亚地区开垦荒地，但限于当时的条件，该设想未能实施。到1925年苏联时期，修建调水工程的动议又被提出，经大批专家实地考察论证，调水工程于1954年正式开工。该工程的目标是将阿姆河和锡尔河的天然水道改道，引入土库曼斯坦东部和乌兹别克斯坦中部，以扩大水浇地面积。调水工程的主体是卡拉库姆列宁运河，该运河把阿姆河的水从上游截出，经过土库曼斯坦首都阿什哈巴德向西延伸，总长1 400千米，可灌溉350万公顷的荒漠草场和100万公顷的新垦区，改善700万公顷草场的供水条件。此外，苏联还兴建了全长220千米的大费加拉运河，用来引锡尔河水浇灌新垦区的棉花田。

两条新运河建成后，在60年代，大量移民来到阿姆河、锡尔河及新运河流域，开垦和灌溉了660万公顷的水田和棉田，使该流域成为新的粮棉生产基地。至1980年，苏联的棉花年产量达996万吨，占世界总产量的20%，其中95%产于该地区。当时，全苏联40%的稻谷，25%的蔬菜、瓜果，32%的葡萄也产于该地区。农业丰收促进了该地区的经济发展，人口也迅速增长，由1920年的700万人猛增到3 600多万人。

然而，人们始料不及的是，这种繁荣景象并没有持续多久。咸海是一个内陆湖泊，由于锡尔河、阿姆河的入湖水量急剧下降，咸海的水位也急剧下降。1971—1975年，锡尔河、阿姆河的入湖水量分别为每年 53 亿立方米和 212 亿立方米；而 1976—1980 年，下降为每年 10 亿立方米、110 亿立方米；到 1981—1990 年间，两河的入湖水量总和降到每年 70 亿立方米。当 1987 年运河区域的水浇地发展到 730 万公顷时，阿姆河和锡尔河已基本不能再为咸海输水，咸海水面因此下降了 15 米，水域面积从 6.6 万平方千米缩小到 3.7 万平方千米，海岸线后退了 150 千米。由于远距离引水、大规模开垦、不适当灌溉、过度使用化肥农药等因素，这一地区的生态环境遭到严重的破坏，带来了巨大的生态灾难。

一是盐沙暴和“白风暴”频繁。咸海的大面积干涸，一方面引起湖水含盐浓度增加，从 1960 年的 11 克/升增加到 2001 年的 68 克/升；另一方面导致湖底盐碱裸露，大量盐碱在风力作用下撒向周围地区，使周围地区逐渐沙漠化，流沙迅速发展，形成盐沙暴和“白风暴”(含盐的风暴)。

二是农田盐碱化加剧。咸海地区每年约有 4 000 万吨至 1.5 亿吨的咸沙有毒混合物从盐床(湖底、河滩)上刮起，随沙尘和雨落向周边地区，土库曼斯坦共和国 80% 的耕地出现高度盐碱化。

三是河流污染严重。粮棉生产和移民生活产生了大量的灌溉和生活废水，这些废水又重新流入阿姆河和锡尔河，使地下水和饮用水受到盐碱和农药的双重污染。

四是疾病大量增加。环境中含盐量与有害物质的增加威胁着当地居民的健康，增加了这一地区居民的白血病、肾病、伤寒等疾病和婴儿夭折的发生比例。

五是生物物种锐减。咸沙使咸海周围的植被和野生动物越来越稀少。原来位于河流三角洲内的大面积的森林沼泽干涸，大量树木和灌木被彻底破坏，当地出没的数百种动物消失。1960 年，咸海里有各种鱼类 600 多种，到 1991 年只剩下 70 余种，到 2001 年更是所剩无几。

据估算，十几年来咸海流域生态灾难造成的损失，已经远远超过苏联在该流域几十年间的经济收益。

资料来源：杨继平. 咸海生态灾难的深刻教训. 学习时报，2004 年 6 月 28 日.

2. 部门政策失灵

与自然环境有关的部门，如林业、农业、水利等部门的政策会对环境造成较大的影响。例如森林产品和服务的无价和低价政策会鼓励乱砍滥伐，造成森林退化、水土流失等环境后果；农业补贴是引起过度耕种、过度使用化肥和农药、土地荒漠化的原因之一；灌溉用水的低收费政策是导致灌溉用水浪费的主要原因。环境管理部门的一些政策也会产生政策失灵，如为了改善当地的环境质量，政府对厂商投资于污染防治设备进行补贴，从长期看这会促进高污染产业的发展，可能使总排污量不减反增，违反污染防治设备投资补贴的初始政策目标。

3. 宏观政策失灵

政府的各种宏观经济政策，如利率、汇率、财税、贸易等可能会对环境质量产生较大的影响。如农产品贸易保护政策鼓励作物种植与畜牧业的发展,但可能加剧水污染和山坡地的水土流失。

可见,经济政策对环境的影响往往是巨大而深远的,在制定经济政策时综合考虑其环境影响,有助于在源头上防止环境问题的产生。

10.2.3 人口增长

更多的人口往往意味着更多的资源需求和更大的环境压力,因此成为引起环境问题的重要原因。

1. 人口规模扩张与环境

自工业革命以来,世界人口迅速增长,如图 10-6 所示,1650 年,世界人口约为 5.5 亿,到 2011 年已突破 70 亿。人口规模的扩张会增加自然资源的开发量,加大环境压力。

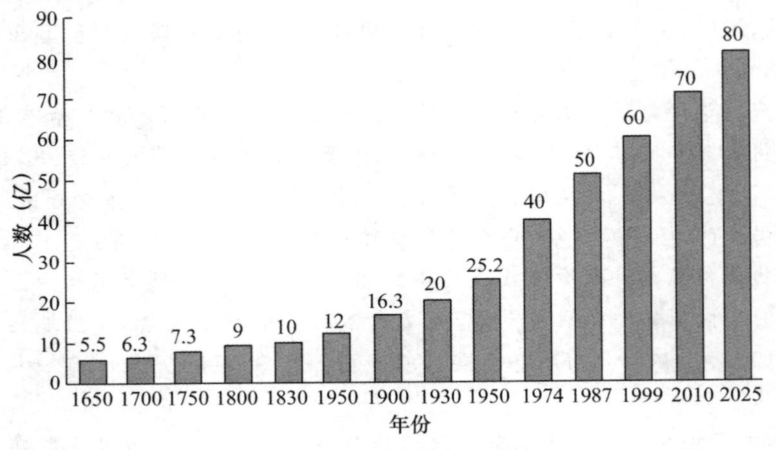

图 10-6 世界人口增长趋势

第二次世界大战后,许多前殖民地国家获得独立,其人口迅速增长,使世界人口增长加快。这种发展趋势引起了人们的担忧。20 世纪 60 年代末 70 年代初,一些学者认为世界人口规模已超过地球的承载水平,“人口爆炸”会对经济、环境、社会带来灾难性的压力。联合国等国际组织也开始支持在一些发展中国家实施人口控制政策,努力降低女性生育水平。

1965—1970 年是世界人口增长最快的时期,从那以后,世界人口的增长率开始下降,到 2010—2015 年世界人口的年均增长率已下降到 1.18%。不同地区的人口增长率变化情况有明显的差异,许多高收入国家的人口增长已经很缓慢甚至出现萎缩,而低收入国家的人口增长仍然很迅猛。中国的收入水平虽然较低,人口增长率却与高收入国家相似,年均增长水平约为 0.52%。

在不考虑人口迁移的情况下,一个地区的人口规模变动取决于出生人口和死亡人口的数量对比。因此,出生率和死亡率的变动决定了人口增长率。学者们研究了世界各国人口出生率、死亡率和人口增长率的变动历史,发现在经济发展过程中存在所谓的“人口转变"现象,即人口从高出生率、高死亡率、低增长率阶段,经过高出生率、低死亡率、高增长率阶段,过渡到低出生率、低死亡率、低增长率阶段。

目前大多数国家已完成或正在经历这种人口转变过程。死亡率的下降促成了从第一阶段向第二阶段的过渡,医疗卫生、营养条件的改善是促成死亡率下降的主要原因。出生率的下降则促成了从第二阶段向第三阶段的过渡,一般认为经济增长、女性受教育水平提高、社会进步等多种因素改变了人们的生育观念和生育行为,共同促进了出生率的下降。

因此,未来世界人口总量虽然仍会增长,但增速将进一步放缓,不会出现爆炸式增长。虽然全球的人口增长率有所下降,但由于人口基数很大,人口的绝对增长数量还比较大。

人口因素对环境的影响有些是直接的、有些是间接的。在诸多复杂的关系中,以下几个方面的影响是显而易见的:人口增长带来对物质资源和能源的需求增长;人口增长要求更多的物质和能量的流通量,使超过环境承载力的可能性加大;人口增长加大生态压力,促使农业耕作方式的改变,使生物多样性减少;人口增长使实际人均收入水平下降,加剧环境压力。虽然不能将这些问题完全归咎于人口增长,但人口增长无疑会加剧这些问题。

可以利用 IPAT 模型分析人口因素的环境影响。该模型认为人类对生态环境的压力是人口数量和人口消费力的合力,这两个因素的增长都会加大对生态环境的压力。[①]

$$I = P \times A \times T \tag{10-1}$$

式中,I(impact)是人类对环境的压力,P(population)是人口,A(affluence)是消费需求,T(technology)是科学技术。IPAT 模型提供了一个非常有用的研究思路:人口数量不是影响环境的唯一决定性因素,一个地区的环境影响是人口(P)、人均物品和服务的消费水平(A)、技术(T)综合作用的结果。

从式(10-1)可以看出,IPAT 模型将人口视为一个总的集合体,没有考虑到不同人群对环境压力的差异。同时,模型将环境影响与各驱动力之间的关系处理为同比例的线性关系,但在实际世界里,人口增长对环境的作用并不是线性的,这是因为随着资源稀缺性的变化,资源的市场价格会随之变化,人们会调整技术进步的方向和相关政策,减缓人口增长带来的环境压力。为了增加模型的灵活性和适用性,Yorker 等人提出了改进的 STIRPAT 模型。[②] 该模型的基本形式是:

$$I = aP^bA^cT^de \tag{10-2}$$

式中 I(impact)、P(population)、A(affluence)的含义同式(10-1)中的 IPAT 公式,a、b、c、d 分别指模型的常数项和 P、A、T 项的指数,指数越大,表示该因素对环境的影响程度越大,e 是误差项。可以对式(10-2)两边取对数,变为:

$$\ln I = \ln\alpha + b\ln P + c\ln A + d\ln T + \ln e \tag{10-3}$$

---

① Ehrlich, P. R., J. P. Holdren. Impact of Population Growth. *Science*, 1971(171):1212-1217.

② Yorker R., et al. Bridging Environmental Science with Environmental Policy: Plasticity of Population, Affluence, and Technology. *Social Science Quarterly*, 2002(83,1): 18-31.

式(10-3)适用于计量经济分析,可以测算各因素对环境影响的大小。与IPAT模型相比,STIRPAT模型不仅可以分析人口规模对环境的影响,还可将更多的变量纳入分析框架,如在式(10-3)的基础上加入城市化水平、产业结构变化等因素。

美国的"人口爆炸"

浪费型的消费鼓励人们以贪得无厌的态度去消费资源、能源和商品。现代工业社会缔造的一代代消费者和浪费者,不仅追求更多样、更高档、更新奇的物质产品的消费,而且追求光怪陆离的服务性消费,追求人造环境的舒适与便利;他们不但习惯于不必要的、闲置式的、装点门面的浪费,而且习惯于一用即弃的、迎合时尚的、满足推销式需要的、对物品毫不爱惜的浪费。

浪费型的消费方式在以美国为首的西方资本主义国家表现得最为充分。美国人口只占全球人口总数的5%,但每天却消费掉世界25%的商业能源,27%的铝和约20%的锡、铜和铅等。以能源为例,每个美国人年消费量相当于3个日本人、6个墨西哥人、12个中国人、33个印度人、147个孟加拉国人或422个埃塞俄比亚人。美国婴儿对自然资源的耗费相当于一个第三世界婴儿的30—40倍。

美国一个叫"人口零增长"的人口政策研究和宣传机构认为,按对自然资源的消耗量计算,美国才是世界上人口增长最严重的国家,其2.6亿人口在能源消耗上相当于31亿中国人或85亿印度人。美国目前每年新增人口300万,而按资源消耗量计算,这新增的300万人口等于第三世界每年增加9 000万—1.2亿人口。据美国人口统计局预测,到2050年美国人口将达4亿,如按目前能源消费水平计算,那时美国的人口将相当于1 700亿埃塞俄比亚人或588亿孟加拉国人。

资料来源:艾伦·杜宁. 多少算够. 长春:吉林人民出版社, 1997.

2. 人口城市化与环境

不仅是人口数量的增长,人口结构的变化也会对环境造成影响,其中重要的是人口城乡结构的变化。城市化是农村人口进入城市及与此相应的城市化设施的建设以及城市规模扩大的过程。一方面,城市化有助于实现土地的集约利用,提高单位土地的产出水平和人口承载力,产生规模效应,提高资源利用率,推动经济、文化、教育、科技和社会的发展,把人类社会的物质文明和精神文明推向新的阶段;另一方面,由于城市人口、工业、建筑的高度集中,也会带来用地紧张、交通拥挤、住房短缺、城市垃圾收集与处理设施建设滞后等与环境有关的问题。

发展中国家的城市化有两个显著的特点:第一是城市化速度快。统计资料显示,1950年发展中国家城市化率为17%,1970年为25.4%,1990年为33.6%,预计到2025年,发展中国家半数以上的人口将住在城市。目前发展中国家的一些地区已高度城市化,如在拉丁美洲,70%的人口居住在城市。第二是大城市比例相对增加。以百万人口以上城市为例，1960 年，发展中国家有 52 个百万人口以上城市，1980 年增加到 119 个，预计到 2025 年，将增长到 486 个。在许多发展中国家的城市里，与城市人口激增相对应的是恶劣的住房条件、配套不全的市政及卫生服务设施、拥挤的交通、污染的空气和不断滋生的贫民窟。

城市化对能源消费和 CO_2 排放的影响分析

Poumanyvong 和 Kaneko(2010) 应用 STIRPAT 模型，使用 1975—2005 年间 99 个国家的面板数据，分析了人口、技术、收入、城市化等因素对能源消费和 CO_2 排放的影响，研究使用的计量模型是

$$\begin{aligned}\ln \text{energy}_{it} &= a_0 + a_1 \ln P_{it} + a_2 \ln A_{it} + a_3 \ln \text{IND}_{it} \\ &\quad + a_4 \ln SV_{it} + a_5 \text{URB}_{it} + Y_t + C_i + u_{1it}\end{aligned} \tag{10-4}$$

$$\begin{aligned}\ln \text{CO2}_{it} &= b_0 + b_1 \ln P_{it} + b_2 \ln A_{it} + b_3 \ln \text{IND}_{it} + b_4 \ln \text{SV}_{it} \\ &\quad + b_5 \text{URB}_{it} + b_6 \ln \text{EI}_{it} + Y_t + C_i + u_{2it}\end{aligned} \tag{10-5}$$

在式(10-4)和式(10-5)中，P 是人口规模，A 是人均 GDP，在式(10-4)中，技术因素 T 由两个变量表示，一个是工业部门占 GDP 的比重 IND，另一个是服务业占 GDP 的比重 SV，在式(10-5)中，反映技术因素的变量除 IND 和 SV 外，还加上了单位 GDP 的能源消费量，即能源强度 EI。URB 是城市化率，Y 是年度虚拟变量，C 是国别虚拟变量，u 是误差项。

分析的结果见表 10-5 和表 10-6，从中可以看出能源消费和 CO_2 排放量对各影响因素变化的弹性。

表 10-5　能源消费量的影响因素分析结果

变量	OLS	FE	PW	FD
常数项	-12.363^{***}	—	—	—
	(−51.68)			
ln$P$	0.964^{***}	1.735^{***}	1.459^{***}	1.235^{***}
	(148.77)	(52.88)	(20.20)	(9.18)
ln$A$	0.870^{***}	0.644^{***}	0.411^{***}	0.316^{***}
	(63.02)	(35.24)	(13.89)	(5.44)
lnIND	0.121^{***}	−0.015	0.060^{***}	0.069^{**}
	(3.45)	(0.67)	(3.12)	(2.51)
lnSV	-0.542^{***}	0.096^{***}	0.077^{***}	0.049^{**}
	(−10.12)	(3.76)	(3.00)	(2.00)
lnURB	0.070^{**}	-0.198^{***}	-0.130^{**}	0.003
	(2.06)	(−5.46)	(−2.07)	(0.03)

（续表）

变量	OLS	FE	PW	FD
国家虚拟变量(C)	—	是	是	—
年度虚拟变量(Y)	是	是	是	是
R^2	0.990	0.801	0.990	0.180
自相关检验		$F=90.05^{***}$		
异方差性检验		$\chi^2(99)=5.3e+04^{***}$		
样本数	3069	3069	3069	2970

注：OLS 是混合最小二乘估计，FE 是固定效应估计，PW 是 Prais-Winsten 估计，FD 是一阶差分模型。

表 10-6　CO_2 排放量的影响因素分析结果

变量	OLS	FE	PW	FD
常数项	-11.770^{***}	—	—	—
	(−37.64)			
ln$P$	1.066^{***}	1.273^{***}	1.235^{***}	1.125^{***}
	(195.74)	(37.27)	(26.84)	(11.12)
ln$A$	1.117^{***}	1.144^{***}	1.116^{***}	1.078^{***}
	(84.61)	(61.20)	(40.01)	(21.10)
lnIND	0.692^{***}	0.371^{***}	0.131^{***}	0.052^{**}
	(18.35)	(16.53)	(3.87)	(0.89)
lnSV	-0.604^{***}	0.288^{***}	0.092^{***}	0.029^{**}
	(10.28)	(11.70)	(2.80)	(0.61)
lnURB	0.506^{**}	0.350^{***}	0.454^{**}	0.47^{**}
	(17.23)	(9.97)	(5.41)	(2.45)
lnEI	0.770^{**}	0.880^{***}	0.897^{**}	0.919^{**}
	(50.70)	(49.60)	(39.12)	(21.58)
国家虚拟变量(C)	—	是	是	—
年度虚拟变量(Y)	是	是	是	是
R^2	0.954	0.864	0.990	0.417
自相关检验		$F=32.81^{***}$		
异方差性检验		$\chi^2(99)=1.2e+05^{***}$		
样本数	3069	3069	3069	2970

将样本国家按收入分为高收入、中等收入和低收入三组，可以对不同收入阶段各影响因素的作用方向和作用大小进行比较。分析结果显示在低收入水平国家，城市化水平上升对能源消费产生负作用，而在中等收入和高收入国家，城市化水平上升对能源消费产生正作用。城市化水平上升对各收入水平国家的 CO_2 排放产生正面作用，并且在中等收入国家的正面作用更明显（图 10-7）。

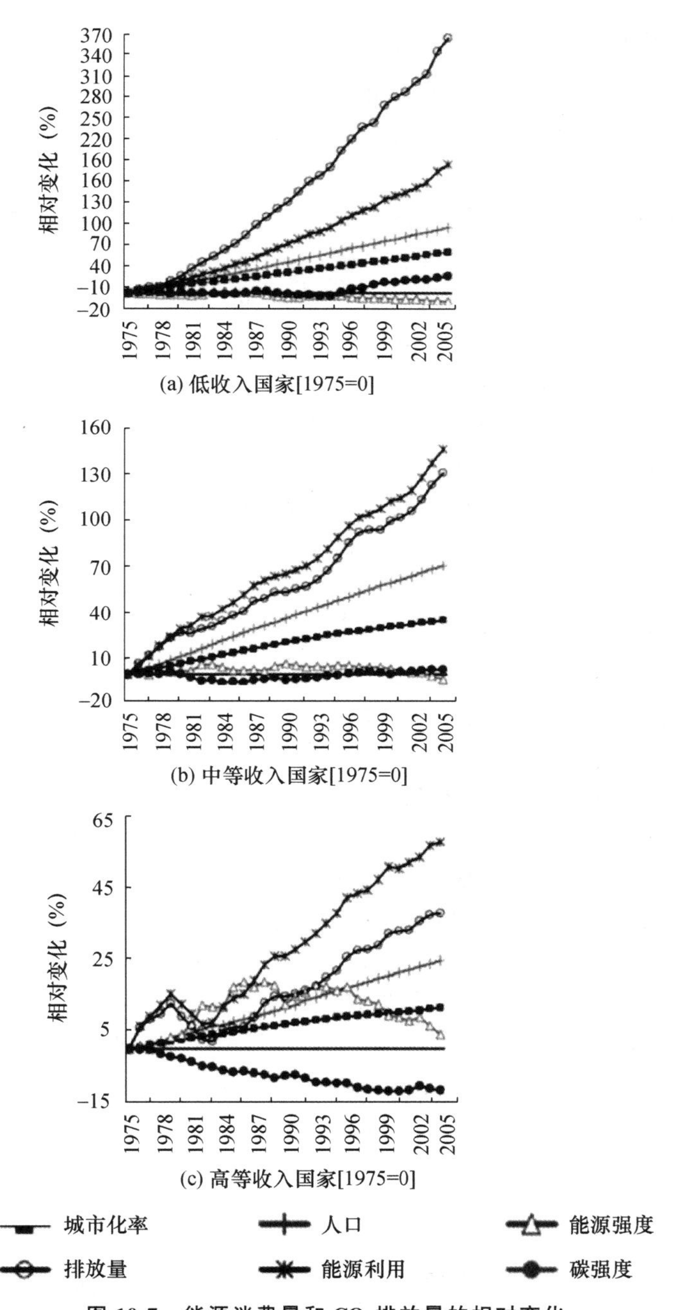

图 10-7　能源消费量和 CO_2 排放量的相对变化

资料来源：Poumanyvong，P.，S. Kaneko. Does Urbanization Lead to Less Energy Use and Lower CO_2 Emissions? A Cross-country Analysis. *Ecological Economics*，2010(70)：434-444.

10.2.4 经济增长

从图10-4中可以看出，社会最优的生产产量并不是0，其对应的最优排污量当然也不是0。可见，在一定的技术水平下，即使不考虑外部性因素，人类的经济活动也会对环境造成压力。

在经济发展的早期阶段，环境问题不是那么突出，人们对环境问题造成的危害也认识不足。而且，对环境与发展的关系还存在着一种片面的看法，即认为经济增长与环境保护是相互矛盾的：一方面，环境质量是一种奢侈品，环境保护需要巨大的投资，在经济发展的较低水平上，发展中国家负担不起环境保护的成本，享受不起环境这种奢侈品；另一方面，发展中国家经济落后，加快经济增长步伐应是优先考虑的目标，而要促进经济快速增长，必然会加大对资源的利用强度，不可避免地导致环境在一定程度的退化，也就是说，环境恶化是经济发展必须付出的代价，否则，经济就发展不起来。但是，发展的实践表明，环境退化和环境污染不仅对人民的生命和生活造成了越来越明显的危害，而且还直接制约着经济增长。因此，人们开始重新思考环境与发展的关系，认为它们之间不完全是一个权衡取舍的问题，也是一种相互影响、相互促进的关系。具体地说，没有充分的环境保护，经济发展将受到阻碍；同样地，没有经济发展，环境保护也难以为继。

1. 贫困与环境

由于缺乏其他的维生和获得收入的渠道，穷人常常不得不主要依赖能得到的有限的自然资源维持生计，许多欠发达国家和地区面临着贫困与环境退化的双重压迫：穷人为了每日生存而被迫过度使用自然资源，而环境恶化使他们进一步贫困，使他们的生存更加困难和无保障。据统计，世界上约一半穷人生活在生态脆弱的农村，有些地区的穷人缺乏耕地，他们倾向于耕种山坡地、滥伐森林，破坏地表植被；有些地区的穷人缺乏燃料，不得不将作物的秸秆和动物粪便转用作燃料，减少了土壤有机质的积累，易引起土壤退化。而环境的恶化又导致自然灾害的频繁发生，使这些地区的人口生存更加困难，进一步贫困化，陷入“贫困—生态破坏—更加贫困”的恶性循环。在贫困和环境恶化的压力下，分配日益短缺的自然资源往往会引起社会紧张和冲突。此外，贫穷还常和资源基础差、人口增长过快、人口教育水平低、产权无保障、金融保险体系不健全、错误的发展政策等联系在一起，这些因素也会成为环境的破坏因素。欠发达经济中发生的这种人口压力与生态退化间的恶性循环，本质上是一种贫困引起的综合征。

两个贫困与环境退化的恶性循环故事

在一个位于半干旱地带的非洲村落，该村落的居民已被专家警告说，如果他们继续砍伐仅存的树木、耕种边际土地，他们的困境将进一步恶化。但在贫困的压力下，每个家庭优先考虑的仍然是获得基本必需品以维持生计。作为生活必需品的薪柴是通过破坏植被得到的。由于人口迅速增长造成土地利用的集约化，也由于为获得薪柴而砍伐树木以及为用于耕作而开垦边际土地，山坡地受到严重侵蚀。植被的丧失导致了耕作所需的宝贵地表土的迅速流失,从而更难以实现高产。遇到干旱年份,水土流失严重的地方甚至有沙漠化的危险。由于水土流失,农产品产量下降,许多家庭的粮食不足以喂养孩子。这些家庭就只好花更多的时间尽力去挣得足够的收入以维持生计,但在当地几乎找不到能挣钱的工作。

女性的工作就是为日常的炊事捡拾足够的柴火。步行到捡柴火的地方再回来就要几个小时,这构成了她们一天的主要工作,这种情况使得她们的时间利用效率比较低。当地市场不出售其他形式的燃料,即使有售别的燃料,大多数村民也无力购买。事实上,许多女性把不少时间花到了捡拾宝贵的柴火和制作焦炭上面,然后再把焦炭拿到城市出售,换回很少的一笔钱,用这笔钱再去购买家庭必需品。女性时间的这种低机会成本导致了森林资源长期的浪费型利用并使当地的环境状况日益恶化。

还有一个位于广袤雨林边缘的南美洲村落。这里的绝大多数农民都是新移民,他们是在政府许诺给他们土地并保证他们致富的条件下被吸引而来的,这一计划的目的在于缓解城市拥挤,遏止乡—城人口流动的潮流。这种公共移民安置计划规定,财产权可以分配给愿意开垦土地的定居者。为了尽快致富,农民常常焚烧森林以腾出土地进行耕作。尽管焚烧森林可暂时给无土地者提供一定的收入来源,但这些土地很贫瘠,如果对它们进行密集耕作,只能维持几年。尽管互补性要素投入和耕作技术有助于提高产出水平,但由于它们"供给不足",从而导致耕作头几年之后产量开始迅速下降。这样,定居者就被迫继续焚烧其他森林,向森林纵深处拓展。由于定居者居住在边际土地上,必须不断地寻求新的肥沃土地,而且几乎毫无希望把生活水平提高到仅足糊口的现有水平上,因此从长期来看,政府的移民计划可能与发展目标背道而驰。

有发展经济学家认为,尽管在现实中,大量的农村贫困人口生活在生态环境恶劣的地区,但是恶劣的生态环境导致了贫困,还是贫困造成了生态环境的退化,或者在贫困和生态环境退化间存在恶性循环,还需要深入分析。贫困使穷人更易受到环境恶化的危害,而且由于无可选择,也会促使穷人养护自然资源,并以可持续的方式使用它们掌握的资源。从这个意义上说,虽然贫困和环境退化常常相伴,但贫困不一定就引起环境退化。许多贫困地区在很长的历史时期里保持着生态环境的稳定,严重的环境退化一般与不稳定的产权和错误的经济发展政策相联系。

摆脱贫困与维持良好的环境间没有必然的矛盾。现实中二者之间可能存在的冲突常是人们技术选择的结果,是某种摆脱贫困的方式导致的或是某种保护环境的方式造成的矛盾。从长远来看,二者间不但没有矛盾,而且几乎总是相互促进:良好的环境提供给人们新的、更多的发展机会;摆脱贫困后的人们对环境服务的需求增加,使人们更积极主动地改善环境,同时也可以有更多的投入去维护良好的环境。

2. 经济增长与环境

经济增长意味着经济规模的扩张,而经济规模扩张要求从自然界提取更多的资源,并相应地向自然界排放更多的废弃物,按照这个分析逻辑,经济增长会加大环境压力。同时,经济增长也伴随着技术进步和结构变动,可能减轻环境压力,同时经济增长带给人们收入水平的上升,使得人们对更高环境质量的需求增加,也促进环境治理投资和环境质量改善，按照这个分析逻辑，经济增长又是有利于环境质量的。可见，经济增长对环境的影响是双向的，但哪个方向的影响是主导的呢？20世纪六七十年代许多学者进行了研究，提出了不同的意见，可以大致将这些意见分为四类，如表10-7所示。

表10-7　关于经济增长对环境影响的四种观点

		经济增长对环境质量影响的观点	政策建议
反对	温和的反对者	经济增长对环境是有害的，环境政策虽有助于减缓环境退化，但在增长的经济体中，环境政策的作用是有限的。	采用降低污染密集型产业增长速度的环境政策。
	激烈的反对者	经济增长对环境是有害的，环境政策对环境有暂时的正面作用，但如果经济不停止增长，环境质量不会有根本性的好转。	降低经济增长速度甚至停止经济增长。
支持	彻底支持	经济增长和环境间存在正相关关系。经济增长刺激有利于环境的技术进步；环境质量是一种奢侈品，经济增长改变人们的生活模式，使人们对环境质量的有效需求增加，对环境质量是有利的。	促进经济增长，保证自由市场机制的正常运转。
	有条件支持	尽管产出增长会对环境造成潜在的威胁，但经济增长可为环境保护提供资金，是环境政策实施的前提，经济增长和环境质量间是正相关关系。	在促进经济增长的同时，实施环境政策。

(1) 反对经济增长的观点

这种观点认为经济增长和环境质量之间的取舍是一个两难问题：经济增长意味着更多的产出，而要得到更多的产出要求更多的投入，势必要加大对自然资源的开发力度，同时产生更多的环境污染。因此经济增长和环境质量改善这两个目标是难以同时达到的。人类社会要实现可持续发展，唯一的办法是降低经济增长速度甚至停止增长。持这种观点的学者主要有罗马俱乐部成员、博尔丁、戴利等人。

1972年，罗马俱乐部发表了《增长的极限》的报告，提出了“增长的极限”的概念，认为经济增长引起不可再生自然资源耗竭速度的加快和环境污染程度的加深，为了避免灾难性的崩溃结局和危机，必须使全球达到均衡状态。人类在地球上的活动存在上限，人们应考察无限制的物质增长的代价、考虑持续增长的替代办法。后来，麦多斯等人又对自己的观点进行了修正，认为技术进步有助于扩大人们的选择范围，有可能帮助人类超越增长的极限。

博尔丁和戴利都认为，地球实际上是一个封闭系统，就像一只孤立的宇宙飞船，它的生产能力是有限的，随着经济子系统的增长，地球生态系统从一个“空的世界”转变为一个“满的世界”，这时候自然资本代替人造资本成为稀缺因素，经济子系统就需要从数量型增长转换为质量型增长，此时经济增长目标应让位于自然资本的维持。戴利还明确提出可持续发展与经济增长是不相容的，认为增长是一种物理上的数量型扩展，可持续发展必须是一种超越增长的发展，并引向一种稳定状态的经济。①

(2) 支持经济增长的观点

与持悲观的、反对经济增长观点的学者相反，一些学者认为经济增长是有利于环境保护的。持这种观点的学者主要有西蒙、贝克曼等，他们的理由主要有：

---

① 赫尔曼·E.戴利. 超越增长：可持续发展的经济学分析. 上海：上海译文出版社，2001：43-62.

• 技术进步会扩大自然边界，经济增长会导致经济结构变化，使经济由依赖自然资源开发利用的传统工农业向依赖人力资源开发利用的信息业、虚拟经济转变，出现非物质化的倾向，这将减轻经济增长对环境的压力。

• 经济增长能增强投资于环境修复和治理的能力，有利于环境保护。

• 经济增长还会使清洁生产技术得到发展，而清洁生产技术在传统产业中的应用有助于减轻经济活动对环境资源的压力。

• 环境是一种奢侈性产品，随着经济增长带来人均收入水平的上升，人们对环境产品的有效需求将扩大，会促进环境的保护和改善。

西蒙将人的想象力作为不会枯竭的“最后的资源”，认为它会解决人类面临的资源和环境问题。贝克曼认为“确凿的证据表明，尽管在经济发展的初始阶段常常导致环境退化，但到最后，在大多数国家，保护环境最好的甚至唯一的办法就是变得富裕起来”①。

实际上，经济增长与环境之间的这种争论，不仅是一个学术争论的问题，在一定程度上还是发达国家和发展中国家利益斗争的反映。发达国家把目前全球环境继续恶化的责任归咎于发展中国家，认为这些国家过分追求经济增长，导致全球环境继续恶化，而发展中国家在环境与发展问题上，则坚持发展的优先性，认为不能在“环境霸权主义”的威胁下牺牲自己的发展权。贝克曼甚至认为将增长与环境视为二难选择本身就是一个错误。环保主义者过分强调环境保护是在反映富国和富人们的利益，对世界上大多数人来说，福利的提高更多地依赖经济增长在减少贫困，提供更多更好的食物、衣服、住房和工作条件等方面的成就，而不是减少空气中的 SO_2 含量。正是由于经济增长使人变富后开始关心环境并对环境加大了投入，发达国家的环境才改善了，因此经济增长与环境并不矛盾。②

3. 环境库兹涅茨曲线假说

自 20 世纪 60 年代开始，随着工业污染问题的严重，社会公众的环境意识不断觉醒，开始越来越关注环境问题的根源，环境保护运动也在全球兴起。在许多学者和环境保护主义者的眼中，经济增长往往被看作是环境问题的产生根源，他们对传统经济增长理论进行了反思，并致力于经济增长和环境质量关系的研究，提出了如表 10-7 所示的各种观点，但当时的这些理论都缺乏实证资料的验证。

70 年代以后，伴随计算机分析技术的应用普及和环境监测数据不断丰富，学术界对经济增长和环境质量关系的讨论进入一个新阶段，推出不少新理论和模型。这些理论和模型得出的结论各不相同：一些模型认为经济增长和环境质量的稳定和改善是不相容的；而另一些模型则认为经济增长和环境质量改善可以兼顾。其中最有代表性的是环境库兹涅茨曲线(environmental kuznets curve，EKC)假说。

由于经济增长与一些环境质量指标之间的关系不是单纯的负相关或正相关，而是呈现倒 U 形曲线的关系，有学者将其类比于库兹涅茨曲线，认为环境质量会随经济增长先恶化后改善：当经济发展处于低水平时，环境退化的程度处于较低水平；当经济增长加速

① Becherman, W. Economic Growth and the Environment: Whose Growth? Whose Environment? *World Development*, 1992(20): 481-496.

② Beckerman, W. *Growth, the Environment and the Distribution of Incomes*. Edward Elgar, 1995: 192-206.

时，伴随着农业和其他自然资源开发力度的加大和大机器工业的崛起，自然资源的消耗速率超过再生速率，经济活动产生的有毒物质种类和废弃物的数量迅速增长，环境出现恶化趋势；但当经济发展到更高水平时，经济结构向知识密集的产业和服务业转变，加上人们环境意识的增强、环境法规的严格执行、更好的技术和更多的环境投资等，会使环境出现改善趋势(图 10-8)。

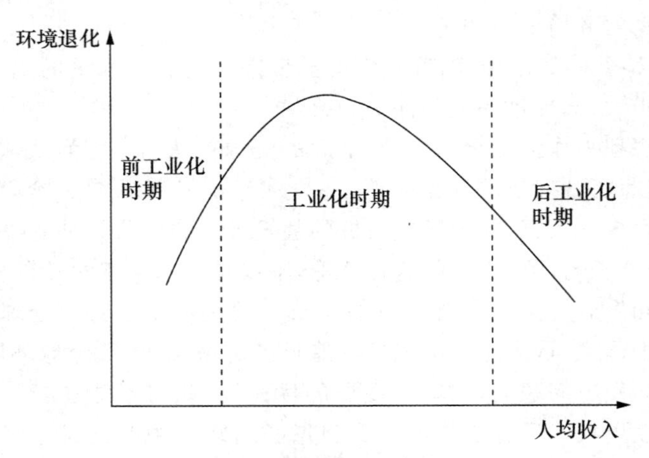

图 10-8　环境库兹涅茨曲线

在一定程度上，被破坏的环境具有自我净化和自我恢复的能力，但是污染和退化超过一定限度后，自然生态系统将崩溃，受破坏的环境再不能恢复到原来的状态，这一限度被称为生态门槛。生态门槛对 EKC 假说的意义在于：如果在经济增长过程中环境严重退化，超过了生态门槛，则环境质量在更高的收入水平上也无法好转。市场失灵和公共政策失误是引起环境退化的主要原因，清晰界定自然资源产权、取消对环境有害的补贴、通过环境管制措施将环境外部性内部化等有助于纠正市场失灵和政策失灵，降低经济增长的环境成本，使 EKC 曲线的峰值降低到生态门槛以下的水平(图 10-9)。

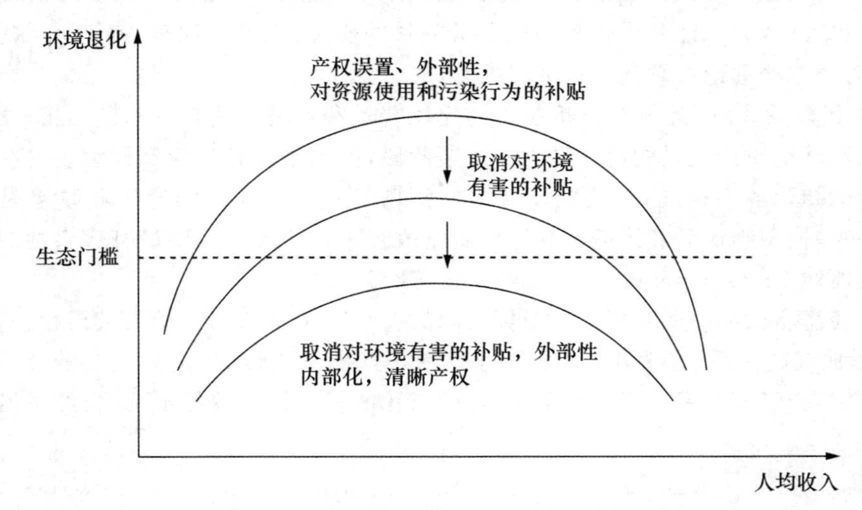

图 10-9　降低环境库兹涅茨曲线的峰值

EKC假说的提出引起了研究者之间的争论。为此，自20世纪90年代以来，许多学者利用环境监测数据，用回归分析法研究环境质量指标随人均收入增长的变动情况，对EKC假说进行检验。检验EKC假说的基本模型是：

$$E=\beta_1 Y+\beta_2 Y^2(+\beta_3 Y^3+\beta_4 X)+\beta_0 \tag{10-6}$$

式中，E是环境质量变量，较常被选用的环境质量因素有大气中的SO_2、悬浮颗粒物、烟尘、NO_x、CO、CO_2，水体中的COD、致病菌、重金属等，使用的指标可以选用污染物排放量或污染物浓度。Y是经济发展水平变量，一般选用人均收入水平。X是其他可能影响到环境质量的因素。在回归方程的具体形式选取上，一般选用二次方程，但如果数据的散点图显示变量间有更复杂的变化，也可选用三次方程，以考察是否存在二次拐点使曲线成N形，有的研究对各变量取对数形式。

由于使用的数据不同，检验EKC假说的实证研究的结果差异较大，其科学性还有待进一步证实，不过综合起来，EKC假说的问题主要集中在以下几个方面。

(1) 呈现倒U形曲线的污染物多为地方性污染物，这些污染与当地人口的健康福利有直接的关系，因而也较容易得到重视和治理，如地方性空气污染和水污染。对于全球性的环境问题或者污染方和受害方在时空上相距较远的环境问题，经济增长起到的改善作用不大。

(2) 环境变化是一个复杂的过程，但在EKC模型中许多可能影响环境变化的因素被抽象掉了，而且，单纯从EKC模型也无法得知经济增长是通过什么途径影响环境质量的，使该模型缺乏政策指导意义。

(3) 环境的承载能力是有限的，随着环境中积累的污染物增加，环境对污染物的吸收能力下降，最终有可能使生态系统崩溃，再也没有机会改善。因此，在经济增长过程中必须实施一定的环境政策，使环境质量保持在生态门槛以内，而EKC假说中没有显示环境政策的作用。

(4) 检验EKC假说的实证研究多是针对单一的污染物指标，对环境质量的整体状况则没有考察。由于在经济发展过程中，经济活动的物质基础会发生变化，导致环境问题从一种具体形式转向其他形式，这样虽然有的污染指标下降了，但总体环境质量可能并没有改善。

经济增长过程中不同的环境质量变化路径具有不同的政策意义：如果环境质量单调下降，则说明经济增长对环境是有害的，为了保持环境质量应将经济增长限制在某一水平之下；如果环境质量单调上升，则说明经济增长对环境有利，可以通过经济增长改善环境质量；如果环境质量呈现先下降后上升的趋势，说明经济增长过程中环境质量在一定阶段出现下降是必要的代价，为了避免环境系统出现崩溃，人们需要采取措施降低EKC曲线的峰值，加快经过EKC曲线的拐点。

4. 经济增长影响环境质量的途径

经济增长既不是环境的天然盟友，也不是环境的天然敌人。经济快速增长往往对环境具有负面的影响，因为它常常伴随着工业扩张、城市化和不断开发可再生或不可再生的自然资源。但与此同时，增长也为改善环境创造了条件，没有经济增长提供资金和技术支持，环境就不可能得到保护。这些问题不能用分散的机构和政策孤立地解决，它们

处在一个复杂的因果关系网中，环境保护与经济增长不是孤立的两种挑战，而是紧密相关的。

一般而言，在实际经济活动中，经济增长对环境的影响可大致分解为三种效应：规模效应、结构效应和技术效应。经济增长过程中环境质量的变化方向是这三种效应共同作用的结果。

环境＝经济(规模效应，结构效应，技术效应)

(1) 规模效应

如果其他两个因素不变，经济增长带来的经济规模扩张会使污染排放量增加，对环境的损害增大。

(2) 结构效应

在经济增长过程中产业结构会发生变化。一般地，以三次产业结构的变动为例，会由“一二三”型向“二一三”或“二三一”型结构转变，最后转变为“三二一”型结构。在这种结构变化过程中，第二产业占国民经济的比重先上升后下降，而第二产业是主要的污染物排放者。这样，如果其他两个因素不变，由于产业结构的变动，会使环境压力呈现先增加后减少的变化。

(3) 技术效应

伴随经济增长的技术进步和环境管制会提高自然资源的利用效率、降低污染物排放强度，如果其他两个因素不变，由于技术进步和环境管制加强，会使环境压力减轻，出现技术效应。

因此，在其他条件相同时，经济增长和环境质量间关系的变化方向是图 10-10 中三个图像的叠加，决定于规模效应与结构效应、技术效应间强度的对比。这使得经济增长与环境质量之间的关系具有很大的不确定性。

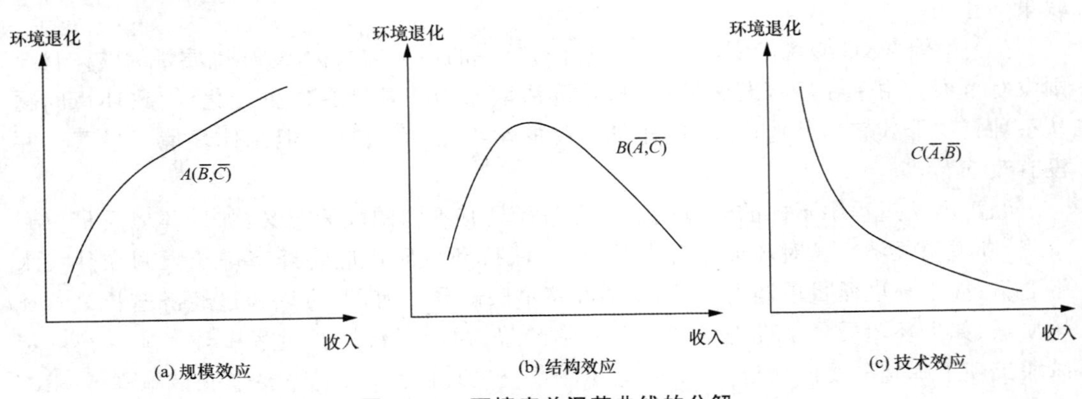

图 10-10　环境库兹涅茨曲线的分解

对发展中国家而言，经济增长是发展的基础，是人们摆脱贫困和增进福利的根本手段，简单地通过限制经济增长来保护环境是不可行的，也是难以让人接受的。那么，要保护环境，问题就不是是否增长，而是怎样增长。正确的经济政策和环境政策、有利于提高资源利用效率和减少污染物排放的技术进步都有助于减轻经济增长的环境压力。从图 10-11 中可以看出，重视环境保护的国家可以沿着 AD 在快速增长和环境质量之间实现平衡。如果一个国家走“先增长、后治理”的道路，那么它就会从 A 发展到 C，在经济增长的同时，环境受到很大程度的破坏。当然，还有一个更糟糕的选择，即缓慢经济增长和环境退化的模式，也就是从 A 到 B 的路径（图 10-11）。

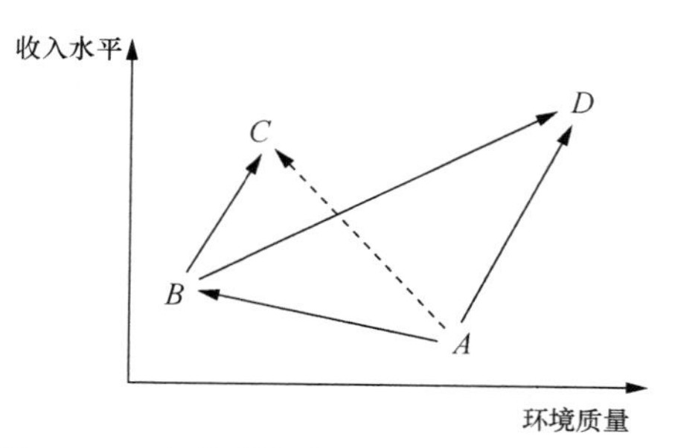

图 10-11　经济增长与环境质量的可选路径

经济增长中的“先污染后治理”

不同类型国家的经济增长历程有很大的差别，目前面对的主要环境问题也各不相同，但“先污染后治理”似乎是各种类型国家不约而同的选择。

第二次世界大战后，为了弥补战争损失、恢复经济增长，各主要发达国家纷纷将增长作为第一目标，加之这一时期世界能源价格低廉，发达国家普遍取得了较长时期的高速经济增长，一直到 1973 年能源危机，这些国家都维持了高速的经济增长。但同一时期，以水污染和空气污染为主的各种环境灾难也纷纷出现，其造成的巨大生命财产损失引发了人们对环境问题的关注。

从 20 世纪 60 年代开始，发达国家的民间环境运动逐渐兴起，70 年代是环境保护运动的辉煌时期，这一时期学者们对环境问题的研究不断深入，各国政府出台了大量的环境法律法规，制定了一系列的环境标准，这些环境法律法规和环境标准在促进污染防治方面发挥了巨大的作用。同时，经过十几年的快速经济增长，到 60 年代末期，发达国家已具备了投资于环境管理和污染防治的实力，政府不仅运用各种环境管控手段对污染者进行管理，还以大量的财政支出和信贷政策支持企业的污染防治行动。在科学技术领域，与污染防治和环境保护有关的研究和技术开发应用也有了巨大的进步。减少污染物排放的技术以及降低物耗、能耗、替代能源技术迅速发展起来，这些技术的应用直接减少了发达国家的能源、原材料使用强度（单位产出的能源、原材料使用量）。1970 年开始，西欧和日本的钢消耗强度开始下降，到 1990 年，西欧的钢消耗强度下降到 1970 年时的 52%，日本的相应指标是 44%。美国 1965 年每百万美元的钢消耗量为 57 吨，到 1990 年下降到 19 吨。除钢材外，铜、锌、锡、镍、水泥、化学原料的消耗强度也下降。[①] 在社会学领域，人们讨论研究环境破坏的根源及防治政策，环境教育从小学到大学广泛地开展起

① Per Kageson. Growth versus the Environment: Is There a Trade-off? Kluwer Academic Publishers, 1998: 55-60.

来，民众的环境意识得到了普遍的加强，一些国家的议会中还出现了以环境保护为主要目标的政党。

经过近十年的集中整治，各主要发达国家的环境质量有了明显改善，一些传统的污染物得到了控制，特别是在与人们生活密切相关的地方性水、空气环境治理方面取得了显著成效，许多环境指标得到了改善。80年代以来，以美国为代表的发达国家产业结构成功升级，污染强度较大的传统产业比重相对下降，新兴的技术密集型产业在经济中所占比重逐渐上升。产业结构的这种变化保障了前一阶段环境治理的成果，一些环境污染指数继续明显地下降。比如，美国1985年的污染物排放量相当于1970年的69.9%，同期加拿大的这一指标为88.5%、德国为70.85%、英国为83.4%、意大利为83.9%、瑞士为86.7%、荷兰为68.8%，都有了较大幅度的下降[①]，瑞典甚至减少了70%的污染物排放量[②]。可见，发达国家经济增长过程中的环境质量变化基本上遵循"先恶化后改善"、"先污染后治理"的规律。

发达国家"先污染后治理"的增长模式虽然取得了本国环境质量改善的效果，但其代价是巨大的。有人根据SO_2污染治理滞后的损失估算了日本"先污染后治理"的经济损失，约为适时治理的两倍多。[③] 由于这一估计只是一年的估算值，未考虑健康损害和治理投资的累积效果，而且只考虑了SO_2及其对健康的损害，未包括其他污染，健康损害值也是根据补偿资料得出的，与实际受损害值相比偏低等原因，日本"先污染后治理"增长模式的代价比这一估算值要高。与适时治理污染相比，"先污染后治理"模式是一条代价高昂的道路。

发展中国家的主要特点是贫困。为了摆脱贫穷，发展中国家面临艰巨的经济增长任务。但是受技术、资金等条件的限制，发展中国家可以选择的发展道路十分有限，许多发展中国家的经济增长是建立在自然资源消耗基础上的。比较典型的是印度尼西亚，印尼是世界上最大的群岛国家，拥有丰富的生物和矿物资源，其经济发展的原始资本积累是通过自然资源的开发获得的。在经济发展的最初25年中，印尼耗费了大量的自然资源，大面积的天然林区被破坏，原始森林被辟为农田，改建成城市和风景区，自然资源开发过程中造成极大的环境污染，使环境质量大大下降。

在获得经济增长的原始资本后，发展中国家往往要经历工业化过程。从目前的局面看，在经济持续快速增长的发展中国家，普遍出现了环境质量下降的局面，这种现象在亚洲各发展中国家表现得最为突出。以印度为例，"印度象"与"中国龙"共舞是许多人津津乐道的话题，而其面临的环境问题也不比中国少。在生态环境方面，从1947年到1997年，印度人均可获得的淡水资源从6 000立方米降到2 300立方米，每年被砍伐的森林在100万公顷以上，森林覆盖率由23%下降到10%—12%，土壤恶化面积已占到整个国土面积的57%，因此而造成的农业损失占1997年全部产出的11%—26%。在水环境方面，约70%的水体被污染，城市在各重要河流中形成了明显的污染带。在大气环境方面，印

① 周民良. 中国的区域发展与区域污染. 管理世界，2000(2)：103-113.

② Thomas Anderson 等. 环境与贸易. 北京：清华大学出版社，1998：2.

③ Meyer, S., L. Schipper. World Energy Use in the 1970s and 1980s. *Annual Review of Energy*, 1992(17): 463-505.

度 60%的商业能源来自灰分很大的低质煤,这种煤燃烧时排放出大量的有害气体,使印度城市的空气污染十分严重,仅首都新德里每天就有 24 人死于空气污染。由于空气污染,加尔各答市有 60%有居民患有呼吸系统病。[①] 因此,印度权威环境组织塔塔能源研究所在它提交的绿色报告中认定,在过去的 50 年中印度的经济发展了,但经济增长带给人民的好处已经为环境恶化的结果所抵消。

与中国一样,在世界环保潮流的影响下,印度政府较早制定了一系列环境保护的规章制度,而由于面临艰巨的经济增长任务,技术、技术资金短缺,许多制度无法得到严格的执行,处于名至而实不至的局面。例如,从 20 世纪 70 年代起,印度政府就开始采取立法手段控制生态环境的恶化。1974 年,印度政府公布了"水(预防和控制污染)法",接着于 1981 年公布了"大气(预防和控制污染)法",1992 年,印度政府又要求企业向地方政府的污染控制局提交一项文件,说明其排放对环境的影响。但是这些立法在实际执行中存在不少漏洞。印度中央污染控制局 1984 年所做的一项调查表明,在所调查的 48 家工厂中,只有 6 家拥有适当的污染控制设备,31 家工厂根本没有这种设备。

因此,经济处于增长过程的发展中国家并没有摆脱"先污染后治理",目前普遍陷入环境质量随经济增长下降的困境。

从前述各国的经历可以看出,虽然从统计上看,"先污染后治理"得不偿失,但受经济发展阶段、增长初期资金和技术条件的限制,各国相继走了这条老路。这里有一笔账:滇池周边的企业 20 年间总共只创造了几十亿元产值,而要初步恢复滇池水质(达到Ⅲ类水标准)至少就得花几百亿元;淮河流域小造纸厂的产值 20 年累计不过 500 亿元,而治理其带来的污染,即便只是干流全部达到最起码的灌溉用水标准(Ⅴ类)也需要 3 000 亿元的投入,而要恢复到 20 世纪 70 年代的状态(Ⅲ类),不仅花费是个可怕的数字,时间也至少需要 100 年!可见,走先污染后治理的弯路代价巨大,但为何各国相继走了这条"弯路"呢?

"先污染后治理"的普遍存在是与一国经济增长中产业结构的变化、收入增长引起的需求结构的变化相联系的。

按照经济发展中产业结构变化的一般规律,第二产业在经济中比重的上升是发展的必经阶段,而第二产业的环境压力比第一、第三产业大。从发达国家和新兴工业化国家的产业结构变化上可以看出,工业内部结构也有一定的变化规律,先是劳动密集型的产业在经济中居主导地位,然后代之以重化工业,再次才是技术密集型的高新技术产业在经济中居主导地位。在产业结构的变化过程中,重化工业的发展会对自然资源和环境造成更大的压力。经济结构的变化是影响环境质量变化的重要基础,从经济结构的这些变化上可以看出,其对环境的压力呈现先增大后减小的规律。受到社会技术和资本供给能力的限制,发展中国家很难跨越经济结构的发展阶段,如果强行跨越,可能给资源环境带来更大的负面影响。例如中国在 20 世纪五六十年代试图跨越劳动密集型阶段,直接进入重化工业为主导的工业化阶段,结果造成了自然资源的巨大浪费和严重的环境破坏。

---

① 刘小雪.全球化背景下的环境保护对印度的影响.当代亚太,2000(10):55—60.

按照马斯洛的需求理论,人的需求是分层次的,只有低层次的需求满足了,人才追求高层次需求。基本生存需要是最低层次的需求,为了满足这一需求,人们可以不择手段,不计代价。对于一个经济体而言,在发展的初期,急需经济增长来满足人民的基本生存需求,哪怕增长过程会破坏资源基础、污染环境。虽然从长期来看,这是得不偿失的行动,但收益的时间价值是不同的:当前的一杯水胜过未来的一桶水。另外,在发展初期,经济实力和技术能力较低,在没有更好的增长道路可以选择时,很难说"先污染后治理"是非理性行为。

10.2.5 经济全球化

自20世纪80年代以来,越来越多的国家和地区被卷入国际分工的经济体系中来,人员、物品和资本在全球流动,寻找获利的机会,经济全球化的趋势越来越明显。作为一种深刻的变革,经济全球化不仅影响着世界各地居民的收入和生活,也对环境造成巨大的影响。经济全球化影响环境的渠道主要有以下几方面。

(1) 经济全球化作用于增长,通过增长影响环境;

(2) 经济全球化深化国际分工,改变世界各地的经济结构,因此改变经济活动的资源使用强度和污染强度;

(3) 经济全球化促进资本和技术扩散,这些资本和技术可能对环境产生有利影响,也可能带来负面影响;

(4) 经济全球化在使全球产出增加的同时,也会使一部分国家、地区或人群的处境边缘化,可能加剧这些地区由于贫困引致的环境退化和自然资源耗竭问题;

(5) 经济全球化促进生产标准国际化,由于主流消费市场的环境标准较高,因此可能提高全球的环境标准;

(6) 经济全球化改变市场和政府的关系,限制政府机制作用的领域,使市场机制的角色得到加强,因此,在经济全球化的过程中,由市场失灵导致的环境问题会趋于增加;

(7) 在经济全球化的背景下,面对全球性环境问题和一些国内环境问题,各国政府间的环境合作趋于加强,产生进行环境政策改革的压力。

经济全球化对各地环境质量的影响是通过它的两种主要载体:国际贸易和资本流动进行的。

1. 国际贸易的环境影响

20世纪50年代以来,世界贸易量比产出量增长得更快,世界经济的贸易依存度不断提高。按照贸易理论,贸易有利于稀缺经济资源的有效利用,如果自然资源的定价合理,价格中包括所有的相关成本,贸易会实现环境成本的最小化,从而促进贸易参与方的社会福利增长。但由于市场失灵和政府失灵的存在,自然资源往往被错误配置,此时贸易对环境既产生正面影响,也产生负面影响,其对社会福利的最终影响方向取决于正、负两种影响强度的比较。

对于贸易的正效应和负效应哪个居于主导地位，人们的看法很不相同，OECD(1994)尝试将不同的论点统一在一个分析框架中，将其总结为6个方面(图10-12)。

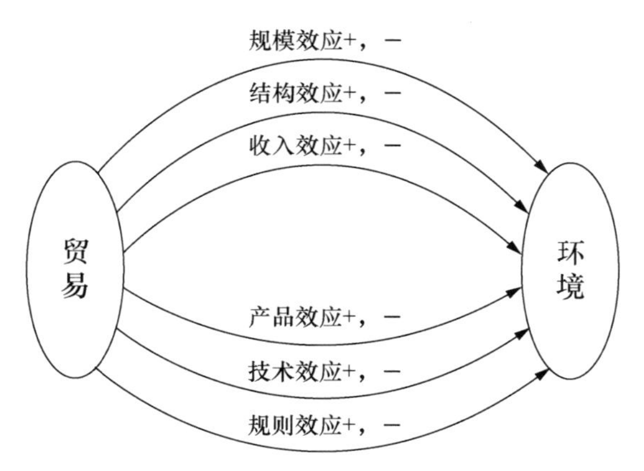

图10-12 贸易对环境的影响

(1) 规模效应

贸易的规模效应具有两面性：由于贸易刺激经济增长，在经济结构和资源使用效率一定的情况下，经济规模的扩张意味着更大的环境压力，因此产生负面的规模效应。如果存在市场失灵和政策失灵，负面规模效应会更明显。如果贸易在带来经济增长的同时鼓励生产结构转型、刺激降低污染强度的技术进步，则会促进环境保护水平的提高，产生正面的规模效应。

(2) 结构效应

贸易会引起微观经济生产、消费、投资、生产布局等方面的变化，这些变化的环境效应具有两面性：贸易使工业结构向有利于发挥各国相对竞争力的方向转变，在没有市场失灵和政策失灵的情况下，贸易形成的产出结构符合各国的资源环境禀赋，有助于降低经济的污染强度。但是贸易有利于环境保护是有条件的，它要求自然资源和环境资产被正确地估价，如果自然资源和环境资产的估值偏低，贸易会加剧环境的退化。

(3) 收入效应

贸易带来国民收入的增长，收入增长从几个方面影响环境：首先，收入增长促进消费增加，并相应地增加环境外部性；其次，收入增长提高人们对环境改善的支付意愿，促进公共环境投资的增加，并提高环境保护在政府决策中的优先度。

贸易引致经济增长，如果社会各阶层能普遍享有增长的利益，贫困对环境的压力会降低。但如果在增长过程中穷人被边缘化，穷人在生存的压力下以不可持续的方法使用自然资源，环境退化将加剧。在封闭状态下，穷人开发自然资源是为了生存。在贸易影响下，人们开始为了出口开发自然资源，自然资源的开发强度会大大增加。当自然资源属于公共产权物品时，环境退化会更严重。

(4) 产品效应

贸易自由化的产品效应取决于被贸易产品的性质,如果参与贸易的产品是有害于环境的,如有毒化学品、危险废物、濒危物种等,则产品效应为负;如果参与贸易的产品是有利于环境的,如各种“绿色产品”、有利于提高资源使用效率的机器设备等,则产品效应为正。

(5) 技术效应

贸易自由化有助于促进先进技术的扩散,提高资源利用效率,因而是有利于环境保护的。

(6) 规则效应

政府可能由于签订国际环境协议或国际贸易协议提高本国的环境标准,也可能由于贸易压力和某些贸易协议中的环境条款放松已有的环境标准。这使得贸易的规则效应具有两面性。

虽然贸易会对环境产生种种影响,但它不是引起环境退化的根本因素,而是在有些情况下会加剧市场失灵和政府失灵引起的环境损害。

国际贸易对中国环境的影响

改革开放以来,我国的国际贸易量迅速扩大。据 WTO 统计,中国的商品出口额 1980 年为 181 亿美元,1990 年增长到 621 亿美元,2000 年增长到 15 778 亿美元,2016 年为 20 982 亿美元(图 10-13)。

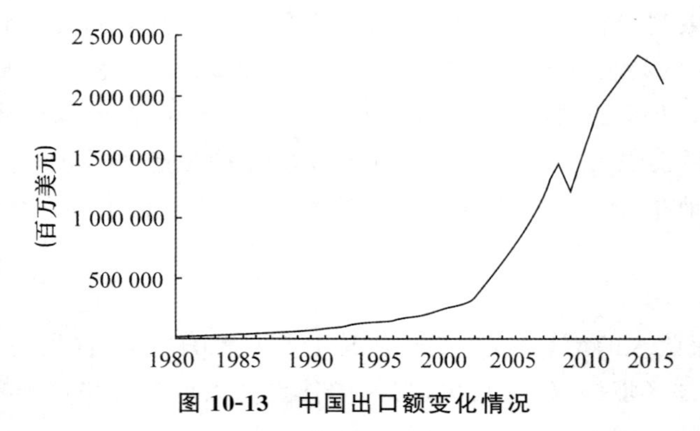

图 10-13 中国出口额变化情况

资料来源:www. wto. org.

国际贸易对中国环境的影响既有积极的一面,也有消极的一面。从积极的方面看:

(1) 国际贸易促进了中国经济增长,促进了人均收入水平的提高,提高了环境投资能力,也提高了社会对环境问题的关注程度。

(2) 国际贸易为中国打开了广大的国际市场,使中国利用自身的劳动力数量和价格优势进行劳动密集型生产,这种参与国际分工的方式对资源和环境的压力较小。

(3) 国际贸易扩大了资源的配置范围,使生产和消费活动能够超出中国自然资源的供给能力和环境的承载容量，缓解了资源短缺对中国经济增长的制约。近年来由于对自然资源和能源的需求日益扩大，中国进口原材料和能源的数量迅速增加，已成为全球原材料和能源的主要进口国。进口国外废旧物资是中国进口资源的一种形式，如进口废钢铁、废纸、旧木材、淘汰下来的机电产品等。相对于开采矿产品和其他自然资源来说，废旧物资的重新利用可以提高冶炼和加工效率，既减少对自然资源的大量消耗，也减少直接进口的自然资源数量。

(4) 国际贸易使中国能够引进国外先进技术和设备，提高国内资源的利用效率，提高环境治理水平。目前发达国家的资源利用效率和环境治理水平明显高于中国，通过开展技术贸易和货物贸易，直接引进发达国家的先进技术和设备，既可以使中国国内资源的利用效率得到明显提高，也有助于迅速提升环境治理水平。

(5) 国际贸易促使中国向更高的环境标准看齐。近年来，随着关税减让的扩大，国际贸易中出现了许多非关税的绿色壁垒，对产品的原材料、生产工艺、技术规范有了更严格的限制。绿色产品、绿色消费倾向的兴起也使企业要打开国际市场必须遵守更严格的环境标准。在对外开放过程中，中国的企业正逐渐与国际市场接轨，为了增强产品的市场竞争力，许多企业主动或被动地实施清洁生产，生产开发绿色产品。为了提供公平的国内竞争环境，中国的环境管理也在不断向较高的国际标准靠近。从这个角度看，对外开放是有利于环境保护的。

从消极的一面看：

(1) 贸易是货物或服务的价值交换过程，既承载着一定的经济价值，又承载着一定的资源消耗与环境污染。货物贸易的大量出口，特别是一些高耗能、高污染、资源密集型产品的出口，加速了一些地区不可再生资源的消耗和生态环境的退化。由于国内资源税和资源补偿费过低，以及环境污染损害没有真正计入企业成本等原因，我国的资源性产品供给过度，刺激了下游重化工业的过度投资，导致高能耗、高污染、资源密集型产品过多出口。这相当于把污染留在国内，用中国的自然资源和原材料去补贴国外的消费者，造成中国国民福利的净损失。

(2) 进口的废旧物资中含有一些非法有害废弃物，对这些废弃物的处理过程会造成严重污染等环境问题。而且虽然许多进口废物在中国处理后，提炼了一些可回收金属，但这些回收金属常常通过中间商又运回到发达国家，没有起到补充国内自然资源供给的目的，反而在回收提炼过程中污染了国内环境。

---

2. 外国直接投资与环境

从全球来看，跨国资本流动的规模大于国际贸易流动的规模，而外国直接投资(foreign direct investment，FDI)在跨国资本流动中占主导地位，是全球化影响环境的重要渠道。对于发展中国家来说，引进 FDI 是促进经济增长的主要动力之一，引进 FDI 至少有以下几个方面的好处。

(1) 弥补投资缺口。根据钱纳里的分析，发展中国家在储蓄、外汇吸收能力等方面的

国内有效供给与实现经济发展目标的需求量之间存在缺口。利用外资既能解决国内资源不足的问题,促进经济增长,又能减轻因加紧动员国内资源以满足投资需求和冲销进口出现的压力。

(2) 学习先进技术。伴随外资的引入,发展中国家可以学习先进的技术、管理、市场营销等经营理念。

(3) 扩大出口。引进外资对打破国际市场的进入壁垒、促进出口也起到很大的作用。

(4) 增加就业。FDI不仅直接雇用劳动力,还通过前后向的产业联系间接创造就业机会,有助于缓解就业压力。以我国为例,2014年,在外资和港澳台资企业就业的劳动力有2 955万人,占城镇就业人口的7.52%。

(5) 增加财政收入。FDI扩大了社会资本规模,也促进了财政收入的增加。例如,我国涉外税收总额由2002年的3 487亿元增长到2012年的21 768.8亿元,占全国税收总额的比重保持在20%左右。[①]

FDI进入的许多行业,如制造、采矿、供水、卫生等都与环境和自然资源的开发有关。因此,FDI与资金流入国的可持续发展及环境变化联系密切。与国际贸易产生的影响类似,FDI也会通过规模效应、结构效应、收入效应、产品效应、技术效应、规则效应等影响资金流入国的环境。在各类效应中,人们比较关注结构效应。

对于外国直接投资产生的结构效应,学术界有一个重要的假说——"污染避难所"(pollution havens)假说。该假说认为,由于各国环境管制力度不同,环境管理较宽松的国家易成为发达国家污染行业和企业的落脚点,使得这些国家引进的FDI更多投资于污染密集型行业。与发达国家相比,发展中国家的环境管制力度较小,易成为"污染避难所"。

如果"污染避难所"假说成立,它应该在国际贸易的格局中体现出来:发展中国家重污染产业产品的出口量增长应快于进口量的增长,导致这些产品的进口出口比下降,而发达国家同类产品的进口出口比上升。Mani和Wheeler(1998)考察了国际贸易数据,发现在钢铁、非金属、工业化学产品、纸浆及纸张、非金属矿物产品等五个严重污染部门,"污染避难所"曾经出现过。20世纪70年代初期以后,日本这些行业的进口出口比迅速上升,而新兴工业经济体这些工业部门的进口出口比却有极大的下降。10年后,同样的情形又出现在中国及其他东亚发展中国家。但在每个地区,这种现象并没有长久。目前亚洲新兴工业经济体和东亚发展中国家的污染部门的进口出口比都大于1,都是对发达国家高污染产品的净进口国(图10-14)。

为了检验"污染避难所"假说,许多学者还进行了调查,但没有发现能证明这一假说的证据。在选择向哪里投资时,企业会考虑包括环境规则在内的许多因素,如当地市场规模、劳动效率、基础设施可得性、利润汇回国内的方便性、政治稳定性、财产被收缴的风险等。环境管制的宽严不是企业选址的决定因素。表10-8列举了关于环境规则与企业选址的研究。

---

① 中华人民共和国商务部. 中国外商投资报告. 2013:17.

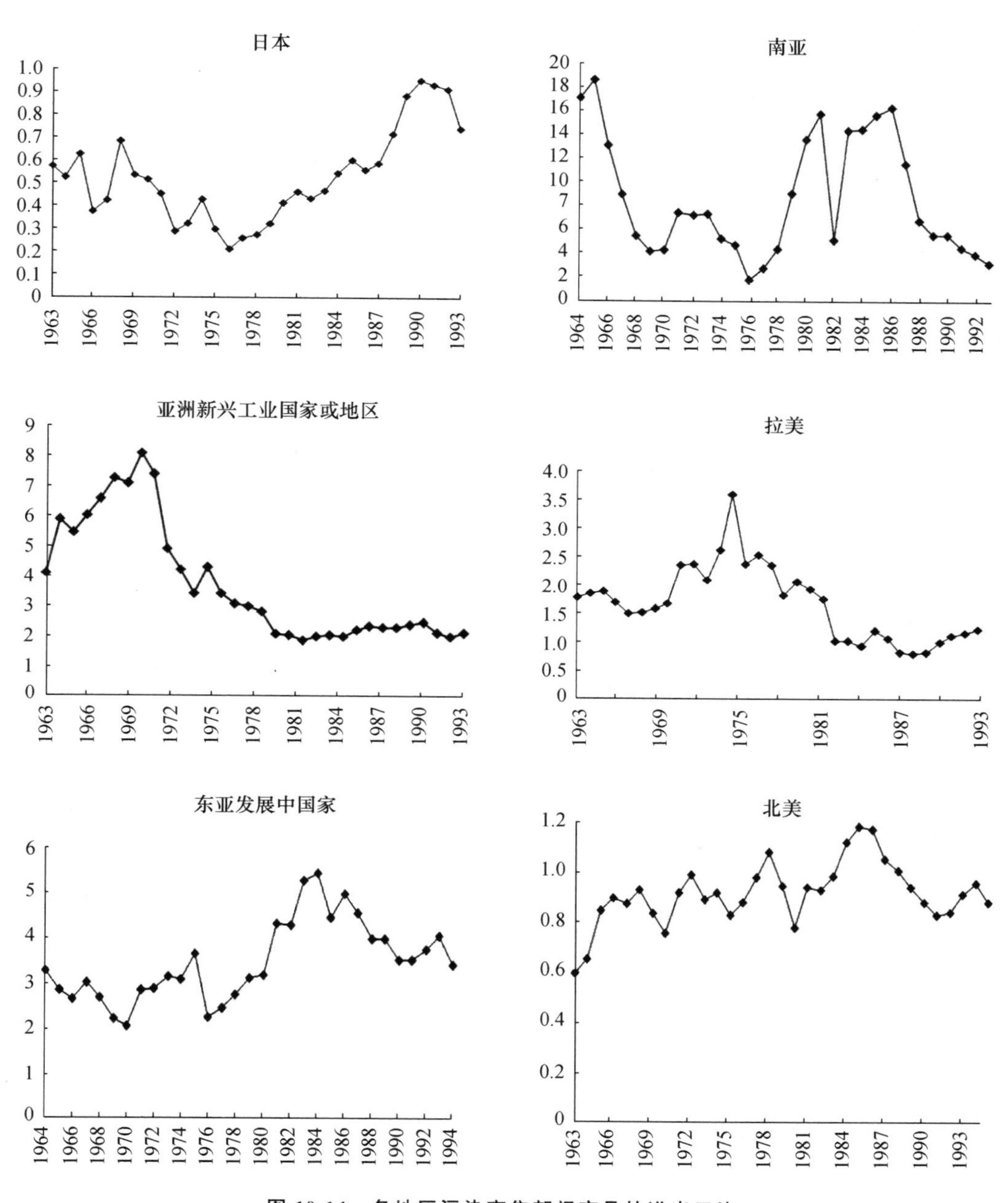

图 10-14　各地区污染密集部门产品的进出口比

资料来源：Mani & Wheeler. In Search of Pollution Havens? Dirty Industry in the World Economy, 1960—1995. *The Journal of Environmental & Development*, 1998(7,3): 215-247.

表 10-8　环境规则与企业选址的相关研究

研究	样本	结果
Epping (1986)	1958—1977 年对制造业的调查	在 54 个影响布局的因素排序中，环境规则排在第 43—47 位
Fortune (1977)	1977 年对美国最大的 1 000 个企业的调查	有 11%的企业将环境规则排在前五位
Schmenner (1982)	Dun 和 Backstreet 对 500 个 1972—1978 年设立的分厂的抽样调查	环境规则不在前六位
Wintner (1982)	Conference Board 对 68 个城市制造厂商的调查	在选址因素中，43%的厂商提到环境规则
Stafford (1985)	对 20 世纪 70 年代末和 80 年代初设立的 162 家分厂的问卷调查	环境规则不是重要因素，自我定位"不清洁"的工厂将环境规则作为中等重要因素
Alexander Grant	对工业联合会的调查	环境成本的比重不足 4%，但随时间略有上升
Lyne (1990)	*Site Selection* 杂志 1990 年对企业选址的调查	在被要求选择 3—12 个影响选址的因素时，有 42%的被调查者选择了"清洁空气立法的州"

资料来源：Panayotou，T. Globalization and Environment，CID Working Paper No. 53，2000.

"环境倾销"与"环境关税"是基于"污染避难所"假说的两个名词，其含义是为了吸引外资、增强出口产品的竞争力，各国可能竞相降低自己的环境标准，使自己成为"污染避难所"，此时可能会出现"环境倾销"，为应对"环境倾销"，需要对有嫌疑的进口品征收"环境关税"。

跨国公司是 FDI 的主要载体，它们有两个核心特征：巨大的规模、由母公司集中控制的世界范围的运作和活动。跨国公司控制了超过 70%的国际贸易量，并主宰着来自发展中国家的许多商品的生产、分配和销售。几乎 1/4 的国际交换是跨国公司的内部销售，许多跨国公司的年销售额超过它们进入的发展中国家。对跨国公司的环境影响的讨论主要集中在两个问题上：跨国公司是否是发达国家向发展中国家进行污染转移的实施者？与国内企业相比，跨国公司的环境表现更好还是更差？

（1）污染转移的实施者？

在"污染避难所"假说的基础上，人们怀疑跨国公司是发达国家向发展中国家进行污染转移的实施者。许多研究已经表明环境成本对企业选址的影响并不大。但在现实中，的确有许多跨国公司在发展中国家进行污染密集型行业的投资，应如何看待这一现象呢？

按照工业化的发展规律，在发展早期污染密集型行业比重上升是正常现象。一国的工业化过程中产业结构的演进有一定的规律。从三次产业分类上看，在发展的前期，第二产业尤其是工业迅速发展，第一产业比重下降，产业结构由"一二三"型转变为"二一三"或"二三一"型；到发展的后期，第三产业得到快速发展，其在经济中所占的比重迅速上升，产业结构变为"三二一"型。工业内部结构的变化也有一定的规律。由于受技术、资本等条件的约束，发展中国家一般选择从劳动密集型产业或自然资源密集型产业发展起步，然后是重化工业等资本技术密集型产业的发展，最后才是电子、生物技术等高技术含量的产业的发展。这里第二产业比第一、第三产业污染强度大，而在工业内部，自然资源密集型产业和重化工业的发展也会产生较多的污染，因此，在发展中国家的增长过程中，有一定阶段的产业结构是向污染密集型转变是不足为奇的，而跨国公司投资于这类产业也有合理性。

从规模效应的角度看，跨国公司增大了经济规模，有可能加剧环境破坏。从结构效应的角度看，跨国公司投资于污染密集型产业也可能加大污染排放量。似乎跨国公司是对环境不利的，但由于发展中国家不是在引进跨国公司的投资、破坏环境，和不引进投资、不破坏环境间进行选择，而是在引进投资、破坏环境，和完全依靠内资发展、经济增长缓慢造成更大的环境破坏间进行选择，从这个角度看，跨国公司的投资还是有利于所在国环境保护的。

(2) 比国内企业更脏？

有几个因素使得与本地企业相比，跨国公司的环境表现可能相对较好：

- 由于是客人，跨国公司在投资国的行为更谨慎，更关注环境表现；
- 跨国公司更易于接触国外的先进技术，是先进生产技术和环境友好技术的"通道"，在环境保护方面可起到示范和领导作用；
- 跨国公司的规模较大，能够更好地分摊环境管理成本；
- 跨国公司在金融、管理、技术、资源上占有优势，能更好地减少由于管理漏洞造成的资源浪费和污染现象；
- 由于工资相对较高，跨国公司使用的管理者更专业、工人的技术水平更高，有助于提高资源的利用效率，减少废物排放。

但实际上，跨国公司的环境表现与所在国的环境管制严格程度直接相关，它们常常比其在母国的表现差，也不一定比本地企业更优。这是因为许多发展中国家的环境监管力量不足，而且由于急于发展地方经济，政府可能为了吸引投资降低自己的环境标准。而跨国公司由于投资规模大、谈判能力强，可能得到更多的政策优惠，因此造成更严重的环境退化。

FDI 与中国环境

引进外资是我国对外开放的一个重要方面，而 FDI 是我国引进外资的主要形式，图 10-15 显示了我国实际利用外资的增长情况。可以看出，自 20 世纪 90 年代以来，我国吸引的外资持续增长，2014 年实际利用外资额近 1 200 亿美元。外资在促进我国经济增长和增加就业机会方面发挥着重要的作用。

FDI 对中国的环境质量会产生积极和消极的双面影响。

在积极影响方面，随着中国利用 FDI 规模的扩大和结构的不断改善，FDI 成为一支促进市场机制形成和改革深化的重要力量。FDI 的进入加剧了产业内部的竞争，外资企业作为非国有经济的重要组成部分，有助于形成竞争性市场。竞争对产业的技术进步和生产率提高起着有力的促进作用，竞争还迫使国有企业和集体企业进行体制改革，提高

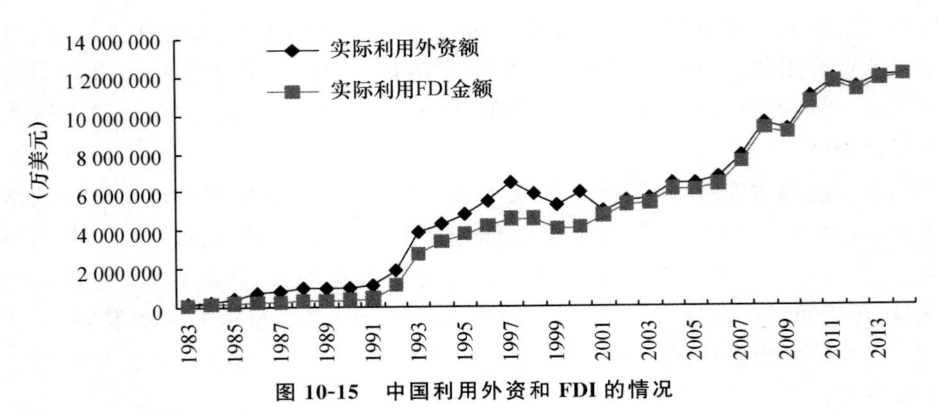

图 10-15　中国利用外资和 FDI 的情况

资料来源:《中国统计年鉴》。

企业运行效率,促进了中国的技术进步和产业结构升级,在提高资源利用效率的同时,也提高了治理环境污染的能力。与国内企业相比,大型跨国公司掌握更先进的工艺技术和管理经验,出于自身利益的考虑,大都也能更好地遵守环境规则。许多大型跨国公司在生产中应用先进的污染防治技术、环境管理思想和方法,积极开展清洁生产,注重环境保护等方面的社会责任,在环境保护领域起到了一定的示范作用。

在消极影响方面,FDI 所选用的技术虽然高于国内一般水平,但远非国际先进水平,由于这些技术投入的锁定效应,不可能立即采用更先进的技术,从而推迟产业的技术升级和创新,使中国的资源环境压力难以有效缓解。而 FDI 投资于一些高污染产业也加大了中国的环境压力。

综合考虑 FDI 对中国发展与环境的影响,既应认识到其在提高资源配置效率方面的积极作用,也要对其产生的负面影响予以关注。特别是在中国目前自然资源价格低、环境标准低、环境法规不健全、环境执法不严的背景下,许多地方的引资政策还片面地将引资数量当成政绩指标,会加大 FDI 的负面环境影响。

就 FDI 对中国环境的影响,国内外学者也进行了大量的实证研究,这些研究关注的焦点主要集中在两个方面。

(1) FDI 的投资结构是否更多地集中于污染密集型行业,中国是否成为"污染避难所"? 对这一问题进行研究的方法是测算在外资投资的行业中污染密集型行业所占的比重,并将其与中国或外资来源国的行业结构进行比较。

从统计数字可以看出,FDI 在我国的大部分投资分布在制造业、采掘业和电、气、供水部门的投资比重较低。据 2004 年工业普查资料,FDI 在污染密集型行业的投资比重较大,投资于污染密集型行业的企业有 8 786 家,工业总产值 11 983 亿元,从业人数 181 万,占"三资"企业相应指标的 15%、18%和 10%(表 10-9)。在这些污染密集型行业中,化学、冶金业的投资居领先地位。FDI 虽然在污染密集型行业有大量的投资,但与国内工业企业比较起来,外商投资企业行业结构的污染密集程度并不显得更大。

表 10-9　乡及乡以上独立核算工业企业的行业结构　(%)

	全部工业				“三资”企业			
	1980	1985	1995	2004	1980	1985	1995	2004
采掘业	7.99	7.35	6.35	6.00	0.00	0.31	0.70	1.00
化学工业	13.04	12.46	13.36	6.00	0.38	6.23	12.46	5.00
非金属矿物制品	4.22	4.95	5.49	4.00	1.21	0.36	3.29	2.00
冶金工业	9.35	8.76	9.16	11.00	0.00	2.79	3.77	5.00
造纸及纸制品	1.87	1.82	1.85	2.00	0.00	0.37	1.61	2.00
电力、煤气及水的生产供应	4.30	3.67	4.58	7.00	0.00	0.00	3.16	3.00
合计	40.57	38.82	40.79	39.00	1.59	10.06	34.99	18.00

资料来源：根据《我国工业发展报告(1998)》第 93 页表中有关数据及《2004 年工业普查资料》。

(2) 各省区的环境管制力度不同，会不会影响到其对 FDI 的吸引力？各地区吸引的外资投资的行业会不会因此有所不同，使得环境管制力度小的省区吸引的外资更多地集中在污染密集型行业上，成为“污染避难所”？对这一问题进行实证研究多使用以下模型进行估计：

$$\mathrm{FDI}_{i,t} = f(\mathrm{ER}_{i,t}, A_{i,t}) \tag{10-7}$$

式中，$\mathrm{FDI}_{i,t}$是 i 地区在 t 年吸引的外资量，$\mathrm{ER}_{i,t}$是 i 地区在 t 年的环境管制强度，A 是其他可能影响吸引外资的因素，如工资水平、基础设施的完善程度等，由于选取的样本不同，以往的实证分析得出的结果并不一致。

10.3　环境政策对经济的影响

自 20 世纪 60 年代末以来，随着公众环境运动的兴起，各国政府面临着加强环境管制的压力，西方发达国家开始建立日益严格的环境管制体系，约束污染者的行为，加强对生态退化与环境污染的控制，投入大量的资金进行环境修复和污染削减。美国、欧盟等将这些资金计为环保支出，包括经济部门和公共部门在环保领域的开支。表 10-10 列出了欧盟的环保支出，可见其占 GDP 的比重大致保持在 2%以上。

表 10-10　2002—2009 年欧盟环保支出情况

年份	环保支出(亿欧元)				环保支出占GDP 的比重(%)
	工业部门	环保服务业专业生产商	公共部门	环保总支出	
2002	461.24	898.15	694.11	2 053.50	2.06
2003	431.86	943.31	691.88	2 067.05	2.04
2004	458.00	1 012.31	725.95	2 196.26	2.07
2005	466.58	1 061.33	796.26	2 324.17	2.10
2006	504.97	1 181.23	812.68	2 498.88	2.14

（续表）

年份	环保支出(亿欧元)				环保支出占GDP的比重(%)
	工业部门	环保服务业专业生产商	公共部门	环保总支出	
2007	527.07	1 230.41	856.09	2 613.57	2.11
2008	557.11	1 308.66	877.52	2 743.29	2.20
2009	514.72	1 273.00	869.59	2 657.31	2.26

资料来源：朱建华等. 中国与欧盟环境保护投资统计的比较研究. 环境污染与防治，2013，3：105-110.

我国则将这些资金计为环境投资，包括工业污染源治理投资、建设项目环保“三同时”投资和城市环境基础设施建设投资。从表10-11可以看出，中国的环境投资占GDP的比重相对较低，而且其中用于工业污染源治理的投资比重很小。2013年，环境投资占GDP的比重是1.62%，其中工业污染源治理投资所占比例不足10%。

表10-11　2001—2013年中国环境投资情况

年份	环境投资(亿元)				环境投资占GDP的比例(%)	占环境投资的比重(%)		
	工业污染源治理投资	建设项目环保“三同时”投资	城市环境基础设施建设投资	环境投资总量		工业污染源治理投资	建设项目环保“三同时”投资	城市环境基础设施建设投资
2001	174.5	336.4	595.7	1 106.6	1.0	15.8	30.4	53.8
2002	188.4	389.7	789.1	1 367.2	1.1	13.8	28.5	57.7
2003	221.8	333.5	1 072.4	1 627.7	1.2	13.6	20.5	65.9
2004	308.1	460.5	1 141.2	1 909.8	1.2	16.1	24.1	59.8
2005	458.2	640.1	1 289.7	2 388	1.3	19.2	26.8	54.0
2006	483.9	767.2	1 314.9	2 566	1.2	18.9	29.9	51.2
2007	549.1	1 367.4	1 467.8	3 384.3	1.4	16.2	40.4	43.4
2008	542.6	2 146.7	1 801	4 490.3	1.5	12.1	47.8	40.1
2009	442.5	1 570.7	2 512	4 525.2	1.4	9.8	34.7	55.5
2010	397	2 033	4 224.2	6 654.2	1.7	6.0	30.6	63.5
2011	444.36	2 112.4	4 557.23	7 114.03	1.5	6.2	29.7	64.1
2012	500.46	2 690.35	5 062.65	8 253.46	1.6	6.1	32.6	61.3
2013	867.66	3 425.84	5 222.99	9 516.5	1.6	9.1	36.0	54.9

资料来源：历年《中国统计年鉴》。

这样大笔的支出或投入往往不能产生经济价值，同时，环境管制措施也会加大生产企业的成本负担，可能影响到企业的市场竞争力。因此，严格的环境政策是否会抑制经济增长、影响到本国企业在国际市场的竞争力都是需要探讨的问题。

10.3.1　环境政策对经济增长的影响

世界上绝大多数国家都把保持一定的经济增长速度作为主要经济目标，但是从微观角度看，环境管制会扭曲生产者的行为，从宏观角度看，环境管制可能影响到就业和经济增长。如果环境管制要以减少 GDP 为代价，就需要考虑这种代价是否值得，严格的环境政策是否会抑制经济增长、提高失业率，以及影响的幅度有多大的问题。

1. 环境政策对经济增长的负面影响

按照污染者付费原则，污染者应该承担削减污染措施的费用，使环境处于可接受的状态，但这并不意味着受管制企业真正承担所有的成本。由于经济是相互联系的，成本可能以提高价格的形式传递给消费者，或以减少就业、降低工资的形式传递给员工，或以降低资本投资回报率的形式传递给投资方，或是这三种方式的组合。

可以用图 10-16 说明污染控制成本的影响。图 10-16 模拟了一个完全竞争性行业受到环境管制的情景。在没有实施污染控制政策时，该行业产品的均衡价格为 p^0，企业产量是 q^0，p^0 等于产量为 q^0 时的平均成本 AC^0，该行业的利润为 0，企业没有激励进入或退出这个行业，市场处于均衡状态。

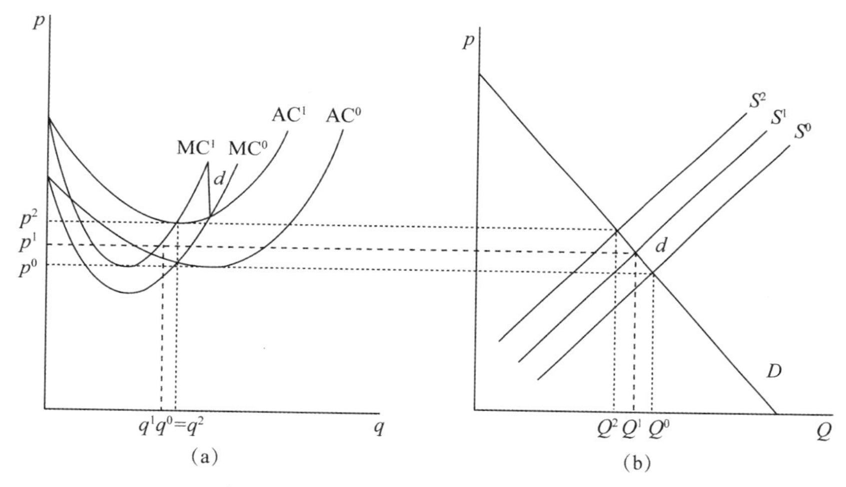

图 10-16　市场对环境成本内化的反应

环境管制将环境外部成本内化，会加大企业成本，使企业的边际成本曲线和平均成本曲线都向上移动 d。由于市场供给曲线是所有企业的边际成本曲线之和，所以供给曲线也向上移动 d。相应地，市场价格从 p^0 上升到 p^1。在短期均衡下，价格增加的幅度低于 d。

如果以一家企业为分析对象，在成本提高后企业会减少产量到 q^1，而在这个产量水平下，价格 p^1 低于平均成本 AC^1，企业的利润为负，因此企业会选择退出市场。

由于有企业退出市场，该行业的供给曲线会向左移动，移动的幅度取决于退出企业的数量。部分企业退出促使价格与平均成本重新达到平衡，在价格变为 p^2 时，市场重新恢复平衡。此时 p^2 与 p^0 的差为 d，市场总产量减小到 Q^2。市场产量的减少是通过部分企业退出实现的，留下的企业的产量和管制之前一样。

可见，实行环境管制的后果在短期和长期表现是不同的：在短期里，由于每家企业的边际成本都增加了 d，价格提高幅度小于 d，所有企业都将减少产量，行业利润为负。在长期里，部分企业会退出行业，使留下的企业的利润恢复到 0，留下的每家企业的产量和管制前一样，但总产量下降了，产品价格增加的幅度等于内化的环境成本。这样，环境管制对经济的效应体现在三个方面：产品的产量水平下降；消费者为产品支付更高的价格；对就业市场来说，更少的企业数量和产量水平意味着劳动力需求下降，就业减少。

所以，政府加强环境管制会迫使企业减少污染排放，这固然可以将外部成本内部化，但环保不是"免费的午餐"，它也会对经济增长造成一定的负面影响。加强环境管制会增加企业成本，使企业把资金从生产性活动转移到非生产性活动，影响到一个国家或地区的经济增长。

除了通过提高成本减少产出和就业外，环境政策对经济的负面影响还体现在如下几个方面：首先，环境政策需要实施成本，这笔开支不能带来利润和产出；其次，环境基础设施投资、环境公共物品的提供都需要投资，在资本有限的情况下，在环境领域的投资可能会挤出其他更具潜在效率的投资或创新，影响地区经济增长；再次，政府提高环境标准、变动环境政策会给生产决策带来不确定性，妨碍生产性投资，也可能影响产出增长和就业。

按照这种逻辑推理，在各国环境管制标准不一致的情况，如果某国或地区的政府加强了环境管制，实施了比其贸易伙伴更严格的环境标准，这个国家或地区的相关产业的生产成本会上升，假若没有相应的保护措施和机制，这些产业可能在国际市场上因产品的价格相对较高而失去原有的竞争优势。

在生产要素流动日益自由化的国际市场上，由于每个国家都担心其他国家或地区采取更低的环境管制标准而使本国的工业处于不利的竞争地位，为了避免本国产业的竞争力受到损害，各国间可能会竞相采取更低的环境管制标准，形成环境管制标准的"底线竞赛"(race to the bottom)，出现类似于"囚徒困境"的集体非理性行为。也正是受这种理论观点的影响，产业界对政府加强环境管制常有抵触，许多国家的政府在加强环境管制时也往往犹豫不决。

2. 环境政策对经济增长的正面影响

环境政策对经济增长的正面影响主要表现在以下几个方面。

(1) 环境污染造成的经济损失和健康损失是巨大的，环境管制的主要收益在于改善了环境质量，减少了损失。

(2) 环境管制有利于提高资源的利用效率，促进技术进步。技术进步是经济增长的内生变量，环境管制起到与市场竞争压力类似的作用，有助于刺激技术进步，因此可以促进经济增长。

(3) 环境管制促进环保产业的发展。环保产业是可以计为 GDP 的，因而会减轻环境管制对经济增长的负面影响。例如欧盟成员国计划在 1995—2005 年间将其新增经济能力的 2%—3%投资于环境保护，预计这些环境投入对 GDP 增长率的负面影响不会超过 0.1%，也就是说影响很小，可以忽略不计。[①]

(4) 在经济低迷时期，环境投资有拉动需求、促进经济增长的作用。日本环境厅认为

---

① Per Kageson. *Growth versus the Environment: is There a Trade Off?* Kluwer Academic Publishes, 1998: 242.

高强度投资曾给日本带来经济高速增长期，20 世纪 70 年代中期恰逢石油危机后的经济低迷时期，高强度的污染防治投资在一定程度上刺激了日本的社会需求，支持了投资和就业。[①]

3. 环境政策对经济增长的综合影响

短期内，环境管制对经济的影响是通过改变产量、价格、就业表现出来的。环境管制不仅影响到受管制的商品，而且这些商品的替代品和互补品的价格和产量也会受到影响，其中有些对 GDP 增长有正面作用，有些对 GDP 增长有负面作用。

首先，受环境管制直接作用的产业产量不一定是下降的，比如，1999 年美国环保局要求汽车降低 NO_x 的排放量，这导致小汽车的生产成本增加了 100 美元，轻型卡车的生产成本增加了 200 美元，消费者可能因为价格提高而减少汽车的购买量，但汽车产业的产值如何变化还要取决于人们买了多少汽车。经测算当时的汽车的价格需求弹性为－1，也就是说当汽车的价格提高 10％时，会使销量下降 10％，如果销量下降 10％，而价格上升 10％，汽车行业的产值会保持不变。[②] 因此，环境管制对被管制行业的产值的影响要看价格上升的效应是否超过了产量下降的效应，而这取决于产业面临的竞争程度。

其次，受管制产业的产品价格上升可能促使消费者购买其他替代品，如汽车价格升高后，消费者可能将原本计划用于购买汽车的钱用在自行车、徒步鞋、公共交通等方面，促进这些替代品所在产业的增长，从而增加 GDP。根据替代品的价格和数量的不同，GDP 可能比管制前增加、减少或相同。

可见，在产出影响方面，由于一部分经济资源被用于控制污染，产出会降低。而产业是相互关联的，一个产业按照法规要求防治污染，会使污染控制产业增加需求量、污染控制产业增加产量，又会引发其他行业的需求量增加。在就业影响方面，一方面，将资源转移到非生产性的污染防治上会降低生产部门的劳动力需求；但另一方面，这将会提高环保相关产业的就业需求。因此，要对环境管制的经济影响进行预测，需要使用复杂的宏观经济模型。

长期来看，经济增长主要取决于资本（包括人力资本和物质资本）的积累和技术进步。这样要讨论环境管制的长期经济影响，还需要研究环境管制对资本积累和技术进步的影响。而这二者的方向可能是相反的：将部分生产性资源转用于非生产性领域会减缓资本积累的速度，因此妨碍生产率的提高，降低经济增长速度；但环境管制也可能会对技术创新产生积极作用，促进经济增长。这些因素增加了预测环境管制的经济影响的难度。

10.3.2　环境政策对贸易和投资的影响

环境与贸易政策是相辅相成的。一方面，开放的多边贸易体制有助于更有效地分配和使用资源，从而帮助增加产出和收入，能为经济增长和改善环境提供更多支持；另一方面，健康的环境为持续增长和贸易提供必要的自然资源和生态系统支持。

---

① 任勇. 日本环境管理及产业污染防治. 北京：中国环境科学出版社，2000：315.

② 彼得·伯克. 环境经济学. 北京：中国人民大学出版社，2013：397.

1. 环境比较优势

解释国际分工的基本模型之一是赫克歇尔-俄林模型(Heckscher-Ohlin model),又叫作要素比例理论(factor proportion model)。该模型认为资本充足的国家在资本密集型商品的生产上具有比较优势,劳动力充足的国家在劳动力密集型商品的生产上具有比较优势,一个国家在进行国际贸易时应出口密集使用其相对充足和便宜的生产要素的商品,而进口密集使用其相对缺乏和昂贵的生产要素的商品。

将这个结果延伸到环境分析上可以推导出这样一个结论:一个对污染有较强消纳能力的国家应当专业化生产污染密集型产品。由于高收入国家的民众对环境质量有更多更高的需求,所以除污染消纳能力外,收入也影响一个国家对污染企业的接受能力,环境管制的严格程度往往取决于污染消纳能力和收入水平这两个因素。Chichilnisky(1993)的两国模型从理论上对这一问题进行了分析,认为如果某个国家具有相对丰富的环境容量,其环境成本相对比较低廉,那么它就具有“环境比较优势”,在国际分工中,它将更多地生产“环境密集型产品”(生产过程中使用较多自然资源或排放较多污染物的产品)以供出口。①

可以通过以下方法检验“环境比较优势”是否存在。

(1) 借用赫克歇尔-俄林模型研究环境管制宽松是否会吸引高污染的产业,形成环境比较优势。模型的基本形式如下

$$X_{i,j} = a_i + \beta_{i1} E_{j1} + \beta_{i2} E_{j2} + \cdots + \beta_{ik} E_{jk} + \delta_i ER_j + u_{ij} \tag{10-8}$$

式中,$X_{i,j}$是j国i产业的净出口,E_{jk}是j国要素k的禀赋,ER_j是j国的环境管制严格程度,u_{ij}是残差项。通过检验式(10-8)在统计上的显著性和ER_j的系数δ_i的正负,就可以得出研究需要的结论。②

(2) 考察某一国的污染行业产品的进出口变化情况。如果发现环境管制较宽松的国家更多地出口这些行业的产品,而环境管制较严格的国家更多地进口这些行业的产品,就可以验证环境比较优势的存在。

大多数的实证研究结果没有支持环境比较优势的存在。影响国际贸易中各国分工的因素是各种比较优势的对比,劳动、资本等投入品的相对价格是影响国际分工的主要因素;环境管制带来的成本增加只在企业成本中占一个较小的份额,而且随着清洁技术的进步,这一成本还可进一步下降;有些企业加强内部环境管理可以带来净收益。因此,更低的环境标准不一定意味着比较优势。

2. 多边贸易—环境协定和绿色贸易壁垒

由于国际贸易可能会对环境产生巨大的影响,为了管控这些影响,在许多多边环境协定中有关于贸易的规定,禁止对一些有害环境的物品进行买卖。在一些多边贸易协定中也有关于环境保护的条款,赋予签约国权利,允许其在某些特定的情况下,在认为有需

① Chichilnisky G. North-South Trade and the Dynamics of Renewable Resources. *Structural Change and Economic Dynamics*, 1993(4): 219-248.

② Tobey, J. A. The Effects of Domestic Environmental Policies on Patterns of World Trade: an Empirical Test. *Kyklos*, 1990(43,2): 191-209.

要时可采取贸易措施来加强环境安全。但是为了不扭曲正常的贸易秩序，各国在采取这些措施时需要注意以下几点。

（1）选用的贸易措施应当针对环境退化的根本原因，对贸易造成最低扭曲，应防止有关环境的条例和标准，包括卫生和安全标准，成为任意的或不合理的贸易差别待遇或变相贸易限制。

（2）选用的贸易措施应具有透明度、符合国际规则，符合对各贸易伙伴的不歧视原则。

（3）应避免以限制、扰乱贸易等措施来抵消因环境标准差别引起的成本差额，因为实行这类措施可能引起不正常的贸易和增加保护主义倾向。

（4）对最先进国家适用的标准可能不适合发展中国家，并对其构成不必要的社会代价，因此在实行环境标准以及使用任何贸易措施时，各国需要考虑影响发展中国家环境和贸易政策的特别因素。鼓励发展中国家通过特别过渡时期规定等机制参加多边协定。

在各种多边贸易协议中，WTO的协议是签约国最多、影响最大的。在WTO协议中环境政策不像投资、知识产权等问题那样是以单独文本出现的，而是分散在有关技术性壁垒、农业、补贴、知识产权和服务等数个协定或协议之中（表10-12）。

表10-12　WTO协议中与环境有关的条款

条款	内容
《贸易技术壁垒协议》《卫生与植物检疫措施协议》	不得阻止任何成员方采取保护人类、动植物的生命或健康所必需的措施。各成员方政府有权采取必要的卫生与检疫措施保护人类和动植物的生命和健康，使人畜免受饮食或饲料中的添加剂、污染物、毒物和致命生物体的影响，并保护人类健康免受动植物携带的病疫的危害等，只要这类措施不在情况相同或类似的成员方之间造成武断的或不合理的歧视对待。
《农业协议》	对于与国内环境规划有关的国内支持措施，包括政府对与环境项目有关的研究和基础工程建设所给予的服务与支持，按照环境规划给与农业生产者的支持等，可免除国内补贴削减义务。
《补贴和反补贴协议》	允许为了适应新的环境标准而对改造现有设备进行补贴，但补贴需要满足以下条件：补贴应是一次性的、非重复性的措施；补贴额需限制在适应性改造工程成本的20%以内；补贴内容不包括对辅助性投资的安装与测试费用的补助，该项支出必须完全由企业负担；补贴应与企业减少废料和污染有直接的和适当的关联；补贴应有普遍性，能给予所有相关企业。
《与贸易有关的知识产权协议》	可以出于环保等方面的考虑而不授予专利权，并可阻止某项发明的商业性运用。
《服务贸易总协定》	允许成员方采取或加强保护人类和动植物生命或健康所必需的措施，但这类措施不可对情况相同的成员方造成武断的或不合理的歧视，也不可对国际服务贸易构成隐蔽的限制。

虽然各种多边贸易协议都反对以环境保护为理由进行不合理的贸易限制，但是在现实中，一些国家仍然以卫生、健康和保护环境的名义制定限制或者禁止贸易的政策，构成新型的贸易壁垒。这种贸易壁垒多以技术壁垒的形式出现，被称为绿色壁垒或环境壁垒。绿色壁垒范围广泛，往往不仅涉及产品本身，还涉及产品的生产流程和生产方式，对

产品的设计开发、原料投入、生产方式、包装材料、运输、销售、售后服务甚至工厂的厂房、后勤设施、操作人员的医疗卫生条件等提出绿色环保的要求。由于与发达国家相比,发展中国家的技术和管理能力相对较弱,所以更易受到绿色壁垒的影响。

美一墨金枪鱼案

美一墨金枪鱼案发生在1991年。该案起源于美国1972年《海洋哺乳动物保护法》的有关规定。按照美国该法的规定,如果某种商业性捕鱼技术对海洋哺乳动物造成意外死亡或者伤害,而且死亡率超过美国国内法律允许的死伤标准,那么使用该方法捕获的海鱼或海鱼产品将被禁止进口。在东太平洋热带海域,海豚常与金枪鱼相伴,墨西哥船队使用拖网围捕的方法捕捉金枪鱼时常误捕海豚,这导致美国于1990年对其金枪鱼产品实施进口禁令。1991年,墨西哥向关贸总协定(GATT)申诉请求干预此事。GATT专家组认定:美国违背了GATT第11条关于取消进口数量限制的规定,而且不适用环境例外措施,专家组建议GATT成员大会要求美国修改其进口管制措施,使其符合美国在GATT下的国际义务。

美一墨金枪鱼案几乎涉及了环境与贸易争议中所有的关键问题,包括产品和生产方法问题、单边贸易主义与国际合作机制问题、国内环境法规的域外适用问题、环境标识问题以及GATT中的环境例外措施的适用等。GATT专家组对这些问题的界定是:环境贸易措施不应针对生产方法;一个国家基于环境保护采取的贸易限制措施,只能适用于本国管辖范围内,不能域外适用;国际贸易和环境保护中的单边主义,应让位于多边合作机制等。

10.3.3 环境政策对企业竞争力的影响

在政府加强环境管制、促使环境成本内部化的过程中,企业要负担两方面的成本:一是为削减污染支出的治污设备的安装和运行成本,二是为排放污染支付的费用。从静态和短期的角度来看,这些额外增加的成本无疑会影响企业的利润。如果企业将这些环境内部化的成本通过价格传递给消费者,还可能要承担由此造成的市场需求减少、竞争力下降的损失。但是,内部化的环境成本一方面会加大企业的负担,另一方面也会激励企业通过提高原材料和能源使用效率的方法消化环境内部化成本。在社会公众的环境意识不断提高、绿色产品市场逐渐扩大的市场条件下,企业积极地防治污染还会使企业获得新的市场,因此,环境成本内部化的压力可能会对企业的经营绩效产生积极的影响。

波特等肯定了后面这种效应的存在,他们认为,政府加强环境管制的压力就像市场竞争压力一样,会鼓励企业进行清洁生产工艺或清洁产品的创新,创新的结果往往是新的具有商业价值的产品或生产工艺的产生。有竞争力的公司并不是投入成本最低或规模最大的公司,而是具有不断创新能力的企业。比较优势不取决于静态效率,或在不变约束条件下的优化决策,而在于创新能力。通过对创新的激励,加强环境管制、促使环境成本内部化的政策措施有助于提高企业的竞争力。[①] 这种观点被称为"波特假说"。

而且,在当今时代,民众的环境保护意识不断增强,各国政府对环境管制不断加强是大势所趋。环境成本越来越成为企业经营者需要面对的不确定性因素之一,而企业积极地防治污染有利于减少这种不确定性。这样,污染防治不仅不会降低反而有利于企业竞争力。

一般而言,企业应对环境管制的战略分为三类:防御型战略、跟随型战略和领先型战略。采取防御型战略的企业认为环境管制加强会提高自己的生产成本,因此他们努力逃避环境管制,甚至可能由于本地的环境标准较高而转移到异地生产。采取跟随型战略的企业将内部化的环境成本作为一种非生产性成本,只会被动地调整自己以适应环境标准的要求,在企业内部消化环境成本。而采取领先型战略的企业认识到环境管制和较高环境标准的实施可能为企业提供新的商业机会,如果企业抓住了这种机会,有可能获得竞争优势,有助于企业在市场上居于领跑者的地位,因此这类厂商往往会自愿努力达到更高的环境标准。[②]

可见,环境成本内部化并不必然削弱企业竞争力,如果企业积极进行污染防治,采取主动的积极措施应对环境成本内部化的挑战,在保护环境和增强企业竞争力之间存在着许多可以实现"双赢"的通道。

但是,我们也应该看到,现实中这种"双赢"的案例并不多见。对大多数企业特别是广大中小型企业来说,能够自觉地将环境压力转化为创新动力、增强竞争力的更是罕见。在许多地方政府和企业负责人眼中,加强环境管制仍然被看作是企业面临的额外负担,这也是我国环境保护工作面临困境的根本原因之一。究其原因,首先是目前环境管理部门执法力量不足,执法力度在各个地区之间也不平衡,结果造成污染企业"违法成本偏低",而积极进行污染防治的企业却可能因"守法成本高"而竞争力下降,出现"逆淘汰"现象。其次,受资金、技术能力的限制,我国目前许多中小企业还没有能力实施有利于削减污染的技术改造,难以将环境管制带来的压力转变为创新活动。再次,尽管随着中国国民收入的提高,人们对环境质量的关注程度上升,消费者对环境友好产品有一定的市场需求,也形成了一定的购买力,但是,由于国内市场监管体系还不完善,环境友好产品与一般产品常不能明确区别开来,防止不合格产品和企业进入绿色市场的成本巨大,单个企业往往难以从开发环境友好产品或生产工艺中获得应有的收益。可见,环境成本内部化有可能提高企业的竞争力,但要将这种可能性变成现实,需要政府相应政策和措施的引导和帮助。

本章小结

人类面临的主要环境问题是污染和生态破坏问题,有些环境问题的影响不局限在一个行政区内,成为越界问题。从外部性、公共物品等市场失灵角度分析环境问题,可以推

---

① Porter M. E, van der Linde. Toward a New Conception of Environment-competitiveness Relationship. *Journal of Economic Perspectives*, 1995(9,4): 97-118.

② Faucheux, S. et al. Sustainability and Firms: Technological Change and the Changing Regulatory Environment. Amsterdam: Edward Elgar Publisher, 1998.

导出应通过政府机制纠正市场失灵，但政府机制自身也可能失灵，甚至带来更大的环境破坏。人口增长、经济增长和经济全球化扩大了经济系统的规模，使人类经济系统对环境产生更大更深远的影响，也是环境问题产生的重要原因。

为应对环境问题实施的管制政策改变了企业行为，可能对经济增长、贸易、投资和企业竞争力造成冲击，但同时也可能带来正面影响。

思考题

1. 污染的危害主要体现在哪些方面？
2. 人们面临的主要环境问题有哪些？
3. 简述生产引起的环境负外部性。
4. 试举例说明“公地悲剧”如何引起环境问题。
5. 试举例说明不确定性的存在如何引起环境问题。
6. 政府失灵有哪些表现形式？试举例说明政府失灵如何引起环境问题。
7. 人口增长如何对环境产生影响？
8. 简述“贫困—生态破坏—更加贫困”的恶性循环，贫困是否必然导致这一恶性循环？
9. 简述学术界对经济增长和环境质量间关系的四种不同观点。
10. 什么是“环境库兹涅茨曲线”假说？这一假说提示了经济增长与环境质量变化的普遍规律吗？为什么？
11. 经济增长主要通过哪些渠道影响环境质量？
12. 经济全球化影响环境的渠道有哪些？
13. 国际贸易对环境的影响表现在哪些方面？
14. 什么是“污染避难所”假说？如何对这一假说进行检验？
15. 如何看待跨国公司在发展中国家进行污染密集型行业的投资？
16. 环境管制对经济增长可能产生什么影响？
17. 什么是“环境比较优势”，如何对其进行检验？
18. 为了兼顾环境安全和正常的贸易秩序，应如何小心采取贸易限制措施？
19. 什么是绿色贸易壁垒？
20. 环境管制会对企业竞争力产生什么影响？
21. 什么是“波特假说”？

第11章　可持续发展的环境政策

学习目标

- 掌握宏观层面的环境政策
- 掌握管控地方性环境问题的政策工具
- 了解应对越界环境问题的政策工具

环境问题是在经济发展过程中产生的，要实现可持续发展目标，不能割裂环境和经济发展政策，也不能仅依靠环境管理部门的力量，需要在宏观经济层面进行变革：制定综合考虑环境目标的经济发展政策、开展环境经济核算、实施有利于环境保护的产业发展政策和公共财政政策。对地方性环境问题，可组合使用命令—控制型手段、经济手段、鼓励型手段等多种政策工具进行管理；而对于跨行政区和跨国的环境问题，则需要相关利益方在协商谈判的基础上进行合作，分配保护环境的责任和权利，对利益受损方进行补偿有助于达到整体利益的最大化。

11.1　宏观层面的环境政策

贫困会迫使人们过度开发环境脆弱地区的土地，引发土地退化、沙化等生态破坏问题，但更多环境问题的产生与经济增长直接相关。为了追求利润和收入增长，各国大力推动经济发展计划，而许多国家和地区的经济发展是通过采用会造成环境破坏的方式取得的，是建立在使用越来越多的原料、能源、化学品、化学合成物和制造出更多污染的基础上的，此时环境成本没有被计算在生产成本内，会造成过多的环境损害。可见，环境挑战既来自经济发展的缺乏，也来自经济发展的后果。因此，要从根本上扭转环境退化的趋势，需要在宏观经济政策层面进行变革。

对于这种变革，联合国环境规划署将其界定为建设“绿色经济”，即“改善人类福祉和社会公平，同时显著减少环境风险和生态问题的经济”。绿色经济的目标是多维度的，而且这些维度是相互结合在一起、共同实现的。

11.1.1　制定综合考虑环境目标的经济发展政策

由于经济规模扩张会加大对环境和自然资源的压力，经济增长有引起环境破坏的风险。而绿色经济建设要求决策者在制定政策时确保经济增长建立在生态基础上，确保生态基础受到保护和发展，以使它可以支持长期的增长。

1. 建立协调一致的综合决策制度

各国过去的经验教训证明，为了实现可持续发展，环境保护工作应是发展进程的一个组成部分，不能脱离这一进程来考虑，只有减少破坏环境的政策性因素，才可能真正缓解和解决环境问题。因此，政府在制定财政、能源、农业、交通、贸易及其他政策时，要将环境与发展问题作为一个整体来考虑。

在区域发展规划层面，政府需要根据不同区域的资源环境承载能力、现有开发强度和发展潜力，统筹谋划人口分布、经济布局、国土利用和城镇化格局，确定不同区域的主体功能，并据此明确开发方向，控制开发强度，将规划环评、区域污染物总量控制前置，实行与区域资源环境承载能力及其结构特点相协调的社会经济发展战略，建立合理的经济布局，优化产业结构并进行有效的综合开发。这种决策既是提高区域资源配置效率的基本条件，也是防止资源耗竭、控制环境污染和生态破坏，实现可持续发展的重要保证。

在项目设计和建设层面，政府应加强产业政策在产业转移过程中的引导与约束作用，严格限制在生态脆弱或环境敏感地区建设高污染高耗能的项目。加强部门政策联动评估，提高公共管理政策、宏观经济政策、资源开发利用和保护政策、环境保护政策的协同性，要求所有新、改、扩建项目在开工前进行环境影响评价。

2. 建立循环经济的产业体系

工业革命以来的两百多年中，工业发展与环境保护长期处于尖锐的冲突中。20世纪60年代以来，在日趋严格的法规约束下，工业界开展了对污染的治理。这种治理走的是一条“先污染后治理”的路，结果老的环境污染尚未得到控制，新的污染又源源不断地冒出来。为了摆脱这一困境，人们开始对高消耗、高污染、低效益的传统工业发展模式进行变革，希望找到环境和经济双赢的工业化道路。经过理论探讨和实践摸索，人们发现循环经济是有望实现环境与经济双赢的经济运行模式。循环经济是人类按照自然生态系统的物质循环和能量流动规律建构的经济系统，它以实现资源使用的减量化、产品的反复使用和废弃物的资源化为目的，强调清洁生产。

循环经济与传统经济的不同之处在于：传统经济是一种由“资源—产品—消费—排放”所构成的物质单向流动的线形经济。在这种经济中，人们以越来越高的强度把地球上的物质和能源开采出来，在生产加工和消费过程中又把污染和废物大量地排放到环境中去，对资源的利用常常是粗放的和一次性的。传统经济通过把资源持续不断地变成废物来实现数量型增长，导致了许多自然资源的短缺与枯竭，并酿成了灾难性环境污染后果。而循环经济倡导的是一种建立在物质循环利用基础上的经济发展模式，它要求经济活动按照自然生态系统的模式，在生产、流通和消费等过程中进行物质的减量化、再利用、再循环活动(reduce，reuse，recycle，简称为3R)，组织成“资源—产品—消费—再生资源”的物质循环，使得整个经济系统以及生产和消费的过程基本上不产生或者只产生很少的废弃物。循环经济认为“只有放错了地方的资源，而没有真正的废弃物”，所有的物质和能源在不断进行的经济循环中得到合理和持久的利用，以把经济活动对自然环境的影响降低到尽可能小的程度。在这里，环境合理性和经济有效性得到了很好的结合。循环经济为工业化以来的传统经济转向可持续发展的经济提供了新的理论范式，有助于化解长期以来环境与发展之间的尖锐冲突。

按照《中华人民共和国循环经济促进法》，发展循环经济由政府推动、市场引导、企业实施、公众参与共同推进，在技术可行、经济合理和有利于节约资源、保护环境的前提下，按照减量化优先的原则实施。我国中央和地方政府、企事业单位、公民在促进循环经济发展中的作用分别如下。

国务院循环经济发展综合管理部门会同国务院环境保护部等有关主管部门，定期发布鼓励、限制和淘汰的技术、工艺、设备、材料和产品名录。禁止生产、进口、销售列入淘汰名录的设备、材料和产品，禁止使用列入淘汰名录的技术、工艺、设备和材料。要求生产厂商应当按照减少资源消耗和废物产生的要求，优先选择采用易回收、易拆解、易降解、无毒无害或者低毒低害的材料和设计方案，并符合有关国家标准的强制性要求。对钢铁、有色金属、煤炭、电力、石油加工、化工、建材、建筑、造纸、印染等行业的年综合能源消费量、用水量超过国家规定总量的重点企业，实行能耗、水耗的重点监督管理制度。建立健全循环经济统计制度、能源效率标识等产品资源消耗标识制度，并将主要统计指标定期向社会公布。

县以上各级政府负责组织协调、监督管理本行政区域的循环经济发展工作，编制本区域的循环经济发展规划，建立发展循环经济的目标责任制，采取规划、财政、投资、政府采购等措施促进循环经济发展。

企业事业单位应当建立健全管理制度，采取措施，降低资源消耗，减少废物的产生量和排放量，提高废物的再利用和资源化水平。生产列入强制回收名录的产品或者包装物的企业，必须对废弃的产品或者包装物负责回收；对其中可以利用的，由生产企业负责利用；对因不具备技术经济条件而不适合利用的，由生产企业负责无害化处置。

公民应当增强节约资源和保护环境的意识，合理消费、节约资源，使用节能、节水、节材和有利于保护环境的产品及再生产品，减少废物的产生量和排放量。对列入强制回收名录的产品和包装物，消费者应当将废弃的产品或者包装物交给生产者或者其委托回收的销售者或者其他组织。

日本建设循环型社会

日本除森林外，其他自然资源都很贫乏，但日本同时又是世界第三大经济体，是一个资源消费大国。为了振兴经济、寻求新的经济增长点、继续保持国际竞争力，日本提出了建立循环型社会的发展目标，并把建设循环型社会提升为基本国策。政府不仅制定法律政策指导循环经济发展，还通过政府绿色采购引导企业和公众的绿色消费。与此同时，日本在全社会范围内开展废弃物分类回收和综合利用，大力发展以静脉产业为代表的环境产业，促进产业结构转型，以达到节约资源、保护环境、提高产业竞争力的目的。

日本循环型社会战略体系由三大主体和六个要素构成，三大主体是政府、企业和个人，六个要素是指战略规划、法律框架、技术创新体系、产业政策、企业社会责任与公民环保意识（图 11-1）。这一体系的主要特点有以下三点。

（1）积极发展静脉产业，以废弃物循环利用为核心，将已产生的废弃物重新利用，既解决了废物处理问题，还产生了经济效益。

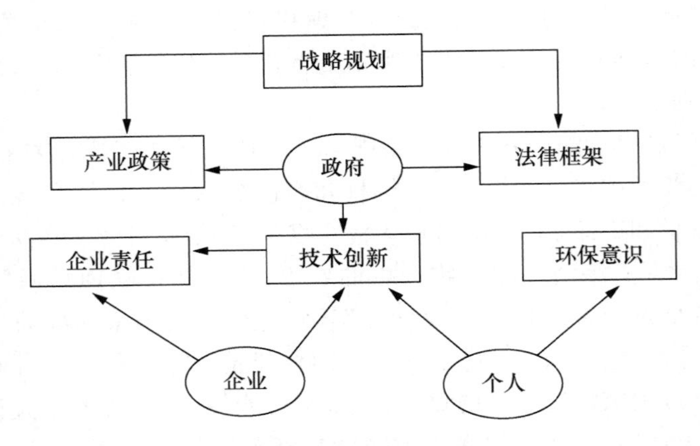

图 11-1　日本循环经济战略体系示意图

(2) 完善相关法律法规。20 世纪 90 年代,日本提出了"环境立国"口号,集中制定了一系列法律法规,保证了在市场经济条件下发展静脉产业有法可依。这些法律法规可分为三个层面:第一层面为基础层,即《促进建立循环社会基本法》;第二层面是综合性法律,有《固体废弃物管理和公共清洁法》和《资源有效利用促进法》;第三层面是针对物质输出端,依据各种产品的性质制定具体法律法规,如《促进容器和包装物分类回收法》、《家用电器回收法》、《食品回收法》、《建筑及材料回收法》等。

(3) 通过差别税收、财政支持、政府采购等方式扶持循环经济的发展。经济扶持政策使发展循环经济的企业在市场经济条件下有利可图。

日本通过实施循环型社会的战略和政策,资源生产率从 1990 年的 21 万日元/吨提高到 2010 年的 39 万日元/吨,资源循环利用率从 1990 年的 8% 增加到 2010 年的约 14%,2010 年废物的最终处理(填埋)量约为 2 800 万吨,比 1990 年的 11 000 万吨减少了 75%。同时,循环型社会的相关商业市场和雇佣规模扩大了约一倍。

11.1.2　开展环境经济核算

目前以 GDP 为核心的国民经济核算体系没有考虑自然资源的损耗和环境损害,同时又计入了环境恢复成本,不能反映社会真实福利水平的变化。为了准确反映一个地区的可持续发展情况,需要对自然资源和污染损害进行核算,建立环境经济核算体系。

1. 传统国民经济核算的不足

传统国民经济核算体系的中心指标是 GDP,它衡量的是货币化的产出和服务,被用来计算国民经济增长速度,衡量地区经济发展水平。但自 20 世纪 60 年代以来,人们注意到污染、生态退化、自然资源消耗、国民社会福利停滞等问题无法反映在 GDP 中,传统核算方法会带来 GDP 的虚增,这种虚增主要表现在两个方面。

(1) 没有考虑自然资源质量下降和自然资源枯竭等问题,结果高估了当期经济生产活动创造的新价值。在各种初级生产中,自然资源往往是生产过程中重要的甚至是主要的劳动对象和劳动手段，如矿业生产中的矿产资源，森林工业中的森林资源，农业生产中的土地资源等。同时，经济活动会排放大量的废弃物，自然环境是这些废弃物的主要处理和消纳场所。反过来说，自然资源会因开采而逐渐减少，自然环境也会因经济过程的干扰而变化。目前的核算方法只核算了经济过程对自然资源的开采成本，却不计算其资源成本和环境成本，低估了经济过程的投入价值，其结果是过高地估计当期生产过程新创造的价值。实际上，这些高估的价值是由自然资源与环境的价值转化而来的。

可以用一个例子来说明这个问题。一个农夫将自己拥有的一片原始林木砍掉，出售后获得一笔收入。按照国民经济核算原理，这笔收入扣除砍伐成本后的净值即可作为该农夫当期的生产成果，并进而形成可支配收入，但实际上这笔净收入不过就是该农夫原本所拥有的林木的价值。进一步看，农夫的这笔收入可以有两种用途，一是用这笔收入购买食品和衣物，二是购买资产如建造房屋或购买农具。按照国民经济核算原理，这都属于当期生产成果的使用，前者满足了农夫的生活需要，后者则增加了农夫的资产。但实际上，前一种情况下，农夫在满足消费的同时，其拥有的资产不可避免地减少了；后一种情况下，一种资产增加的背后是另一种资产的减少，充其量是不同资产类型的转换，而不是资产的增加。

将农夫的例子放大到一个国家，道理是类似的。对那些主要依靠自然资源获得就业、财政收入和外汇收入的国家来说，当期产出的增加很大程度上是以牺牲未来生产潜力为代价的，其结果是人们在得到收入的同时失去了资产，从长远来看，这种经济发展是不可持续的。

（2）将环境保护支出作为投资活动，结果污染物排放越多，环境保护支出就越多，GDP也就越大。同时，传统核算方法将环境修复活动计作产出，这样，一个企业以污染为代价进行生产会带来GDP的增加，而它治理污染修复环境，又会带来GDP的增加。这就类似于在平整的路面上挖坑然后把坑填平会带来两次GDP增长一样，这些活动对社会福利并没有贡献。

2. 环境经济核算的思路

20世纪60年代以后，在自然资源短缺、生态环境破坏的压力下，人们开始对传统的经济发展道路进行反思，同时，也对传统的衡量经济发展的国民经济核算体系进行反思，探讨构建一种环境经济核算体系，在计量经济发展成果时可以将资源消耗和环境破坏成本纳入其中。自70年代起，许多国际组织、国家、地区政府和学者一直在这一领域进行理论探讨和核算实践。环境经济核算的总体思路是将资源消耗和环境损害作为经济增长的成本从GDP中剔除。在这方面处于领先地位的组织和国家主要有联合国统计署(UNSD)、联合国环境规划署环境与贸易处(UNEP/ETB)、世界银行(WB)、欧盟统计局(Eurostat)、欧洲环境署(EEA)、经合组织(OECD)以及挪威、加拿大、瑞典、德国、日本和南非等。使用环境经济核算方法计算，人类的经济发展成果往往会打折扣。表11-1展示了一些常见的环境经济核算指标及其应用。

表 11-1　一些环境经济核算的指标和思路

指标	提出者	内容	应用或评价
生态需求指标(Ecological Requisite Index, ERI)	麻省理工学院(1971)	测算经济增长对资源环境的压力。计算公式为 $E=\Sigma(R_i, P_j)$，式中，E 是生态需求；R 是对资源的需求；P 是接受废弃物的需求。	此指标被一些学者认为是1986年《布伦特兰报告》的思想先锋，但缺点是过分笼统，因而未获广泛应用。
净经济福利指标(Net Economic Welfare, NEW)	Tobin 和 Nordhaus(1972)	在GDP中扣除污染产生的社会成本，同时加上家政服务、义务劳动等活动的价值。	1940—1968年，美国的NEW几乎只有同期GDP的一半，1968年后，二者的差距加大，NEW不及GDP的一半。
净国内产值(Net Domestic Product, NDP)	Repetoo(1989)	NDP=GDP－固定资产折旧。	1971—1984年，印尼GDP的增长率为7.1%，扣除资源环境损失后NDP的增长率为4.8%
可持续经济福利指标(Index of Sustainable Economic Welfare, ISEW)	Daly(1990)	ISEW=个人消费＋公共非防御性支出－私人防御性支出＋资本形成＋家务服务－环境退化成本－自然资本退化成本。	澳大利亚1950—1996年，实际经济增长率只有公布的GDP增长率的70%。
生态足迹(Ecological Footprint, EF)	Wacker-nagel(1996)	对于一定的人口和经济规模，维持资源消费和废弃物吸收所需的生产土地面积。	从全球范围看，人类的生态足迹已超过全球承载力的30%。
国民福利(National Wealth, NW)	世界银行(1997)	NW=净储蓄－资源损耗－环境污染损失。资源包括人造资本、自然资本、人力资本。	OECD、中国、东南亚等。
真实储蓄(Genuine Saving, GS)		GS为扣除了人造资本、自然资源和环境折损后的国内总储蓄。	
环境和自然资源账户(Environmental and Natural Resources Accounting Project, ENRAP)	Peskin(1990)	把天然环境作为可生产非市场价值的生产部门，不仅核算对环境有害的减项项目，也核算对环境有利的加项项目	美国部分地区、菲律宾、尼泊尔。
综合环境与经济核算体系(System for Environmental and Economic Accounts, SEEA)	联合国(1989)	建立与SNA相联系的环境卫星账户。绿色国内生产总值(EDP)=GDP－固定资产折旧－自然资源损耗和环境退化损失。	美、德、加、荷、挪、芬等国在SEEA的基础上对本国的EDP进行了核算。

3. 联合国 SEEA 核算方法

联合国的SEEA账户是在传统国民经济核算体系基础上建立的，SEEA账户可以与传统账户相衔接，在许多国家被试算应用。联合国统计署分别于1993年、2000年、2003年、2012年发布了SEEA的核算指南。按照2012年版的指南，SEEA的核算思路如下。

(1) 将国民经济核算账户中与自然资源和环境相关的存量和流量识别出来；

(2) 在资产负债表中将实物账户与自然资源和环境相关的账户进行连接；

(3) 纳入环境影响成本和效益，对自然资源和环境变化进行估值，SEEA 建议尽量使用市场价值法进行估值计算，对于没有市场价值的，可使用替代成本法或收益折现法进行估值计算；

(4) 得出能反映考虑了环境因素的收入和产出指标，将自然资源耗减与环境质量衰退从国内生产净值中扣除，估计出修正指标。

SEEA 账户以卫星账户形式表现，相对独立于 SNA 体系，在这个账户中，依功能将环境产品和服务进行分类，将环保活动与一般的经济活动区分开来。对自然资源的消耗主要考虑自然资源存量及其变化对国民收入的影响，共包括四个部分。

(1) 实物流量账户。记录经济与环境之间以及经济体系内部发生的实物流量，包括自然投入、产品、废弃物三类。

自然投入指从环境系统流入经济系统的物质，分为自然资源投入、可再生能源投入和其他自然投入三类。自然资源投入包括矿产和能源资源、土壤资源、天然林木资源、天然水生资源、其他天然生物资源以及水资源；可再生能源投入包括太阳能、水能、风能、潮汐能、地热能和其他热能；其他自然投入包括土壤养分、土壤碳等来自土壤的投入，氮、氧等来自空气的投入和未另分类的其他自然投入。

产品指经济内部的流量，是经济生产过程所产生的物品与服务，与 SNA 的产品定义和分类一致。

废弃物是生产、消费或积累过程中丢弃或排放的固态、液态和气态废弃物。

收集到各实物流量信息后，在 SNA 2008 中的价值型供给—使用表的基础上增加相关的行或列，即可得到实物型供给—使用表，以此记录从环境系统到经济系统、经济系统内部以及从经济系统到环境系统的全部实物流量。

实物流量核算的逻辑基础是两个恒等式：

一是供给使用恒等式：产品总供给＝产品总使用，具体表现为：

国内生产＋进口＝中间消费＋住户最终消费＋资本形成总额＋出口

二是投入产出恒等式：进入经济系统的物质＝流出经济系统的物质＋经济系统的存量净增加，具体表现为：

自然投入＋进口＋来自国外的废弃物＋从环境系统回收的废弃物
＝(流入环境系统的废弃物＋出口＋流入国外的废弃物)
＋(资本形成总额＋受控垃圾填埋场的积累
－生产系统和受控垃圾填埋场的废弃物)

(2) 环境活动账户和相关流量。记录与环境活动相关的交易。环境活动分为环境保护与资源管理两类。其中，环境保护指以预防、削减、消除污染或其他环境退化为主要目的的活动，资源管理指以保护和维持自然资源存量、防止资源耗减为主要目的的活动。

可以用两套方法编制环境活动信息：环境保护支出账户(EPEA)和环境货物与服务部门统计(EGSS)。

EPEA 从需求角度出发核算经济单位为保护环境发生的支出，以环境保护支出表为核心，延伸到环境保护专项服务的生产表、环境保护专项服务的供给—使用表、环境保护支出的资金来源表。

EGSS 从供给角度出发展示生产的环境产品与服务的生产信息，它将环境产品与服务分为四类：环境专项服务（环境保护与资源管理服务）、单一目的产品（仅能用于环境保护与资源管理的产品）、适用货物（对环境更友好或更清洁的货物）、环境技术（末端治理技术和综合技术）。

（3）资产账户。该账户用于记录各种环境资产在核算期间的存量和变动情况。环境资产包括矿产和能源资源、土地、土壤资源、林木资源、其他生物资源以及水资源。环境资产账户分为实物资产账户和货币资产账户两种形式，从期初资产存量开始，以期末资产存量结束，中间记录因采掘、自然生长、发现、灾害损失或其他因素使存量发生的增减变动，货币资产账户还增加了"重估价"项目，用来记录核算期内因价格变动而发生的环境资产价值的变化。

资产账户的动态平衡关系是：

期初资产存量＋存量增加－存量减少（＋重估价）＝期末资产存量

（4）结果——综合调整账户。SEEA 结果账户是综合展示经自然资本和环境调整后的国民经济账户。表 11-2 展示了 SEEA 账户的结果框架。

表 11-2　SEEA 核心账户的主要结果框架

项目	部门				合计
	产业部门	政府	家庭	NPISH*	
生产账户					
产出					
⋮					
增加值					
⋮					
净增加值					
—自然资源耗减					
经调整的净增加值					
收入账户					
增加值					
⋮					
总经营盈余					
—固定资本消耗					
—自然资源消耗					
经调整的经营余额					
初次分配的收入账户					
经调整的经营余额					
⋮					
经调整的初次分配收入余额					

（续表）

项目	部门				合计
	产业部门	政府	家庭	NPISH*	
二次分配的收入账户					
经调整的初次分配收入余额					
⋮					
经调整的净可支配收入					
可支配收入的使用账户					
经调整的净可支配收入					
⋮					
经调整的净储蓄					
资本账户					
经调整的净储蓄					
⋮					
净借/贷					

* NPISH 指非营利家庭服务机构(non-profit institutions serving households)。

可以类比 SNA 账户结构将 SEEA 各账户信息综合在一个框架里呈现，表 11-3 是 SEEA(2012)推荐的统计结果综合汇报示范表，该表同时涵盖价值和实物单位的数据，综合了价值流、实物流、环境和固定资本的存量和流量及相关指标。根据实际需要，可以在该表的四个大项下增减次级分类的小项，从而反映更为详细的统计内容。

表 11-3　综合各账户结果的框架表

	产业部门（ISIC 分类）	家庭	政府	积累	国外	合计
价值供给和使用：流量（货币单位）						
产品的供给						
中间消费和最终消费						
总增加值						
经调整的增加值						
环境税、补贴及其他						
实物供给和使用：流量（实物单位）						
供给						
自然投入						
产品						
废弃物						
使用						
自然投入						
产品						
废弃物						

（续表）

	产业部门（ISIC 分类）	家庭	政府	积累	国外	合计
资本账户和流量						
环境资本的期初存量(价值单位和实物单位)						
消耗(价值单位和实物单位)						
固定资本的期末存量(价值单位)						
总固定资本形成(价值单位)						
相关的社会—人口数据						
就业						
人口						

注：灰色部分为空。

4．中国的环境经济核算

由于伴随经济增长的资源环境损失日益引人关注，我国的学术界和政府部门也进行了中国资源环境核算的研究。其中国家统计局、国家环保部（原国家环保总局）等部门积极推动了有关绿色国民经济核算的实践工作，主要有以下几方面。

（1）国家统计局在新国民经济核算体系中，设置了附属账户——自然资源实物量核算表，制订了核算方案，试编了 2000 年全国土地、森林、矿产、水资源实物量表。

（2）国家统计局与挪威统计局合作，编制了 1987 年、1995 年、1997 年中国能源生产与使用账户，测算了中国八种大气污染物的排放量，利用可计算的一般均衡模型分析并预测了中国能源使用、大气污染排放的发展趋势。

（3）国家统计局在黑龙江、重庆、海南分别进行了森林、水、工业污染、环境保护支出等项目的核算试点。

（4）自 2004 年起原国家环保总局和国家统计局就绿色 GDP 核算工作进行过 10 个省市的试点，后推广到对全国 31 个省、市、自治区和 42 个部门的环境污染实物量、虚拟治理成本、环境退化成本进行了统计分析。2006 年两局联合发布了《中国绿色 GDP 核算报告 2004》。报告显示，2004 年，全国环境退化成本（即因环境污染造成的经济损失）为 5 118 亿元，占 GDP 的 3.05%。由于基础数据和方法的限制，这次核算没有包含自然资源耗减成本和环境退化成本中的生态破坏成本，只计算了 20 多项环境污染损失中的 10 项。

（5）2010 年环保部环境规划院公布《中国绿色 GDP 核算报告 2008》，报告显示，2008 年，全国生态环境退化成本为 12 745.7 亿元，占当年 GDP 的 3.9%。

我国的资源环境核算尽管取得了一定的进展，但与其他国家一样，仍处于研究摸索试行阶段，距离全面应用仍面临不少困难。

（1）由于资源环境问题的出现具有分散性的特点，而且其造成的影响往往存在滞后性和长期性，使得搜集建立实物账户的数据十分困难。

（2）由于环境变化和许多自然资源没有市场价格，需要使用替代手段对其进行货币化评估，但各种评估手段在使用中都有局限性，难以准确反映实际的价值变动，核算方法尚待完善。

(3) 地方政府的阻力。长期以来，经济增长是各级地方政府追求的核心目标，也是考核政府政绩的核心指标，而绿色 GDP 核算会扣除资源环境损失成本，一般会使经济增长成绩“打折”，因此会在应用中受到阻力。

我国相关部门曾希望利用绿色 GDP 作为生态补偿、环境税收的依据和考核干部的标准之一，以扭转以资源环境为代价换增长的错误做法，但由于这些问题的存在，离这些应用目标还有不小的距离。

以往我国国家统计局和环保部的环境经济核算思想主要是在国民经济核算的基础上减去资源环境损耗，没有考虑生态环境改良可能带来的价值增加。2015 年，国家环保部计划进行新一期的绿色 GDP 核算研究和实践，计划在前期工作的基础上增加环境容量核算和生态系统生产总值核算。这样绿色 GDP 就既有“减”又有“加”，可以更加全面地反映经济增长成果。

11.1.3　产业发展政策

不同的产业结构和技术路线对经济增长的环境后果影响很大，在制定产业发展政策时综合考虑环境目标有助于从结构上减轻经济增长的环境压力。

1. 支持各行业实行清洁生产

1989 年，联合国环境规划署提出清洁生产的概念：要求将整体预防的环境战略持续应用于生产过程、产品和服务中，以增加生态效应和减少人类及环境的风险。对生产过程，要求节约原材料和能源，淘汰有毒原材料，减少和降低废弃物的数量和毒性；对产品，要求减少从原材料提炼到产品最终处置的全生命周期的不利环境影响；对服务，要求将环境因素纳入产品设计和所提供的服务中。

要实施清洁生产，可采取的措施主要有以下三种。

(1) 产品绿色设计。要求在产品设计中考虑环境保护，减少资源消耗。绿色设计思路包括增加防止污染的设置、增加无毒材料的使用、增加再循环和可拆卸零件、增加原材料的重复利用、减少能源使用量等。

(2) 生产全过程控制。要求企业采用少废、无废的生产工艺技术和高效的生产设备；减少生产过程中的各种危险因素和有毒有害的中间产品；使用简便、可靠的操作和控制；建立良好的卫生规范、卫生标准操作程序，进行危害分析与关键控制点；组织物料的再循环；建立全面质量管理系统；优化生产组织；进行必要的污染治理。

(3) 材料优化管理。要求在选择材料时尽量少用、不用有毒有害的原料；考虑其可循环性，可供再使用与再循环的材料可以通过提高环境质量和减少成本创造环境与经济收益；实行合理的材料闭环流动，主要包括原材料和产品的回收处理过程的材料流动、产品使用过程的材料流动和产品制造过程的材料流动，在材料流动的各个环节都努力实现废弃物减量化、资源化和无害化。

在实践中，清洁生产是与现有生产技术相比较而言的。可以将国际标准化组织(ISO)的环境管理认证系列标准(ISO 14000)作为清洁生产的评价标准。该标准由 ISO/TC 207 的环境管理技术委员会制定，有 14001 到 14100 共 100 个号。包括环境管理体系

(EMC)、环境审核(EA)、环境标志(EL)、环境行为评价(EPE)、生命周期评估(LCA)、术语和定义(T&D)、产品标准中的环境指标(WG1)和备用共8个号段。制定ISO 14000系列标准的出发点是促进改变工业污染控制的战略,从加强环境管理入手建立污染预防观念。通过企业的"自我决策、自我控制、自我管理"方式,把环境管理融于企业全面管理之中。

按ISO 14000标准要求,企业的环境管理体系包括五个部分:环境方针、规划、实施与运行、检查与纠正措施、管理评审。这五个部分包含了环境管理体系的建立、评审、改进的循环,以保证组织内部环境管理体系的持续完善和提高。

生产者是从环境中提取物质的主体,不仅在生产过程中会排放废弃物,其产品经废弃后也可能成为污染物。生命周期评估要求生产者对产品的设计、生产、使用、报废和回收全过程中影响环境的因素加以控制。ISO/TC 207专门成立了生命周期评估技术委员会,用以评价产品在每个生命阶段对环境影响的大小。

由于产品对环境的影响分散在其整个生命周期里,要将产品的环境外部性充分地内化,就需要生产者对产品整个生命周期的环境影响负责。1988年,林赫斯特(Thomas Lindhqvist)提出了"生产者延伸责任"(extended producer responsibility,EPR)的概念,认为生产者的责任应该延伸到产品的整个生命周期。欧盟把生产者延伸责任定义为生产者必须承担产品使用完毕后的回收、再生和处理的责任,其策略是将产品废弃阶段的环境责任归于生产者。生产者延伸责任思想首先被运用于德国的《包装物条例》,目前生产者延伸责任已是欧盟环保体系中的关键环节,对于促进欧盟企业进行清洁生产,减少有毒有害固体废弃物产生了明显的效果。

我国于2002年制定了《中华人民共和国清洁生产促进法》,自2003年1月1日起施行,2012年对该法进行了修订。这部法律规定:各行业企业是清洁生产的实施主体,在生产实践中应优先采用资源利用率高以及污染物产生量少的清洁生产技术、工艺和设备。各级政府在促进清洁生产方面起引领、促进、保障和监督的作用,其主要责任包括:制定有利于实施清洁生产的财政税收政策、产业政策、技术开发和推广政策;编制清洁生产推行规划,明确推行清洁生产的目标、主要任务和保障措施,确定开展清洁生产的重点领域、重点行业和重点工程;保障资金投入,提供技术和信息支持;编制清洁生产技术、工艺、设备和产品导向目录和清洁生产指南,指导实施清洁生产;对浪费资源和严重污染环境的落后生产技术、工艺、设备和产品实行限期淘汰制度。指导和支持清洁生产技术和有利于环境与资源保护的产品的研究、开发以及清洁生产技术的示范和推广工作;优先采购节能、节水、废物再生利用等有利于环境与资源保护的产品;通过宣传、教育等措施,鼓励公众购买和使用节能、节水、废物再生利用等有利于环境与资源保护的产品;对在清洁生产工作中做出显著成绩的单位和个人给予表彰和奖励。

2. 调整产业结构

不同产业的污染排放强度不同,在经济总量增长的过程中,如果产业结构能成功地实现由资源消耗型、污染密集型产业为主向知识密集型和清洁型产业为主转换,污染物的总排放量有可能保持稳定甚至下降。相反,污染物的总排放量则可能迅速增长,加快环境恶化的步伐。因此,要实现绿色增长,需要调整产业结构。

调整和优化产业结构需要引入产业政策。产业政策通常被认为是一种政府干预经济的手段，往往被看作是宏观经济政策中货币政策和财政政策之外的"第三边"。为了促进产业结构向绿色化方向转型，可以实施以下政策措施。

（1）推行可持续发展的产业政策，支持清洁生产和循环经济建设，建立节能降耗的生态产业体系。包括：建立生态农业生产体系；建立以节能、节材为中心，注重整体效益的清洁生产型工业生产体系；以节省运力为中心，建立高效、节约型的综合运输体系；形成以适度消费、勤俭节约为特征的生活服务体系；建立以改善环境质量、增加再生资源为主要任务的环境保护体系等。

（2）修订高耗能、高污染和资源性行业的准入条件，明确资源能源节约和污染物排放等指标，控制高耗能高污染产业新增产能。加大环保、能耗、安全执法处罚力度，建立以节能环保标准促进"两高"行业过剩产能退出的机制。制定财政、土地、金融等扶持政策，支持"两高"行业企业退出，加快淘汰落后产能，倒逼产业转型升级。

（3）促进环保产业发展。环保产业是以防治环境污染、改善生态环境、保护自然资源为目的进行的技术开发、产业生产、商业流通、资源利用、信息服务、工程承包等活动的总称，环保产业的发展在很大程度上依赖于环境管理的严格程度和环保投入的大小，政府在税收、融资等方面提供的支持也是促进这一产业发展的重要条件。环保产业在产生经济效益的同时还能产生巨大的环境效益，在发达国家已经成为一个重要的新兴产业。中国的环保产业一直保持着高于同期国民经济增长速度的高速发展，目前已形成覆盖环保产品生产、洁净产品生产、环境保护服务、资源循环利用、自然生态保护五个领域的产业体系（表 11-4）。

表 11-4　1993—2011 年中国环保相关产业的发展比较

项目	1993 年	2000 年	2004 年	2011 年
从业单位数（个）	8 651	18 144	11 623	28 820
从业人数（万人）	188.2	317.6	159.5	319.5
年收入总额（亿元）	311.5	1 689.9	4 572.1	30 752.5
其中：环保产品生产	104.0	236.9	841.9	1 997.3
环境保护服务	11.1	643.4	264.1	1 706.8
资源循环（综合）利用	169.8	243.1	2 787.4	7 001.6
环境友好（洁净产品）生产	—	281.1	1 178.7	20 046.8
自然生态保护	27.1	285.4	—	—
出口总额（亿美元）	0.3	16.0	60.0	333.8
人均收入（万元/人）	1.7	5.3	28.7	96.3
收入总额占 GDP 的比例（%）	0.9	2.1	3.4	6.5

资料来源：各年度的环保相关产业状况公报。

3. 优化产业布局

适当集中的产业布局有利于土地的节约集约利用、污染物的收集和集中处理，降低污染削减成本。同时，经过设计的产业布局也方便企业间交换产品和废弃物，从而实现能源的梯级利用和水资源的循环利用，降低区域环境压力。

在传统工业生产体系里，企业追求的是单一产品的效益，采用从原料到产品到废料排放的线性方式组织生产，以达到单一产品的经济效益最大化。在这个过程中，大量没有转化为产品的资源被废弃，成为环境污染的物质根源。生态工业园把地域上聚集在一起的工业生产组合成一种类似于自然生态系统的体系，其中一个单元产生的“废物”或副产品，是另一个单元的“营养物”和投入原料。这样，区域内彼此靠近的工业企业就可以形成一个相互依存，类似于生态食物链的“工业生态系统”。投入生产过程中的材料，经过上一轮生产后，其剩余物可作为下一轮产品的原料，依次类推，最后无法避免的剩余物经过处理后实现无害排放，会大大减少废弃物的产生。

丹麦卡伦堡工业园是生态工业园的一个样板，这个工业园中的主体企业有电厂、炼油厂、制药厂和石膏墙板厂等，这些企业按照互惠互利的原则，通过废弃物的综合利用联系在一起，电厂的粉煤灰和除尘渣不需建灰场，炼油厂的含硫烟气不需排入大气，制药厂的残渣也不需填埋，都通过生态工业链转化为其他企业的原料。它们之间的资源交换和互动减少了大量的废弃物排放(图 11-2)。

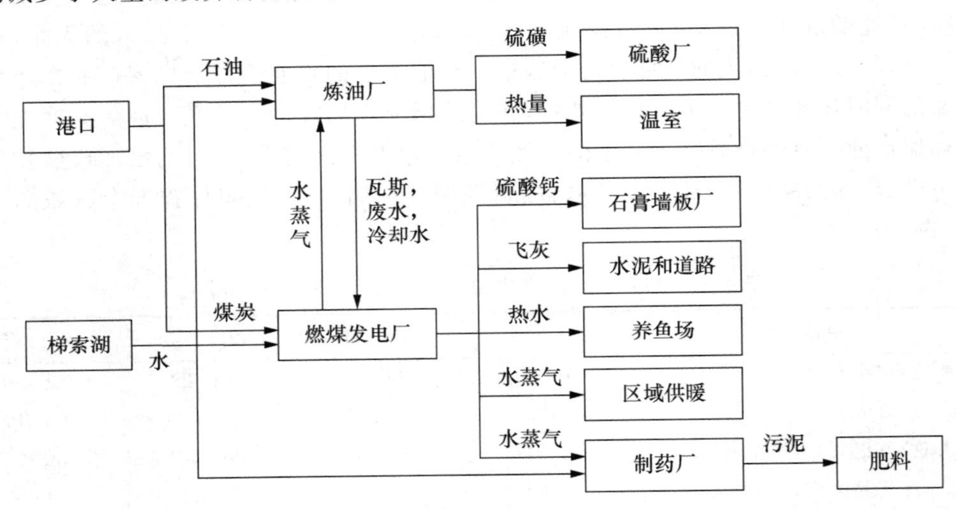

图 11-2 卡伦堡工业园的生态工业链

截至 2014 年，我国通过规划论证正在建设的国家生态工业示范园区数量达到 59 个，其中通过验收的国家生态工业示范园区有 12 个，各个省、大部分地市甚至部分县已开始建设自己的生态工业园。这些园区内的企业通过废物交换利用、能量梯级利用、土地集约利用、水的分类利用和循环使用，共同使用基础设施和其他有关设施等措施降低了它们整体上对环境的影响。其中广西贵港生态(制糖)工业示范园区于 2001 年由原国家环保总局批准建设。该园区以贵糖(集团)股份有限公司为核心，以蔗田系统、制糖系统、酒精系统、造纸系统、热电联产系统、环境综合处理系统为框架组建。示范园区的 6 个系统分别有产品产出，各系统通过中间产品和废弃物的相互交换而相互衔接，形成一个较完整和闭合的生态工业网络。园区内的主要生态链有两条：一是甘蔗→制糖→废糖蜜→制酒精→酒精废液制复合肥→回到蔗田；二是甘蔗→制糖→蔗渣造纸→制浆黑液碱回收；此外还有制糖业(有机糖)→低聚果糖，制糖滤泥→水泥等较小的生态链。这些生态链在一定程度上形成了网状结构(图 11-3)。

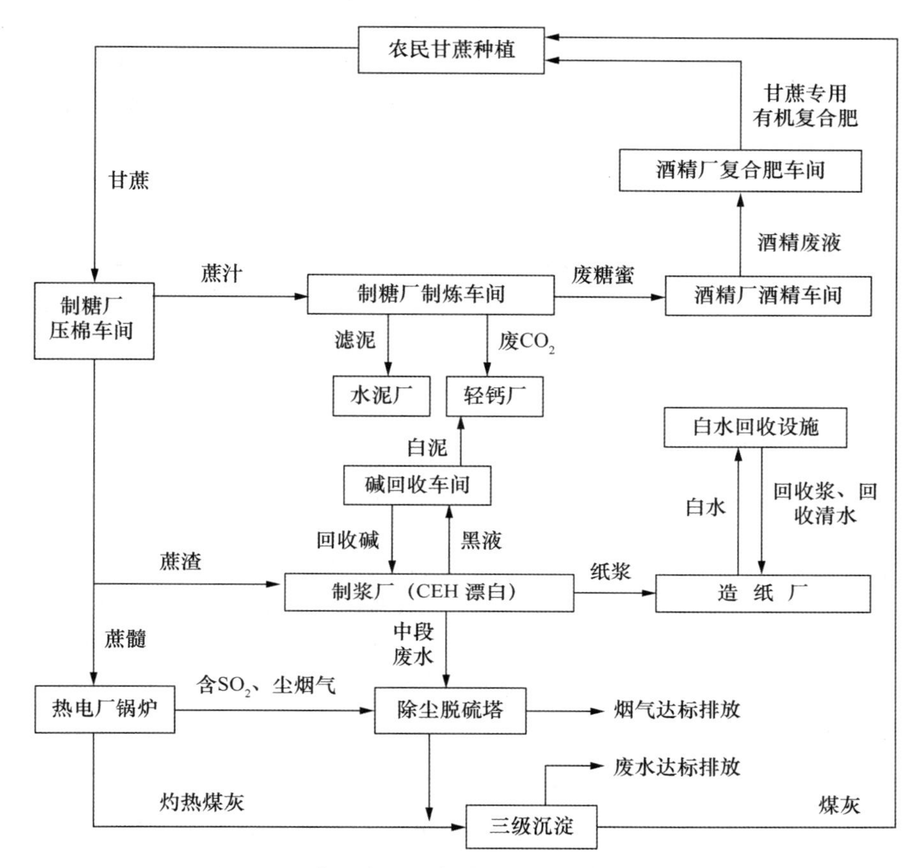

图 11-3　广西贵港生态(制糖)工业示范园区结构

资料来源:冯之浚. 循环经济导论. 北京:人民出版社，2004:209.

11.1.4　公共财政政策

政府是一个重要的经济活动主体,在简化的三部门经济模型中,一方面,政府向厂商和家庭收取税收,另一方面,向厂商和家庭提供公共服务。在这个过程中,政府集中和再分配财富的行为被称为公共财政。公共财政着眼于满足社会公共需要,有助于弥补市场失灵。许多环境问题是由市场失灵引起的,公共财政可以从鼓励“好”行为和惩罚“坏”行为两个方面促进环境改善。

1. 差别税收政策

为了鼓励有利于环境的经济活动、抑制破坏环境的经济活动,可以对前者实施正向激励型的税收政策,实行减免税、加快固定资产折旧等政策。对后者实施逆向抑制型的税收政策,征收固定资产投资方向调节税、消费税、燃油(能源使用、碳)税等。

从广义上讲,可以将各种以保护环境为政策目标的逆向抑制型的税种称为环境税,但也可从狭义上定义环境税,将针对各种污染征收的税种称为环境税。人们希望通过征

收环境税获得双重红利:如果在征收环境税的同时,降低现有税种对资本和劳动产生的扭曲,既可以达到保护环境的目标,又可以促进经济增长。

欧盟在征收环境税领域进行了大量的理论研究和实践尝试,表 11-5 列出了欧盟征收环境税的情况。从中可以看出,环境税在欧盟税收收入中占比不大,仅为 6.3%,其中能源税在环境税中占最大比重,达 75%。但环境税在促进欧盟国家减少污染排放,特别是减少碳排放方面起到了积极的作用。

表 11-5 欧盟征收的环境税

	税收收入(亿欧元)	占环境税的比重(%)	占 GDP 的比重(%)	占税收收入的比重(%)
能源税	2 484.96	75.0	1.8	4.7
交通税	666.17	20.1	0.5	1.3
污染和自然资源使用税	162.66	4.9	0.1	0.3
合计	3 313.78	100.0	2.5	6.3

资料来源:Eurostat(online data code: env_ac_tax).

自 2008 年年初,我国的相关部委开始研究环境税的开征工作,2010 年设计出环境税征收方案初稿,2013 年初步制订了开征计划,目前我国规划的未来环境税的基本内容是"费改税",是将目前对重点污染物征收的排污费改为环境税。预期环境税有助于降低污染,刺激排污企业的环保需求,给环保企业带来更大发展空间。

2. 政府环保投入

环境保护投入是改善环境质量的物质保证。在联合国环境规划署发布的《绿色经济报告》(The Green Economy Report)里提出要实现向绿色经济转型,到 2050 年,大约每年要将全球产值的 2%(约合 13 亿美元)投资于向绿色转型的关键部门,包括农业、建筑业、能源、渔业、森林、制造业、旅游、交通、水和废物管理等。为了达到预期的环境目标,各国都要投入大量的资金。美国、欧盟等将这些资金计为环保支出,既包括经济部门在环保领域的开支,又包括公共部门在环保领域的开支,如表 10-10 所列,欧盟的环保支出占 GDP 的比重在 2%以上。各类产业部门的环境保护投入主要用于污染防治,而政府环保投入除了行政成本外,主要用于三个方面:直接提供环境公共物品;补贴私人部门,鼓励私人提供环境公共物品;提供环境信息,支持环境类研发活动。

在我国,政府是环保投入的重要主体,统计显示,1991—2000 年间,各级政府的环保投入占环保投入总量的 47%。[①] 政府的环保投入主要用于三个方面:一是支付政府作为环境管理者的管理费用;二是对环保基础设施、生态保护项目的建设进行投资;三是对企业治理环境进行资助和奖励。生态保护与污染治理是我国的一项长期任务,并将随城市化和工业化的进一步发展面临更严峻的挑战。为了应对这种挑战,环境保护投入也应随之增长。这既需要政府加大对环境保护的财政投入,也需要积极探索扩大多种筹资渠道,制定相应的优惠政策,吸引外资和国内社会资金进入环境保护领域。

---

① 国家环境保护总局规划与财务局. 国家环境保护"十五"计划读本. 北京:中国环境科学出版社,2002:118.

"退耕还林"工程

不同的土地利用方式对生态环境的影响是巨大的，为了保护生产环境和保持水土，各国多采用补贴的方式鼓励恢复植被或以可持续的方式利用土地。

1998 年，我国长江流域发生特大洪水，造成巨大的经济损失。引发这场洪灾的一个重要原因是长江中上游地区的森林植被被破坏，使土壤的蓄水能力下降，水土流失加剧，遇雨易形成洪水，而多年来对中下游地区的湖泊湿地大规模围垦，使这些天然湿地对洪水的调控能力下降，更是加重了洪灾损失。因此，我国从 1999 年起开始实行大规模的"退耕还林"工程。"退耕还林"工程是从保护生态环境出发，将水土流失严重的耕地和沙化、盐碱化、石漠化严重的耕地以及粮食产量低而不稳的耕地，有计划、有步骤地停止耕种，因地制宜地造林种草，恢复植被。与"退耕还林"同步进行的还有"退耕还草"和"退田还湖"工程。

为了促进这些生态建设工程的实施，我国政府对相关农户进行补贴。退耕还林的政策规定主要有以下几点。

- 国家无偿向退耕农户提供粮食、生活费补助。粮食和生活费补助标准为：长江流域及南方地区每公顷退耕地每年补助粮食（原粮）2 250 千克；黄河流域及北方地区每公顷退耕地每年补助粮食（原粮）1 500 千克。从 2004 年起，原则上将向退耕户补助的粮食改为现金补助。退耕还林者在享受资金和粮食补助期间，应当按照作业设计和合同的要求在宜林荒山荒地造林。
- 国家向退耕农户提供种苗造林补助费。种苗造林补助费标准按退耕地和宜林荒山荒地造林每公顷 750 元计算。
- 退耕还林必须坚持生态优先。退耕地还林营造的生态林面积以县为单位核算，不得低于退耕地还林面积的 80%。对超过规定比例多种的经济林只给种苗造林补助费，不补助粮食和生活费。
- 国家保护退耕还林者享有退耕地上的林木（草）所有权。退耕还林后，由县级以上人民政府依照《森林法》、《草原法》的有关规定发放林（草）权属证书，确认所有权和使用权，并依法办理土地用途变更手续。
- 退耕地还林后的承包经营权期限可以延长到 70 年。承包经营权到期后，土地承包经营权人可以依照有关法律法规的规定继续承包。退耕还林地和荒山荒地造林后的承包经营权可以依法继承、转让。
- 资金和粮食补助期满后，在不破坏整体生态功能的前提下，经有关主管部门批准，退耕还林者可以依法对其所有的林木进行采伐。

经过十多年的努力，"退耕还林"工程取得了显著的生态、经济和社会效益。截至 2013 年，全国累计完成退耕还林任务 4.47 亿亩，其中退耕地造林 1.39 亿亩，工程区森林覆盖率平均提高 3 个多百分点。按照我国 2014 年制定的《新一轮退耕还林还草总体方案》，到 2020 年还要将全国具备条件的坡耕地和严重沙化耕地约 4 240 万亩退耕还林还草。

3. 政府绿色采购

基于其巨大的财政能力，政府是各类商品和服务的最大的消费者，这使得在环境保护领域，政府可利用自身的购买力支持环境友好产品的生产和环境产业的发展，政府的这种采购行为被称为绿色采购。绿色采购能够为环境友好型产品提供一定的市场，同时起引导和示范作用。

美国是政府绿色采购的典型代表。作为世界上最大的采购者，美国联邦政府已形成了相对完备的绿色采购的法律政策和管理实施体系。1974 年颁布的《联邦采购条例》规定，机关部门一定要执行成本节约优先计划以促进节能、节水及环境友好产品和服务的采购，制定采购政策以实现对环保产品和服务的最大化利用、促进节能节水产品的使用等 8 项环保政策目标。除此之外，为推行绿色采购，美国联邦政府还出台了大量的行政命令。实践证明，政府采购在鼓励美国环保产业发展、教育公众、促进节能环保方面起了重要的作用。

11.2 管理地方性环境问题的政策

在操作层面上，政府可使用多种类型的政策手段对地方性环境问题进行管理，其中常用的政策手段可分为三类：命令—控制型手段、经济手段、鼓励型手段。

11.2.1 命令—控制型手段

这类手段是政府运用自己的强制力，对损害环境的责任者的行为进行管制，包括管制生产投入品的性质和数量、规定生产技术、管制产出种类和数量、设定污染物排放标准(包括排放浓度标准和排放总量标准)、设定排放配额、规定选址等。

我国法律法规中的命令—控制型手段举例

2015 年开始执行的《中华人民共和国环境保护法》中第四章“防治污染和其他公害”中的许多条款都属于命令—控制型手段。如：

第四十一条：建设项目中防治污染的设施，应当与主体工程同时设计、同时施工、同时投产使用。防治污染的设施应当符合经批准的环境影响评价文件的要求，不得擅自拆除或者闲置。

第四十五条：国家依照法律规定实行排污许可管理制度。实行排污许可管理的企业事业单位和其他生产经营者应当按照排污许可证的要求排放污染物；未取得排污许可证的，不得排放污染物。

第四十六条：国家对严重污染环境的工艺、设备和产品实行淘汰制度。任何单位和个人不得生产、销售或者转移、使用严重污染环境的工艺、设备和产品。禁止引进不符合我国环境保护规定的技术、设备、材料和产品。

第四十九条：禁止将不符合农用标准和环境保护标准的固体废物、废水施入农田。

施用农药、化肥等农业投入品及进行灌溉，应当采取措施，防止重金属和其他有毒有害物质污染环境。

2013年出台的《空气污染防治行动计划》(俗称"大气十条")中的许多条款属于命令—控制型手段，如要求：

全面整治燃煤小锅炉，加快重点行业脱硫脱硝除尘改造；

提升燃油品质，限期淘汰黄标车；

严控高耗能、高污染行业新增产能，提前一年完成钢铁、水泥、电解铝、平板玻璃等重点行业"十二五"落后产能淘汰任务；

对未通过能评、环评的项目，不得批准开工建设，不得提供土地，不得提供贷款支持，不得供电供水；

用法律、标准"倒逼"产业转型升级。制定、修订重点行业排放标准。

2015年出台的《水污染防治行动计划》(俗称"水十条")中的许多条款也属于命令—控制型手段，如要求：

取缔"十小"企业。全面排查装备水平低、环保设施差的小型工业企业。2016年年底前，按照水污染防治法律法规要求，全部取缔不符合国家产业政策的小型造纸、制革、印染、染料、炼焦、炼硫、炼砷、炼油、电镀、农药等严重污染水环境的生产项目；

专项整治十大重点行业。制定造纸、焦化、氮肥、有色金属、印染、农副食品加工、原料药制造、制革、农药、电镀等行业专项治理方案，实施清洁化改造。新建、改建、扩建上述行业建设项目实行主要污染物排放等量或减量置换。

2017年年底前，造纸行业力争完成纸浆无元素氯漂白改造或采取其他低污染制浆技术，钢铁企业焦炉完成干熄焦技术改造，氮肥行业尿素生产完成工艺冷凝液水解解析技术改造，印染行业实施低排水染整工艺改造，制药(抗生素、维生素)行业实施绿色酶法生产技术改造，制革行业实施铬减量化和封闭循环利用技术改造。

---

1. 排污标准

在管制污染问题时，实施命令—控制型手段往往是建立在一些污染控制法律之上的，如环境保护法和具体领域的污染控制法，然后根据这些法律确定污染物允许排放的种类、数量、方式以及产品和生产工艺等相关指标。有关生产者和消费者遵守这些法律和污染物排放规定是义务性或强制性的，如果违反会受到行政、法律或经济制裁。

排污标准是一种典型的命令—控制型手段，图11-4是对排污标准的说明，假定某企业在生产过程中产生污染，横轴是污染排放量，纵轴是成本或收益，MPB指边际私人收益，MSB指边际社会收益，MPC指边际私人成本，MSC是边际社会成本。作为理性的经济人，企业的经营目标是取得最大净收益。在污染带来的环境损害以外部成本的形式存在的情况下，企业不会考虑污染损害问题。为了达到自身利益最大化，企业会将产量增加到MPB和MPC的交点处，此时，污染排放量为Q_1。但是，从社会福利最大化的角度看，最优污染水平对应于MSC和MPB的交点，此时污染排放量为Q^*。虽然社会最优排放量Q^*不是0，但也比Q_1少，要将污染排放水平减少到最优水平Q^*，政府制定了排放

标准 S,并规定污染者不能排放超过这一标准的污染,否则对每一单位污染处以至少为 P^* 的处罚,这样就可以达到预期的环境目标。

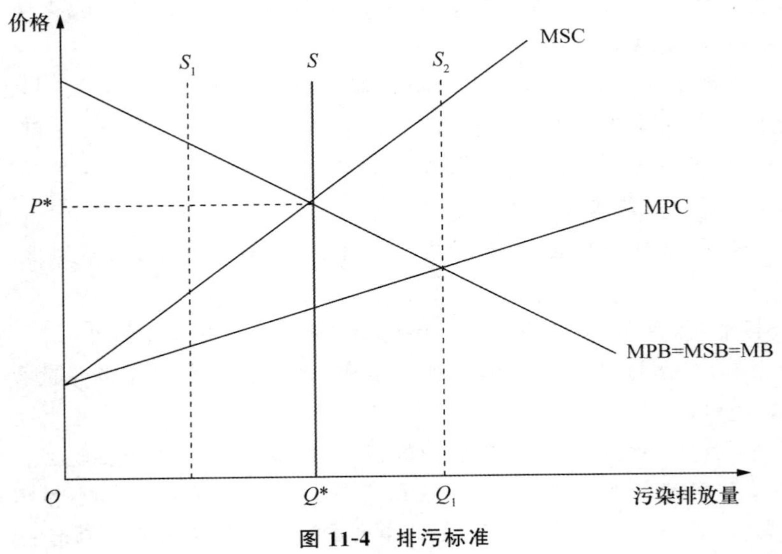

图 11-4　排污标准

一般地,排放标准是按照五个步骤制定的:第一步是设立环境目标,如使空气质量保持在不威胁人群健康和安全的水平上;第二步是设定具体的环境指标,指标应是最能代表和解释目标的,并且应是可测量的,如大气环境中的 SO_2 浓度、PM 2.5 浓度等;第三步是建立环境指标的质量标准,即确定什么水平的环境指标算污染,什么水平的环境指标是可接受的;第四步是建立排放标准,即确定把排放量或排放浓度限制在什么水平才能达到环境质量标准;第五步是执行,包括排放标准的执行、污染减排、监测和对违规的处罚等。

命令—控制型手段由国家强制力量保证推行,具有对问题定位准确、简便、容易在行政体系下推行、见效快的优点,是各国运用最多的污染管控手段。

2. 排污标准的局限性

尽管被各国环境管理部门广泛使用,但从节约政策执行成本、政策的灵活性等角度看,排污标准也有一些局限性,主要表现在以下方面。

(1) 难以制定最优标准。从理论上说,排污标准应根据污染的边际成本等于边际收益的原则确定,如果信息是完全的,排污标准应设立在图 11-4 中 MSC 和 MB 曲线的交点上,此时的污染水平 Q^* 是最有效率的。但实际上,由于政府掌握的信息往往是不完全的,无法知道边际曲线的形状和交点,因此制定的排污标准是综合多方面因素的结果,在这样的排污标准下的污染水平往往不等于最优污染水平,可能偏左或偏右,如图中 S_1 或 S_2,只有在极凑巧的情况下,排污标准才能对应于最优排污量。

(2) 难以实现削减量的优化分配。在存在多个污染源的情况下,各污染源的边际削减成本曲线的交点对应的削减量分配方案是最优的。从理论上说,政府应根据每个污染源的削减成本和收益情况,对其设立相应的排污标准。但这种做法不具有现实可操作性，政府只能对不同的污染源设立统一的排污标准，因此无法在污染源之间进行有效的配额分配。

多个污染源间削减任务的分配

在一个地区内往往存在多个污染者，这些污染者控制污染的成本一般说来是不同的。比如，要削减同样数量的污水，纺织厂花费的成本较低，而造纸厂、化工厂花费的成本可能高得多。如果为了保护当地的环境质量需要削减一定数量的污染，削减量应如何在地区内不同的污染者间进行分配才能最大限度地节约总削减成本呢？可以借助图 11-5 回答这一问题。

假定该地区有两个污染者，污染者 1 可以以较低的成本削减污染，边际削减成本曲线 MAC_1 较平缓，污染者 2 的削减成本较高，边际削减成本曲线 MAC_2 较陡峭（图 11-5）。

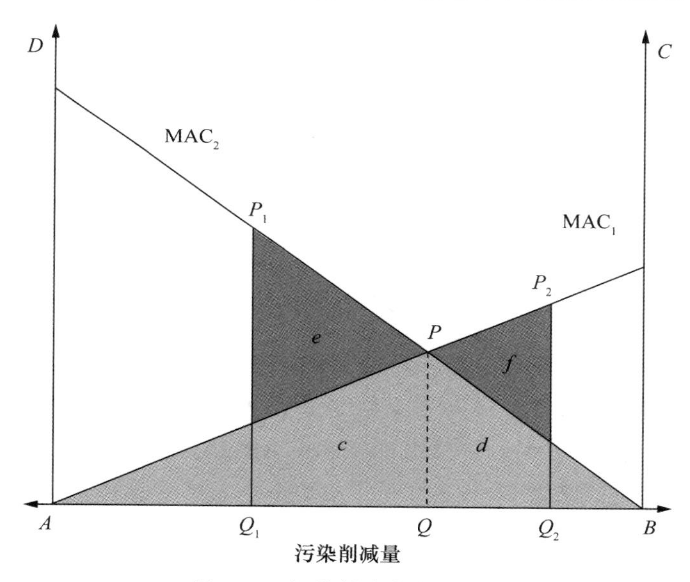

图 11-5　污染削减成本的分配

为了达到政府的环境目标，二者要共同削减 *AB* 单位的污染。横轴从左向右是污染者 1 的情况，表示随削减量的增加，MAC_1 上升，MAC_1 下的面积是其负担的削减成本；从右向左是污染者 2 的情况，表示随削减量的增加，MAC_2 上升，MAC_2 下的面积是其负担的削减成本。横轴上的点对应于二者分担污染削减量的划分情况，其中 A 点对应所有削减任务由污染者 2 承担，*B* 点对应所有的削减任务由污染者 1 承担。

观察曲线可知，MAC_1 和 MAC_2 的交点 *Q* 对应的削减量的划分方案可以最大限度地节约总成本，此时二者的总削减成本最小，为面积 $c+d$。在点 *Q* 的左侧点 Q_1，污染者 2 承担的削减任务过多，会使总成本增加面积 *e*；而在点 *Q* 的右侧点 Q_2，污染者 1 承担的削减任务过多，会使总成本增加面积 *f*。

可见，对两个污染削减成本不同的污染者，要使他们共同削减一定量的污染，最节约

成本的方案是他们的边际削减成本曲线的交点对应的削减量分配方案。这个方案意味着能以较低成本减少污染的一方应该承担更多的削减任务。

这一分析结论可以很容易地扩展到多个污染者的情形：要以最低的成本削减一个地区的污染，不应在多个污染者中平均分配削减任务，优化的分配方案对应于所有污染者的边际削减成本曲线的交点。此时削减成本低的污染者应该多承担削减任务。

(3) 不能提供动态激励。由于削减污染是要花费一定成本的，而且随着污染的逐步削减，边际削减成本递增。为了节约成本，污染源没有动力在达到标准后进一步减少污染，因此排污标准无法为持续减少排污提供激励。

(4) 政策执行成本大。排污标准很难考虑企业间的技术差异或边际削减成本差异，招致阻力、拖延、违反的可能性高，往往需要巨大的监督成本和惩罚成本。Tietenberg (1985)的研究发现，要实现同样程度的污染控制，命令—控制型手段的成本相当于最小费用手段的2—22倍。[①]

(5) 灵活性差。为了对新的环境状况和变化作出反应，政府需要根据生产工艺或产品的性质逐个制定详细的规定。这需要对比大量工程和经济方面的数据，是一件耗时耗力的工作，而且可能在标准出台的同时又有新技术新产品出现了，不得不再次对标准进行更新。

来之不易的APEC蓝

近年来，以北京为代表的我国许多地方在冬季会出现大面积重度雾霾天气，严重影响人们的身体健康和交通安全。虽然政府采取了各种环保措施，但效果并不显著，雾霾的消散基本上要靠“风吹雨打”。2014年11月北京举办APEC会议，为了减少空气污染物排放，保证会议期间北京的空气质量，政府出台了严格的命令—控制型措施。这些措施包括：

污染企业停工限产。北京、天津、河北、山西、内蒙古、山东六省区市的燃煤电厂和焦化、冶金、水泥等行业的污染企业大范围限产停工。对实施停产、限产的重点企业和停工工地，派驻现场监督人员，实行驻厂、驻点24小时专人负责制。

建筑工地停工、对渣土运输车辆实施管控。

部分城市对机动车进行管制。其中，北京市机关事业单位放假，道路限行：实行全市机动车单双号行驶、机关和市属企事业单位停驶70%公车，对货运车辆以及外埠进京车辆实施管控。

高强度的督查，联动不好要问责。

严格的管控措施取得了立竿见影的效果：APEC会议期间北京市主要大气污染物排放量同比均大幅削减，SO_2、NO_x、可吸入颗粒物(PM 10)、细颗粒物(PM 2.5)、挥发性有机物等减排比例分别达到54%、41%、68%、63%和35%左右，空气中的PM 2.5浓度下

① Tietenberg, T. H. Emissions Trading. Resources for the Future, Washington, 1985.

降30%以上，周边五省区市主要大气污染物排放量也均明显下降。APEC会议期间，天空呈现久违的蔚蓝色，被称为“APEC蓝”。APEC会议结束后，许多人热切期盼“请把APEC蓝留下”，但APEC会议期间实行的高强度手段代价巨大，无法长期使用。治理北京的大气污染、改善空气质量仍将是一个长期、复杂、艰巨的过程。

11.2.2 经济手段

在命令—控制型手段下，政府直接干预企业的生产决策，规定企业不能在哪里办厂、不能使用什么技术、不能排放超过多少量的污染……这严重限制了企业的自主选择、扭曲了市场机制，而且这类手段还有上节介绍的多种不足，所以经济学家们更倾向于推荐基于市场机制的经济手段。经济手段通过价格、成本、利润、信贷、税收、收费、罚款等经济杠杆调节各方面的经济利益关系，政府不直接干预污染企业的生产决策，只调控企业面临的市场环境，企业则根据变化了的市场环境自主进行经营决策。主要的经济手段有以下几种。

(1) 收费。从某种程度上说，收费相当于污染者为污染支付的“价格”，有刺激污染者改变行为和筹集资金两种功能。通过收费使污染的边际私人成本等于边际社会成本，能达到内化外部性的目的。在实际使用中，收费有以下几种具体形式：

——排污收费，即根据排放到环境中的污染物的量(质)所征收的费用；

——使用者收费，为公共利益处理污染物而征收的费用；

——产品收费，向那些在生产或消费过程中产生污染的产品的销售进行征收的费用；

——管理收费，向管理机构提供的服务(如规章制度的实施和执行)支付的控制和核准费；

——税收差异，为了鼓励或阻止与环境有关的产品和服务的行为方式制定的不同税收标准。

(2) 补贴。补贴包括各种类型的财政资助，用以鼓励削减污染，包括：

——赠款；

——软贷款，利率低于市场利率的贷款；

——税收补贴，诸如加快污染控制设备的折旧，或对采取某些措施实行有条件的免税或税收折扣；

(3) 押金—退款制度。对可能造成污染的产品的销售征收附加费，当符合某些条件时，这笔费用可退还。押金—退款制度可以由制造商自愿执行，但是在一些国家此项制度具有强制性。

(4) 建立市场。有三种建立市场的方法：

——排放交易，建立允许污染者进行有限的“污染权”交易的市场，交易的目的在于确保污染削减量在污染者之间得到有效的分配；

——市场干预，用以维持或稳定某些产品的价格，如可循环回收的废弃物的价格干预政策；

——责任保险，创造一个市场，将环境破坏责任风险转交给保险公司。

(5) 执行刺激。对违章者的经济惩罚，有两种主要形式：

——违章收费，向违规的污染者收费或罚款；

——执行保证金，污染者向政府机构交纳一笔费用，如果其环境管理合乎规章，这笔费用可退还。

1. 排污税(费)

从外部性的角度分析，污染是一种公共成本大于私人成本的负外部性，在市场经济条件下，会产生比社会最优效率更多的污染。1920 年，英国经济学家庇古在《福利经济学》一书中首先提出对污染征收税或费的想法。他建议，应当根据污染造成的危害对排污者征税，用税收弥补私人成本和社会成本之间的差距，使二者相等，这种税收也被称为"庇古税"。

可以用图 11-6 来说明庇古税的思想：由于外部性的存在，污染的社会边际成本曲线 MSC 高于私人边际成本曲线 MPC，为了实现私人收益最大化，污染者会排放 Q_1 单位的污染，而从社会利益最大化的角度看，Q^* 才是最优污染水平。此时可以用征税的方法提高 MPC 曲线，使其与污染的边际收益曲线 MB 的交点对应于最优污染水平 Q^*。为了将污染者的行为纠正到社会最优，排污税的税率应设定为 Q^* 对应的边际私人成本与边际社会成本的差额(这也是最优污染水平时的环境外部成本)，即图中的 ab，对每一单位的排污量都征收 ab 的税，这相当于把 MPC 曲线向上移动到 MPC_t。此时，排污者从自身利益出发，会将污染水平自动调整到 Q^*。

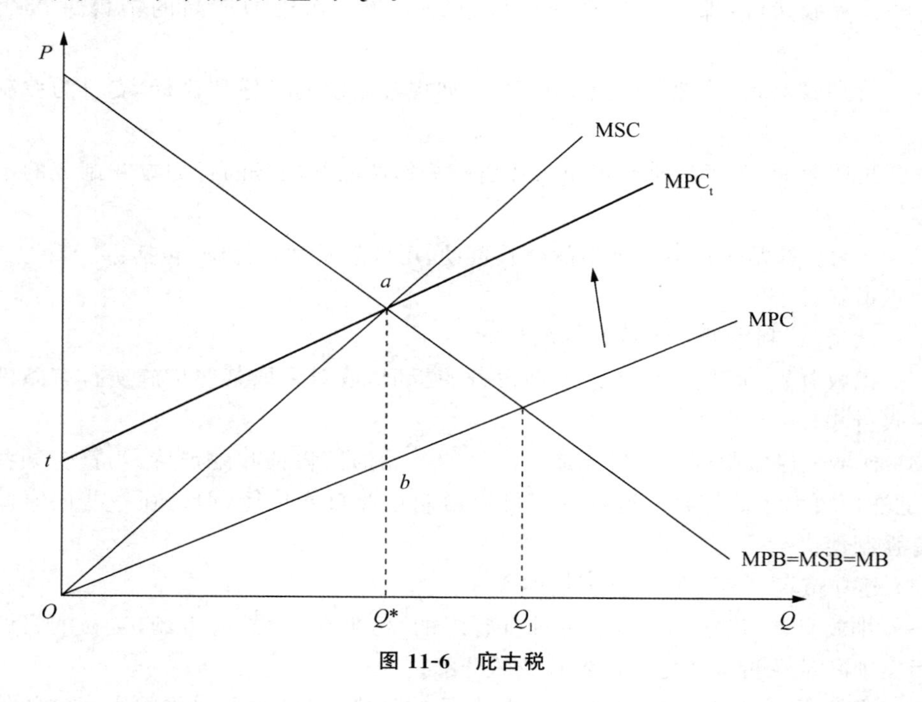

图 11-6 庇古税

庇古税是在标准经济模型分析上推导出来的方案，各国实际采用的排污税(费)制度因为更多考虑可行性，与标准模型不尽相同。我国实行的是排污收费制度，虽然出发点与理想的庇古税模型类似，要利用经济激励促进污染者削减污染排放，但在收费标准、收费对象、收费资金的使用等多个方面也有自己的特点。

排污收费制度是我国实施时间最长的污染管理经济手段，其实施是一个逐步调整完善的过程。在这个过程中，排污费的征收范围逐渐扩大，征收标准逐渐提高，对污染者的约束越来越强化，对排污费的使用管理也越来越严格。排污收费制度在促进污染者治污减排、为环保工作筹集资金方面发挥了重要的作用。

我国排污收费制度的发展

(1) 在1978年颁布的《环境保护法(试行)》中，规定“加强企业管理，实行文明生产，对于污染环境的废气、废水、废渣，要实行综合利用、化害为利；需要排放的，必须遵守国家规定的标准；……超过国家规定的标准排放污染物，要按照排放污染物的数量和浓度，根据规定收取排污费”。

(2) 在《环境保护法(试行)》的基础上，1982年出台的《征收排污费暂行办法》规定一切企事业单位都应执行国家发布的《工业“三废”排放试行标准》等有关标准或本省地区性排放标准，“对超过标准排放污染物的企业、事业单位要征收排污费。……排污单位缴纳排污费，并不免除其应承担的治理污染，赔偿损害的责任和法律规定的其他责任”。

(3) 2003年实行的《排污费征收使用管理条例》规定，排污费的缴纳主体是直接向环境排放污染物的单位和个体工商户(简称“排污者”)。排污费的征收对象扩大到包括水污染物、空气污染物、固体废物和噪声。对排污行为从超标收费改为对所有的排放量收费。排污者按照排放污染物的种类、数量缴纳排污费，排放污染物超过国家或者地方规定的排放标准的加倍缴纳排污费。排污者缴纳排污费，不免除其防治污染、赔偿污染损害的责任和法律、行政法规规定的其他责任。

与前期政策相比，这一法规的主要改变在于：实现了由超标收费向排污即收费和超标加倍收费、由单一浓度收费向浓度与总量相结合收费、由单因子收费向多因子收费的转变；要求对排污费的征收、使用和管理严格实行收支两条线，征收的排污费一律上缴财政，列入环境保护专项资金全部用于污染治理。

(4) 2003年实行的《排污费征收标准管理办法》规定，对排放的污水和废气中的污染物，按排污者排放污染物的种类、数量以污染当量计征排污费。污水排污费每一污染当量征收标准为0.7元。对每一排放口征收污水排污费的污染物种类数，以污染当量数从多到少的顺序，最多不超过3项。超标排污加一倍征收超标准排污费。废气排污费每一污染当量征收标准为0.6元。对每一排放口征收废气排污费的污染物种类数，以污染当量数从多到少的顺序，最多不超过3项。对无专用贮存或处置设施和专用贮存或处置设施达不到环境保护标准排放的工业固体废物，一次性征收固体废物排污费。对以填埋方式处置危险废物不符合国家有关规定的，危险废物排污费征收标准为每次每吨1 000元。对排污者产生环境噪声，超过国家规定的环境噪声排放标准，且干扰他人正常生活、工作和学习的，按照超标的分贝数征收噪声超标排污费。

(5) 2014年出台的《关于调整排污费征收标准等有关问题的通知》将排污费征收标准调高，要求在2015年6月底前，各地要将废气中的SO_2和NO_x排污费的征收标准调整至不低于每污染当量1.2元，将污水中的COD、氨氮和五项主要重金属污染物的排污费征收标准调整至不低于每污染当量1.4元。在每一污水排放口，对五项主要重金属污染物均须征收排污费；其他污染物按照污染当量数从多到少排序，对最多不超过3项污染物征收排污费。对污染物排放浓度值超标的，或者污染物排放量超标的，加一倍征收排污费；同时存在排放浓度和排放量超标的，加两倍征收排污费。对企业生产工艺装备或产品属于《产业结构调整指导目录(2011年本)(修正)》规定的淘汰类的，加一倍征收排污费。对企业污染物排放浓度值低于标准50%以上的，减半征收排污费。

与前期法规相比，这一法规提高了收费标准，扩大了收费面，也根据排污者的不同表现进行了收费标准的调整，加大了经济激励力度。

我国目前正研究环境税的征收方案，《中华人民共和国环境保护法》(2014)规定"依照法律规定征收环境保护税的，不再征收排污费"。所以，一般人们认为费改税是我国排污收费制度未来的发展趋势。从正面效果来看，费改税不仅能够增强征管的强制性，也是规范政府收入形式的要求。另外，环保税能够调整不同企业间的负担水平，有利于企业公平竞争。但费改税后排污费的征收将由环境监管部门转移到税务部门，而排污费的征收管理原是环境监管职能的一部分，需确切核算污染物排放量，征收流程复杂，税务部门进行有效的监管和核算会面临较大的困难。

---

2. 排污权交易

用庇古税的思路分析污染问题，如果A的行为妨害了B，则通过税收纠正A的行为，制止这种妨害是正当的。但科斯(1960)发现，若产生污染的A向B施加了外部性，制止A妨害B时，也就使B妨害了A。庇古税本身将造成资源配置效率的损失，要避免社会福利的损失，需有一种双重纳税制度，在向污染者征税的同时也向被污染者征税。但要进行双重征税需要的信息量是巨大的，在现实中几乎不可能实施。

科斯认为，在对环境的竞争性使用上，究竟是允许A妨害B还是相反，关键是要界定私有产权。如果产权界定清晰而且可以自由买卖，就会形成产权市场。若B拥有产权，则A为了生产必须向B购买污染权；反之，若A拥有产权，则B为了享有良好的环境可以向A购买产权。A和B间通过交易可使市场污染数量达到帕累托最优状态。在交易成本为零时，只要产权初始界定清晰，并允许经济活动当事人进行谈判交易，市场均衡的结果都会导致资源的有效配置，这一结论也被人们称为"科斯定理"(Coase Theorem)。

受烟尘影响的居民的案例

假定一个工厂周围有 5 户居民，工厂的烟囱排放的烟尘使居民晒在户外的衣物受到污染，每户损失 75 元，5 户居民总共损失 375 元。解决这个污染问题的办法有三种：一是在工厂的烟囱上安装一个防尘罩，费用为 150 元；二是每户购买一台除尘机，除尘机价格为 50 元，总费用是 250 元；三是每户居民户自己承担 75 元的损失，或从工厂方面得到 75 元的损失补偿。假定 5 户居民户之间，以及居民户与工厂之间达到某种约定的成本为零，即交易成本为零，在这种情况下：

如果法律规定工厂享有排污权，那么，居民户会选择每户出资 30 元去共同购买一个防尘罩安装在工厂的烟囱上，因为相对于每户拿出 50 元钱买除尘机，或者自认了 75 元的损失来说，这是一种最经济的办法。

如果法律规定居民户享有清洁权，那么，工厂也会选择出资 150 元购买一个防尘罩安装在工厂的烟囱上，因为相对于出资 250 元给每户居民户配备一个除尘机，或者拿出 375 元给每户居民户赔偿 75 元的损失，购买防尘罩也是最经济的办法。

因此，在交易成本为零时，无论法律是规定工厂享有排污权，还是作出相反的规定即让居民户享有清洁权，最后解决烟尘污染衣物导致 375 元损失的成本都是最低的，即 150 元，这样的解决办法效率最高。两种方案的不同之处只在于 150 元的成本由谁负担。

可见，在有效的产权界定下，原来的外部性问题可以被纳入市场交易机制，外部性自然消除了，交易的结果会产生均衡状态，使得偏离该均衡状态时至少有一方要受到损失，也就是实现了帕累托最优状态。而且如果市场交易的成本可以忽略，资源配置的最优效率状态或结果与初始产权界定给谁无关。

在现实中，由于发现交易对象、进行讨价还价、监督保护交易的进行等都要花费成本，所以交易成本是真实存在的，有时交易成本还很大，以至于可能阻止交易的进行。[①] 比如在上文所举的例子里，如果受烟尘影响的居民数量不是 5 户而是 50 户、每家洗衣服的数量不同因此损失不同，工厂和他们分别进行谈判要达成交易就非常困难。而如果一个地区排放烟尘的是多家工厂，情况就更复杂了。因此，通过清晰界定产权，由污染者和受损者间通过产权交易将外部性内化只是一个理论上的理想状态。实际上，现实中按照产权交易思路建立的排污权交易机制是将排污权界定在排污者之间，通过排污者之间的交易达到以最低成本实现污染削减的目标。

应用科斯分析污染问题的思路，可以通过界定污染产权，并允许污染产权自由交易的方法达到最优污染水平，也就是排污权交易机制。一般地，排污权交易机制建立在区域内排污总量控制的基础上。首先，由政府部门确定一定区域的环境质量目标，并据此评估该

① 罗伯特·史蒂文森(Robert Stavins, 1955)界定了三种可能的交易成本来源：搜寻和信息成本、议价和决策制定成本、监督和执行成本。这些成本具体指的是对一个即将进行的交易来说，潜在的买家和卖家必须互相确认，互相谈判，从而最终在交易的价格上达成一致，并且这个交易必须被监督和强制执行，这些都需要花费成本。

区域的环境容量；其次，根据环境容量推算出污染物的最大允许排放量；第三，政府通过一定的方式将排污总量分配到区域内的排污企业；第四，建立相应的交易平台，允许排污权在交易平台上买卖，规定只有持有排污权才能排放相应数量的污染，否则就要进行处罚。

建立排污权交易机制的第三步是初始排污权的分配，这里，初始排污权可以是免费发放的，环境管理者按照现有的排污比例向现有污染者免费发放排污权，从而在不加重现有污染者平均成本负担的情况下，引入可交易的许可证制度，这种分配方案容易为污染企业接受。初始排污权也可以是有偿分配的，比如可以通过拍卖分配排污权，这样政府可以得到一笔资金，但这会加重现有污染者的负担，可能遭到他们的反对。

初始排污权分配后，就清晰界定了污染产权，通过排污权交易，会形成排污权的市场均衡价格，边际削减成本较高的污染者将买进排污权，而边际削减成本较低的污染者将出售排污权，其结果是所有的排污者都会调整自己的污染削减量，使自身边际削减成本与市场均衡价格相等，结果可以使达到环境目标的总污染削减成本最小化。图 11-7 演示了这一机制。

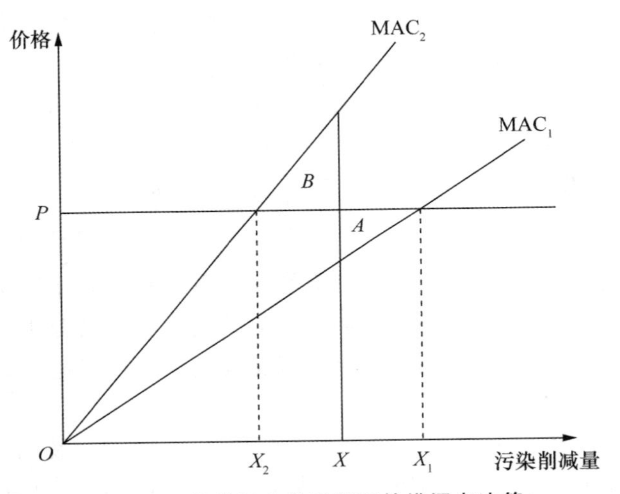

图 11-7　排放权交易手段下的排污者决策

为了分析简便可以先假定某地区有两个污染者，他们的边际削减成本不同，污染者 1 可以以较低的成本削减污染，边际削减成本曲线（MAC_1）较平缓，污染者 2 的削减成本较高，边际削减成本曲线（MAC_2）较陡峭。为了达到政府的环境目标，将本地区的污染排放总量控制在某个水平上，二者要共同承担污染削减任务。设排污权是等量分配给两个污染者，每个污染者都要削减 OX 单位的污染，共同削减量为 $2OX$，排污权的市场均衡价格是 P。此时污染者 1 会发现自己增加 XX_1 的污染削减量并将因此富余出来的排污权以价格 P 出售，可以获得面积为 A 的净收益。而污染者 2 会发现自己以价格 P 购入 XX_2 的排污权并相应减少自己的污染削减量是有利的，因为可以节约面积为 B 的成本开支。这样，这两个污染者从自身利益出发就会进行排污权交易，交易后污染者 1 削减 OX_1 的污染，污染者 2 削减 OX_2 的污染，两者的共同削减量仍为 $2OX$。交易后两个污染者的边际削减成本都等于排污权的市场价格。可以很容易地将两个污染者的情形扩展到多个污染者:污染者们会根据自身的边际削减成本曲线进行决策是出售还是买进排污权,交易的结果是每个污染者的边际削减成本都与排污权的市场价格相等,从而以最低成本实现了污染削减目标。

美国排污权交易的实践

1968 年,美国学者 Dales 首先提出了排污权交易的想法。20 世纪 70 年代初,在美国的一些地区经济增长和环境保护的矛盾变得十分突出:一方面法律要求这些地区改善空气质量,另一方面经济增长又会使空气进一步恶化。环保局不得不禁止更多新污染企业进入该地区,直到当地空气质量达标为止。但通过阻止经济增长来解决空气质量问题,不受政府和民众的欢迎,在政治上又是不可行的。

可交易许可证手段使同时实现经济增长和环境保护这两种看似矛盾的目标成为可能:可交易许可证可配合地区污染排放总量控制政策实施,已有的污染源将排放水平削减到法律要求的水平之下后,超量削减经环保局认可后成为"排放削减信用",可以出售给想进入该地区的新排放源。新排放源只要从该地区的其他排放源手中获得足够的排放削减信用,使新排放源进入该地区后的总排放量低于从前,就可以进入该地区。这样排污权交易既能使空气污染物排放量控制在一定水平内,又为新企业提供了机会。1976 年,为了应对酸雨污染,美国《清洁空气法》(1990)在 SO_2 的排放总量控制的基础上引入了排污权交易机制。目前排污权交易已成为美国空气质量管理的主要手段。

在排污权交易中,可交易的排污量等于允许排放量与实际排放量之差。排污权交易通过确定排污控制总量和参加单位、分配初始排污权、通过市场交易再分配排污权、审核调整等四个部分的工作来实现污染控制的管理目标。为了增加排污权交易制度的灵活性,方便排污企业在一定的时间和空间范围内根据生产需要调配自己掌握的排污权,排污权交易机制还配套有容量节余、补偿、泡泡和银行四项灵活性政策。

- 容量节余政策。只要污染源单位在本厂区内的排污量无明显增加,则允许其在进行改建、扩建时免于承担满足新污染源审查要求的举证和行政责任,排污者可以用其排放削减信用抵消改建、扩建部分增加的排放量。
- 补偿政策。以一处污染源的污染削减量来抵消另一处污染源的污染排放增加量,或是允许新建、改建的污染源单位通过购买足够的排放削减信用,以抵消其增加的排污量。实践证明这一政策不仅改善了空气质量,促进了当地的经济增长,反过来又使经济增长成为改善空气质量的动力。因为新企业要想在该地区发展,就要求已有污染源必须实施削减。经济增长与改善空气质量之间的矛盾在补偿政策下得到统一。
- 泡泡政策。把一家工厂的空气污染物排放总量形象地比作一个大"泡泡",这个泡泡中可包括多个污染排放口。只要其所有排放口排放的污染物总量保持在规定的限度内,排放空气污染物的工厂就可以在环保局规定的一定标准下,有选择、有重点地分配治污资金,调节厂内各个排放口的排放量。
- 银行政策。允许污染者将排污削减信用存入指定的银行,以备自己将来使用或出售给其他排污者，银行则参与排污削减信用的贮存与流通。

历经二十多年的实践，美国形成了多种不同类型的排污权交易体系。按是否配合污染物排放总量控制政策，可将美国实施的排污权交易分成两类：总量控制型排污权交易和排污信用交易。

总量控制型排污权交易的特点是预先为一定区域内的污染源设定总的年度排放上限及一定时期的污染排放削减计划时间表，促进企业对未来的减污政策变动形成理性预期。总量控制型排污权交易是目前美国最主要的交易形式，美国最为成功的酸雨计划中的 SO_2 排放许可交易是最典型的总量控制型排污权交易的例子。由于存在排污总量上限，此类计划又被称为"封闭市场体系"。它通常是强制性的，要求主管部门掌握一定区域内被要求参加计划的企业的排放信息，以便确定排放削减水平，然后据此确定区域允许的排放上限。一般地，总量上限逐年递减，直至达到空气质量标准的要求，因此这种方法通常被作为环境质量未达标区的一种达标战略。年度排放的总量上限以许可或配额的形式分配给区域内的污染源。许可一般是按历史排放量来分配的，要求参加的企业在达标期末拥有的排放许可数量至少应等于其在该期的排放量。企业可以自由选择如何达到这一要求，例如企业可以削减排放量、使用分配所得的许可或在交易市场上购买许可等，剩余没有使用的许可可以存入银行以备将来之用、出售或退出使用。许可的购买也很自由，任何人都可以通过经纪人、环境组织或年度拍卖会购买。

排污信用交易则不与污染物排放总量控制政策配套使用，由于没有排放总量上限，信用交易体系也被称为"开放市场体系"。在排污信用交易体系下，污染源只要在一定时间内自愿削减了污染物排放，经环保局认可，就可以产生削减信用(emission reduction credit，ERC)。一个 ERC 就是一个交易单位。除了用于交易，ERC 也可被用来达到排放控制要求，或存储以备将来之用。该体系允许将产生的污染物削减量出售给他人(或企业)，可以激励自愿的排放削减行为，同时也为受管制企业提供了达标的灵活性。这类体系是自愿参加的，目前美国开展的排污信用交易的污染物主要有 NO_x 和挥发性有机物。

美国的排污权交易取得了积极而显著的效果：1978—1998 年，美国空气中 CO 浓度下降了 58%，SO_2 浓度下降了 53%；1990—2000 年，CO 排放量下降了 15%，SO_2 排放量下降了 25%。

我国试行排污权的有偿使用和交易机制已有二十多年的历史，目前主要以地方试点的方式进行，还没有形成全国性的交易平台。

"十五"之前，我国排污权交易实践主要以零星的地方性试点为主，如 1987 年上海市闵行区开展的企业之间水污染物排放指标的有偿转让，1994 年起原国家环保总局在包头、开远、贵阳等城市开展了大气排污权交易试点等。

"十五"之后，我国环保工作的重点全面转到污染物排放总量控制上，原国家环保总局提出通过实施排污权交易制度促进总量控制工作，使排污权交易制度的试点范围不断扩大。2007 年，电力行业以及江苏太湖流域开展了排污权交易试点。自 2008 年起，财政部与环保部联合在全国范围内开展排污权交易试点工作，截至 2013 年已确定天津、江苏、湖北、陕西、浙江、内蒙古、湖南、山西、河北、河南、重庆共 11 个排污权交易试点省市。同时四川、云南、贵州、山东等近 10 个省市也积极开展了排污权交易实践。各地的实践取得了一定的环境与经济效益,有的地区性银行还尝试以排污权为抵押开发企业贷款业务。

"十二五"以来,大部分试点平台增加了可进行排污权交易的污染物种类,但各市场排污权交易的数量普遍不多,排污权交易制度在污染物控制方面所起的作用有限。总结起来,通过这些试点发现的问题主要有:

(1) 排污权交易是以总量控制为出发点和归宿的。总量控制的基础在于环境容量的确定,这需要大量的环境监测数据,这正是中国许多地方环保管理工作的薄弱环节。许多地方片面追求发展的速度,更使排污总量的确定成为排污权交易的难点。

(2) 排污权的初始配置直接涉及排污单位的经济利益,并且影响到环境容量资源的配置效率。目前中国排污指标的供给方式是分配制的,而如何保证排放配额的分配公平合理则是一大难题,也是排污权以稀缺要素身份进入市场过程中最有争议的问题。

(3) 排污权有偿使用和交易的法律支撑不足。我国尚无全国性的排污权有偿使用和交易法律法规,对排污权的性质、排污权交易规则、交易主体的责权利划分、交易纠纷的裁决渠道、排污权折旧方法、排污权是否可作为资产抵押、交易的监管程序、违法责任等问题均没有明确的界定,存在法律依据不充分的问题。

(4) 市场和政府之间的边界不明晰。排污权交易制度是一种在政府的监督管理下由排污企业参与的市场行为,然而我国现行的排污权交易制度对行政权力和市场机制各自的作用领域界定模糊。环保部门既是交易规则的制定者,又是交易的参与者、中介者,使得排污权交易带有很强的行政干预色彩。许多地区的排污权交易是在当地环保部门的撮合下,按环保部门的"指导价格"成交的,市场的价格杠杆和竞争机制没有发挥作用,因而很难反映环境容量资源的稀缺水平。

(5) 排污权交易制度与其他相关政策间缺乏协调和衔接。排污权有偿使用和交易政策的推行与污染物排放总量控制、环评审批、排污许可证制度等许多政策均密切相关,而从试点地区的政策实施情况来看,不少地区存在排污权有偿使用和交易与排污权许可证制度衔接不当的问题。①

(6) 排污权交易的顺利进行需要完善的执法监督体系,杜绝无证排污现象的存在。为此管理部门需要利用各种连续监测手段对污染源实行技术监测,如排污单位提出排污权出售申请,要通过对其排污源的技术监测核实该单位削减额外污染物的能力,在确认后才能批准出售申请。在交易成交后,还要促使排污权交易双方完成其承诺的责任,保证排放的污染物数量不超过其分配或购买的排放量,以督促交易双方履行交易合同。如果不购买排污权也可以偷排,被发现受到的处罚也轻,谁还愿意出钱买呢?

11.2.3　鼓励型手段

为了使企业在遵守法律要求之后能进一步采取措施,自觉提高其环境表现水平,政府可采用鼓励型污染预防政策,这种政策不以强制执行为特征,而是通过向公众提供信

① 参考王金南等. 中国排污权有偿使用和交易:实践与展望. 环境保护, 2014(14): 22-25.

息、公众自觉参与环保、环保部门与企业签约建立伙伴关系、明确各自的权利与义务等，共同实现改善环境的目标。

1. 公众环境教育

环境质量的好坏直接影响到普通公众的健康和生活，而普通公众的行为和选择也直接影响到环境质量的好坏。在环境保护领域，公众一直是一支重要的力量。对公众进行环境教育的好处表现在以下几个方面。

(1) 培养公众保护环境的意识和良好行为。一般讨论污染削减手段是将污染者作为被管理的对象，实际上，将污染者作为减少污染的主体，用道德教化的方法也有助于污染削减。特别是对生活源污染的削减，社会公众就是污染的主体，道德教化有助于将减少污染变为当事人的自觉行动。

通过教育改变人们日常行为模式有利于环境保护。比如，垃圾是现代城市生活产生的难以处理的问题，垃圾分类是解决这一问题的重要方法。如果每个人都能自觉进行垃圾分类，会方便回收可再利用的废弃物，也将大大减少垃圾处置的困难。而对公众进行环境教育、提高他们的环境意识、促使其自觉改变行为是实现垃圾分类的重要渠道。

垃圾分类

生活垃圾的处理方式主要是填埋和焚烧，不仅占地，而且会产生污染。经过分类的垃圾方便处理和再利用，会最大程度地减少对生态环境的破坏，德国用不同颜色的垃圾桶对生活垃圾进行详细的分类和按时回收(表 11-6)。

表 11-6　德国的垃圾分类和收集安排

<table>
<tr><th colspan="2">垃圾分类</th><th>垃圾范围</th><th>法兰克福回收时间</th></tr>
<tr><td colspan="2">生物垃圾</td><td>可降解垃圾，如蔬菜瓜果皮核、剩余生熟食品、鸡蛋壳、树叶、树枝、杂草等</td><td>周五(2 周 1 次)，遇公共假日提前或推后。</td></tr>
<tr><td rowspan="4">可回收利用垃圾</td><td>纸质垃圾</td><td>报纸、期刊、图书、废纸、纸盒等</td><td>周一(2 周 1 次)，遇公共假日提前或推后。</td></tr>
<tr><td>绿色包装</td><td>非纯纸质、塑料以及金属包装盒(袋)，如牛奶盒、饮料盒、罐头盒、塑料皮等</td><td>周五(2 周 1 次)，遇公共假日提前或推后。</td></tr>
<tr><td>玻璃</td><td>各种颜色的玻璃瓶、玻璃制罐头瓶</td><td></td></tr>
<tr><td>大型家居垃圾</td><td>木制、金属或塑料家具，地毯，床垫，大体积家电等</td><td>周六(4 周 1 次)。</td></tr>
<tr><td colspan="2">不可回收利用垃圾</td><td>指存有对人体健康有害的重金属、有毒物质，对环境造成现实或潜在危害的废弃物，包括电池、荧光灯管等。</td><td>每月 3—4 次，定期定点有回收车。有些超市也回收旧电池。</td></tr>
<tr><td colspan="2">混杂垃圾</td><td>包括除上述几类垃圾之外的生活垃圾。</td><td>周二(每周 1 次)，遇公共假日提前或推后。</td></tr>
</table>

2000 年 6 月，北京、上海、南京、杭州、桂林、广州、深圳、厦门被确定为全国垃圾分类收集试点城市。自 2010 年起，北京开始在全市逐步推行垃圾分类。数据显示，北京对垃

圾分类处理进行了大量的投入，以 2011 年为例，北京市财政投入 4 亿元，在 1 200 个小区、1 200 个村庄开展垃圾分类达标试点。但垃圾分类效果却不尽如人意。到 2014 年 6 月，纳入统计的 2 927 个实行垃圾分类的小区，共产生生活垃圾 20 万吨，但厨余垃圾分出量不到实际产生量的 10%。造成这种结果的原因很多，其中重要的一个是垃圾分类指导缺失、市民分类意识和习惯尚未形成。

通过环境教育改变人们的环境观和消费观也有助于环境保护。任何一件物品，如果没有人消费，它就不是现实的产品。从生产来看，消费是社会生产的终点，从再生产来看，消费又是再生产的先导，消费不但使生产得以最后完成，还使人们产生新的、更多的需求，从而使再生产在新的实现中获得更大的动力、更高的运转效率。在市场经济条件下，消费是整个经济活动的核心，不断增长的消费欲望和消费能力支持着经济的增长。但是从环境保护的角度看，消费的增长从而经济规模的扩张也是造成资源消耗和环境破坏的重要原因。因此，倡导“适度消费”对减轻环境压力意义重大。公众的消费意识和消费方式的改变也依赖于环境教育。

（2）促进形成环保社团，形成组织化的力量。公众既可以个人的形式参与环境保护，也可通过参加环保社团参与环境保护。20 世纪 60 年代西方群体性的环境运动以及大量环保组织的涌现和活动是促进西方各国重视环境保护、出台环保法规、建立环境标准、进行大量环境修复投资的重要推动力。现在世界各国普遍存在的由公众结成的环境保护组织，更是在提高公众环保意识、推广环境友好的行为方式、收集环境信息、监督污染企业、参与环境诉讼、形成社会舆论压力等方面发挥着重要的作用。

（3）减少环境恐慌。随着公众环境意识的觉醒，人们对自身环境安全的关注不断增加，对现实中存在的或者想象中的环境威胁容易产生强烈恐惧、排斥的心理，甚至因此阻碍经济建设项目的进行、引发社会冲突。通过公众环境教育可以帮助公众正确认识环境风险，避免和减少过分的恐慌。

“邻避”运动和环境恐慌

网络及以网络为依托的新媒体的出现，使信息传播日益快速、多样、国际化，极大地催生和提升了社会对环境问题的关注热度，社会舆论的作用和影响越来越大。加之随着人们收入水平和对环境问题的认识水平的提高，公众的环境权益观逐渐形成，产生了环境质量改善的更高诉求和对公共设施建设选址的“邻避”(not-in-my-back-yard)心态，这种心态会引发所谓的“邻避”运动。

“邻避”运动指居民或当地单位因担心建设项目(如 PX 等化工项目、核电项目、垃圾焚烧项目等)对身体健康、环境质量和资产价值等带来负面影响，产生嫌恶情绪，甚至采取强烈的、有时高度情绪化的集体反对和抗争行为。“邻避”运动能在一定程度上起到积极作用，有助于纠正决策失误或不良偏好，维护公民的合法权利。但过度的“邻避”却是有害的。居民的“邻避”心理越强烈，对建设项目的反对也就越强，对经济性补偿方案的各方面要求也就会越高。如果政府和建设方对相关问题的处置不当，除了可能延误建设进程、加大建设成本外，还可能引发社会政治问题，成为社会的不稳定因素。

近年来，我国许多地方的民众为了反对在当地建设化学工业项目、垃圾处理厂等发起了“邻避”运动。这一方面与项目规划不尽科学有关，另一方面也与公众的环境知识不足、对环境风险的认知有偏差、项目透明度不够、缺乏公众参与政府决策的有效机制等有关，因此引发了公众的“污染猜想”，并衍生了“环境恐慌”。

2. 提供信息

要充分发挥公众参与对环境保护的积极作用，避免过激的环境冲突，由政府提供或督促相关企业公开环境信息是十分必要和重要的，比如公开新建项目的环境影响评价、企业污染物排放、治污设施运行情况等环境信息，对重污染行业，还应实行企业环境信息强制公开制度。

公开信息能通过影响消费者的选择，扩大环境友好产品的市场，使环境表现好的企业增加收益，增强它们的竞争优势，对破坏环境的产品及污染企业形成压力。

公开信息也能减少无知的个人行为，避免因不了解实际情况而受到的环境损害，也减少因不了解情况而发生的环境恐慌。

公开信息还有利于加强公众对环境管理部门的监督，促进环境管理政策和环境标准的改革和改良。

美国有毒物质排放目录

美国有毒物质排放目录(U. S. Toxics Release Inventory，TRI)建立于1986年，经过不断补充完善，目前，该目录根据《紧急计划和社区知情权法》(Emergency Planning and Community Right-to-Know Act，EPCRA)和《污染预防法》(Pollution Prevention Act，PPA)，每年报告污染企业排放650多种毒性化学物质的情况。报告的信息包括排放毒性化学物质的工厂的名称、排放情况、所在地点。这些信息公布后，学术研究者及民间团体就可以通过网络等媒体将不同化学品的相对危害程度告知公众，并辅导公众了解排污者及评估其污染问题，这会对污染企业形成巨大的社会压力，金融界也会对TRI公布的信息作出强烈反应。

有研究发现，在TRI计划实施后，参与公开交易的企业的市场利润明显下降，当本企业污染物排放量相对于其他企业的排放量发生变化时，该企业的市场价值会受到影响，这使企业产生强烈的激励去控制污染。特别是对于那些发行了股票的企业，TRI促使企业增强其管理原材料和处理废物的能力。统计数据显示，实施了TRI后，美国的各类污染物排放量有了明显下降。

表 11-7　TRI 化学物质排放量变化(1988—1994)　（千公吨）

	1988 年	1992 年	1993 年	1994 年	1988—1994 年的变化(%)
大气排放量	1 024	709	630	610	−40
排放入地表水	80	89	92	21	−73
注入地下水	285	167	134	139	−51
现场地面排放	218	149	125	128	−41
总排放量	1 607	1 113	981	899	−44

资料来源：世界银行．绿色工业——社会、市场和政府的新职能．北京：中国财政经济出版社，2001：68.

3．自愿协议

自愿协议是污染企业为改进环境管理主动做出的一种承诺，目前在节能领域发挥着重要的作用，日本、美国、加拿大、英国、德国、法国等都采用了这种措施来激励企业自觉节能。自愿协议的内容在不同国家甚至同一国家的不同情况下都有所不同，主要包含整个工业部门或单个企业承诺在一定时间内达到某一节能目标和政府给予部门或企业某种激励两个方面。

自愿协议的主要思路是在政府的引导下更多地利用企业的积极性来促进节能。它是政府和工业部门在各自利益的驱动下自愿签订的。也可以看作是在法律规定之外，企业“自愿”承担的节能环保义务。自愿协议的出现反映了企业对环境问题认识的提高，根据自愿协议参与者的参与程度和协商内容，可以把各国实施的自愿协议分为以下几种。

(1) 经磋商达成的协议型自愿协议。指工业界与政府部门就特定的环境目标进行谈判而达成的协议。这种谈判一般附带约束条件，即如果协议没有达成，政府将会实施某种带有惩罚性的政策措施。

(2) 自愿参与型自愿协议。在此类型的自愿协议中，政府部门规定了一系列需要企业满足的条件，企业根据自身条件选择是参加，还是不参加。

(3) 单方面承诺的协议。指的是仅由工业部门制定的，没有任何政府机构参加的单方契约，此类型并不常见。

与其他手段比较起来，自愿协议的好处在于：

(1) 灵活性好。工业部门参与自愿协议的动机通常是规避政府更严厉的政策法规。相对于政策法规的“硬”约束，工业部门更愿意选择“自愿”对政府承诺节能减排义务。也就是说，企业承诺达到一定的节能目标后，政府会给企业提供较宽松的环境，企业可以自主、灵活地选择节能项目和技术以实现目标。自愿协议的灵活性还体现在各国可以根据本国及每个行业的具体情况，灵活选择自愿协议的实施形式，包括协议内容、配套的支持政策等都有很大的选择空间。

(2) 成本低。与法律法规相比，自愿协议可以用更低的费用更快地实现国家的节能和环保目标。

(3) 有利于发展政府与工业部门的关系。通过自愿协议，政府与工业部门实现了双

赢，加深了合作关系，增强了相互信任。

自从日本1964年第一个实施环境自愿协议以来，美国、欧洲、加拿大和澳大利亚等国家和地区相继采用了自愿协议。从2003年起，我国也先后在钢铁、化工、水泥等行业进行了自愿节能协议的试点。各国的实践证明“自愿协议”在环境保护中可以发挥积极的作用，但是这一手段能否取得预期效果，很大程度上取决于公众的诚信意识，要求整个社会的信用机制的健全。比较各国的自愿协议，没有设立明确目标和惩罚条款的完全“自愿”的协议往往执行效果不佳。

美国的国家环境表现跟踪计划和自愿节能协议

美国的国家环境表现跟踪计划（National Environmental Performance Track Program，NEPT），是企业自愿参加的鼓励性环境管理项目之一。NEPT计划旨在鼓励那些已经达到法律要求的企业，进一步采取有利于公众、社会和环境的行为，以取得更好的环保业绩。参加了该计划且在环境方面有优异表现的企业和团体，将会得到一定的奖励，如可以使用NEPT计划的标识，获得免费宣传机会，参加特邀会议、研讨会、网络资源分享等。NEPT计划作为一种鼓励性环境管理手段，通过市场调节、公众舆论、政策奖励等多种措施来促使企业在遵守环境法规的基础上，对其环境表现进行持续的改善。这一活动有助于企业与政府在环境保护方面建立互利的伙伴关系，促进政府和企业共同努力，使环境保护工作超越法规，更趋完美。

为了促进节能，美国政府开展了能源之星、气候智星、绿色照明、废物能、电机挑战等许多由公司或公众自愿参加的节能环保项目，仅联邦一级的长期自愿协议就有40多个。以1994年实行的“气候智星项目”为例，联邦政府提出并组织这一项目，一方面是为了应对气候变化的环境压力，另一方面是从商业战略的高度出发，促进美国公司在全球范围内占据重要战略位置，共有500多个公司参加了这一项目，其能耗占全部工业能源消费的13%，其中既有通用汽车公司这样的大公司，也有一些员工不足50人的小公司。到1998年年底第一次总结时发现，该项目取得了良好的环保、节能及经济上的效益，初步达到了项目的四个预期目标：

- 鼓励通过系统的、有效的方法，提高能效，直接减少温室气体排放；
- 通过清洁生产，带来经济效益和生产力的提高，提升对节能与环保的认识和管理水平；
- 允许公司选择自己认为最合理的技术方案，促进技术创新；
- 发展有成效的、灵活的政府与工业部门的伙伴关系。

11.2.4 环境管理手段的选择

在现实工作中，为了达到一定的环境目标，往往需要实施一系列的环境政策，减污手段也不是单一的，而是将多种手段结合使用。

1. 命令—控制型手段与经济手段的比较

命令—控制型手段依靠自上而下的强制力来推行，它能够更迅速直接地达到环境目标，而且其运作机制为政府部门所熟悉，因此在各种类型国家中得到普遍的应用。但是命令—控制型手段也有明显的缺点，主要是难以用最低的成本实现污染削减目标，灵活性也较差，不能促进技术进步和持续的污染削减。所以一般地，学者们更乐于推荐经济手段。

与命令—控制型手段相比，人们认为经济手段有许多优点，如节约成本、能达到最优污染水平、促进动态效率等。但经济手段要建立在成熟的市场经济制度基础上，需要有效的环境监测和执法体系保证其实现。而在许多发展中国家，这些条件是不具备的，这使得环境经济手段"看起来太好以至于不真实"。影响经济手段运用的因素主要有以下几方面。

(1) 经济手段作用的正常发挥需要两个重要的条件，一是需要完善的市场经济机制和灵敏的价格信号，二是需要完善的法制，在许多情况下这两个条件不能得到满足。

(2) 经济手段主要是在市场失灵的假设基础上，按经济效率标准设计和运行的，对政府失灵可能造成的环境问题考虑不足，对管理上的可行性、政治上的可接受程度及对社会公平性的影响等方面也难以进行全面的考虑。

(3) 经济手段的设计复杂而困难。如税费手段，其决策基础是自然资源和环境的经济价值的正确估值，但现有的评估方法难以体现自然资源和环境的真实价值。从理论上讲，如果不能确切了解厂商和居民对环境资源价值的评价，就不能在帕累托有效水平上设计和运用经济手段。

(4) 技术和经济发展水平制约了经济手段的运用。经济手段并不涉及污染削减的技术问题，没有将在实践中发挥重要作用的技术因素考虑在内，但只有当污染者掌握调整生产或污染削减程度的技术时，经济手段才会有效果。

2. 排污税与排污权交易的比较

排污权交易制度和排污税都是建立在污染者付费基础上的环境管理制度。前者是污染者付费购买污染权，它能保证污染的定量削减，但其费用是不确定的；后者是污染者直接付费给政府，它对排放量的影响不确定，但对污染者来说，排污的边际费用是一定的。

对这两种市场机制的选择在于：减少污染控制费用的不确定性和污染削减数量的不确定性哪个更重要，如果减少污染控制费用的不确定性更重要，就应该选择税收制度；如果减少污染削减数量的不确定性更重要，就应该选择可交易的排污许可证制度。

排污税可以带来财政收入，这些收入能作为治理污染的重要资金来源。而且排污税率是适用于整个行业的，无论原有的污染企业还是新增的污染企业都适用这一税率，因此比较公平。实行排污税，管理者不需要详细了解每个企业的情况，减少了管理者与企业进行单独接触的机会，也有利于避免腐败。但是，在排污税机制下，受信息不足的约束，管理部门往往无法施行最优税率。

与排污税相比，排污权交易制度更加灵活。环境管理者不直接制定排污标准和排污价格，但可以通过发放和购买排污权来影响排污价格。例如，管理者认为需要严格排污标准时，就可以买进一定数量的排污权，使排污许可的价格上升；而要放松环境标准时，可以进行反向操作，或发放新的排污许可。排污权交易还给了非排污者表达意见的机会。环境保护组织如果希望降低污染水平，可以购买排污权，然后把排污权控制在自己的手中，不排污也不卖出，这样区域的污染水平就会降低。但是，为了降低政策阻力，在引入排污权交易制度时，政府往往将排污权无偿配置给现有的污染企业，因此政府不能取得收入，在配额的管理方面还可能有腐败的风险。另外，现有污染企业免费取得排污权而新增的污染企业要排污却需要购买排污权，这相当于现有污染企业获得了不公平的成本优势，也是对市场竞争秩序的损害。

3. 组合使用环境管理手段

表 11-8 列出了几种常用的环境管理手段的优缺点，从中可以看出，没有哪种手段可以单独应对所有的环境问题。所以在实际工作中，人们需要组合运用多种环境管理手段。

表 11-8　常用环境管理手段的优缺点

环境手段	应用案例	优点	缺点
排污费(税)	"三废"排放	鼓励新技术，适用于污染的边际损害成本变化不大的情况	有潜在的、较大的分配效应，不确定的环境影响，需要监测数据
投入或产品费(税)	含铅汽油税、肥料税、杀虫剂税、原料税、水资源费	管理容易，不需要监测数据，能增加收益，当资源充足且单位污染的损害随污染量变化较小时有效	与污染的联系不强，存在不确定的环境影响
补贴	市政污水处理厂、农民土地利用	政治上受欢迎	会影响政府预算，可能鼓励过度，存在不确定的影响
押金返还	铅酸电池、饮料瓶、机动车	减少固体废弃物排放，鼓励回收	废弃物的回收、运输、处理费用高，产品必须可回收或能再利用
排污权交易	空气污染物排放，污水排放	可将区域污染量控制在一定水平之下，当污染的边际损害成本变化较大时也是有效的，能推动技术进步	潜在的较高的交易费用，要求污染者间的边际削减成本有较大的差异
责任赔偿	自然资源损害评估，侵权	能提供较强的激励	评估费用和诉讼费用可能较高，应用较少
自愿项目	美国"能源之星"计划	低成本、有弹性	参与者不确定，环境效果不确定

资料来源：根据美国联邦环保局 2001 年的报告编写。

在选择环境管理工具时，经济效率不是唯一的选择标准。除经济效率外，决策部门同时还要考虑政策的可行性、对经济增长的影响等多方面的因素（表 11-9）。为了达到一定的环境目标，现实中的减污政策往往是多种手段的组合，其执行部门也不限于环境管理部门。

表 11-9　选择减污手段的主要标准

选择标准	简要描述
环境有效性	能否较好地实现环境目标？
费用有效性	能否以最低的成本达到目标？
可靠性	多大程度上可以依靠该手段实现目标？
信息要求	要求管理部门掌握多少信息？获得信息的成本是多少？
可实施性	有效实施要求多少监测？能做到吗？政策的执行是否简便易行？
长期影响	政策的影响力是随时间减弱、增强，还是保持不变？
动态效率	能否持续不断地提供激励来促使污染者减少污染和进行技术革新？
灵活性	当出现新信息、条件改变或目标改变时，能否以低廉的成本迅速适应？

11.3　管理越界环境问题的政策

有些环境问题的影响范围不限于一个行政区内，被称为越界环境问题。如 A 地排放的污染物影响到 B 地；A、B 两地排放的污染物在环境中混合后对双方都产生影响；河流上游地区破坏植物造成水土流失，使下游地区遭受洪涝灾害的概率增加等。上节介绍的各种环境政策工具本质上都是用政府机制处理市场失灵问题，强制将环境外部性内部化。而由于一个地区的政府对其他地区没有管辖权，这些环境管理手段往往不适用于管理越界环境问题。

按照越界环境问题是否跨越国境，可将其分为国内问题和国际问题。在一国行政管辖范围内，虽然在地区层面上看，是环境问题跨越了地区行政管辖范围，但是它们的上级政府依然对各地区有强制管辖权，可以界定各方对环境资源的产权，在此基础上建立产权交易平台，或强制对受益方进行收费、对受损方进行补偿等。而对国际环境问题，却没有一个能对各国都有强制管辖权的政府存在，此时谈判是解决问题的主要方法。

11.3.1　生态补偿

生态补偿机制是以恢复、维护和改善生态系统的服务功能为目的，由生态环境的受益方向保护方支付费用的一种制度安排。生态补偿的基本原理是当发展带来环境外部性时，从发展中获益的一方应对给他人造成的外部环境损害进行赔偿；而当一方为了保护环境放弃发展机会时，他有权获取相应的补偿。在这两种情况下进行生态补偿的目的都是调和“效率”与“公平”间的矛盾。

生态补偿机制的建立以内化外部成本为原则，对生态保护行为的正外部性的补偿依据是保护者为改善生态服务功能所付出的额外的保护与相关建设的成本和牺牲的发展机会成本，对生态破坏行为的负外部性的收费依据是恢复生态服务功能的成本和因破坏行为造成的他人发展机会成本的损失。实现生态补偿机制的政策途径有公共政策和市场手段两大类。

建立生态补偿机制的基础是自然界中支持经济增长的生态系统和自然资源的稀缺

性。在经济快速增长的压力下,这种稀缺性越来越强。由于所处的地理位置的不同,不同地区的人群获取和享受生态服务功能的权利往往不平等。例如处于河流上游的人群为了保护水质,要比下游的人群遵守更严格的水质标准,这是对上游人群的经济权利的限制,会造成上游人群发展权利的损失或丧失。从环境公平的角度出发,就需要对上游人群进行补偿。

对于生态补偿,国际上比较通用的概念是"生态付费"或"环境服务付费",是指对生态系统服务管理者或提供者支付补偿费用。按实施形式来看,生态付费可分为直接公共支付、私人直接支付、生态产品认证计划、限额交易市场等形式。按补偿目标不同,生态付费可分为流域服务付费、生物多样性服务付费、碳捕捉与储存付费、风景与娱乐付费等。

美国田纳西州流域管理计划就包括这种生态付费的机制。为加大该流域上游地区农民对水土保持工作的积极性、减少土壤侵蚀,田纳西州流域管理局建立了水土保持补偿机制,由流域下游水土保持受益区的政府和居民向上游地区做出环境贡献的居民进行货币补偿。

从 20 世纪 80 年代起,我国就开始探索开展生态补偿的途径和措施。目前生态补偿的实践主要集中在林业、自然保护区、矿业和流域生态补偿等领域,还没有形成一个全面统一的生态补偿体系。2010 年国务院将制定《生态补偿条例》列入立法计划。2013 年国务院将生态补偿的领域扩大到流域和水资源、饮用水水源保护、农业、草原、森林、自然保护区、重点生态功能区、区域、海洋等十大领域。我国现行的生态补偿的财税政策主要有纵向财政转移支付、横向财政转移支付以及矿业开发企业缴纳的生态税费三类。各地的实践可分为四类。

(1) 国家项目补偿。主要由中央政府提供专项基金,通过补偿机制实现国家对生态服务功能的购买。如生态公益林补偿、退耕还林补偿、天然林保护补偿、三江源防护补偿等。

(2) 省际水权交易。国家起主要宏观调控作用,通过不同省际政府的财政转移来补偿水源区,通常跨多个行政区。如漳河流域跨省调水、东江源区生态环境保护等。

(3) 省级地方政府为主导的补偿方式。大多是同一省内富裕的下游地区对水源区的补偿。如福建省流域上下游间的补偿,浙江东阳、义乌水权交易等。

(4) 小流域上下游间自发的交易模式。多是在村镇层次上自发参与的过程,涉及的补偿范围小。如云南的小寨子河的流域补偿。

但是,目前我国的生态补偿机制仍存在自然资源产权界定不清晰、补偿过程中缺乏市场协商机制、补偿政策和补偿项目缺乏长效性等问题,这些问题的存在制约了生态补偿机制的应用。

11.3.2 全球环境治理

由于全球环境具有公共物品的性质,没有哪个国家对其拥有主权,而世界各国间没有管辖关系,也不能依靠行政威权来进行环境管理,所以传统的环境管理手段在应对全球环境问题时是无效的。为了解决这些问题,需要有与以往不同的政治体制。可以想象的是,类国家的全球管理体制有独裁的可能,但没有强制力和约束力的管理体制又无异于一盘散沙。

面对这种困境,人们发明了全球环境治理(global environmental governance)的理念。“治理”是一个政治概念，指“各种公共的或私人的个人和机构管理其共同事务的诸多方法的总和，是使相互冲突的或不同的利益得以调和，并采取联合行动的持续过程”。这既包括有权迫使人们服从的正式制度和规则，也包括各种人们同意的或符合其利益的非正式制度安排，它主要通过合作、协商、伙伴关系、确立认同和共同的目标等方式来实施对公共事务的管理。全球环境治理指致力于全球环境保护的组织、政策、金融机制、规范、程序和标准的组合。

气候变化、臭氧层变薄、酸沉降等环境问题具有跨国界、跨区域的特点，其解决需要有关国家的合作，通过协商谈判、构建全球环境治理体系制订解决环境问题的方案。目前，在应对气候变化问题上，各国已构建了相对完整的全球环境治理体系。

1. 联合国环境宣言

为了寻求解决跨界环境问题的方法，更好地管理大气、海洋、生物多样性等人类共同的资源，一些区域性和全球性的政府间组织搭建了协商平台，各国和相关组织通过谈判建立一些准则和共同行动指南，其中影响最大的是联合国的几次环境宣言(表 11-10)。

表 11-10　联合国环境宣言

会议	年份	地点	成果	主要主张
联合国人类环境会议	1972	斯德哥尔摩	发布了《斯德哥尔摩人类环境宣言》，创建了联合国环境规划署	人类对自由、平等和充分的生活环境有基本的权利，环境质量要保证尊严和优质的生活，政府有责任保护和改善现在和未来的环境，国家对于本国的环境政策有主权，但其在主权内的活动不能造成他国的环境损害。
世界环境与发展委员会环境特别会议	1987	东京	发布了《我们共同的未来》	提出了“可持续发展”的概念，提议联合国在可持续发展的基础上建立国际协议，确定各主权国家的环境权利和责任，提议建立解决争端的程序。
联合国环境与发展大会	1992	里约热内卢	发布了《里约宣言》、《21世纪议程》、《关于森林问题的原则声明》，签署了《联合国气候变化框架公约》和《联合国生物多样性公约》	将发展和环境保护结合起来，是国际环境政策理念上的一个突破，在全球公共资源的管理和保护机制上取得进展。
可持续发展世界峰会	2002	约翰内斯堡	发布《约翰内斯堡可持续发展承诺》和《可持续发展世界首脑会议执行计划》，审议了 1992 年文件和主要环境公约的执行情况	强调贫困与环境恶化的关系，认为可持续发展需要将金融、发展和环境等部门纳入其中。
可持续发展大会	2012	里约热内卢	发布《我们想要的未来》	以“可持续发展和消除贫困背景下的绿色经济”和“促进可持续发展机制框架”为主题，重申了联合国环境与可持续发展的主要原则、发展目标和政治承诺。

联合国会议及其发布的宣言为越界环境问题的协商和解决提供了平台，各国通过签署一系列文件和协议制定了行动原则、目标和纲领，但许多文件和协议是非约束性的，比较宽泛，操作性不强，在实践中难以落实。同时，由于经济、技术发展水平不同，各国对环境问题的关注重点不同，使进一步的协商遇到巨大的困难，很难达成具有操作性的约束性文件。

目前，世界各国在环境与发展会议上大致分为南北两个阵营：美国、欧盟、日本等发达国家和地区把资源有效利用、能源、环境和人类安全等问题放在优先位置，力图在领导世界未来可持续发展和绿色技术发展方向上争取主动，抢占先机，总体上看处于主导地位。发展中国家则普遍把消除贫困放在首位，从维护自身发展权益的角度，强调“共同但有区别的责任”原则和多边主义精神，强调发展的公平性，要求发达国家率先改变其不可持续的消费和生产方式，并在资金、技术等方面给予发展中国家更多的帮助。

2. 气候变化问题的研究和谈判平台

在1979年第一次世界气候大会上，气候变化首次作为一个引起国际社会关注的问题被提上议事日程。1988年世界气象组织和联合国环境规划署共同促成组建了政府间气候变化委员会（Intergovernmental Panel on Climate Change，IPCC），该组织有三个工作组，分别处理有关气候变化科学、影响和响应对策的问题。图11-8是IPCC提出的气候变化的综合分析框架。这一分析框架的主要逻辑是：经济活动引起了温室气体的排放，并因此增加了大气中的温室气体浓度，引起气候变化。这种气候变化可能对人类和地

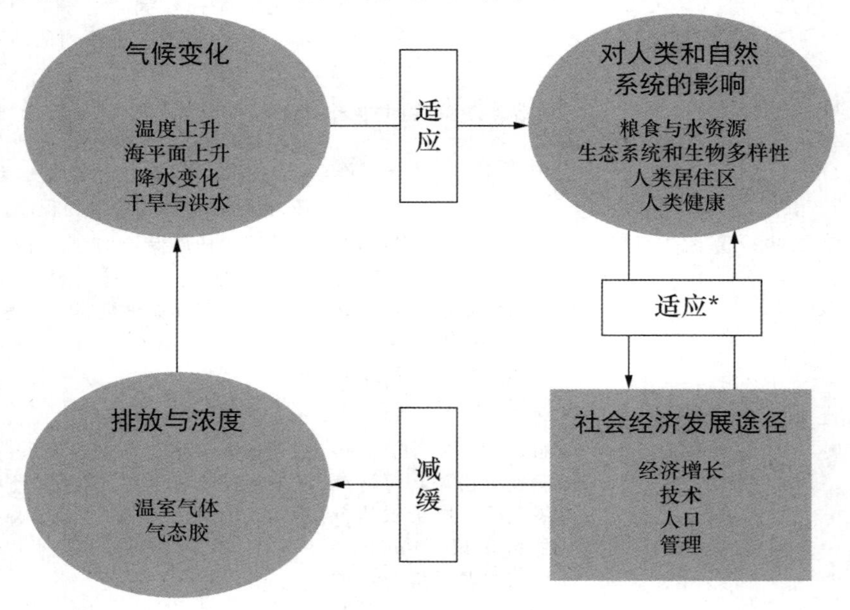

图 11-8　分析温室效应的框架图

注：*“适应”是指对气候变化的适应，是自然或人类系统为应对现实的或预期的气候情况做出的调整，这种调整能够减轻损害或开发有利的机会。按不同的分类方法，适应可分为：预防性适应和应对性适应，个体性适应和集体性适应，自发性适应和计划性适应。

球生态系统造成不利的影响。为了应对温室效应，人类需要进行政策响应，设法减少温室气体的排放，降低大气中温室气体的浓度，或者采取措施适应气候变化。这些政策措施会对人类的生活和生产造成一定的影响。

IPCC 的任务是为政府提供权威的气候变化状况的评估。至今它已发表了 4 份评估报告（1990、1995、2001、2007）。这些评估报告对应对气候变化的国际政治走向起到很大甚至是决定性的影响。例如，IPCC 第一次评估报告发布，1992 年里约热内卢峰会通过了全球气候公约；IPCC 第二次评估报告发布，1997 年通过了《京都议定书》；IPCC 第四次评估报告提出要把气候变暖限制在工业化之前的 2 ℃以内（也就是后来所谓“2 ℃阈值”），认为 2 ℃阈值所对应的温室气体浓度 450 ml/m^3 应成为碳减排的控制目标，2015 年通过的《巴黎协定》就采纳了这一研究结果。

IPCC 的主要观点

气候变暖是非常明确的，从 20 世纪 50 年代以来的气候变化是千年以来所未见的。从有详细气象记录的 19 世纪 50 年代开始，刚刚过去的三个 10 年每一个都刷新了气温最高的纪录；1983—2012 年这 30 年可能是北半球自 1400 年以来最热的 30 年。1880—2012 年，全球海陆表面的平均温度呈线性上升趋势，升高了 0.85 ℃；2003—2012 年的平均温度比 1850—1900 年的平均温度升高了 0.78 ℃。

在第四次评估报告中，IPCC 设计了一个气候模型，认为在 1951—2010 年间，温室气体的排放贡献了地表平均温度升高中的 0.5—1.3 ℃；其他的人为影响，如气溶胶的增加等，贡献了－0.6—0.1 ℃；各种自然因素的影响在－0.1—0.1 ℃之间。这一模型很好地解释了这一时期 0.6—0.7 ℃的升温。全球水循环的变化、冰雪的消融、海平面的升高和某些极端天气的变化也与人类活动关系紧密。因此，该报告认为人类活动极可能（95％以上的可能性）导致了 20 世纪 50 年代以来的大部分（半数以上）全球地表平均气温的升高。相比之下，这一确认度在 2007 年时为 90％，在 2001 年时为 66％，在 1995 年时只有大约 50％。

在 21 世纪，全球变暖将影响地球的水循环，使地球更加干湿分明，使海水继续升温，使冰川消融、海冰面积缩小、北半球春季积雪减少。即使人类停止排放 CO_2，全球变暖带来的许多影响，如地表的平均温度处于高位、冰川的损失、海平面上升等仍将持续多个世纪。

气候变化的影响已在全球海陆发生，而在大多数情况下，全球并未做好应对气候变化的准备。2000—2010 年间温室气体排放的增长速度，比此前三个 10 年中的任何一个 10 年都要快。通过采取各种技术措施以及行为改变，有可能在本世纪末将全球平均温度升高的幅度限制在 2 ℃以内。这意味着，与 2010 年相比，到本世纪中叶，全球温室气体排放应减少 40％至 70％。但是，只有通过重大的体制和技术变革才能实现这一目标。

1990年,IPCC发表了第一份气候变化评估报告,这份报告提供了气候变化的科学依据。以这份报告为基础,各国开始进行气候变化框架公约的谈判。在1992年的联合国环境与发展大会(即里约地球峰会)上,154个国家签署了《联合国气候变化框架公约》(United Nations Framework Convention on Climate Change,UNFCCC)。UNFCCC由序言及26条正文组成,目标是"将大气中温室气体的浓度稳定在防止气候系统受到危险的人为干扰的水平上",其主要内容有以下几方面。

(1) 各国需要共同努力,将大气中温室气体的浓度稳定在防止发生由人类活动引起的、危险的气候变化水平上。UNFCCC呼吁缔约方在一定的时间内达到这一目标,使生态系统可以自然地适应气候变化,确保粮食生产不受威胁,并促使经济以可持续的方式发展。

(2) 气候变化的全球性要求所有国家根据其"共同但有区别的责任"和"各自的能力",及其社会和经济条件,尽可能开展最广泛的合作,并参与有效和适当的国际应对行动。UNFCCC将世界各国分为两组:对人为产生的温室气体排放负主要责任的工业化国家和未来将在人为排放中增加比重的发展中国家。历史上和目前全球温室气体排放的最大部分源自发达国家。发展中国家的人均排放仍相对较低,但其在全球排放中所占的份额将会增加,以满足其社会和发展需要。

(3) 强调预防措施的重要性,UNFCCC认为当存在造成严重或不可逆转的损害的威胁时,不应当以科学上没有完全的确定性为理由推迟行动。各国应将行动与经济发展计划相融合,促进可持续发展。所有的缔约国都应编定国家温室气体排放源①和汇②的清单,制定适应和减缓气候变化的国家战略,在社会、经济和环境政策中考虑到气候变化。

(4) 制定一项资金机制向发展中国家提供赠款或优惠贷款帮助它们履行公约、应对气候变化。UNFCCC指定全球环境基金(Global Environment Facility, GEF)作为它的资金机制,GEF向缔约方大会负责,缔约方大会决定气候变化政策、规划的优先领域和获取资助的标准,并定期向资金机制提供政策指导。

(5) 强调国家主权原则,认为不应使气候变化问题成为新的国际贸易障碍。

(6) UNFCCC生效后,缔约方每年召开一次缔约方会议,就削减温室气体排放以及开展应对气候变化的国际合作进行谈判。

3. 气候变化国际合作的成果和分歧

一些因素使就气候变化进行国际合作面临困难:

- 气候变化的影响是全球性的、长期的,而且存在巨大的不确定性;
- 不存在具有强制权力的超国家的政治机构,能将温室气体排放的外部性内部化;
- 大气圈是典型的公共物品,很难避免"搭便车"现象;
- 受影响国家太多,各国收入水平不同,对全球环境质量的估价存在很大差异,其削

---

① "源"是指向大气中排放温室气体、气溶胶或温室气体前体的任何过程或活动。

② "汇"是指从大气中清除温室气体、气溶胶或温室气体前体的任何过程、活动或机制。还有一个"库"的概念。"库"是指气候系统内存储温室气体或其前体的一个或多个组成部分。

减温室气体的迫切性不同；

• 气候变化造成的损失在不同国家间存在很大的差异，各国从合作中得到的效益和损失的期望值差别很大；

• 国家的控制费用和危害损失的相关程度不高（例如损失很大的国家控制费用也高的可能性即使有也很小）。

实际上，公约生效后，缔约方就开始就温室气体减排问题进行艰难的谈判。经过历年的缔约方会议的谈判，在气候变化的国际合作领域取得了一些重要的成果和共识。主要有以下几方面。

1997 年第三次缔约方大会达成了《京都议定书》。规定附件Ⅰ中所列的国家（发达国家和经济转轨国家）在第一约束期间（2008—2012 年）温室气体排放水平要在 1990 年的基础上削减 5.2%。为了帮助这些国家实现削减任务，降低削减成本，《京都议定书》引入了三个灵活机制（国际排放贸易、联合履行和清洁发展机制），允许发达国家利用灵活机制在全球范围内减少温室气体排放。

• 国际排放贸易：用市场方法达到环境目的的一种手段，允许那些减少温室气体排放低于规定限度的国家，在国外使用或交易剩余部分弥补其他源的排放。

• 联合履行：允许附件Ⅰ国家或这些国家的企业联合执行限制或减少排放，或增加碳汇的项目，共享排放量减少单位。

• 清洁发展机制（Clean Development Mechanism，CDM）：允许附件Ⅰ缔约方与非附件Ⅰ缔约方联合开展 CO_2 等温室气体减排项目。这些项目产生的减排数额可以被附件Ⅰ缔约方作为履行他们所承诺的限排或减排量。对发达国家而言，CDM 提供了一种灵活的履约机制；而对于发展中国家，通过 CDM 项目可以获得部分资金援助和先进技术。

在 2007 年的缔约方会议上，各方共同制定了“巴厘岛路线图”，为《京都议定书》后的第二承诺期的关键议题确立了明确议程，要求发达国家在 2020 年前将温室气体减排 25%至 40%。一方面，签署《京都议定书》的发达国家要履行《京都议定书》的规定，承诺 2012 年以后的大幅度量化减排指标；另一方面，发展中国家和未签署《京都议定书》的发达国家（主要指美国）则要在《联合国气候变化框架公约》下采取进一步应对气候变化的措施。这就是所谓“双轨”谈判。

在 2015 年的缔约方会议上，与会各国签署了《巴黎协定》，提出各国决定加强对气候变化威胁的全球应对，把全球平均气温较工业化前水平升幅控制在 2 ℃之内，并为把升温控制在 1.5 ℃之内而努力。全球将尽快实现温室气体排放达到顶峰，本世纪下半叶实现温室气体净零排放（使人为碳排放量降至森林和海洋能够吸收的水平），各方将以“自主贡献”的方式参与全球应对气候变化行动。发达国家将继续带头减排，并加强对发展中国家的资金、技术和能力建设支持，帮助后者减缓和适应气候变化。

经过多轮谈判，世界各国在气候变化问题上的意见还存在许多分歧，这些分歧主要体现在以下方面。

（1）发展中国家的减排责任问题。如何限定发展中国家人均排放量的增长和在世界排放量中所占比重的增加。

(2) 发达国家向发展中国家提供资金和技术援助问题。如何落实早在 1994 年就已生效的《联合国气候变化框架公约》中发达国家所做出的承诺，向发展中国家提供资金、转移技术和帮助进行能力建设等。

(3) 对“灵活机制”的监督核查问题。

(4) 关于土地利用、土地利用变化和森林在碳循环中的作用及其核算等问题。其中关键问题是如何为具有温室气体减排和控排义务的发达国家确定利用碳汇抵消其减排负荷的数量。

(5) 违约的处罚问题。关键问题是有关监督执行机构的人员组成规则和违约罚则的确定。

4. 温室气体减排的政策工具箱

对于国际环境问题，谈判只是解决问题的一个环节，要切实落实谈判达成的减排目标，还要各国在减排实践中进行合作，并需要国内环境政策的配合(表 11-11)。

表 11-11　温室气体减排的政策工具

政策工具	含义
法规和标准	减少排放的特定减排技术(技术标准)或最低污染排放要求(实施标准)。
税收和收费	对每单位不良污染活动来源征收的一种税。
可交易的许可证	也称为市场化的许可证或限额贸易体系。该工具对特定来源的排放总量做了限制，要求每个来源的许可量与实际排放量相等，允许排放额在排放源之间进行交易。
自愿协议	是政府当局同一个或多个私人签订的协议，旨在达到环境目标或在规定义务之外进一步改善环境。这种协议并非必须遵守的义务，但并非所有自愿协议都是真正意义上的自愿，其中一些自愿协议可将奖惩与是否参与减排联系起来，也可与参与者的行为挂钩。
资金激励	直接支付、税收减免、价格支持，或在实施某一特定的实践或行动时，把政府与实体机构同等看待。
信息化手段	要求环境相关信息得到公开披露，一般由行业向消费者公布，包括标签、排名和认证。
研究与开发	政府支出或直接投资，以激励减排创新，或用于社会固定基础设施的减排，包括技术进步的奖金和奖励。
非气候政策	目的不在于减排，但效果上对气候有显著影响的那些政策。

资料来源：UNDP. 国内政策及其与未来国际气候变化谈判之间的关系，2008.

碳排放权交易市场

1997 年，全球一百多个国家签订了《京都议定书》，该条约规定了发达国家的减排义务，同时提出了三个灵活的减排机制，碳排放权交易是其中之一。目前世界上主要的碳排放权交易市场有：

(1) 2002 年，英国建立了全球第一个碳排放权交易市场(UK ETS)。这是一个包括

6 种温室气体的国内贸易体制，以自愿参与并配合经济激励和罚款为特征。

(2) 2003 年，美国建立了芝加哥气候交易所(CCX)。芝加哥气候交易所实行会员制，会员自愿参与，分别来自航空、汽车、电力、环境、交通等数十个不同的行业。2004 年，芝加哥气候交易所在欧洲建立了分支机构——欧洲气候交易所，2005 年与印度商品交易所建立了伙伴关系，此后又在加拿大建立了蒙特利尔气候交易所。2008 年，芝加哥气候交易所与中油资产管理有限公司、天津产权交易中心合资建立了中国第一家综合性排放权交易机构——天津排放权交易所。

(3) 2005 年，欧盟建立了欧洲碳排放交易体系(EU-ETS)。EU-ETS 属于限量和交易(cap-and-trade)计划。该计划对成员国设置排放限额，各国排放限额之和不超过《京都议定书》承诺的排量。排放配额的分配综合考虑成员国的历史排放、预测排放和排放标准等因素。EU-ETS 只交易经核实的减排量(verified emission reductions, VERs)。被纳入排放交易体系的排放实体在一定限度内允许使用欧盟外的减排信用，目前只允许使用清洁发展机制(CDM)项目的核证减排量(CERs)和联合履行(JI)项目减排单位(ERUs)。

CERs 是 CDM 项目下允许发达国家与发展中国家联合开展的 CO_2 等温室气体核证减排量。这些项目产生的减排数额可以被发达国家作为履行他们所承诺的限排或减排量。在碳交易过程中，首先是相关企业向政府部门及联合国申请 CDM 项目，申请通过后，其减排量即是 CERs，可以用来交易。

现在 EU-ETS 已形成场内、场外、现货、衍生品等多层次交易市场，是世界上最大的碳排放交易市场。2010 年成交 1 198 亿美元，占全球碳交易成交额的 84%。

截至 2010 年，全球已建立了 20 多个碳交易平台，遍布欧洲、北美、南美和亚洲市场，大量金融机构参与其中。基于碳交易的远期产品、期货产品、掉期产品及期权产品不断出现，年交易额超过 1 400 亿美元(图 11-9)。

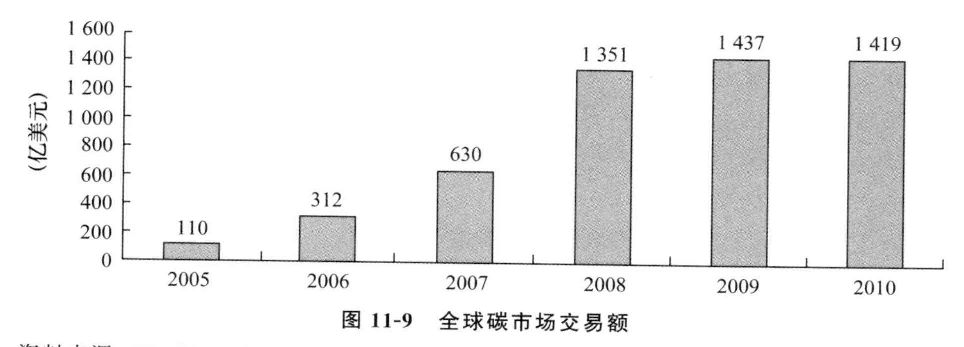

图 11-9 全球碳市场交易额

资料来源：World Bank. State and Trends of the Carbon Market 2011.

为了更有效率地实现节能减排目标，我国已在深圳、上海、北京、广州、天津、武汉、重庆建立了 7 个碳排放权交易试点平台，并规划启动全国统一的碳交易市场。

本章小结

环境问题是在经济发展过程中产生的，在制定经济发展政策、产业发展政策、公共财政政策时综合考虑环境因素有助于从根本上解决和预防环境问题的产生。传统的国民经济核算体系没有计入资源损耗和环境破坏成本，不能真实反映人们福利水平的变化，为了弥补这一不足，需要探索进行环境经济核算的方法，联合国的 SEEA 账户可以与传统国民经济核算账户相衔接，在许多国家被试算应用。

为了管控地方性环境问题，各国政府往往选择组合使用命令—控制型手段、经济手段和鼓励型手段，因为这些环境管理手段各有其适用对象和不足，没有哪种手段可以单独应对所有的环境问题。越界环境问题的解决要基于相关国家或区域间的协商谈判，跨区域的生态补偿和合作削减污染能增加它们的共同收益，但是在实践中要达成合作也面临许多障碍。

思考题

1. 如何在经济发展政策的制定中综合考虑环境目标？
2. 传统国民经济核算体系有何不足？
3. 环境经济核算的主要思路是什么？
4. 我国的环境经济核算面临的困难主要有哪些？
5. 为了实现保护环境的目标，可采用的产业政策有哪些？
6. 进行清洁生产可采取的措施主要有哪些？
7. 什么是“生产者延伸责任”，其在环境保护领域有什么应用？
8. 生态工业园的构建原理是什么？
9. 什么是环境税的“双重红利”？
10. 什么是政府绿色采购？
11. 排污标准的优点是什么？局限性表现在什么方面？
12. 什么是庇古税？
13. 简述排污权交易手段。
14. 为了减少污染，常用的鼓励型手段有哪些？
15. 在减少污染领域，妨碍经济手段运用的因素主要有哪些？
16. 选择减污手段的主要标准有哪些？
17. 什么是生态补偿？为何要实施生态补偿？
18. 《联合国气候变化框架公约》的主要内容是什么？
19. 《京都议定书》引入的三个灵活机制是什么？
20. 在气候变化问题上进行国际合作的难点主要有哪些？

参考文献

1. Antweiler, W. et al. Is Free Trade Good for the Environment? *American Economic Review*, 2001(91,4): 877-908.
2. Arrow, K. Economic Growth, Carrying Capacity, and the Environment. *Science*, 1995(268): 520-521.
3. Ayres, R. U., A. V. Kneese. Production, Consumption, and Externalities. *American Economic Review*, 1969(59,3): 282-297.
4. Baumol, W. J. On Taxation and the Control of Externalities. *American Economic Review*, 1972(62,3): 307-322.
5. Baumol, W. J., W. E. Oates. The Theory of Environmental Policy: Externalities, Public Outlays and the Quality of Life. Englewood Cliffs, New Jersey: Prentice Hall, 1975.
6. Baumol, W. J., W. E. Oates. *The Theory of Environmental Policy*. Cambridge: Cambridge University Press, 1988.
7. Boulding, K. E. 1966. The Economics of the Coming Spaceship Earth. Environmental Quality in a Growing Economy: Essays from the Sixth RFF Forum. H. Jarrett. Baltimore, John Hopkins University Press: 3-14.
8. Bromley, D. W. *Environment and Economy: Property Rights and Public Policy*. Oxford: Blackwell, Inc., 1991.
9. Buchanan, J., G. Tullock. Polluters' Profits and Political Response: Direct Controls versus Taxes. *American Economic Review*, 1975(65,1): 139-147.
10. Copeland, B., M. Taylor. Trade and Transboundary Pollution. *American Economic Review*, 1995(85,4): 716-737.
11. Daly, H. E. Economics in a Full World. *Scientific American*, 2005(293,3): 100-107.
12. Division for Sustainable Development, UNDESA. A Guidebook to the Green Economy issue 1: Green Economy, Green Growth, and Low-carbon Development-History, Definitions and a Guide to Recent Publications. 2012.
13. Färe, R., Grosskopf, S., Noh, D. W., et al. Characteristics of a Polluting Technology: Theory and Practice. *Journal of Econometrics*, 2005(126): 469-492.
14. Färe, R., Grosskopf, S., Pasurka Jr., C. A. Pollution Abatement Activities and Traditional Productivity. *Ecological Economics*, 2007(62): 673-682.
15. Farrell M. J. The Measurement of Productivity Efficiency. *Journal of Royal Statistical Society Series*, 1957(120,3): 253-290.
16. Global Environmental Institute(GEI). 点评中国气候变化政策和行动，2009.

17. Grossman, G. , A. Krueger. Economic Growth and the Environment. *Quarterly Journal of Economics*, 1995(110,2): 353-377.
18. Hu, J. L. , Wang, S. C. Total-factor Energy Efficiency of Regions in China. *Energy Policy*, 2006(34): 3206-3217.
19. Hussen, A. M. *Principles of Environmental Economics*. London: Routledge, 2004.
20. Lòpez, R. The Environment as a Factor of Production: the Effects of Economic Growth and Trade Liberalization. *Journal of Environmental Economics and Management*, 1994(27,2): 163-184.
21. Nordhaus, W. D. *Managing the Global Commons: the Economics of Climate Change*. Cambridge, MA: MIT Press, 1994.
22. OECD. Towards Green Growth. OECD Publishing, 2011.
23. Oikonomou, V. , Becchis, F. , Steg, L. , et al. Energy Saving and Energy Efficiency Concepts for Policy Making. *Energy Policy*, 2009(37): 4787-4796.
24. Panayotou, T. Economic Growth and the Environment. CID Working Paper, 2000.
25. Panayotou, T. Globalization and Environment. CID Working Paper, 2000.
26. Patterson, M. G. What is Energy Efficiency? Concepts, Indicators and Methodological Issues. *Energy Policy*, 1996(24,5): 377-390.
27. Porter, M. E. , C. V. D. Linde. Toward a New Conception of the Environment-competitiveness Relationship. *Journal of Economic Perspectives*, 1995 (9, 4): 97-118.
28. Portney, P. R. , R. N. Stavins. *Public Policies for Environmental Protection*. London: Routledge, 2000.
29. Schelling, T. C. Some Economics of Global Warming. *American Economic Review*, 1992(82,1): 1-14.
30. Selden, T. M. , D. Song. Environmental Quality and Development: Is There a Kuznets Curve for Air Pollution Emissions? *Journal of Environmental Economics and Management*, 1994(27,2): 147-162.
31. Stott, P. A. et al. Understanding and Attributing Climate Change. In: Climate Change 2007: the Physical Science Basis. *Contribution of Working Group I to the Fourth Assessment Report of the Intergovernmental Panel on Climate Change*. Cambridge: Cambridge University Press, 2007.
32. The World Bank. World Development Report: Development and Climate change. Washington, DC, 2010.
33. Tom Tietenberg. 环境与自然资源经济学. 北京:中国人民大学出版社, 2011.
34. Wang, Q. China's Energy Policy Comes at a Price. *Science*, 2008 (321): 1156-1157.
35. WCED, *Our Common Future*. Oxford University Press, 1987.

36. Weitzman, M. L. Prices vs. Quantities. *Review of Economic Studies*, 1974(41, 4): 477-491.
37. 阿马蒂亚·森. 以自由看待发展. 北京:中国人民大学出版社, 2002.
38. 保罗·艾里奇. 人口爆炸. 北京:新华出版社, 2000.
39. 保罗·克鲁格曼. 美国怎么了——一个自由主义者的良知. 北京:中信出版社, 2008.
40. 蔡昉. 人口转变的社会经济后果. 北京:社会科学文献出版社, 2006.
41. 陈大夫. 环境与资源经济学. 北京:经济科学出版社, 2001.
42. 陈健鹏. 温室气体减排:国际经验与政策选择. 北京:中国发展出版社, 2011.
43. 程恩富. 激辩"新人口策论". 北京:中国社会科学出版社, 2010.
44. 大卫·皮尔斯等. 绿色经济的蓝图. 北京:北京师范大学出版社, 1996.
45. 大卫·皮尔斯,杰瑞米·沃福德. 世界无末日:经济学、环境与可持续发展. 北京:中国环境科学出版社, 1996.
46. 丹尼斯·米都斯等. 增长的极限. 长春:吉林人民出版社, 1997.
47. 封志明. 从概念到体系:自然资源科学研究的三级组织水平. 国土与自然资源研究, 1992(2): 1-5.
48. 弗朗索瓦·佩鲁. 新发展观. 北京:华夏出版社, 1987.
49. 顾宝昌. 21 世纪中国生育政策论争. 北京:社会科学文献出版社, 2010.
50. 过建春. 自然资源与环境经济学. 北京:中国林业出版社, 2007.
51. 哈密尔顿等. 里约后五年——环境政策的创新. 北京:中国环境科学出版社, 1998.
52. 何爱平,任保平. 人口、资源与环境经济学. 北京:科学出版社, 2010.
53. 何强等. 环境学导论(第三版). 北京:清华大学出版社, 2004.
54. 黄贤金,葛杨,周寅康等. 资源经济学(第二版). 南京:南京大学出版社, 2012.
55. 加勒特·哈丁. 生活在极限之内. 上海:上海译文出版社, 2001.
56. 金德尔伯格,赫里克. 经济发展. 上海:上海译文出版社, 1986.
57. 经济合作与发展组织编. OECD 环境经济与政策丛书. 北京:中国环境科学出版社, 1996.
58. 库拉. 环境经济学思想史. 上海:上海人民出版社, 2007.
59. 劳承玉. 自然资源开发与区域经济发展. 北京:中国经济出版社, 2010.
60. 李仲生. 发达国家的人口变动与经济发展. 北京:清华大学出版社, 2011.
61. 李仲生. 欧美人口经济学说史. 北京:世界图书出版公司北京公司, 2013.
62. 刘黎明. 土地资源学. 北京:中国农业大学出版社, 2002.
63. 刘通. 当前是提高资源利用效率的良好时机. 中国经济导报, 2013.
64. 罗杰·珀曼等. 自然资源与环境经济学. 北京:中国经济出版社, 2000.
65. 马传栋. 工业生态经济学与循环经济. 北京:中国社会科学出版社, 2007.
66. 马尔萨斯. 人口论. 北京:北京大学出版社, 2008.
67. 马永欢,刘清春. 对我国自然资源产权制度建设的战略思考. 中国科学院院刊, 2015(30,4): 503-508.
68. 马中. 环境与资源经济学概论. 北京:中国农业出版社, 1999.

69. 孟致毅,欧李梅. 完善我国自然资源价格机制的思考. 价格理论与实践，2011(12)：29-30.
70. 牛文元. 自然资源开发原理. 郑州:河南大学出版社，1989.
71. 钱易. 清洁生产与循环经济——概念、方法和案例. 北京:清华大学出版社，2006.
72. 秦大河,张坤生,牛文元. 中国人口资源环境与可持续发展. 北京:新华出版社，2002.
73. 曲福田. 资源经济学. 北京:中国农业出版社，2001.
74. “人口增长与经济发展”课题组人口委员会. 人口增长与经济发展——对若干政策问题的思考. 北京:商务印书馆，1995.
75. 日本理光. 环境经营报告书. http://www. ricoh. com/environment/report/pdf2011/all_a4. pdf.
76. 史丹. 我国经济增长过程中能源利用效率的改进. 经济研究，2002(9)：49-56.
77. 世界环境与发展委员会. 我们共同的未来. 长春:吉林人民出版社，1997.
78. 世界银行. 1992 年世界发展报告:发展与环境. 北京:中国财政经济出版社，1992.
79. 世界银行. 绿色工业——社区、市场和政府的新职能. 北京:中国财政经济出版社，2001.
80. 石玉林,陈传友,何贤杰等. 资源科学. 北京:高等教育出版社，2006.
81. 速水佑次郎. 发展经济学——从贫困到富裕. 北京:社会科学文献出版社，2003.
82. 汤姆·蒂滕伯格. 环境与自然资源经济学(第七版). 北京:中国人民大学出版社，2011.
83. 陶建格,沈镭. 矿产资源价值与定价调控机制研究. 资源科学，2013(35,10)：1959-1967.
84. 田雪原. 中国人口政策 60 年. 北京:社会科学文献出版社，2009.
85. 托马斯·皮凯蒂. 21 世纪资本论. 北京:中信出版社，2014.
86. 王金南等. 中国与 OECD 的环境经济政策. 北京:中国环境科学出版社，1997.
87. 王军,杨雪峰,赵金龙等. 资源与环境经济学. 北京:中国农业大学出版社，2009.
88. 王舒曼,王玉栋. 自然资源定价方法研究. 生态经济，2000(4)：25-26.
89. 王松霈. 论我国的自然资源利用与经济的可持续发展. 自然资源学报，1995(10,4)：306-314.
90. 魏楚,沈满洪. 能源效率研究发展及趋势:一个综述. 浙江大学学报(人文社会科学版)，2009(39,3)：55-63.
91. 武春友. 资源效率与生态规划管理. 北京:清华大学出版社，2006.
92. 武京军. 自然资源可持续利用的原则与对策研究. 中国可持续发展研究会 2006 学术年会. 第五专题:经济发展与人文关怀，2006：969-971.
93. 徐康宁,周言敬. 关于自然资源与经济增长关系的几个重要问题. 兰州商学院学报，2011(27,3)：1-8.
94. 徐培培,谭章禄. 可耗竭资源可持续开发利用与对策研究. 煤炭经济研究，2008(5)：28-30.
95. 杨昌明,余瑞祥,常荆莎. 人口资源与环境经济学. 武汉：中国地质大学出版社，2002.
96. 杨云彦，陈浩. 人口、资源与环境经济学(第二版). 武汉：湖北人民出版社，2011.
97. 易富贤. 大国空巢. 香港：大风出版社，2007.
98. 殷建平. 上世纪70年代两次中东石油危机给我们的警示. 石油大学学报(社会科学版)，2005(21,5)：9-12.
99. 袁永德，冯根福. 我国能矿资源价格改革的经济学分析. 财经理论与实践，2007(28,145)：100-104.
100. 约瑟夫·费尔德. 科斯定理1-2-3. 经济社会体制比较，2003(5)：72-81.
101. 约瑟夫·斯蒂格利茨. 不平等的代价. 北京：机械出版社，2014.
102. 曾毅. 低生育水平下的中国人口与经济发展. 北京：北京大学出版社，2010.
103. 翟振武. 中国人口：太多还是太老. 北京：社会科学文献出版社，2005.
104. 张炳淳. 论自然资源费制度. 环境科学与技术，2006(29,8)：64-66.
105. 张惠远，郝海广，范小杉. 我国自然资源资产管理存在的问题与对策建议. 环境保护，2015(43,11)：30-33.
106. 张三. 可再生自然资源管理的理论与实践述评. 中国农村观察，2003(3)：14-24.
107. 周莹. 我国自然资源有偿使用制度完善之研究. 时代报告，2014(7)：151.
108. 郑永琴. 资源经济学. 北京：中国经济出版社，2013.
109. 中国国家发展和改革委员会组织. 中国应对气候变化国家方案，2007.
110. 钟庆才. 人口科学新编. 北京：中国人口出版社，2009.
111. 钟水映，简新华. 人口、资源与环境经济学. 北京：科学出版社，2007.
112. 朱群芳. 人口、资源与环境经济学概论. 北京：清华大学出版社，2013.

教师反馈及教辅申请表

北京大学出版社本着“教材优先、学术为本”的出版宗旨，竭诚为广大高等院校师生服务。为更有针对性地提供服务，请您认真填写以下表格并经系主任签字盖章后寄回，我们将按照您填写的联系方式免费向您提供相应教辅资料，以及在本书内容更新后及时与您联系邮寄样书等事宜。

<table>
<tr><td>书名</td><td></td><td>书号</td><td colspan="2">978-7-301-</td><td>作者</td><td></td></tr>
<tr><td colspan="2">您的姓名</td><td colspan="3"></td><td>职称职务</td><td></td></tr>
<tr><td colspan="2">校/院/系</td><td colspan="5"></td></tr>
<tr><td colspan="2">您所讲授的课程名称</td><td colspan="5"></td></tr>
<tr><td colspan="2">每学期学生人数</td><td colspan="3">______人_____年级</td><td>学时</td><td></td></tr>
<tr><td colspan="2">您准备何时用此书授课</td><td colspan="5"></td></tr>
<tr><td colspan="2">您的联系地址</td><td colspan="5"></td></tr>
<tr><td colspan="2">邮政编码</td><td colspan="2"></td><td>联系电话（必填）</td><td colspan="2"></td></tr>
<tr><td colspan="2">E-mail（必填）</td><td colspan="2"></td><td>QQ</td><td colspan="2"></td></tr>
<tr><td colspan="5">您对本书的建议：</td><td colspan="2">系主任签字

盖章</td></tr>
</table>

我们的联系方式：

北京大学出版社经济与管理图书事业部

北京市海淀区成府路 205 号，100871

联 系 人：徐冰

电　　话：010-62767312 / 62757146

传　　真：010-62556201

电子邮件：em_pup@126.com　　em@pup.cn

Q　　Q：5520 63295

新浪微博：@北京大学出版社经管图书

网　　址：http://www.pup.cn